灌区水转化机制与用水效率评估方法

邵东国　谭学志　陈　述　李浩鑫　胡能杰　等　著

国家自然科学基金重点项目(51439006)
国家自然科学基金面上项目(51379150、50679068)

科学出版社
北　京

内 容 简 介

本书围绕灌区水转化机制与用水效率评估方法，以我国南方典型丘陵平原过渡带——湖北漳河水库灌区为背景，以灌区自然环境与农业生产变化为条件，以农田水势、沟渠水位、灌排水量之间的转化关系为主线，采用实地查勘、灌排试验、区域监测、理论分析、模型构建、数值模拟、统计归纳等相结合的研究方法，揭示了变化环境下灌区水转化过程及效应，提出不同尺度农业用水效率定量表征及提升方法，建立了多水源调配-渠系输配水-作物耗水多尺度协同高效用水机制与调控模式，丰富和发展了农业水资源高效利用理论与方法，为灌区现代化建设与管理提供了科学依据。

本书可供农田水利、资源环境、系统工程及管理科学等领域科研、教学、工程规划设计与管理人员及大专院校相关专业师生参考。

图书在版编目(CIP)数据

灌区水转化机制与用水效率评估方法/邵东国等著. —北京：科学出版社，2020. 10

ISBN 978-7-03-063701-7

Ⅰ. ①灌… Ⅱ. ①邵… Ⅲ. ①灌区-水资源管理-研究-中国 Ⅳ. ①TV213. 4

中国版本图书馆 CIP 数据核字(2019)第 283454 号

责任编辑：刘宝莉 / 责任校对：杨 赛
责任印制：师艳茹 / 封面设计：陈 敬

科学出版社 出版
北京东黄城根北街 16 号
邮政编码：100717
http://www.sciencep.com

北京通州皇家印刷厂印刷

科学出版社发行 各地新华书店经销

*

2020 年 10 月第 一 版 开本：720×1000 B5
2020 年 10 月第一次印刷 印张：23 1/2
字数：471 000

定价：198. 00 元

(如有印装质量问题，我社负责调换)

前　言

“五谷者，万民之命，国之重宝”。灌区作为粮食生产的重要基地，在占全国一半耕地的有效灌溉面积上生产了全国75%的粮食和90%以上的经济作物，但也消耗了我国约60%以上的农业用水总量。随着城镇化的快速发展，粮田土地、灌溉水源和农村劳动力正不断向城镇转移，干旱缺水、农田退化、灌溉低效等问题严重制约了新时代农业水利现代化发展。

目前，我国农田灌溉水利用率不到发达国家的80%，灌溉水分生产率约1.5kg/m^3。大力提高灌溉用水效率，对保障粮食生产，促进农民增产增效与农业可持续发展，实现最严格的水资源管理制度建设以及《全国农业可持续发展规划(2015—2030年)》之战略目标，具有重大意义。

近20年来，我国进行了大规模的灌区续建配套与节水改造、土地整理与小型农田水利等工程建设，极大地改变了土地利用格局与农业生产条件，也在一定程度上改变了农田到灌区不同尺度上的水转化过程。在降雨、地形地貌、土壤植被、水文地质等自然环境时空变异性，以及土地整理、水利工程建设、作物种植模式调整等强烈生产活动的双重作用下，灌区既拥有流域以产汇流机制为主的排水系统产汇流过程，又增添了从水源取水通过渠系水量分配机制的灌溉系统水调配过程。在灌溉系统水调配过程与排水系统产汇流过程的耦合作用下，形成了灌区类似人体动静脉的灌排系统耦合水转化特征，从而增加了灌区水转化过程的非线性及其他复杂性。

受灌排沟渠系统控制的影响，灌区边界并非完全封闭，土壤-植物-大气连续体之间、灌区各水平衡要素之间及其与内外地表水、地下水之间存在强烈的水转化关系。由于作物、土壤、沟渠、塘堰等存在空间变异性，灌区蒸散发、入渗补给、产汇流等水转化要素及过程均具有随机性。在灌区水转化结构、机制及其效率、生态环境效应等问题并不清楚的条件下，传统田间试验观测及数值分析方法难以揭示灌区水转化特性及其效率提升机制。需要深入研究灌区复杂条件下的水转化试验观测及其过程描述方法、特征参数、调控机制及效率响应规律。为实现灌区水资源高效利用，需全面揭示农田土壤水分与节灌控排措施相互作用关系，灌区库塘、渠系、闸站等多类工程复合作用下的水转化机理及调控特性，灌排沟渠塘库的水文效应及调控机制，灌溉用水效率表征及尺度转化方法等。通过农田节灌控排、沟渠塘库联合调控、区域水资源优化配置等措施，减少无效水量损耗，提高农业用水效率。这对揭示环境变化下灌区水转化效率响应机制，提出保障粮食生产、实现生态高效的现代化灌区建设和农业可持续发展措施对策，提升水安全保障能力，具有十分重要的科学意义。

近些年来，在国家自然科学基金重点项目“灌区水转化机制及用水效率多因素协同提升方法”(51439006)、国家自然科学基金面上项目“灌区水资源高效利用临界特性及其调控机制研究”(51379150)、国家自然科学基金面上项目“灌区水资源高效利用多维临界调控模型研究”(50679068)以及“十二五”农村领域国家科技支撑计划项目子课题“南方河网灌区生态水利技术示范区”(2012BAD08B05-3)、水资源与水电工程科学国家重点实验室专项经费等支持下，以我国南方典型丘陵平原过渡带——湖北漳河水库灌区为背景，作者系统开展了农田、小型灌区、中型灌区等不同尺度的水平衡监测及其产量环境效应试验研究，研发了多层土壤水肥迁移转化参数测试装置，模拟了稻田不同水分管理方式下土壤水分迁移转化过程，首次揭示了农田控势灌溉机制及考虑生物多样性条件下田间需水量阈值，提出了灌排系统水资源高效利用多维临界调控的概念、指标及约束条件，建立了“节水高产、生态优良、环境健康”的灌排系统水资源高效利用多维临界调控模型；分析了不同输配水模式下农田-沟渠-塘堰-水库之间的水资源循环转化规律，提出了灌区多水源联合高效利用机制与模型；阐明了长藤结瓜灌区灌溉水有效利用系数的影响因素，提出了灌溉用水效率评价方法及其考核指标；揭示了不同节灌控排、水稻种植、渠塘结合等变化条件下的水转化及其用水效率的时空分布特征及其尺度转换关系等。以上研究丰富和发展了灌区水资源高效利用理论与方法，为灌区现代化建设与管理提供了科学依据，具有重要理论意义与广泛应用前景。

全书共 9 章，内容包括绪论、漳河水库灌区降雨时空分布及干旱特性、稻田土壤水分运动试验与模拟、水稻控势灌溉及其产量环境效应、不同尺度水平衡监测及灌溉水利用系数分析、灌区多水源水量调配机制、灌区水资源高效利用调控模型、灌溉用水效率评价及其考核指标、灌区水分生产率尺度效应及转换。

全书由邵东国教授负责组织撰写与统稿，具体构建灌区水转化机制与用水效率评估方法体系框架及其相关内容设计，安排相关人员负责各章节具体内容的撰写。参与各章内容撰写人员如下：第 1 章，邵东国、胡能杰；第 2 章，陈述、尹希、赵明汉；第 3 章，谭学志、徐保利、杨霞；第 4 章，李浩鑫、邵东国；第 5 章，陈述、尹希、胡能杰；第 6 章，李浩鑫、陈述、胡能杰；第 7 章，邵东国、陈述、吴振、顾文权；第 8 章，邵东国、李浩鑫、何思聪；第 9 章，邵东国、陈会、田旖旎。

在灌区水资源高效利用及环境效应多年试验与研究过程中，作者团队研究生承担了大量试验、模型研究工作，他们是顾文权、谭学志、李浩鑫、陈述、徐保利、刘欢欢、王琲、王卓民、农翕智等博士研究生和胡能杰、陈会、尹希、吴振、何思聪、杨霞、赵明汉、李颖、穆贵玲、杨双、郭燕红、刘泊宇、乐志华、李文晖、何慧等硕士研究生，本书中凝聚着他们的智慧与汗水，在此对于他们多年的支持与默默付出表示衷心的感谢！

湖北省漳河工程管理局及所属团林灌溉试验站、中国科学院水生生物研究所等相关单位提供了大量研究试验场地、技术力量、工作便利、组织协调等支持，并提供了本书中的部分资料与数据，在此表示真诚的感谢。漳河水库灌区试验研究区的村民朋友们给予了大量作物栽培与工作生活方面的帮助，对他们的善良、纯朴和友好表示真诚的感谢！感谢书中所引用或有可能漏掉标注的参考文献作者们，正是你们前期出色的工作，才有我们今天的进步！

本书是在国家自然科学基金委员会多年资助下完成的部分成果，衷心感谢国家自然科学基金委员会及评审专家们！正是你们的大力支持，才有可能使我们研究团队潜心一隅、方得始终。希望本书的出版能够对农业水利、水文水资源及环境等相关学科的发展有所裨益。

在本书出版过程中，科学出版社编辑同志付出了大量辛勤的劳动。同时，本书的出版也得到了水资源与水电工程科学国家重点实验室、武汉大学水利水电学院领导和老师们的大力支持，在此一并表示诚挚的感谢。

由于作者水平有限，书中难免存在不足之处，恳请读者批评指正！

目　　录

前言
第 1 章　绪论 …… 1
1.1　研究背景与意义 …… 1
1.2　国内外研究发展动态 …… 2
1.2.1　土壤水分与作物产量关系 …… 2
1.2.2　灌区水转化过程及模拟 …… 3
1.2.3　灌区水资源合理配置 …… 4
1.2.4　灌溉用水效率评价 …… 6
1.2.5　水分生产率的尺度效应 …… 7
1.3　灌区水转化机制与用水效率评估技术体系 …… 8
1.3.1　研究内容 …… 8
1.3.2　研究方案与技术路线 …… 9
1.3.3　主要成果与结论 …… 12
第 2 章　漳河水库灌区降雨时空分布及干旱特性 …… 14
2.1　灌区概况 …… 14
2.1.1　灌区自然环境 …… 14
2.1.2　灌区社会经济 …… 15
2.1.3　灌区工程情况 …… 16
2.1.4　灌区用水管理 …… 18
2.2　灌区水资源非一致性分析 …… 18
2.2.1　基于变异诊断系统的水文序列变异识别 …… 18
2.2.2　基于 GAMLSS 模型的水文序列变异识别 …… 21
2.2.3　漳河水库灌区水资源非一致性分析 …… 28
2.3　灌区干旱特性分析 …… 41
2.3.1　干旱指标选取及干旱频率分析 …… 41
2.3.2　干旱指标适用性比较及干旱特征分析 …… 43
2.4　本章小结 …… 45
第 3 章　稻田土壤水分运动试验与模拟 …… 47
3.1　稻田不同灌溉方式下土壤水分模拟 …… 47

3.1.1 试验方法及模型建立 …… 47
3.1.2 监测和模拟结果分析 …… 50
3.2 稻田不同水管理组合下土壤水渗漏分析 …… 58
3.2.1 试验方法及模型建立 …… 58
3.2.2 模拟情景设置 …… 60
3.2.3 数据分析 …… 61
3.2.4 结果分析 …… 61
3.3 考虑侧渗的多层土壤结构水平和垂向渗流特征试验与模拟 …… 69
3.3.1 试验方案 …… 69
3.3.2 模型建立 …… 70
3.3.3 模型验证 …… 71
3.3.4 结果分析 …… 73
3.4 多层土壤水肥迁移转化参数测试装置及方法 …… 78
3.4.1 测试装置 …… 78
3.4.2 测试方法 …… 79
3.4.3 实例验证 …… 80
3.4.4 结果分析 …… 82
3.5 本章小结 …… 87
第 4 章 水稻控势灌溉及其产量环境效应 …… 90
4.1 水稻控势灌溉试验与模型 …… 90
4.1.1 旱作水稻田间试验布置 …… 90
4.1.2 水稻产量响应规律分析 …… 92
4.1.3 水分生产函数模型 …… 97
4.2 基于 AquaCrop 模型的旱作水稻生产力模拟 …… 100
4.2.1 模型简介 …… 100
4.2.2 模型运动过程 …… 106
4.3 生物多样性条件下田间需水量 …… 111
4.3.1 农田土壤动物生物量调查 …… 111
4.3.2 数据统计与处理 …… 111
4.3.3 农田土壤动物群落对不同灌排处理的响应 …… 112
4.3.4 农田土壤动物群落对环境因子的响应 …… 115
4.3.5 考虑生物多样性的田间需水量阈值 …… 117
4.4 本章小结 …… 117

第 5 章　不同尺度水平衡监测及灌溉水利用系数分析 …… 119
5.1　区域水平衡监测 …… 119
5.1.1　试验区概况 …… 119
5.1.2　水平衡动态监测试验 …… 121
5.1.3　试验数据处理 …… 122
5.1.4　试验结果分析 …… 124
5.2　基于系统动力学的稻田塘堰系统水转化模拟 …… 127
5.2.1　稻田塘堰系统水转化系统动力学模型 …… 127
5.2.2　模型应用 …… 129
5.2.3　模型验证及结果分析 …… 131
5.3　长藤结瓜灌区灌溉水利用系数分析 …… 134
5.3.1　田间水有效利用系数分析 …… 134
5.3.2　渠系水利用系数分析 …… 136
5.3.3　灌溉水有效利用系数分析 …… 156
5.4　本章小结 …… 169
第 6 章　灌区多水源水量调配机制 …… 172
6.1　基于随机降雨模拟的塘堰优化运行规则 …… 172
6.1.1　模型与方法 …… 172
6.1.2　模型应用 …… 174
6.1.3　结果分析 …… 176
6.2　水库-塘堰联合供水模式水量分配计算方法 …… 179
6.2.1　Copula 函数理论简介 …… 179
6.2.2　水库-塘堰联合供水组合模式的数学表达 …… 181
6.2.3　应用研究 …… 183
6.2.4　成果分析 …… 187
6.3　水库-塘堰联合供水模式失效风险计算方法 …… 189
6.3.1　水库-塘堰联合供水模式失效的数学表述 …… 189
6.3.2　基于预测精度的 Copula 函数优选 …… 190
6.3.3　应用研究 …… 192
6.4　基于粒子群-人工蜂群算法的渠-塘-田优化调配耦合模型 …… 196
6.4.1　优化调配耦合模型的构建 …… 196
6.4.2　优化调配耦合模型求解 …… 199
6.4.3　模型应用 …… 201

6.4.4 结果分析 …… 203
6.5 本章小结 …… 204
第 7 章 灌区水资源高效利用调控模型 …… 206
7.1 不确定条件下作物不同生育期间水量优化分配模型 …… 206
7.1.1 研究方法 …… 206
7.1.2 实例研究 …… 210
7.1.3 结果分析 …… 213
7.2 变化条件下灌区水资源季节间不确定分配模型 …… 220
7.2.1 研究方法 …… 220
7.2.2 实例研究 …… 224
7.2.3 结果分析 …… 229
7.2.4 讨论 …… 236
7.3 基于供求关系和生产函数的灌区水量使用权交易模型 …… 238
7.3.1 水量使用权交易模型 …… 238
7.3.2 水量使用权交易计算结果分析 …… 242
7.4 本章小结 …… 247
第 8 章 灌溉用水效率评价及其考核指标 …… 249
8.1 基于仿 C-D 函数的农业用水影响因子识别方法 …… 249
8.1.1 理论基础与指标选取 …… 249
8.1.2 面板数据模型检验与选择 …… 252
8.1.3 农业用水影响因素分析 …… 254
8.2 农业用水效率测算及其影响因子分析 …… 256
8.2.1 农业用水效率测算分析方法 …… 256
8.2.2 农业用水效率测算结果分析 …… 267
8.2.3 农业用水效率影响因素分析 …… 284
8.2.4 农业用水效率与灌区规模分析 …… 286
8.3 灌溉用水效率考核指标及计算方法 …… 287
8.3.1 农业用水效率评价指标研究现状 …… 287
8.3.2 万亩灌溉取水量的计算方法 …… 288
8.3.3 模型应用 …… 290
8.4 灌溉用水效率综合评价方法 …… 292
8.4.1 灌溉用水效率评价指标体系 …… 292
8.4.2 灌溉用水效率评价循环修正方法 …… 293

8.4.3 灌溉用水效率评价 PCA-Copula 方法 …… 296
8.4.4 应用研究 …… 297
8.4.5 结果分析 …… 298
8.5 本章小结 …… 304
第 9 章 灌区水分生产率尺度效应及转换 …… 306
9.1 水分生产率尺度效应与评价指标 …… 306
9.1.1 水分生产率尺度效应因素 …… 306
9.1.2 水分生产率评价指标 …… 309
9.2 漳河水库灌区不同尺度水分生产率变化规律 …… 312
9.2.1 研究区简介 …… 312
9.2.2 水稻田间尺度水分生产率 …… 313
9.2.3 中等尺度水分生产率 …… 320
9.2.4 干渠及灌区尺度水分生产率 …… 322
9.2.5 水分生产率影响因素分析 …… 330
9.3 区域水分生产率的空间尺度转换 …… 334
9.3.1 尺度转换的定义及方法 …… 334
9.3.2 Kriging 插值法基本理论 …… 336
9.3.3 田间到区域的水分生产率尺度转换 …… 339
9.4 本章小结 …… 346
参考文献 …… 348
附图 …… 357

第1章 绪 论

1.1 研究背景与意义

国以农为本，民以食为天。粮食是人类生存与发展的基础，是国民经济发展、社会稳定的重要物质保证。联合国粮食及农业组织发布的《2017 年世界粮食安全和营养状况》中指出，全球粮食产量足以满足所有人口的需求，但仍有 8.15 亿人处于饥饿状态。全世界面临的最大挑战之一是如何确保越来越庞大的人口（预计将于 2050 年达到 100 亿）拥有足够的粮食满足营养需求。要在 2050 年时满足另外 20 多亿人口对粮食的需求，全球粮食产量将需要增加 50%。中国作为世界上人口最多的发展中国家，其粮食安全状况不仅影响着自身发展，而且具有广泛的世界效应。2004 年以来，中国粮食实现“十二连增”，特别是 2012 年以来，粮食产量连续 4 年超过 6 亿 t。据《国家人口发展规划（2016—2030 年）》预测，2030 年全国总人口达到 14.5 亿左右，粮食总量需求将达峰值。如何保障中国的粮食安全，成为关系国计民生的重大问题。

水利是现代农业发展的基础，是保障粮食安全的重要支撑力。我国是农业灌溉大国，根据水利部和国家统计局发布的《第一次全国水利普查公报》，全国共有大型灌区 456 处，总灌溉面积 1867 万 hm^2，其中，设计灌溉面积 2 万～3.33 万 hm^2 的大型灌区占全国大型灌区灌溉面积的 31%；设计灌溉面积 3.33 万～10 万 hm^2 的大型灌区占全国大型灌区灌溉面积的 33%；设计灌溉面积 10 万 hm^2 以上的大型灌区占全国大型灌区灌溉面积的 36%。全国共有中型灌区 7316 处，总灌溉面积 1487 万 hm^2。全国共有 3.33～667hm^2 的小型灌区 205.82 万处，总灌溉面积 2280 万 hm^2。灌区在占全国一半耕地的有效灌溉面积上生产了全国 75%的粮食和 90%以上的经济作物。我国以占全球约 6%的淡水资源和 9%的耕地，解决了全球 1/5 人口的吃饭问题。随着国家节水型社会建设的深入推进，产业结构和农业种植结构的调整以及节水灌溉技术的普及推广，农田灌溉水有效利用系数已提高到 0.542，粮食亩均产量已提高到 363.5kg。但是随着我国城镇化进程持续快速推进，粮食需求刚性增长，水资源日益紧张，确保国家粮食安全与农业可供水量短缺矛盾日益尖锐。《全国农业可持续发展规划（2015—2030 年）》中明确提出要确立水资源开发利用控制红线，到 2020 年和 2030 年全国农业灌溉用水量分别保持在 3720 亿 m^3 和 3730 亿 m^3；确立用水效率控制红线，到 2020 年和 2030 年农田灌溉水有效利用系数分别达到 0.55 和 0.6 以上。未来 20 年是中国社会经济提质增效、转型升级的重要时期,明晰粮食生产中不同尺度的水转化规律与消耗机理,通过科技进步与管理改革提高水的利用效率,是保障农业可持续发展与粮食安全的根本途径。

灌区水资源高效利用是一个复杂的系统工程,涉及作物水分利用、灌排控制、水源调蓄等多个过程与物理、化学、生物、农艺等多因素的协同作用。随着灌区节水改造、土地平整等工程建设的进行,地块、田埂、沟渠、塘堰等自然条件与土地耕作、作物种植、灌溉排水等人工条件发生很大变化,导致土壤结构、入渗补给、蒸散发以及产汇流等要素均发生改变,灌区水资源高效利用的影响因素及相互作用关系更加复杂。如何科学描述灌区复杂条件下的水转化过程,评估灌区水转化效率,最大限度地减少供、用、耗、排中的无效水量损耗,提高降水、土壤水、地表水、地下水利用效率,满足农业生产对水资源的需求,成为国际农业水利领域的前沿热点问题。

本书针对我国南方典型丘陵平原灌区的自然环境与生产特点,通过不同尺度水转化过程及用水效率监测、调控试验和模拟,研究大田作物与灌区不同尺度水转化机制及效应机理、不同尺度农业用水效率定量表征及提升方法和水资源高效利用综合调控模式及效应。构建灌区水转化及多尺度多过程耦合模拟模型,揭示灌区条件变化下的水转化与用水效率时空特征及其尺度转换关系,发展农业用水效率多过程统一定量表征与多因素协同提升方法,不同自然环境条件下灌区多尺度协同高效用水机制及调控模式。对发展水资源高效利用理论与方法,促进水资源均衡配置与可持续利用,建立最严格水资源管理制度,解决我国农业用水效率低与干旱缺水等问题,保障水与粮食安全,具有重要理论意义与广泛应用前景。

1.2 国内外研究发展动态

1.2.1 土壤水分与作物产量关系

土壤水分状况是影响作物生长与产量的主要因子,直接影响灌排调控及水分利用效率。为揭示不同地域土壤水分运动与作物产量形成规律,国内外建立了许多灌排试验站,对土壤水运动及作物生长等开展了大量观测试验研究。费宇红等(2012)提出了解决“四水”转化中参数不确定性等问题的零通量面法。雷志栋等(1988)建立了饱和-非饱和土壤水运动理论。基于“水分的自发流向总是由高水势流向低水势,水流通量与水势梯度成正比,与水流阻力成反比”等原理,康绍忠等(1994)建立了土壤-植物-大气连续体(SPAC)水分传输理论。Kirkham 等(1992)和郭庆荣等(1995)通过试验研究了不同灌排方式下土水势对春玉米、水稻等作物生理生态及产量的影响。Andraski等(2000)通过研究发现了温度对土水势的正效应;陆建飞等(1998)研究了持续土壤水分胁迫对水稻生育与产量的影响。李毅杰等(1998)研究了不同土壤水分下限对大棚滴灌甜瓜产量和品质的影响。姚宁等(2015)研究了不同生长阶段水分胁迫对旱区作物生长发育和产量的影响。邓勋飞等(2005)建立了水稻叶水势与水分处理间相关关系及其与主要环境因子的拟合方程,邵东国等(2010)建立了农田水肥高效利用多维临界调控模型。李亚龙等(2004)提出了水稻各主要生长发育期的叶水势临界值。Belder等(2005)将其用于分析作物产量动态变化关系、季节蒸发蒸腾量和水分利用效率。包含等(2014)提出春玉米在作物生理作用影响下,当10cm土壤深度处土水势值下降到低于－0.18bar① 时,会出现根系提水现象。林琭等(2015)研究不同水势对温室黄瓜花后叶片气体交换及叶绿素荧光参数的影响,－10kPa和－30kPa分别为黄瓜开始产生干旱胁迫和干旱胁迫由气孔限制转向非气孔限制的水势临界值。迄今,美国等已用土水势为土壤水分指标指导小麦、玉米和番茄等作物灌溉。然而,现有水势概念借用了等温条件下与纯水化学势之差来表征水分能量大小,仅涵盖了水分恒温时与纯水的分压力势差,并不体现实际中温度、溶质等其他因素变化所造成的影响,不能反映水分所处状态的总能量。对此,景卫华等(2008)提出了基于总能量的整体描述水分运动中热运动与机械运动两种形式的总水势概念与计算公式,但它只能比较各点水分能量构成和不同能量形式大小,难以判定水分运动形态,也不能定量描述水分运动过程;且现有成果大多集中在灌溉、排水等单一措施对农田尺度水转化及产量环境效应影响上。需要综合考虑节灌、控排对土壤水分运动与作物产量、生态环境等的影响,深入探讨农田水势定量描述方法及其状态方程、转化特性、调控技术与标准。

1.2.2　灌区水转化过程及模拟

灌区水转化过程直接影响灌溉水利用率。受地形地貌、土壤植被、水文地质等自然条件和灌排系统建设、农业生产等人类活动的双重作用,不同地域灌区的水转化过程存在明显差异。为此,人们开展了大量蒸发蒸腾、渗漏、产汇流及地下水补给、排泄等试验观测和研究,获取了一些重要的田间水转化或局部水文过程观测数据,取得了一些研究进展。康绍忠等(1995)建立了麦田“五水”转化的动力学模式,揭示了麦田水分微循环的规律。雷慧闽等(2007)通过田间水热通量观测站,对山东省位山引黄灌区冬小麦和夏玉米进行长期水热平衡分析,研究了农田尺度水热耦合循环过程的机制。Moussa等(2002)研究了水管理措施时空分布对灌区水文

① 1bar＝10^5Pa,下同。

过程的影响。Davies 等(2008)研究了局部蓄水设施条件下的水文过程。蔡明科等(2007)研究了节水对水量平衡的影响及其评估模型。Janssen 等(2010)研究了土地利用、耕作与种植等农业措施对水转化及利用效率的影响。Liu 等(2010)研究了土壤水分空间变异性及水平衡要素的尺度特征。但灌区监测较多的是干支渠灌水量与水位,排水、产汇流等监测很少,且存在农业生产与水文监测信息非连续性、非一致性等问题。现有试验站观测点或田间试验取得的成果较多注重于局部水文过程单因子效应,或多项水均衡要素试验和测定等特殊环境下水文过程分析。

近年来,许多学者试图借用流域水文模型方法研究灌区水转化过程及平衡机制,并已建立了一些描述灌区水文过程的概念模型、机理模型和随机模型。但受灌排沟渠系统控制,灌区边界并不完全封闭,存在复杂的内外水量交换,农田、沟渠、唐库之间的水转化,灌溉回归水循环利用等。孙敏章等(2005)、Matsushita 等(2009)将生态水文模型与高分辨率激光雷达和航测地形等数据、GIS 空间信息管理功能及遥感反演等高新技术整合,从土地耕作、作物种植、灌溉排水等方面分析灌区土壤墒情、蒸发蒸腾等水文要素变化特征及灌溉用水效率尺度效应等。张银辉等(2009)应用分布式水文模型 DEHYDROS 进行了河套灌区的水文学过程模拟研究,得出蒸散量、渗漏量、系统排水量和引水量的多年平均值,对比实测数据,验证了模型的合理性。Singh(2013)应用 SGMP 模型开展了灌区涝灾过程模拟研究,并提出了不同情景下的应对措施。Jiang 等(2015)通过耦合 SWAP-EPIC 模型和 GIS,建立了灌区分布式水文模型,借以评估黑河中游流域灌区的管理现状及水分生产率。闫旖君等(2017)从取水、输水、配水、排水系统的角度,构建了人民胜利渠灌区多水源循环转化模型,定量模拟分析了人民胜利渠灌区系统多年平均下的多水源循环转化关系。Dai 等(2016)全面考虑水稻灌区水文特征改进 SWAT 模型,其模拟效率明显优于原 SWAT 模型,更适合南方丘陵区水稻灌区的水文循环模拟,但仍需要深入探讨恰当离散和表征灌区下垫面条件时空变异性的数学描述方法、灌排分布式网络结构及其水转化路径识别技术和灌区水转化过程精细模拟方法。

1.2.3 灌区水资源合理配置

灌区水资源配置研究可追溯到 20 世纪 40 年代的水库优化调度问题。20 世纪 70 年代以来,随着系统分析理论及计算机模拟技术的发展及应用,水资源优化配置的研究成果不断增多。Dudley 等(1971)针对季节性灌溉用水的分配问题,结合具有二维状态变量的随机规划方法和作物生成模型开展了相关研究。Buras(1972)研究了数学规划理论在水资源配置中的运用。Haimes 等(1975)采用多层次管理方法和技术,研究了地表水库和地下含水层两个水源联合调度问题。Willis 等(1986)应用线性规划方法求解了 1 个地表水库域 4 个地下水含水单元构成的地表水、地下水运行管理问题，以缺水造成的损失程度最小或供水产生的费用最少为目标，将地下水运动用基本方程的有限差分式表示。20世纪90年代以来，由于水污染和水危机的加剧，传统的以供水量和经济效益最大为目标的水资源优化配置模式已经难以满足社会经济的发展需求，国外开始关注水资源开发利用的生态环境效益、水资源约束以及水资源可持续利用的相关研究。Rao等(1995)将适于多峰搜索的基于排挤的小生境遗传算法应用到含水层污染治理研究中，拓展了遗传算法在多目标决策中的应用。Fortes等(2005)在半分布式水量平衡模型的基础上，结合GIS建立了提高水资源利用率的灌溉制度模拟模型。Geng等(2013)基于水资源综合管理的相关理念，利用多准则决策方法建立综合水资源优化配置模型，并且采用均衡规划方法进行求解，取得了良好的效果。

我国灌区水资源科学分配的研究以20世纪60年代的水库优化调度为先导，经过国家“六五”“七五”重点科技攻关项目的研究后，在80年代中后期，水资源配置理论与方法得到逐步发展与完善。曾赛星等(1990)根据内蒙古河套灌区的实际情况，针对不同作物的不同生育期，采用动态规划的方法确定了灌水定额和灌水次数。贺北方等(1995)对多水库多目标最优控制运行的模型与方法、大型灌区水资源优化分配模型、灌区渠系优化配水进行了研究。王劲峰等(2001)采用三维优化分配理论建立模型，解决了水资源优化配置过程中的空间差异问题。黄牧涛等(2004)以云南曲靖灌区为研究区域，基于大系统分解协调技术构建了水资源系统两级分阶分解协调模型，分析研究了水资源在大型灌区水库群系统的优化配置。王浩等(2004)在二元水循环理论的基础上，构建了西北内陆干旱区水资源合理配置模型。邵东国等(2005)以水资源净效益最大为目标，构建了水资源优化配置模型，模型主要包括水资源配置方案生成模型和水资源配置合理性评价模型两个部分。崔远来等(2007)探讨了不同尺度下的水平衡要素及其在节水效应中的作用，为灌区尺度节水策略提供了依据。霍军军等(2007)基于土壤水量平衡模型，对作物生育期内的土壤含水率及田间腾发过程进行了动态模拟，并且以灌溉日期为决策变量、最大相对产量为决策目标建立了灌溉制度优化模型。冯峰等(2009)采用改进的多级多目标模糊优选评价模型，解决了灌区水资源综合效益的评价问题。侯景伟等(2011)采用鱼群-蚁群算法进行求解，以供水净效益最大、区域总缺水量最小及重要污染物排放量最小为目标，建立多目标水资源优化配置模型。张展羽等(2014)基于水资源和土地资源大系统特征，建立缺水灌区农业水土资源优化配置模型，采用多阶段人工鱼群求解。齐学斌等(2015)认为，全面系统地考虑水资源优化配置模型，为不同情景下的水资源管理提供决策参考，依然是水资源领域的研究热点。粟晓玲等(2016)构建水资源时空优化与地下水数值模拟耦合模型，为渠井灌区科学合理地分配地表水和地下水提供了有效途径。综上，随着计算机技术的发展，以及人们对水资源系统认识的日益深入，在灌区水资源优化配置模型与方法的研究上，经历了从线性到非线性、确定性到随机性、单目标到多目标、解析模型到数值模型、单一系统到复杂大系统的发展完善过程。

1.2.4 灌溉用水效率评价

灌溉用水效率可以评价灌区节水灌溉的效果并指出当前灌区建设的不足，能够从灌区技术推广、用水管理方式和灌溉工程建设等方面综合反映灌区的建设情况。用于评价灌溉用水效率的指标有很多，主要分为传统指标与新指标两类，Perry(1999)的研究表明，两种指标的差异在于是否考虑回归水的重复利用。此外，陈皓锐等(2009,2011)将两种指标以其具体的计算形式分为水分生产率指标和水量比例指标。1932 年由 Israelsen(1932)最早提出评价灌溉效率的水量比例指标，该指标针对灌水量与作物利用的关系进行描述。Bos 等(1974,1985,1997)相继提出了输配水效率、田间水利用效率、水分利用效率等相关水量比例指标。我国用于灌区灌溉水利用率评价的水量比例指标主要有灌溉水有效利用系数、渠系水利用系数和田间水利用系数，这些指标均未考虑回归水的重复利用。沈荣开等(2001)、操信春等(2014)的研究表明，水分生产率指标主要是从作物产量方面描述单位水量的产出效率。总体来讲，传统的水分生产率指标的内涵取决于计算中作为分子的消耗水量的内涵。Keller 等(1995)、刘路广等(2013)、邵东国等(2015)提出了灌溉用水效率考量新指标，从而更真实地反映了水资源的利用效率。在研究方法方面，Tyteca(1996)通过技术上可行的最小水资源使用量与实际使用量之比来描述。雷贵荣等(2010)采用随机前沿生产函数计算灌溉用水生产效率和技术效率。Droogers 等(2001)利用数值模拟技术，通过模拟水量平衡和作物产量模拟从而对灌溉用水效率进行测算和评价。陈皓锐等(2009,2011)的研究表明，传统指标与新指标的差别在于是否考虑回归水的重复利用以及尺度提升时如何确定水分产出量，因此可以在扩大尺度时建立评价指标体系综合评价灌溉水利用率。但是，多年来，国内外专家学者对灌溉用水效率衡量指标及其测算评价方法等进行了大量试验与理论方法研究，大多研究只是基于灌溉水利用系数、水分生产率等少量指标数据分析，缺少相对完善的灌溉用水效率综合评价指标体系及普适性评价方法。

现有的农业用水效率综合评价方法有数百种之多，主要分为两类，即主观赋权与客观赋权，其中主观赋权的方法主要有层次分析法、专家评价法、综合指数法等，客观赋权的方法主要有因子分析法、突变理论、熵值法等。李绍飞(2011)采用改进的模糊物元模型，结合农业用水过程及特点，确定评价等级与标准。邵东国等(2012)应用改进的突变理论评价方法对湖北省 2001～2010 年的农业用水效率进行了综合评价。宋岩等(2013)采用基于奇异值分解的层次分析法和改进层次分析法模糊物元模型，放大江苏省农业用水效率 2002～2011 年评价值的差异。户艳领等(2015)应用熵值法对河北省农业水资源利用效率进行了评价。总之,权重的确定决定了评价结果的差异,指标权重的计算受经验及专家意见的影响比较大,存在一定的主观任意性,因此常导致一种方法的评价结果很难令多数人信服,而且不同方法对同一对象的评价结果也会有一定的差异。

1.2.5 水分生产率的尺度效应

尺度及尺度转换问题是当今水科学研究的前沿课题,国内外学者在近些年的研究中取得了很大的进展。Bloschl 等(1995)认为尺度的含义包括过程尺度(process scale)、观测尺度(observation scale)和模拟尺度(model scale),这三种含义实际包含粒度与幅度两个内涵。用水效率尺度效应研究是水文学与农田水利学、土壤学、作物学、生态学等的交叉领域。出于实用目的,水分生产率尺度效应多侧重于幅度方面的尺度效应问题,代俊峰等(2008)将其定义为“时空尺度的变化所引起的不同效果”。丁晶等(2003)在论述水文尺度分析重要性的基础上,重点讨论了水文分析的新途径,包括以分形理论、混沌理论、随机解集原理、小波分析为基础的尺度分析方法。刘建梅等(2003)给出了进行尺度转换的三种途径,即分布式水文模拟、分形理论和统计自相似性分析。相比于水文、土壤等学科的尺度问题研究热情,灌溉排水领域的尺度问题却没有得到足够的重视,特别是从田间尺度到灌区尺度的研究成果很少,Grismer 等(2002)注意到把灌溉排水与水文学结合起来的研究很少,因此提出了灌溉水文学的概念,重点探讨了灌溉水文学中的尺度问题和尺度转换问题。

在灌溉排水领域中,从孔隙尺度到试验小区尺度的土壤及水力参数的空间变异性及其引起的尺度问题已得到许多学者的重视。徐英等(2004)利用空间信息科学-地质统计学,将研究区域划分成若干网格,对土壤水、盐的一维和二维空间变异尺度效应进行了分析,结果表明尺度划分对其空间变异规律影响显著。从田块到灌区,甚至流域尺度的研究也逐渐进入相关学者的视线。许迪(2006)对国内外有关灌溉水文学尺度转换问题研究的进展进行了综述,指出从灌溉水文学时空尺度转换的角度出发,改善和加深人类对灌排过程的了解和认识,可为科学地评价灌溉产生的正(负)效应提供依据,进而达到可持续管理农田灌溉与排水工程的目的。谢先红等(2007)通过分析尺度效应具体含义,说明农业节水灌溉效益评价与尺度效应息息相关,并广泛探讨了尺度转换方法以及节水灌溉的尺度效应的主要研究方向;并指出了大尺度上水循环描述和不同尺度间水均衡变量尺度转换等尺度分析方面的研究,是重点发展方向和主要研究内容。胡广录等(2009)从田间、斗渠、干渠、灌区四个不同尺度分析了小麦灌溉水分生产率年份间的变化情况,结果表明不同尺度上平均灌溉水分生产率不同,在年份间的差异也比较大,并提出斗渠、干渠尺度上节水力度大,节水效益明显,而灌区尺度上还有较大的节水潜力,应成为未来农业节水研究的重点。郑和祥等(2014)从田间小尺度和区域中尺度研究锡林河流域主要作物——青贮玉米和土豆水分生产率的变化，结果表明小尺度作物水分生产率能较全面地反映某点作物对灌水、降雨和土壤水的利用效率，而灌溉水分生产率可有效地把灌溉管理用水与农业生产相结合，实现灌溉用水的高效性；区域中尺度水分生产率可较好地反映宏观区域上的水分利用状况，比农田小尺度作物水分生产率低2%～10%。操信春等(2016)从衡量灌溉水资源有效利用程度和真实粮食产出能力出发，计算了1998～2010年中国各省区的灌溉效率(IE)和水分生产率(WP)指标，并分析二者空间分布格局。结果表明，灌溉效率区域间差异程度小于水分生产率，均有随时间增大的趋势且呈显著的空间聚集现象，指标值高的位于黄淮海平原及其周边地区，低值则分散于西北、西南、东南及东北地区。

1.3　灌区水转化机制与用水效率评估技术体系

1.3.1　研究内容

1. 农田水利用效率多因素协同提升方法

(1) 农田水利用效率多因素作用机制。包括作物对水肥等因素的响应与群体适应机制，适度控水和施肥对产量与经济效益的提升效应与协同机制。

(2) 作物水分与产量的响应机制。包括不同灌溉方式下作物产量构成因子变化规律、水分利用效率和经济效益响应关系、作物产量协同提升方法。

2. 灌区水转化机制及效益风险评估方法

(1) 灌区改造下的水转化机制及效应。包括灌区改造后的水转化特征及效应、灌区水平衡机制及效应模拟模型、不同土地利用等模式下的作物耗水及用水效率。

(2) 渠系高效运行机制及其调控方法。包括渠系改造对水力参数时变特性影响、渠网水量水流联合调配耦合模拟模型、渠系输配水效率提升机制及调控方法。

(3) 水资源高效利用效益及风险评估。包括灌区水供求关系及效益时空变化特性、考虑效率与公平的多水源适应性调配模型、水资源高效利用风险评估方法。

3. 农业用水效率表征及其尺度转换方法

(1) 灌区多尺度水平衡要素转换关系。包括不同尺度的水平衡机制及参数耦合方法、灌区水转化过程多尺度嵌套的模拟模型、不同尺度水平衡要素转换关系。

（2）农业用水效率指标及其表征方法。包括农业用水效率的主控因子及量化方法、多因素耦合定量表征模型、农田-渠系-灌区多尺度定量表征方法。

（3）农业用水效率尺度转换提升方法。包括农业用水效率尺度效应产生机理与时空特征，考虑回归水利用与尺度提升等因素的农业用水效率尺度转换方法。

4. 灌区水资源高效利用机制及调控模式

（1）农田高效用水机制及节灌控排模式。包括作物与农田等节水潜力耦合关系，田间工程、农艺与生理综合调控机制，丰产、优质、高效节灌控排模式标准。

（2）灌排沟渠塘库高效运行机制与模式。包括沟渠塘库的水分汇聚、输送与调蓄效应，多水源联合优化调配模式，水库塘堰与渠系之间动态补偿调节机制。

（3）多尺度协同的高效用水机制与模式。包括灌区不同尺度水资源开发利用潜力与条件，多源联动、时空协调、精准配送的多尺度协同机制与高效用水模式。

1.3.2 研究方案与技术路线

以我国南方典型丘陵平原过渡带——湖北漳河水库灌区为典型背景，将调查分析、物理试验与理论创新、模型研究、数值模拟与统计分析等相结合，以农田和灌区水转化效率为重点研究对象，在过去研究经验与成果积累基础上，以不同自然环境与农业生产条件变化为切入点，采用田间小区控制试验、区域监测、遥感反演和理论分析及模型模拟与预测结合的研究方法，以典型灌区调研和农田长期定位试验观测为基础，辅以资料收集与分析，理论与实践相结合，展开灌区水转化机制及用水效率多因素协同提升方法研究，揭示灌区水转化及其效率提升机制，获得农业用水效率提升的灌区高效用水管理措施等。具体试验研究方案如下。

1）灌区多尺度水转化及其产量效应试验

利用实测数据、定点观测和面上调查等方式，收集和分析灌区水文、气象、地形、土壤、种植、农业生产、田间管理等资料，建立基于遥感和GIS的灌区基础信息库，获取区域土地利用、种植结构、蒸发蒸腾、土壤湿度等变量的空间分布和动态变化规律。

选择不同农业生产方式、土壤质地和边界条件的田块，开展不同节水灌溉技术的对比试验，通过蒸渗仪测定田间尺度的水平衡及伴生过程。分别选择包括灌排沟塘系统的具有明确边界条件的斗渠控制区和支渠控制区，布设渠道量水、土壤水剖面和地下水观测网与地表水三角形堰观测网，开展渠系输配水控制下水转化试验；以灌排沟渠、塘堰和排水通道为研究对象，在典型断面与控制性节点性断面增设渠道渗漏、塘堰湖泊水位、地表地下径流等观测设备，通过测定封闭区内不同形态特征地物的流入和流出水量、降水产流、径流成分等监测试验，监测灌区引水量及过程，以及灌区内、外的地下水侧向排泄（补给）过程。分析灌区降雨、地表水、土壤水、作物水与地下水转换过程，建立尺度嵌套的分布式灌区水分运动数值模拟模型，利用监测数据进行模型参数率定，模拟还原节水改造前以及节水改造措施下水转化过程，推求不同尺度的水均衡要素。

综合运用地质统计学、分形理论、等级理论等方法分析各类信息的空间尺度特征，结合遥感和尺度嵌套的灌区水分运动模拟，分析四水转化特性及节水对转化特性的影响规律。从考虑空间变异性和回归水重复利用两个方面，构建水平衡要素多尺度转换与多尺度耦合模型，进行尺度界定和空间变异性的定量表达；利用国际水资源管理研究所（International Water Management Institute，IWMI）提出的水均衡框架，选择3～5种用水效率指标，评估不同尺度的农业用水效率及其尺度效应，揭示回归水重复利用规律和空间变异性影响尺度效应规律；结合传统灌溉系统管理实用的渠系水利用系数等各类指标，推导实用的尺度转换公式。利用数值模拟手段，分析空间变异性和回归水利用引起的尺度效应变化规律，提出综合考虑两者影响的农业水利用效率尺度转换公式。

2）农业用水效率的多因素协同提升试验

采用田间测坑试验和农田小区试验以及理论分析相结合的方法，设置不同试验处理，通过对试验数据进行系统的统计分析和动态模拟，计算不同处理和水平下的作物水分利用效率和节水效应，确定了最佳的作物高效用水调控方式。通过调查典型区先进节水灌溉模式和用水制度、收集典型区灌溉试验资料，分析不同节水技术措施的节水效果并进行技术经济比较，利用系统工程学的方法建立了作物抗旱节水高产优质的多因素定向调控方法和模式。通过开展不同地理位置、不同作物、不同节灌控排模式下农田水势及作物生理生态、土壤环境的动态监测试验，定量分析田间水势转化临界特性及其节灌控排阈值标准。研究适宜的水肥耦合及水肥一体化高效利用技术；考虑区域水资源分布状况、作物种植结构、土壤质地、气象条件差异性，研究不同灌水技术参数的优化组合与区域分布式应用方法。

在农业用水效率定量表征研究方面，通过测定与调查典型区农田和区域的水分利用效率，研究农田-灌区水分利用效率的尺度效应，提出农田-灌区农业水生产率的尺度转换方法；建立不同尺度灌溉水利用率的定量计算方法；应用典型田块调查、典型渠道首尾水量分析和灌区综合调研的方法，确定不同农田、渠系、灌区水分消耗及产量和效益情况，评估灌区灌溉水利用率，评价流域尺度农业水生产潜力，发展典型区农业水生产力多过程时空耦合模拟与尺度转换方法。

在农业用水效率提升途径研究方面，综合考虑作物品种和生育期，土壤水分、养分、质地、结构条件和温度、湿度、辐射、风速等气象要素，在田间小区中研究作物生产与土面蒸发、作物蒸腾、作物种类、生育期、表层土壤含水率、地下水埋深、土壤类型、叶面积指数等参数之间的定量关系，利用在田间小区（作物群体尺度）所获得的研究结果（耗水与主要影响因素之间的关系），研究多种作物组合、作物高效用水和根区不同灌溉湿润条件下的作物系数值；分别建立土面蒸发和植被蒸腾估算模型及非均匀下垫面条件下的区域作物耗水估算模型，利用田间试验小区实测产量、大田实收产量、调查统计产量和效益进行农田、灌区、区域农业用水效率的估算。

3）不同水源利用及渠系-库塘联合调控试验

选择包括渠系-库塘的有明确边界条件的斗渠、支渠控制区，布设土壤水和地下水井观测网与地表水三角堰观测网，通过同位素流线示踪等方法，动态监测不同水肥耦合灌溉、控制排水、多水源联合利用及沟渠库塘联合调控模式下田间水分与沟渠库塘系统之间的相互转化过程；分别以灌溉渠系、塘堰和排水沟为对象，监测引水量及水位、地下水侧向排泄（补给）过程、沟渠水流与塘堰水位变化过程。设计水肥耦合、回归水等相对独立的典型试验区，开展多种不同水质水源输入条件的田间灌溉试验，观测灌水量和排水流量过程，灌溉水质、地表径流和排水水质的变化动态，地表积水与地下水环境和土壤养分动态，观测作物不同生育阶段的生长特征和产量，分析不同灌溉条件下水肥动态响应机制、作物对灌溉水环境的响应机制、节水灌溉对降雨利用率和减少地表径流流失的影响机制。

在此基础上，考虑经济与公平等因素，耦合灌区水转化、作物生长及产量评估模型等，构建灌排沟渠库塘系统适应性调控模型，模拟分析沟渠库塘不同调控情景下的水转化及产量、效益响应过程；比较模型理论结果和实际过程，建立灌区水资源高效利用效益及风险评估模型，分析农业生产不确定性对用水效率的影响，揭示不同水肥耦合灌溉、回归水再利用与灌排沟渠库塘系统调控模式等对农业用水效率的影响机制，水资源高效利用潜力及时空分布规律，提出灌区水资源高效利用的调控模式、机制、规则、条件与标准等。

具体技术路线为：以灌区内不同尺度水转化及产量形成过程原型观测信息为主，辅以遥感监测、历史资料查询和相关机理试验，构建灌区水转化过程及产量等基础数据库；通过综合运用农田水利学、水文水资源学、水动力学、植物生理学、经济学、信息技术、复杂性理论等，分析灌区尺度的多源信息，揭示灌区条件变化对水转化及用水效率的多因素作用机理以及灌排沟渠库塘系统高效运行适应性调控机制；通过耦合灌区水转化机理与作物生理适应调控机制等，实现农业用水效率多过程多因素协同提升方法创新，揭示农业用水效率多因素协同提升机制以及时空变化规律，研究灌区水资源高效利用机制、方法与模式，具体研究方案与技术路线如图1.1所示。

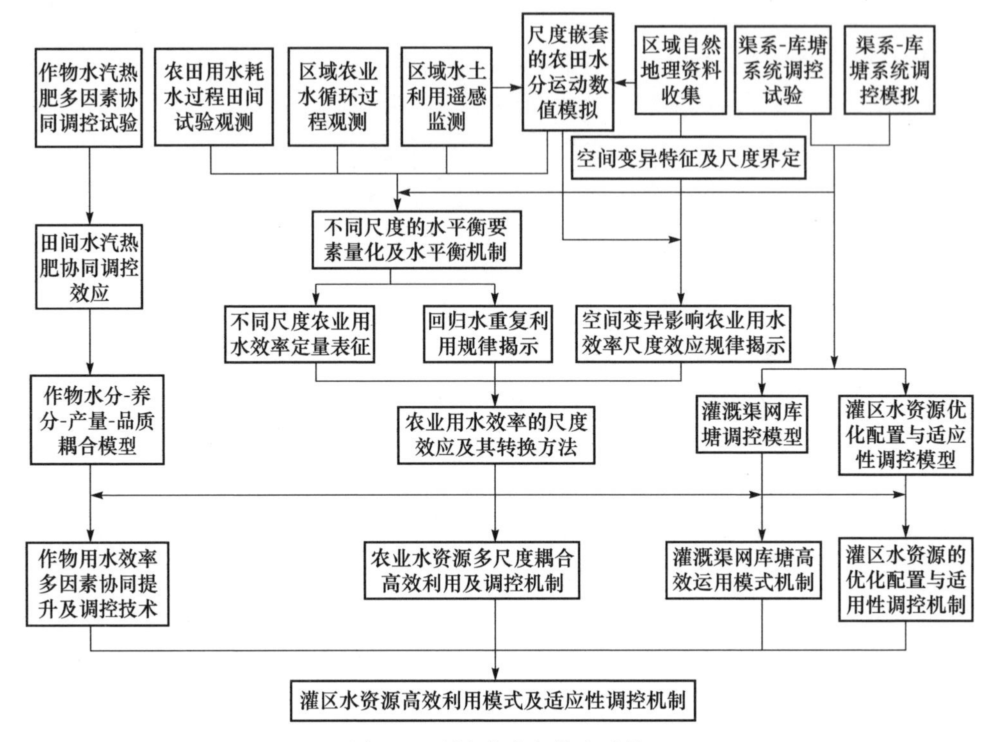

图 1.1 研究方案与技术路线

1.3.3 主要成果与结论

以我国南方典型丘陵平原过渡带——湖北省漳河水库灌区不同自然环境、农业生产条件为对象，以农田作物与灌区为重点尺度，以灌区水转化及其效率多因素协同提升机制和水资源高效利用调控模型为核心，综合采用田间试验、渠系控制、区域水平衡监测、数值模拟、系统分析等方法，建立了灌区水转化机制及用水效率评估方法的理论体系，取得了以下研究成果：

(1) 分别采用变异诊断系统和 GAMLSS(generalized additive model for location, scale and shape)模型对漳河水库年入流量和各季节入流量序列以及漳河水库灌区年降雨量和各季节降雨量序列的变异进行了识别。两种方法对年入流量、冬季入流量和秋季入流量以及年降雨量、春季降雨量、夏季降雨量和秋季降雨量序列的变异识别结果一致；对春季入流量、夏季入流量和冬季降雨量序列，变异诊断系统诊断为无变异，而 GAMLSS 模型识别出线性或非线性变异。

(2) 基于 HYDRUS-1D 模型进行了不同水分管理方式下低地稻田土壤水分模拟，揭示了传统淹灌和干湿交替灌溉条件下稻田多层土壤水分运动规律。通过情景分析，评估了灌溉方式和地下水埋深对渗漏的影响。采用 HYDRUS-2D 模拟了南方丘陵区田间变化水层条件多层土壤水分水平与垂直入渗规律。

(3) 研发了多层土壤水肥迁移转化参数测试装置,并获得相应专利。该装置能够研究分层土壤水分及养分垂直和侧向渗流运动,并可监测不同水层深度和地下水位组合下,水分在各层土壤间的运动与转化过程,计量土柱侧渗排水量和土柱与地下水分交换量,通过土壤溶液取样,监测养分在土层间、土壤水与地下水之间的迁移转化过程。

(4) 分析了水稻旱作模式作物产量对不同水分处理的响应规律,建立了旱作水稻水分生产函数模型。揭示了水稻旱作控势灌溉机制,结合模型模拟提出了基于土水势的灌溉控制指标。探讨了基于土壤动物指标的维护农田生物多样性条件下田间需水量阈值,以此指导田间灌溉。

(5) 揭示了长藤结瓜灌溉系统农田与区域不同尺度水转化效率的差异原因及其规律,基于系统动力学原理描述了稻田塘堰系统水转化过程,提出了计算渠系水利用率和灌溉水有效利用率的新方法。

(6) 针对灌区供水水源、作物种植结构多样的特点,分析了多水源供水方案优化调控及其失效风险,建立了库塘联合调控与作物优化分配耦合模型,采用粒子群-人工蜂群混合算法有利于求解多水源优化调控问题。

(7) 考虑农业水资源管理中存在的不确定性和动态因素,通过融合多阶段随机规划和区间参数规划,提出了一种区间多阶段水量分配模型。通过非一致性分析和模型优化,提出了一种能解决水资源管理中的非一致性、不确定性、动态性和复杂性问题的新方法。运用水资源系统分析与经济学理论,建立了基于供求关系和生产函数的灌区水量使用权交易模型。

(8) 运用随机前沿分析(stochastic frontier analysis,SFA)方法和数据包络分析(data envelopment analysis,DEA)方法对农业用水效率进行测算,分析了农业用水效率随时间的变化趋势,研究了农业用水效率的空间差异;提出了农业用水效率考核新指标万亩灌溉取水量的概念,给出了相应的计算依据、方法及适用条件;建立了灌溉用水效率综合评价指标体系,提出了基于循环修正的组合评价法和基于 PCA-Copula 的灌溉用水综合评价法。

(9) 在系统分析 IWMI 水量平衡框架、要素及相关的水分生产率、水量消耗比例指标的基础上,探讨了水分生产率尺度效应及其产生的原因。对试验区典型田块的中稻水分生产率(WPI、WPgross、WPET)进行空间插值得出区域尺度上的水分生产率空间分布图,计算区域水分生产率值,从而实现了从田间到区域的尺度转换。

第2章 漳河水库灌区降雨时空分布及干旱特性

2.1 灌区概况

2.1.1 灌区自然环境

漳河水库位于江汉平原西部，地处荆门、宜昌、襄阳三市交界处，是拦截长江中游北岸支流沮漳河的东支——漳河及其支流建成的水库。

漳河水库灌区位于北纬30°00′至31°42′、东经111°28′至111°53′，东滨汉江，西迄沮河，南抵长湖，北接宜城，地跨荆门、荆沙、当阳及钟祥等县市，总面积为5543.93km²。灌区海拔25.7～120m，地势西北高、东南低，自西北向东南倾斜。地域辽阔，土地肥沃。

灌区气候属于亚热带季风气候，冬季尚暖，夏季炎热。年内气温相差较大，变化剧烈，最高40℃，最低14℃，年均16℃左右，最热在7、8月，最冷在1、2月，无霜期246～270d，年蒸发量在1345～1538mm。灌区年降雨量丰富，根据灌区1952～2016年的年降雨量进行年排频，按照皮尔逊(P-Ⅲ)型概率密度分布绘出漳河水库灌区年降雨量-频率曲线，如图2.1所示，计算得到曲线的算术平均值为922.1mm，取离

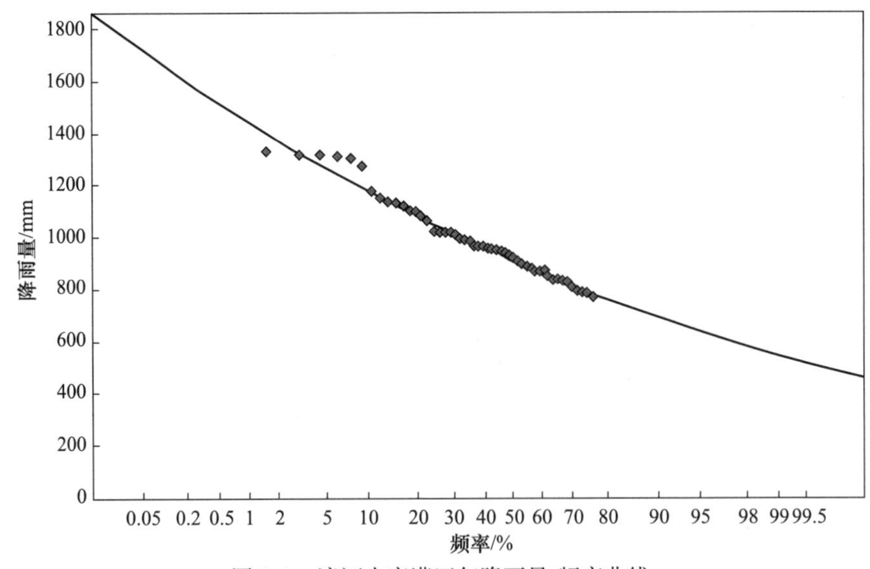

图2.1 漳河水库灌区年降雨量-频率曲线

差系数为 0.21，偏差系数为 0.53。从图中可以看出，10％频率的降雨量为 1177.7mm，50％频率的降雨量为 906.6mm，90％频率的降雨量为 685.9mm。

灌区降雨在时空上分布不均，从空间上看，东面小于西面，北边小于南边；从时间上看，4～10 月的降雨量占全年降雨量的 85％，其余月份降雨量较小。由于灌区处于冷暖空气之间南北往来的交汇处，易形成梅雨期洪涝、春旱、夏旱和伏秋连旱等自然灾害，给农业生产造成不利影响。漳河水库灌区多年平均水资源总量为 20.62 亿 m^3，其中地表水资源量 15.25 亿 m^3、地下水资源量 7.72 亿 m^3，灌区地下水与地表水重复量为 2.35 亿 m^3，水资源可利用率为 45.2％。

2.1.2　灌区社会经济

漳河水库灌区地跨湖北省宜昌市管辖范围内的当阳市，荆州市管辖范围内的荆州区与菱角湖农场，荆门市管辖范围内的掇刀区、东宝区、沙洋县、钟祥市和省属沙洋农场，共有乡镇 38 个，村 538 个，组 3122 个，总人口 162 万人，其中农业人口 110.68 万人。

灌区内主要种植水稻、小麦、棉花、油料等多种作物，水稻又分为早稻、中稻、一季晚稻或双季晚稻。2015 年和 2016 年漳河水库灌区及其各干渠作物种植面积如表 2.1 所示，亩均纯收入为 1432 元，人均纯收入为 5205 元。

表 2.1　2015 年和 2016 年漳河水库灌区及其各干渠作物种植面积

年份	渠道及县市	种植面积/km^2								
		水稻				棉花	油料	小麦	其他	合计
		晚稻	早稻	中稻	合计					
2015	灌区合计	1.00	3.00	866.56	870.56	79.35	742.70	99.41	90.51	1882.55
	总干渠直属	0	0	9.20	9.20	0.47	6.67	2.33	0.67	19.34
	一干渠	0	0	22.01	22.01	0.97	17.48	0.24	18.68	59.38
	二干渠	1.00	1.80	110.19	112.99	4.14	68.43	16.61	9.27	211.44
	三干渠	0	0	615.77	615.77	63.03	576.15	48.42	20.74	1324.11
	四干渠	0	0	105.39	105.39	9.94	68.57	30.35	41.02	255.27
	西干渠	0	0	4.00	4.00	0.53	3.40	0.73	0	8.66
	副坝	0	1.20	0	1.20	0.27	2.00	0.73	0.13	4.33
2016	灌区合计	0.67	0.93	823.55	825.15	81.10	722.95	118.05	53.70	1800.97
	总干渠直属	0	0	7.47	7.47	0.33	6.80	2.13	0.67	17.40
	一干渠	0	0	40.02	40.02	6.67	13.34	13.34	13.34	86.71
	二干渠	0.67	0.93	102.05	103.65	3.27	59.03	10.94	6.34	183.23
	三干渠	0	0	557.15	557.15	63.03	576.15	48.42	20.74	1265.49
	四干渠	0	0	111.72	111.72	7.00	61.63	41.62	12.54	234.51
	西干渠	0	0	4.14	4.14	0.47	3.67	0.80	0	9.08
	副坝	0	0	1.00	1.00	0.33	2.33	0.80	0.07	4.53

注：数据来源于湖北省漳河工程管理局。

从表 2.1 可以看出，灌区内主要粮食作物为水稻，仅二干渠种植早稻、中稻、晚稻三季水稻，其他干渠灌溉系统均只种植中稻，且中稻种植面积最大。

2015 年和 2016 年漳河水库灌区及其各干渠作物产量如表 2.2 所示。可以看出，灌区 2015 年作物总产量为 11.8189 亿 kg，其中水稻产量为 8.4574 亿 kg；2016 年作物总产量为 12.8849 亿 kg，比 2015 年的提高 9%，其中水稻产量为 8.8722 亿 kg，比 2015 年的提高 4.9%。

表 2.2　2015 年和 2016 年漳河水库灌区及其各干渠作物产量

年份	渠道及县市	作物产量/万 kg				
		水稻	棉花	油料	小麦	其他
2015	灌区合计	84574	2191	24071	4636	2718
	总干渠直属	556	10	250	120	35
	一干渠	1848	22	472	11	1400
	二干渠	11065	85	1395	525	0
	三干渠	60624	1802	20050	2559	602
	四干渠	9974	263	1749	1337	680
	西干渠	390	6	102	44	0
	副坝	117	3	53	40	1
2016	灌区合计	88723	3148	28327	5980	1070
	总干渠直属	627	3	194	98	18
	一干渠	3372	155	370	604	175
	二干渠	9362	58	942	319	0
	三干渠	64624	2752	25050	2759	622
	四干渠	10234	173	1631	2130	254
	西干渠	391	5	105	46	0
	副坝	113	2	35	24	1

注：数据来源于湖北省漳河工程管理局。

2.1.3　灌区工程情况

漳河水库流域面积 2980km^2，承雨面积 2212km^2，总库容 21.13 亿 m^3，相应水域 105.2km^2，灌区自然面积 5543.93km^2，设计灌溉面积 1736.7km^2。

工程分为枢纽和灌区两大部分。枢纽工程有 4 座大坝（观音寺、林家港、王家湾、鸡公尖）、10km 长的副坝、4 处溢洪道（陈家冲、马头砦正常溢洪道和崔家沟、王家湾非常溢洪道）和 6 座引水涵闸（其中渠首闸最大输水能力为 121m^3/s）。漳河水库灌区的灌溉渠道四通八达，有总干渠、干渠、支干渠、分干渠、支渠、分渠、斗渠、农渠、毛渠 9 级渠道，总长 7176.56km，渠系上建有渡槽、隧洞、各类节制闸、分水闸及跌水等大小建筑物17547余座。灌区内有中、小型水库314座，塘堰81595口，沿长江、长湖、汉水兴建有电灌站83处，形成了以漳河水库为骨干、大中小相结合、蓄引提相配套的综合型灌区。其用水顺序为先用塘堰水，再用中小型水库水，不足部分由漳河水库补充。

漳河水库灌区是多渠首引水型灌区，多渠首引水式包括林家港、徐家湾、烟墩闸和烟墩新闸4处引水枢纽。在副坝上建有陈井、付集、铜锣铺3处引水涵管，灌溉水库南边沿库地区的土地。

总干渠渠首位于烟墩集，全长18.05km，尾渠至荆门掇刀石，最大流量为121m^3/s。除自身灌溉59.67km^{2}外，还具有为二干渠、三干渠和四干渠输水的作用。主要建筑物为枣树店沉箱、车桥泄洪闸、车桥节制闸以及形成了东库、西库、拦泥冲、车桥、乌盆冲、杨家冲6个小型结瓜水库。

一干渠渠首位于徐家西湾，是当阳市的独立饮水系统。为了扩大效益，一干渠向南延伸至三星寺水库，渠线长50.73km，经秋树湾、冷水港、洪桥铺、吴家倒桥、冯家冲、吴家冲，入三星寺水库，再由三星寺水库引出支渠，灌溉原三星寺水库灌区范围。

西干渠渠首位于林家湾，地形为山区，起伏较大。渠系经梅子湾、周家湾、平顶岗、么店观、朱家冲等地，渠长18.9km，尾水入漳河。

二干渠从烟墩集总干渠0＋640m(右岸)起，经周集后，沿荆门、当阳两市边界地方到三界后穿行于荆门市与荆州区边界地方至藤店后才完全进入荆州区境，尾水至八宝水库，全线长83.34km。二干渠上段为白色黏土分布区，中段为风化砂岩和红色黏土覆盖区，采取“等高开渠，随弯就弯”的办法。

三干渠渠首从总干渠尾(18＋050m)起，经掇刀、九家湾、雷集、柴集、大碑湾、烟垢等地，尾渠至沙洋入汉江，全长75.72km。三干渠基本上是岭脊线，下一级渠道为自流引水。三干渠自1959年冬即开始边测量、边设计、边施工，受三年自然灾害影响，几次中断，直到1966年春渠系工程方告竣工。三干渠渠线短，工程量小，但灌溉面积为六大干渠之首，是荆门市南部地区农田灌溉的水利大动脉。

四干渠因该地区地形起伏较大，石山多，渠首从总干渠尾(18＋050m)起，经掇刀，穿虎牙关隧洞，绕西宝山东麓，沿荆门市区西侧至安栈口分叉为东干渠与北干渠。东干渠从安栈口至钟祥市冷水镇境内，北干渠从安栈口至钟祥市胡集天子岗水库。四干渠全长175.04km。该干渠上建筑物较多，而且工程量也大，主要建筑物有节制闸11座、泄洪闸15座、隧洞4座(总长1539m)、渡槽9座(总长2809.1m)、暗涵3座(总长730m)。

在渠向布置上，主要是利用天然地形的特点进行选定。随着灌区的地势、渠线亦多为由西北向东南流或东流，仅四干渠渠道是由东渐向北流的。由于输水渠多为岭脊线，可以从两面控制所要灌溉的土地，因此灌区内主要灌水方式为自流灌溉。渠道建筑物主要分为配水建筑物、节制建筑物、输水建筑物、连接建筑物、桥涵泄水建筑物和排水建筑物 6 种。

2.1.4 灌区用水管理

《漳河水库兴利调度细则》规定，每年年初，湖北省漳河工程管理局各工程管理单位、经济技术开发总公司、规费征收管理站及荆门市漳河水库三干渠管理处、当阳市漳河一干渠管理处编制年度兴利用水计划，于 3 月 20 日之前上报湖北省漳河工程管理局防汛抗旱指挥部办公室。湖北省漳河工程管理局防汛抗旱指挥部办公室首先根据漳河水库蓄水现状和水文预报，结合各兴利部门用水申报，预测拟定计划期内的来水过程；然后协调用水部门对水库供水的要求，拟定计划期内控制时段的水库运用指标；最后制定年度调度计划。漳河水库兴利供水坚持计划供水和合同供水。

灌区内设总干渠、一干渠、二干渠、三干渠、四干渠 5 个管理处，其中一干渠管理处隶属于当阳市水利局，三干渠管理处隶属于荆门市水务局，其他隶属于湖北省漳河工程管理局。5 个管理处共设 31 个管理段，90 个管水组，总计 1467 人（包括经营生产、枢纽管理和离退休人员），现有各类技术职称人员 305 人，其中工程技术人员 132 人。

2.2 灌区水资源非一致性分析

2.2.1 基于变异诊断系统的水文序列变异识别

水文序列是一定时期内反映水文规律现象的资料，受气候条件、自然地理条件和人类活动等多个因素的影响。近年来，由于气候变化和人类活动导致的下垫面变化，水文序列的物理成因发生了变化。如果水文序列的分布形式或分布参数因此也发生了显著变化，则认为水文序列发生了变异。水文序列变异破坏了天然水文资料的一致性，传统的水文频率计算方法不再适用。因此，在对水文序列进行频率分析前，需要对水文序列进行变异分析。用于水文变异识别的方法有多种，单一方法的检测结果并不可靠且缺乏系统性。本节采用谢平等(2010)提出的水文变异诊断系统对水文变异进行诊断，该系统的结构图如图 2.2 所示。

1. 初步诊断

初步诊断是通过定性和定量的方法对水文序列进行随机性检验，以判断序列是否发生变异。该系统采用的方法有过程线法、滑动平均法和 Hurst 系数法。

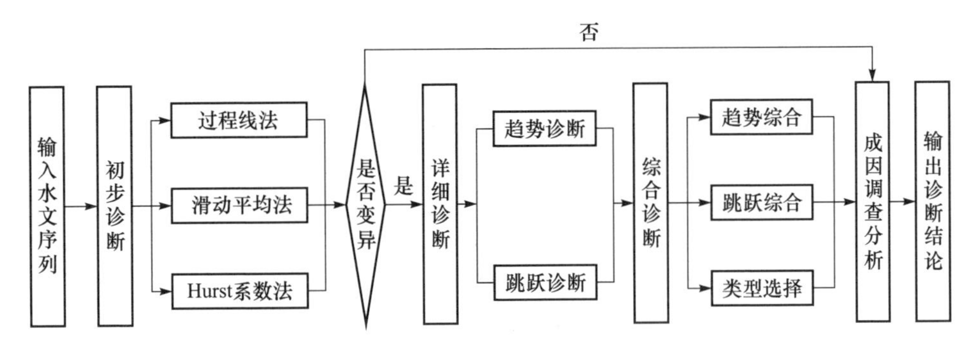

图2.2　水文变异诊断系统结构图

1) 过程线法

过程线法是将水文序列绘制在方格纸上，通过目估判断序列是否存在趋势变异或跳跃变异。由于每个人的感官存在差异，该方法只能定性判别较为明显的变异。

2) 滑动平均法

滑动平均法是对水文序列的不同时段分别取均值，以消除序列中的波动项，使序列变得光滑，然后采用过程线法通过目估定性判断序列是否发生变异。

3) Hurst 系数法

Hurst 系数法是通过计算水文序列的 Hurst 系数而判断序列是否发生变异及变异程度。Hurst 系数的计算方法有聚合方差法、周期图法、绝对值法、小波分析法和重标极差(R/S)分析法。该系统首先采用重标极差分析法计算 Hurst 系数，然后根据变异程度分级表来判断序列的变异程度。

2. 详细诊断

详细诊断是采用多种方法从不同的角度对水文序列趋势变异和跳跃变异进行详细分析。

1) 趋势诊断

趋势诊断是为了检验水文序列是否存在渐变的变异。用于检验水文序列趋势的方法有多种，常用的3种经典的趋势检验方法为皮尔逊(Pearson)线性相关系数检验法、斯皮尔曼(Spearman)等级相关检验法和肯德尔(Kendall)秩次相关检验法。以上3种方法都是先计算水文序列与时序的相关系数，然后对相关系数进行统计检验，它们的主要区别在于计算相关系数的方法不同。皮尔逊线性相关系数检验法是计算水文序列与时序的线性相关系数；斯皮尔曼等级相关检验法是计算水文序列与时序的等级相关系数；肯德尔秩次相关检验法是计算水文序列与时序的秩次相关系数。

2) 跳跃诊断

跳跃诊断是为了检验水文序列是否存在突变的变异。用于检验水文序列突变的方法也有多种,一般采用 11 种常用的突变检验方法:有序聚类法、里海哈林(Lee-Heghinian)法、最优信息二分割法、重标极差分析法、贝叶斯(Bayesian)法、滑动秩和检验法、滑动 F 检验法、滑动 T 检验法、曼-肯德尔(Mann-Kendall)法、滑动游程检验法和布朗-福赛思(Brown-Forsythe)法。以上 11 种方法可以分为两类:①前 4 种方法,只能找到序列的最可能突变点,但是不能检验该突变是否显著;②后 7 种方法,不仅能找到序列的最可能突变点,还能对该突变是否显著进行检验。因此,本节采用后 7 种方法。

3. 综合诊断

综合诊断是依据详细诊断中各种方法的结果,首先对趋势诊断和跳跃诊断分别进行综合,判断序列是否发生趋势变异或跳跃变异,然后根据效率系数选择最可能的变异形式。

1) 趋势综合

趋势综合是将详细诊断中 3 种趋势检验方法的结果进行综合,如果有 2 种以上的方法检测到水文序列存在显著性趋势,则认为该序列趋势显著,否则认为该序列趋势不显著。

2) 跳跃综合

跳跃综合是将详细诊断中 7 种突变检验方法的结果进行综合。由于每种方法检测到的突变点可能不一样,需要计算每个突变点的综合权重。首先可以依据每种检验方法的检验效率确定各个方法的权重;然后将检验方法的权重赋予其检测到的突变点,如果某一突变点被多种方法检测出,则该突变点获得多种方法的权重;最后统计各个突变点的综合权重,并以综合权重最大的突变点作为序列的最可能突变点。许斌(2013)详细介绍了权重的确定方法,其结果如表 2.3 所示。

表 2.3 7 种检验方法的权重

检验方法	权重	检验方法	权重
贝叶斯法	0.1472	布朗-福赛思法	0.1577
曼-肯德尔法	0.0429	滑动秩和检验法	0.1804
滑动 F 检验法	0.0721	滑动游程检验法	0.2518
滑动 T 检验法	0.1479		

3) 类型选择

类型选择是根据趋势综合和跳跃综合的结论选择最可能的变异类型。如果在趋势变异和跳跃变异中只有一种显著性变异,则认为水文序列存在该种变异;如果两种变异都显著，则引入纳什效率(Nash-Sutcliffe efficient，NSE)系数来分别评价两种变异与水文序列的拟合程度，并选择纳什效率系数较大者作为水文序列的变异类型。纳什效率系数的计算公式为

$$NSE = 1 - \frac{\sum_{i=1}^{n}(O_i - P_i)^2}{\sum_{i=1}^{n}(O_i - O)} \tag{2.1}$$

式中，O_i 为水文序列实测值；O 为实测值的平均值；P_i 为变异成分预测值，对于跳跃变异可以表示为

$$P_i = \begin{cases} \dfrac{1}{k}\sum_{i=1}^{k} O_i, & i \leqslant k \\ \dfrac{1}{n-k}\sum_{i=k+1}^{n} O_i, & i > k \end{cases} \tag{2.2}$$

式中，k 为突变点。

对于趋势变异，P_i 为其趋势拟合线上各点的值。

4. 诊断结论

通过初步诊断、详细诊断和综合诊断，水文变异诊断系统已诊断出水文序列最可能的变异类型，解决了单一检验方法检测结果可靠性差、多种方法检验结果不一致的问题。但是诊断结果仅仅从统计学角度得到，还需要通过实际的水文调查分析加以验证。如果诊断结果与实际情况相符，则输出此结果；否则需要进一步分析。

2.2.2　基于GAMLSS模型的水文序列变异识别

GAMLSS模型是Rigby等(2005)在广义线性模型(generalized linear model，GLM)和广义相加模型(generalized additive model，GAM)的基础上提出的一种(半)参数回归模型，用于描述随机变量与解释变量间的线性或非线性关系。与GLM和GAM相比，GAMLSS模型包含了适用于任何随机变量的分布函数，可以拟合过离散、高偏度和高峰度的随机变量。此外，GAMLSS模型提供了一个灵活的建模框架，可以在里面随意添加模块，因此能得到任何统计参数与解释变量间的函数关系。下面主要从模型基本原理、参数估计、评价方法、分布函数和应用五个方面进行介绍。

1. 模型基本原理

在GAMLSS模型中，假设随机变量第 i 观测值 $y_i(i=1,2,\cdots,I)$ 服从概率密度函数 $f(y_i \mid \boldsymbol{\theta}_i)$，其中 $\boldsymbol{\theta}_i=[\theta_{i1},\theta_{i2},\cdots,\theta_{ip}]$ 是概率密度函数的统计参数向量(以下简称分布参数)，用于描述概率密度曲线的位置、尺度和形状，p 是分布参数的个

数。令 $g_k(\cdot)(k=1,2,\cdots,p)$ 表示第 k 个分布参数与解释变量及随机效应间的单调连接函数，可以表示为

$$g_k(\boldsymbol{\theta}_k)=\boldsymbol{\eta}_k=\boldsymbol{X}_k\boldsymbol{\beta}_k+\sum_{j=1}^{J_{k2}}Z_{jk}\gamma_{jk} \tag{2.3}$$

式中，第一部分为参数项，第二部分为随机效应项；$\boldsymbol{\eta}_k$ 为长度为 I 的预测向量；$\boldsymbol{\theta}_k=[\theta_{k1},\theta_{k2},\cdots,\theta_{kI}]^{\mathrm{T}}$ 为长度为 I 的向量，表示第 k 个分布参数的拟合值；$\boldsymbol{\beta}_k=[\beta_{k1},\beta_{k2},\cdots,\beta_{kJ_{k1}}]^{\mathrm{T}}$ 为长度为 J_{k1} 的模型参数向量，J_{k1} 表示解释变量的个数；$\boldsymbol{X}_k$ 为一个 $\boldsymbol{I}\times J_{k1}$ 的已知矩阵，表示各解释变量的观测值；$\boldsymbol{Z}_{jk}$ 为一个 $I\times q_{jk}$ 的固定设计矩阵，其中 q_{jk} 与固定矩阵和分布参数的类型有关；$\boldsymbol{\gamma}_{jk}$ 为一个长度为 q_{jk} 的随机向量；$\boldsymbol{Z}_{jk}\boldsymbol{\gamma}_{jk}$ 表示第 j 个随机效应；J_{k2} 为随机效应的个数，与分布参数的类型有关。

一般地，分布参数的个数小于等于 4，因为具有 4 个分布参数的分布函数足以描述任何随机变量。因此，在 GAMLSS 模型中，分布函数可以分为 4 类：单参数分布函数、两参数分布函数、三参数分布函数和四参数分布函数。对于一个四参数分布函数，其 4 个参数可分别用符号 μ、σ、ν、τ 表示，其中前两个参数分别为位置参数和尺度参数，第三个和第四个参数为形状参数。单参数分布函数只有位置参数，两参数分布函数则同时有位置参数和尺度参数，三参数分布函数则有位置参数、尺度参数和一个形状参数。假设随机变量服从某个四参数分布，则每个分布参数都可以用解释变量和随机效应的函数表示，即

$$\begin{cases} g_1(\mu)=\boldsymbol{\eta}_1=\boldsymbol{X}_1\boldsymbol{\beta}_1+\sum_{j=1}^{J_1}\boldsymbol{Z}_{j1}\boldsymbol{\gamma}_{j1} \\ g_2(\sigma)=\boldsymbol{\eta}_2=\boldsymbol{X}_2\boldsymbol{\beta}_2+\sum_{j=1}^{J_2}\boldsymbol{Z}_{j2}\boldsymbol{\gamma}_{j2} \\ g_3(\nu)=\boldsymbol{\eta}_3=\boldsymbol{X}_3\boldsymbol{\beta}_3+\sum_{j=1}^{J_3}\boldsymbol{Z}_{j3}\boldsymbol{\gamma}_{j3} \\ g_4(\tau)=\boldsymbol{\eta}_4=\boldsymbol{X}_4\boldsymbol{\beta}_4+\sum_{j=1}^{J_4}\boldsymbol{Z}_{j4}\boldsymbol{\gamma}_{j4} \end{cases} \tag{2.4}$$

如果 $\boldsymbol{Z}_{jk}=\boldsymbol{Z}_I$，其中 $\boldsymbol{Z}_I$ 是一个 $I\times I$ 的单位矩阵，且 $\boldsymbol{\gamma}_{jk}=h_{jk}(\boldsymbol{x}_{jk})$，则式(2.4)变为一个半参数 GAMLSS 模型，表示为

$$g_k(\boldsymbol{\theta}_k)=\boldsymbol{\eta}_k=\boldsymbol{X}_k\boldsymbol{\beta}_k+\sum_{j=1}^{J_k}h_{jk}(\boldsymbol{x}_{jk}) \tag{2.5}$$

式中，$\boldsymbol{x}_{jk}$ 为长度为 I 的向量，表示附加解释变量 $\boldsymbol{x}_{jk}$ 的各观测值；h_{jk} 为附加解释变量 $\boldsymbol{x}_{jk}$ 的函数。

则四参数分布函数中每个分布参数与解释变量和随机项的函数关系为

$$\begin{cases} g_1(\mu)=\boldsymbol{\eta}_1=\boldsymbol{X}_1\boldsymbol{\beta}_1+\sum_{j=1}^{J_1}h_{j1}(\boldsymbol{x}_{j1}) \\ g_2(\sigma)=\boldsymbol{\eta}_2=\boldsymbol{X}_2\boldsymbol{\beta}_2+\sum_{j=1}^{J_2}h_{j2}(\boldsymbol{x}_{j2}) \\ g_3(\nu)=\boldsymbol{\eta}_3=\boldsymbol{X}_3\boldsymbol{\beta}_3+\sum_{j=1}^{J_3}h_{j3}(\boldsymbol{x}_{j3}) \\ g_4(\tau)=\boldsymbol{\eta}_4=\boldsymbol{X}_4\boldsymbol{\beta}_4+\sum_{j=1}^{J_4}h_{j4}(\boldsymbol{x}_{j4}) \end{cases} \tag{2.6}$$

如果忽略随机效应对分布参数的影响，即 $J_k=0$，则式(2.5)变为一个全参数GAMLSS模型，表示为

$$g_k(\boldsymbol{\theta}_k)=\boldsymbol{\eta}_k=\boldsymbol{X}_k\boldsymbol{\beta}_k \tag{2.7}$$

则四参数分布函数中每个分布参数与解释变量的函数关系为

$$\begin{cases} g_1(\mu)=\boldsymbol{\eta}_1=\boldsymbol{X}_1\boldsymbol{\beta}_1 \\ g_2(\sigma)=\boldsymbol{\eta}_2=\boldsymbol{X}_2\boldsymbol{\beta}_2 \\ g_3(\nu)=\boldsymbol{\eta}_3=\boldsymbol{X}_3\boldsymbol{\beta}_3 \\ g_4(\tau)=\boldsymbol{\eta}_4=\boldsymbol{X}_4\boldsymbol{\beta}_4 \end{cases} \tag{2.8}$$

如果只考虑分布参数随时间的变化，并用多项式作为拟合函数，则四参数分布函数中每个分布参数与时间的函数关系为

$$\begin{cases} g_1(\mu_{t_i})=\eta_{1t_i}=\beta_{10}+\beta_{11}t_i+\cdots+\beta_{1n_1}t_i^{n_1} \\ g_2(\sigma_{t_i})=\eta_{2t_i}=\beta_{20}+\beta_{21}t_i+\cdots+\beta_{2n_2}t_i^{n_2} \\ g_3(\nu_{t_i})=\eta_{3t_i}=\beta_{30}+\beta_{31}t_i+\cdots+\beta_{3n_3}t_i^{n_3} \\ g_4(\tau_{t_i})=\eta_{4t_i}=\beta_{40}+\beta_{41}t_i+\cdots+\beta_{4n_4}t_i^{n_4} \end{cases},\quad i=1,2,\cdots,I \tag{2.9}$$

2. 模型参数估计

在GAMLSS模型中，采用极大似然方法对模型参数进行估计，以全参数GAMLSS模型拟合一个四参数分布函数为例进行介绍。首先构造关于模型参数的似然函数：

$$L(\boldsymbol{\beta}_1,\boldsymbol{\beta}_2,\boldsymbol{\beta}_3,\boldsymbol{\beta}_4)=\prod_{i=1}^{I}f(y_i|\boldsymbol{\beta}_1,\boldsymbol{\beta}_2,\boldsymbol{\beta}_3,\boldsymbol{\beta}_4) \tag{2.10}$$

然后对式(2.10)两边取对数，可得

$$\ln L(\boldsymbol{\beta}_1,\boldsymbol{\beta}_2,\boldsymbol{\beta}_3,\boldsymbol{\beta}_4)=\sum_{i=1}^{I}\ln f(y_i|\boldsymbol{\beta}_1,\boldsymbol{\beta}_2,\boldsymbol{\beta}_3,\boldsymbol{\beta}_4) \tag{2.11}$$

最后以 $\ln L(\boldsymbol{\beta}_1,\boldsymbol{\beta}_2,\boldsymbol{\beta}_3,\boldsymbol{\beta}_4)$ 取值最大为目标，估计模型参数的最优值。

3. 模型评价方法

模型评价方法主要有赤池信息量准则(Akaike information criterion，AIC)，贝叶斯信息准则(Bayesian information criterion，BIC)和残差分析。

1) AIC

$$\text{AIC}=\text{GD}+2\text{df} \tag{2.12}$$

式中，GD 为全局拟合偏差，$\text{GD}=-2\ln L(\boldsymbol{\beta}_1,\boldsymbol{\beta}_2,\boldsymbol{\beta}_3,\boldsymbol{\beta}_4)$，$\ln L(\boldsymbol{\beta}_1,\boldsymbol{\beta}_2,\boldsymbol{\beta}_3,\boldsymbol{\beta}_4)$ 为最优模型参数所对应的对数似然函数；df 为模型的整体自由度，在数值上等于模型参数的个数。

AIC 值越小，表明模型的拟合效果越好。

2) BIC

$$\text{BIC}=\text{GD}+\lg I\text{df} \tag{2.13}$$

式中，I 为序列观测值的个数。

与 AIC 一样，BIC 值越小，表明模型的拟合效果越好。

3) 残差分析

模型残差是检验模型拟合效果的一个重要标准，理论残差可以通过式(2.14)获得：

$$r_i=\Phi^{-1}(F(y_i|\boldsymbol{\beta}_1,\boldsymbol{\beta}_2,\boldsymbol{\beta}_3,\boldsymbol{\beta}_4)),\quad i=1,2,\cdots,I \tag{2.14}$$

式中，r_i 为第 i 个理论残差；Φ^{-1} 为标准正态分布函数的反函数；$F(\cdot)$ 为模型拟合得到的分布函数。如果拟合效果很好，即 $F(\cdot)$ 无限接近于真实的分布函数，则理论残差服从标准正态分布，因此可以用正态分位数(Q-Q)图直观地表示模型的拟合效果。

首先计算原序列各观测值所对应的顺序统计值并通过 Φ^{-1} 函数得到经验残差 r_i'；然后将理论残差和经验残差组成的数据对(r_i,r_i')点绘在平面直角坐标系中；最后绘出 1∶1 的辅助线作为参考直线。数据点与参考直线的偏差越小，表明理论残差和经验残差越接近，模型的拟合效果越好。

4. 模型分布函数

GAMLSS 模型包中提供了超过 90 种分布函数，对过离散、高偏度和高峰度的随机变量也有很好的拟合效果。其中在水文序列模拟中常用的两参数分布函数为 Gamma 分布、Gumbel 分布、Logistic 分布和 Weibull 分布；常用的三参数分布函数为 Box-Cox Cole and Green 分布、ex-Gaussian 分布、Generalized Gamma 分布和 Generalized Inverse Gaussian 分布。

1) Gamma 分布

Gamma(GA)分布适用于拟合正偏态随机变量，其概率密度函数为

$$f_Y(y|\mu,\sigma)=\frac{1}{(\sigma^2\mu)^{1/\sigma^2}}\frac{y^{1/\sigma^2-1}\exp[-y/(\sigma^2\mu)]}{\Gamma(1/\sigma^2)},\quad y>0 \tag{2.15}$$

式中，μ、σ 分别为位置参数和尺度参数，$\mu>0$，$\sigma>0$。$E[Y]=\mu$，$\mathrm{Var}[Y]=\mu^2\sigma^2$。

2) Gumbel 分布

Gumbel(GU)分布的概率密度函数为

$$f_Y(y|\mu,\sigma)=\frac{1}{\sigma}\exp\left[\frac{y-\mu}{\sigma}-\exp\left(\frac{y-\mu}{\sigma}\right)\right],\quad -\infty<y<\infty \tag{2.16}$$

式中，μ、σ 分别为位置参数和尺度参数，$-\infty<\mu<\infty$，$\sigma>0$。$E[Y]=\mu+0.5722\sigma$，$\mathrm{Var}[Y]=\pi^2\sigma^2/6$。

3) Logistic 分布

Logistic(LO)分布的概率密度函数为

$$f_Y(y|\mu,\sigma)=\frac{1}{\sigma}\exp\left(\frac{y-\mu}{\sigma}\right)\left[1+\exp\left(-\frac{y-\mu}{\sigma}\right)\right]^{-2},\quad -\infty<y<\infty \tag{2.17}$$

式中，μ、σ 分别为位置参数和尺度参数，$-\infty<\mu<\infty$，$\sigma>0$。$E[Y]=\mu$，$\mathrm{Var}[Y]=\sigma\pi/\sqrt{3}$。

4) Weibull 分布

Weibull(WEI)分布的概率密度函数为

$$f_Y(y|\mu,\sigma)=\frac{\sigma y^{\sigma-1}}{u^{\sigma}}\exp\left[-\left(\frac{y}{\mu}\right)^{\sigma}\right],\quad y>0 \tag{2.18}$$

式中，μ、σ 分别为位置参数和尺度参数，$\mu>0$，$\sigma>0$。$E[Y]=\mu\Gamma(1/\sigma+1)$，$\mathrm{Var}[Y]=\mu^2[\Gamma(2/\sigma+1)-\Gamma(1/\sigma+1)^2]$。

5) Box-Cox Cole and Green 分布

Box-Cox Cole and Green(BCCG)分布对正偏态和负偏态的随机变量都适用，其概率密度函数为

$$f_Y(y|\mu,\sigma,\nu)=\frac{y^{\nu-1}\exp(-0.5z^2)}{\mu^{\nu}\sigma\sqrt{2\pi}\Phi\left(\frac{1}{\sigma|\nu|}\right)},\quad z=\begin{cases}\frac{1}{\sigma}\lg\frac{y}{\mu}, & \nu=0\\ \frac{1}{\sigma\nu}\left[\left(\frac{y}{\mu}\right)^{\nu}-1\right], & \text{其他}\end{cases},\quad y>0 \tag{2.19}$$

式中，μ、σ、ν 分别为位置参数、尺度参数和形状参数，$\mu>0$，$\sigma>0$，$-\infty<\nu<\infty$。$E[Y]=\mu$，$\mathrm{Var}[Y]=\mu^2\sigma^2$。

6) ex-Gaussian 分布

ex-Gaussian(EG)分布的概率密度函数为

$$f_Y(y|\mu,\sigma,\nu)=\frac{1}{\nu}\exp\left(\frac{\mu-y}{\nu}+\frac{\sigma^2}{2\nu^2}\right)\Phi\left(\frac{u-y}{\sigma}-\frac{\sigma}{\nu}\right),\quad -\infty<y<\infty \tag{2.20}$$

式中，μ、σ、ν 分别为位置参数、尺度参数和形状参数，$-\infty<\mu<\infty$，$\sigma>0$，$\nu>0$。$E[Y]=\mu+\nu$，$\mathrm{Var}[Y]=\sigma^2+\nu^2$。

7) Generalized Gamma 分布

Generalized Gamma(GG)分布的概率密度函数为

$$f_Y(y|\mu,\sigma,\nu)=\frac{|\nu|\alpha^{\alpha}\left(\frac{y}{\mu}\right)^{\nu\alpha}\exp\left[-\alpha\left(\frac{y}{\mu}\right)^{\nu}\right]}{\Gamma(\alpha)y},\quad a=\frac{1}{\sigma^2\nu^2},\quad y>0 \tag{2.21}$$

式中，μ、σ、ν 分别为位置参数、尺度参数和形状参数，$\mu>0$，$\sigma>0$，$-\infty<\nu<\infty$ 且 $\nu\neq0$。$E[Y]=\mu$，$\mathrm{Var}[Y]=\mu^2\sigma^2$。

8) Generalized Inverse Gaussian 分布

Generalized Inverse Gaussian(GIG)分布的概率密度函数为

$$f_Y(y|\mu,\sigma,\nu)=\left(\frac{c}{\mu}\right)^{\nu}\frac{y^{\nu-1}}{2K_{\nu}\left(\frac{1}{\sigma^2}\right)}\exp\left[-\frac{1}{2\sigma^2}\left(\frac{cy}{\mu}+\frac{\mu}{cy}\right)\right],\quad c=\frac{K_{\nu+1}\frac{1}{\sigma^2}}{K_{\nu}\frac{1}{\sigma^2}},\quad y>0 \tag{2.22}$$

式中，μ、σ、ν 分别为位置参数、尺度参数和形状参数，$\mu>0$，$\sigma>0$，$-\infty<\nu<\infty$。$E[Y]=\mu$，$\mathrm{Var}[Y]=\mu^2\left[\frac{2\sigma^2(\nu+1)}{c}+\frac{1}{c^2}-1\right]$。

5. 模型应用

将 GAMLSS 模型用于水文序列非一致性频率分析的主要步骤有模式预设、模式选择和模式评价。

1) 模式预设

用 GAMLSS 模型拟合水文序列时，需要提前设置分布函数以及每个分布参数的拟合函数类型。拟合分布参数的函数类型有：①稳定性，即分布参数不随解释变量的变化而变化；②线性，即分布参数随解释变量线性变化；③非线性，即分布参数随解释变量非线性变化。如果对一个三参数分布函数的每个分布参数都考虑以上三种情形，则仅这个分布函数就有 27 种拟合函数组合类型。如果再考虑多个解释变量，拟合函数组合类型的种类则呈倍数增长。由于水文序列与时间的关系最密切，为了简化计算，本节仅将时间作为解释变量，且对两参数分布函数考虑以下 5 种常用的参数拟合函数组合类型：①μ、σ 都不随时间变化；②μ 随时间线性变化，σ 不随时间变化；③μ、σ 都随时间线性变化；④μ 随时间非线性变化，σ 不随时间变化；⑤μ、σ 都随时间非线性变化。对三参数分布函数考虑以下 7 种常用的参数拟合函数组合类型：①μ、σ、ν 都不随时间变化；②μ 随时间线性变化，σ、ν 不随时间变化；③μ、σ 随时间线性变化，ν 不随时间变化；④μ、σ、ν 都随时间线性变化；⑤μ 随时间非线性变化，σ、ν 不随时间变化；⑥μ、σ 随时间非线性变化，ν 不随时间变化；⑦μ、σ、ν 都随时间非线性变化。

对前面选取的 4 种两参数分布函数和 4 种三参数分布函数分别考虑上述情景，共有 48 种模式，如表 2.4 所示。在每种模式下用 GAMLSS 模型对水文序列进行拟合，通过模型参数估计，可得到不同模式下水文序列的分布情况。以上过程可在 R 中完成，且在分析时采用三次多项式拟合分布参数随时间的非线性变化。

表 2.4　48 种模式介绍

模式	拟合函数参数组合类型	分布函数	模式	拟合函数参数组合类型	分布函数
1	μ、σ 都不随时间变化	GA	25	μ 随时间线性变化，σ、ν 不随时间变化	BCCG
2		GU	26		EG
3		LO	27		GG
4		WEI	28		GIG
5	μ 随时间线性变化，σ 不随时间变化	GA	29	μ、σ 随时间线性变化，ν 不随时间变化	BCCG
6		GU	30		EG
7		LO	31		GG
8		WEI	32		GIG
9	μ、σ 都随时间线性变化	GA	33	μ、σ、ν 都随时间线性变化	BCCG
10		GU	34		EG
11		LO	35		GG
12		WEI	36		GIG
13	μ 随时间非线性变化，σ 不随时间变化	GA	37	μ 随时间非线性变化，σ、ν 不随时间变化	BCCG
14		GU	38		EG
15		LO	39		GG
16		WEI	40		GIG
17	μ、σ 都随时间非线性变化	GA	41	μ、σ 随时间线性变化，ν 不随时间变化	BCCG
18		GU	42		EG
19		LO	43		GG
20		WEI	44		GIG
21	μ、σ、ν 都不随时间变化	BCCG	45	μ、σ、ν 都随时间非线性变化	BCCG
22		EG	46		EG
23		GG	47		GG
24		GIG	48		GIG

2）模式选择

比较 48 种模式下拟合结果的 AIC 值，选取 AIC 值最小的模式作为备用最优模式。根据拟合模型简单化原则，如果存在一个比备用模式更简单的模式，且其 AIC 值非常接近备用最优模式的 AIC 值，则应当选取该简单模式作为最优模式。因此，需要检验备用最优模式的拟合效果是否明显大于其他更简单的模式。本节采用似然比检验作为拟合效果的检验方法。

似然比检验是一种比较两个模型拟合效果的统计检验方法。通过构造似然比或对数似然比，似然比检验可以表示一个模型的拟合效果与另一个模型的倍数关系。具体方法如下：

（1）设定零假设 H_0 和备择假设 H_1。H_0：简单模式拟合效果更好；H_1：备用最优模式拟合效果更好。

（2）构造检验统计量。

$$\text{p\_value}=\frac{L_1(\beta)}{L_2(\beta)}$$

式中，$L_1(\beta)$、$L_2(\beta)$分别为简单模式和备用最优模式在各自已拟合的模型参数下的似然函数。

（3）做出结论。如果 p_value 小于设定的显著性水平，则放弃零假设，认为备用最优模式的拟合效果更好，并将备用最优模式作为最优模式；否则，接受零假设，认为简单模式的拟合效果更好，并选择简单模式作为最优模式。

3）模式评价

通过步骤(2)选出的最优模式只能说明其是 48 种模式中拟合效果最好的，并不能反映其真实的拟合效果，需要通过残差分析来评价最优模式的拟合效果。如果通过残差分析，最优模式的拟合效果满足要求，则接受最优模式的拟合结果；否则，需重新选取其他的分布函数，再重复以上三个步骤。

2.2.3 漳河水库灌区水资源非一致性分析

漳河水库灌区水资源来源主要包括灌区的降雨量和漳河水库入流量。根据湖北省漳河工程管理局提供的 1963～2016 年各月漳河水库灌区降雨量和漳河水库入流量的历史资料，本节首先提取出入流量和降雨量的年序列和季序列，其中冬季为 12 月到次年 2 月，春季为 3～5 月，夏季为 6～8 月，秋季为 9～11 月；然后对年序列和各季序列分别进行非一致性分析。

1. 基于变异诊断系统的变异识别

1）初步诊断

首先用过程线法和滑动平均法对漳河水库每个入流量序列和漳河水库灌区每

个降雨量序列进行分析，结果如图2.3和图2.4所示。从图2.3可以看出，冬季入流量序列有明显的增加趋势，而其他季节的入流量序列和年入流量序列无明显的趋势。从图2.4可以看出，年降雨量序列有明显减少的趋势，而各季节降雨量序列无明显的趋势。

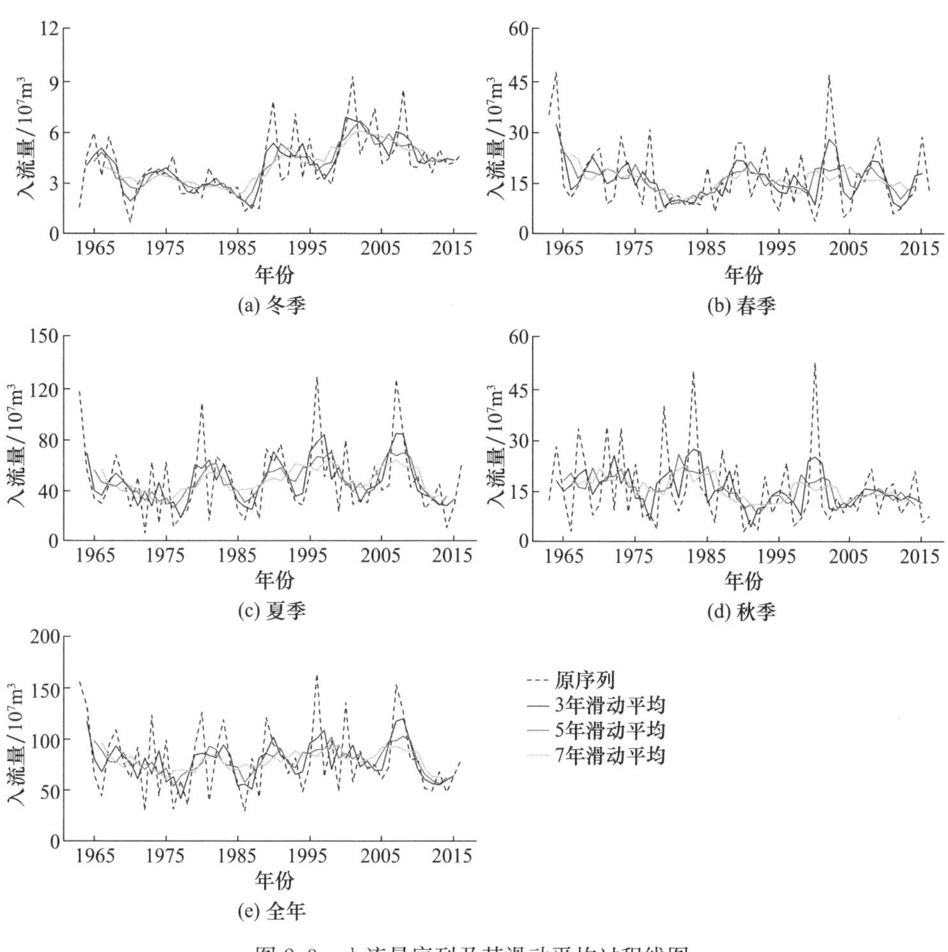

图2.3　入流量序列及其滑动平均过程线图

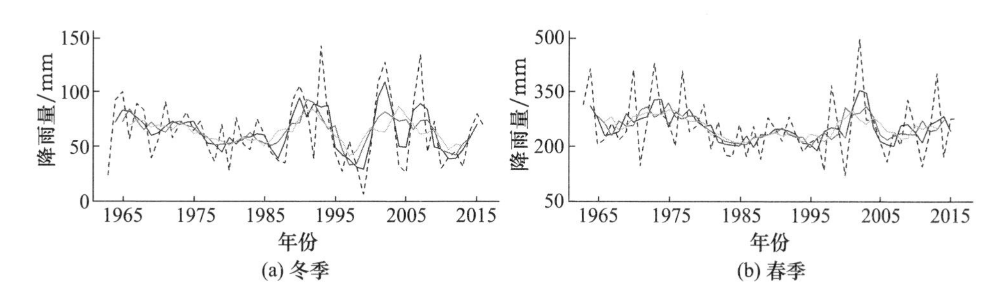

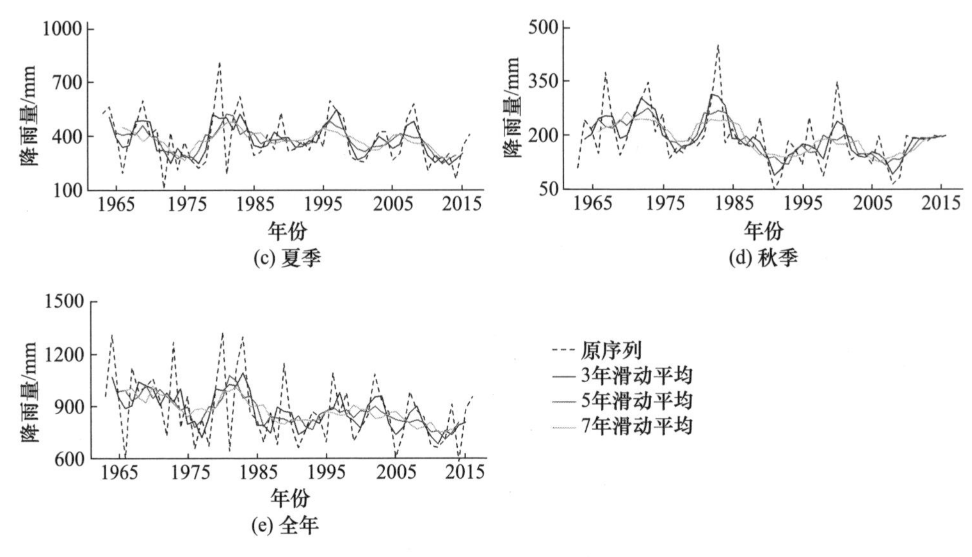

图 2.4 降雨量序列及其滑动平均过程线图

然后采用 Hurst 系数法对每个序列的变异性进行分析。其中显著性水平取 0.05,序列长度为 54,根据许斌等(2013)提出的方法可得到变异程度分级,如表 2.5 所示。对漳河水库每个入流量序列和漳河水库灌区每个降雨量序列用重标极差法计算得到 Hurst 系数,如表 2.6 所示。从表 2.6 可以看出,冬季入流量呈现强变异,其他季节入流量和年入流量无变异,与用过程线法和滑动平均法得到的结果一致;年降雨量、春季降雨量和秋季降雨量呈现不同程度的变异,冬季和夏季降雨量无变异。

表 2.5 变异程度分级表

Hurst 系数	$H<0.674$	$0.674\leqslant H<0.839$	$0.839\leqslant H<0.924$	$0.924\leqslant H<1.0$
变异程度	无变异	弱变异	中变异	强变异

表 2.6 Hurst 系数及变异分析结果

水文要素	指标	水文序列				
		全年	冬季	春季	夏季	秋季
入流量	Hurst 系数	0.548	0.989	0.524	0.584	0.568
	变异程度	无变异	强变异	无变异	无变异	无变异
降雨量	Hurst 系数	0.839	0.584	0.712	0.592	0.803
	变异程度	中变异	无变异	弱变异	无变异	弱变异

2) 详细诊断

用 2.2.1 节详细诊断中介绍的三种趋势检验方法和七种跳跃检验方法在显著性水平为 0.05 的条件下对漳河水库每个入流量序列和漳河水库灌区每个降雨量

序列分别进行检验,结果如表2.7和表2.8所示。

表2.7　入流量序列变异详细诊断结果

类别	检验方法	入流量序列				
		全年	冬季	春季	夏季	秋季
跳跃诊断	贝叶斯法	1985	1988*	2001	1995	1999
	曼-肯德尔法	2010	1988*	1977	1988	1989
	滑动F检验法	2000	1985*	2002	1995	2000*
	滑动T检验法	1988	1988*	1982	1988	1989*
	布朗-福赛思法	1988	1988*	1982	1988	2000
	滑动秩和检验法	1988	1988*	1993	1988	1989
	滑动游程检验法	1989	2000*	1991	2002	1994
趋势诊断	皮尔逊检验法	—	+*	—	+	—
	斯皮尔曼检验法	—	+*	—	+	—
	肯德尔检验法	—	+*	—	+	—

注:年份表示跳跃点;+表示增加趋势;—表示减少趋势;*表示在0.05水平下变异显著。

表2.8　降雨量序列变异详细诊断结果

类别	检验方法	降雨量序列				
		全年	冬季	春季	夏季	秋季
跳跃诊断	贝叶斯法	1983	2000	2001	1980	1983*
	曼-肯德尔法	1983	1994	1980	1998	1989*
	滑动F检验法	1983*	1986*	1996	1983*	2000*
	滑动T检验法	1983*	1994	1982	1998	1985*
	布朗-福赛思法	1984*	1994	1982	1998*	1989*
	滑动秩和检验法	1983*	1994*	1982	1998	1989*
	滑动游程检验法	1990	2000	1987	1986*	2000*
趋势诊断	皮尔逊检验法	—*	—	—	—	—*
	斯皮尔曼检验法	—*	—	—	—	—*
	肯德尔检验法	—	—	—	—	—

注:年份表示跳跃点;—表示减少趋势;*表示在0.05水平下变异显著。

从表2.7可以看出,七种跳跃检验方法均检测出冬季入流量序列存在显著性跳跃变异,且跳跃点多在1988年。三种趋势检验方法也均检测出冬季入流量序列存在显著性增加趋势。除滑动F检验法和滑动T检验法检测出秋季入流量序列存在显著性跳跃变异外,七种跳跃检验方法和三种趋势检验方法均检测出全年、春季、夏季和秋季序列的跳跃或趋势变异不显著。

从表 2.8 可以看出，大多数跳跃检验方法(趋势检验方法)检测出年降雨量和秋季降雨量序列存在显著性跳跃变异(趋势变异)。除个别检验方法检测出冬季和春季降雨量序列存在显著性跳跃变异外，七种跳跃检验方法和三种趋势检验方法均检测出冬季、春季和夏季降雨量序列的跳跃或趋势变异不显著。

3) 综合诊断及结论

根据 2.2.1 节综合诊断中提到的跳跃综合方法和趋势综合方法，对漳河水库每个入流量序列和漳河水库灌区每个降雨量序列的跳跃详细诊断结果和趋势详细诊断结果分别进行综合，结果如表 2.9 所示。可以看出，冬季入流量序列同时存在显著的跳跃变异和趋势变异，而年入流量和其他各季入流量序列无显著跳跃点或趋势。年降雨量和秋季降雨量均同时存在显著的跳跃变异和趋势变异，而冬季、春季和夏季降雨量序列无显著跳跃点或趋势。

表 2.9　入流量和降雨量序列跳跃和趋势综合结果

水文要素	类别	水文序列				
		全年	冬季	春季	夏季	秋季
入流量	跳跃综合	不显著	显著(1988)	不显著	不显著	不显著
	趋势综合	不显著	显著(增加)	不显著	不显著	不显著
降雨量	跳跃综合	显著(1983)	不显著	不显著	不显著	显著(1989)
	趋势综合	显著(减少)	不显著	不显著	不显著	显著(减少)

然后，采用纳什效率系数法对每个入流量序列和降雨量序列的变异类型进行选择，结果如表 2.10 所示。可以看出，冬季入流量、年降雨量和秋季降雨量序列诊断为趋势变异，而其他水文序列均诊断为无变异。在三个诊断为趋势变异的序列中，冬季入流量序列有显著的增加趋势，年降雨量和秋季降雨量序列有显著的减少趋势。由于诊断出的变异均为趋势变异，本节认为综合诊断结果即为最终的诊断结论。

表 2.10　基于变异诊断系统的入流量和降雨量序列变异识别结果

水文要素	水文序列				
	全年	冬季	春季	夏季	秋季
入流量	无变异	趋势变异(增加)	无变异	无变异	无变异
降雨量	趋势变异(减少)	无变异	无变异	无变异	趋势变异(减少)

2. 基于GAMLSS模型的变异识别

1）模式拟合

在R中运用GAMLSS程序包，用2.2.2节中设定的48种模式分别对漳河水库入流量序列和漳河水库灌区降雨量序列进行拟合，得到的AIC值如表2.11和表2.12所示。从表2.11可以看出，对于各入流量序列，AIC值最小的模式分别为模式1、模式47、模式26、模式38和模式36。从表2.12可以看出，对于各降雨量序列，AIC值最小的模式分别为模式5、模式20、模式1、模式1和模式45。

表2.11　入流量序列拟合结果(AIC值)

模式	入流量序列					模式	入流量序列				
	全年	冬季	春季	夏季	秋季		全年	冬季	春季	夏季	秋季
1	1274.4	961.5	1130.8	1239.4	1136.6	25	1278.3	957.8	1130.8	1243.4	1136.4
2	1307.6	986.2	1176.9	1285.7	1194.2	26	1279.8	951.2	1127.5	1244.7	1137.3
3	1282.3	964.5	1147.5	1250.4	1157.7	27	1278.2	957.6	1130.7	1243.3	1136.4
4	1277.4	962.4	1135.2	1241.1	1140.4	28	1278.1	957.7	1129.9	1243.3	1136.3
5	1276.2	955.7	1131.6	1241.4	1136.5	29	1277.6	954.8	1132.6	1244.8	—
6	1299.2	979.8	1177.1	1278.9	1195.1	30	1276.1	949.3	1128.5	1246.5	1138.3
7	1283.4	958.4	1148.8	1251.8	1158.2	31	1277.6	954.8	1132.4	1244.7	1136.1
8	1278.8	957.6	1136.0	1243.1	1140.2	32	1276.6	948.4	1131.7	1244.6	1135.6
9	1276.0	953.1	1133.5	1242.8	1137.1	33	1275.1	948.6	1134.1	1246.5	1246.5
10	1301.2	980.7	1178.9	1280.9	1197.1	34	1277.8	951.3	1130.4	1248.4	1137.5
11	1283.2	960.3	1150.3	1253.7	1156.0	35	1276.5	954.4	1134.1	1246.3	1137.6
12	1280.5	958.5	1138.0	1245.0	1141.8	36	1276.9	953.3	1132.3	1246.5	1134.7
13	1274.7	951.5	1129.7	1240.6	1140.4	37	1277.1	951.7	1130.7	1242.9	1140.4
14	1293.8	969.3	1167.8	1275.6	1196.9	38	1278.6	951.2	—	1236.9	1140.8
15	1282.8	953.9	1147.1	1252.4	1162.0	39	1276.7	951.7	1130.4	1242.4	1140.4
16	1276.6	950.0	1133.1	1242.6	1143.7	40	1276.3	953.5	1129.8	1242.2	1140.3
17	1277.6	946.8	1133.8	1244.1	1142.9	41	1279.8	—	1133.8	1245.9	—
18	1296.8	961.0	1169.3	1279.7	1191.1	42	—	950.5	—	—	—
19	1286.6	948.4	1149.2	1257.8	1162.3	43	1279.2	948.7	1133.6	1245.3	1142.3
20	1280.9	948.0	1137.9	1247.3	1146.4	44	1278.4	948.9	1132.7	1244.5	1141.7
21	1277.6	962.9	1130.0	1243.3	1135.3	45	1281.9	—	1137.4	1249.6	—
22	1283.1	968.0	1152.2	1254.7	1165.9	46	1281.2	—	1281.2	1246.0	—
23	1276.4	963.0	1130.0	1241.4	1135.3	47	1279.2	944.6	1136.3	1247.6	1142.4
24	1276.1	963.5	1129.3	1241.3	1134.9	48	—	—	1136.8	1248.6	1144.4

注：—表示水文序列在该模式下拟合出错；下划线表示水文序列在该模式下拟合的AIC值最小。

表 2.12 降雨量序列拟合结果(AIC 值)

模式	降雨量序列					模式	降雨量序列				
	全年	冬季	春季	夏季	秋季		全年	冬季	春季	夏季	秋季
1	718.3	519.2	623.5	684.9	624.3	25	716.3	521.9	625.5	686.4	622.7
2	737.5	539.0	651.7	706.5	655.5	26	719.7	522.1	625.5	688.3	622.2
3	723.2	523.6	628.4	688.2	626.1	27	716.3	522.0	625.4	686.5	622.8
4	726.1	518.3	631.2	686.8	626.3	28	716.2	523.0	625.4	687.2	623.4
5	714.4	521.0	624.7	685.2	621.4	29	716.8	521.5	627.2	687.1	624.7
6	728.6	540.4	653.4	704.8	651.0	30	718.7	524.4	627.1	687.7	624.2
7	720.1	524.8	629.8	687.7	623.8	31	716.8	521.5	627.1	687.1	624.8
8	718.7	520.3	632.8	685.9	622.4	32	716.6	524.1	627.1	688.0	625.3
9	714.9	520.6	626.5	685.4	623.3	33	718.8	520.1	629.0	688.5	624.5
10	726.5	537.1	655.0	703.8	649.5	34	720.4	522.5	—	689.6	624.1
11	720.0	525.3	631.8	688.1	624.3	35	718.8	521.8	629.0	688.5	625.4
12	719.1	518.7	634.4	687.2	624.3	36	718.3	517.5	628.8	—	627.3
13	718.2	524.7	626.8	687.5	621.2	37	720.0	524.1	627.5	689.4	623.0
14	732.1	538.5	655.5	707.2	651.9	38	722.9	522.3	628.0	689.1	617.7
15	723.1	528.3	631.9	689.4	621.8	39	720.0	522.9	—	689.2	623.2
16	722.5	521.8	634.9	688.9	624.0	40	719.9	526.7	627.5	689.5	623.2
17	721.5	514.4	631.8	688.3	615.6	41	723.4	—	632.5	690.7	617.2
18	731.7	524.3	659.2	703.6	629.5	42	725.1	520.3	633.4	693.2	—
19	726.0	520.9	636.7	692.7	616.2	43	723.4	516.1	632.4	690.3	617.5
20	725.0	511.3	639.5	689.8	611.9	44	723.2	517.6	630.2	690.6	—
21	719.0	519.9	624.4	686.7	625.8	45	725.4	—	638.4	689.0	609.7
22	723.9	524.4	632.4	689.8	632.4	46	—	—	—	—	—
23	718.9	520.0	624.4	686.7	626.1	47	723.1	515.3	638.4	689.5	613.1
24	718.9	521.2	624.3	686.9	626.3	48	727.7	—	635.0	692.7	—

注:—表示水文序列在该模式下拟合出错;下划线表示水文序列在该模式下拟合的 AIC 值最小。

2) 模式选择

依据 2.2.2 节中提到的方法,对每个入流量序列和降雨量序列,首先选取 AIC 值最小的模式作为备用最优模式;然后采用似然比检验法检验备用最优模式的拟合效果是否明显优于其他更简单的模式,计算得到的 p_value 如表 2.13 和表 2.14 所示。取显著性水平为 0.05,从表 2.13 可以看出,对年入流量、冬季入流量、春季入流量和夏季入流量序列,所有的 p_value 均小于 0.05,因此采用备用最优模式作为这四个序列的最优模式。对秋季入流量序列,模式 21 的 p_value 为 0.083,大于 0.05,说明备用最优模式没有明显优于该简单模式,因此采用模式 21 作为秋季入流量序列的最优模式。从表 2.14 可以看出,对每个降雨量序列,所有的 p_value 均小于 0.05,即各序列的备用最优模式均优于简单模式,因此选取备用最优模式作为各序列的最优模式。因此,对于入流量,全年、冬季、春季、夏季和秋季序列的最优模式为模式 1、模式 47、模式 26、模式 38 和模式 21，对应的分布函数及参数组合类型分别为：①μ、σ 都不随时间变化的 GA 分布；②μ、σ、ν 都随时间非线性变化的 GG 分布；③μ 随时间线性变化，σ、ν 不随时间变化的 EG 分布；④μ 随时间非线性变化，σ、ν 不随时间变化的 EG 分布；⑤μ、σ、ν 都不随时间变化的 BCCG 分布。对于降雨量，全年、冬季、春季、夏季和秋季序列的最优模式为模式 5、模式 20、模式 1、模式 1 和模式 45，对应的分布函数及参数组合类型分别为：①μ 随时间线性变化，σ 不随时间变化的 GA 分布；②μ、σ 都随时间非线性变化的 WEI 分布；③μ、σ 都不随时间变化的 GA 分布；④μ、σ 都不随时间变化的 GA 分布；⑤μ、σ、ν 都随时间非线性变化的 BCCG 分布。

表 2.13　入流量序列备用最优模式检验结果(p_value)

模式	入流量序列					模式	入流量序列				
	全年	冬季	春季	夏季	秋季		全年	冬季	春季	夏季	秋季
1	**	<0.001	0.026	0.033	0.042	25	*	<0.001	0	0.005	0.046
2	0	<0.001	<0.001	<0.001	<0.001	26	*	0.004	**	<0.001	<0.001
3	0	<0.001	<0.001	<0.001	<0.001	27	*	<0.001	0	<0.001	<0.001
4	0	<0.001	<0.001	<0.001	<0.001	28	*	<0.001	0	<0.001	<0.001
5	*	<0.001	<0.001	0.015	0.049	29	*	<0.001	*	0.002	—
6	*	<0.001	<0.001	<0.001	<0.001	30	*	0.009	*	<0.001	<0.001
7	*	<0.001	<0.001	<0.001	<0.001	31	*	<0.001	*	<0.001	<0.001
8	*	<0.001	<0.001	<0.001	<0.001	32	*	<0.001	*	<0.001	<0.001
9	*	<0.001	0	0.007	0.039	33	*	0.014	*	0	0
10	*	<0.001	0	<0.001	<0.001	34	*	0.005	*	0	0
11	*	<0.001	0	<0.001	<0.001	35	*	<0.001	*	0	0
12	*	<0.001	0	<0.001	<0.001	36	*	0.002	*	0	**
13	*	0.004	*	0.017	<0.001	37	*	<0.001	*	0	0
14	*	<0.001	*	<0.001	<0.001	38	*	<0.001	—	**	0
15	*	0.002	*	<0.001	<0.001	39	*	0.004	*	0	0
16	*	0.007	*	<0.001	<0.001	40	*	<0.001	*	0	0
17	*	0.037	*	*	*	41	*	—	*	*	—
18	*	<0.001	*	*	*	42	—	0.007	—	—	—
19	*	0.018	*	*	*	43	*	0.018	*	*	*
20	*	0.022	*	*	*	44	*	0.016	*	*	*
21	*	<0.001	0.032	0.006	0.083	45	*	—	*	*	—
22	*	<0.001	<0.001	<0.001	<0.001	46	*	—	*	*	—
23	*	<0.001	0.033	<0.001	<0.001	47	*	**	*	*	*
24	*	<0.001	0.046	<0.001	<0.001	48	—	—	*	*	*

注：—表示水文序列在该模式下拟合出错；** 表示该模式为备用最优模式；* 表示该模式比备用最优模式更复杂。

表 2.14　降雨量序列备用最优模式检验结果(p_value)

模式	降雨量序列					模式	降雨量序列				
	全年	冬季	春季	夏季	秋季		全年	冬季	春季	夏季	秋季
1	0.015	0.003	**	**	<0.001	25	*	<0.001	*	*	<0.001
2	<0.001	<0.001	0	0	<0.001	26	*	<0.001	*	*	<0.001
3	<0.001	<0.001	0	0	<0.001	27	*	<0.001	*	*	<0.001
4	<0.001	0.004	0	0	<0.001	28	*	<0.001	*	*	<0.001
5	**	0.001	*	*	<0.001	29	*	0.001	*	*	<0.001
6	0	<0.001	*	*	<0.001	30	*	<0.001	*	*	<0.001
7	0	<0.001	*	*	<0.001	31	*	0.001	*	*	<0.001
8	0	0.002	*	*	<0.001	32	*	<0.001	*	*	<0.001
9	*	0.002	*	*	<0.001	33	*	0.002	*	*	<0.001
10	*	<0.001	*	*	<0.001	34	*	<0.001	—	*	<0.001
11	*	<0.001	*	*	<0.001	35	*	<0.001	*	*	<0.001
12	*	0.004	*	*	<0.001	36	*	0.006	*	—	<0.001
13	*	<0.001	*	*	<0.001	37	*	<0.001	*	*	<0.001
14	*	<0.001	*	*	<0.001	38	*	<0.001	*	*	<0.001
15	*	<0.001	*	*	<0.001	39	*	<0.001	—	*	<0.001
16	*	<0.001	*	*	<0.001	40	*	<0.001	*	*	<0.001
17	*	0	*	*	*	41	*	—	*	*	<0.001
18	*	0	*	*	*	42	*	*	*	*	—
19	*	0	*	*	*	43	*	*	*	*	<0.001
20	*	**	*	*	*	44	*	*	*	*	—
21	0	0.002	*	*	<0.001	45	*	—	*	*	**
22	0	<0.001	*	*	<0.001	46	—	—	—	—	—
23	0	0.002	*	*	<0.001	47	*	*	*	*	0
24	0	0.001	*	*	<0.001	48	*	—	*	*	—

注：—表示水文序列在该模式下拟合出错；** 表示该模式为备用最优模式；* 表示该模式比备用最优模式更复杂。

3）模式评价

采用 2.2.2 节介绍的残差分析方法对每个入流量序列和降雨量序列的最优模式的拟合效果进行评价，得到的正态分位数图如图 2.5 和图 2.6 所示。数据点与 1∶1 辅助线的偏差越大，表明最优模式对序列的拟合效果越差。如果偏差过大，表明最优模式对序列的拟合效果不能满足要求，须放弃该最优模式。从图 2.5 可以看出，各入流量序列的最优模式都具有较好的拟合效果，数据点基本上在辅助线附近。从图 2.6 可以看出，数据点基本上沿着辅助线分布，说明各降雨量序列的最优模式拟合效果也都很好。以上结果表明，通过模式选择得到的最优模式可用于拟合相对应的入流量（降雨量）序列。

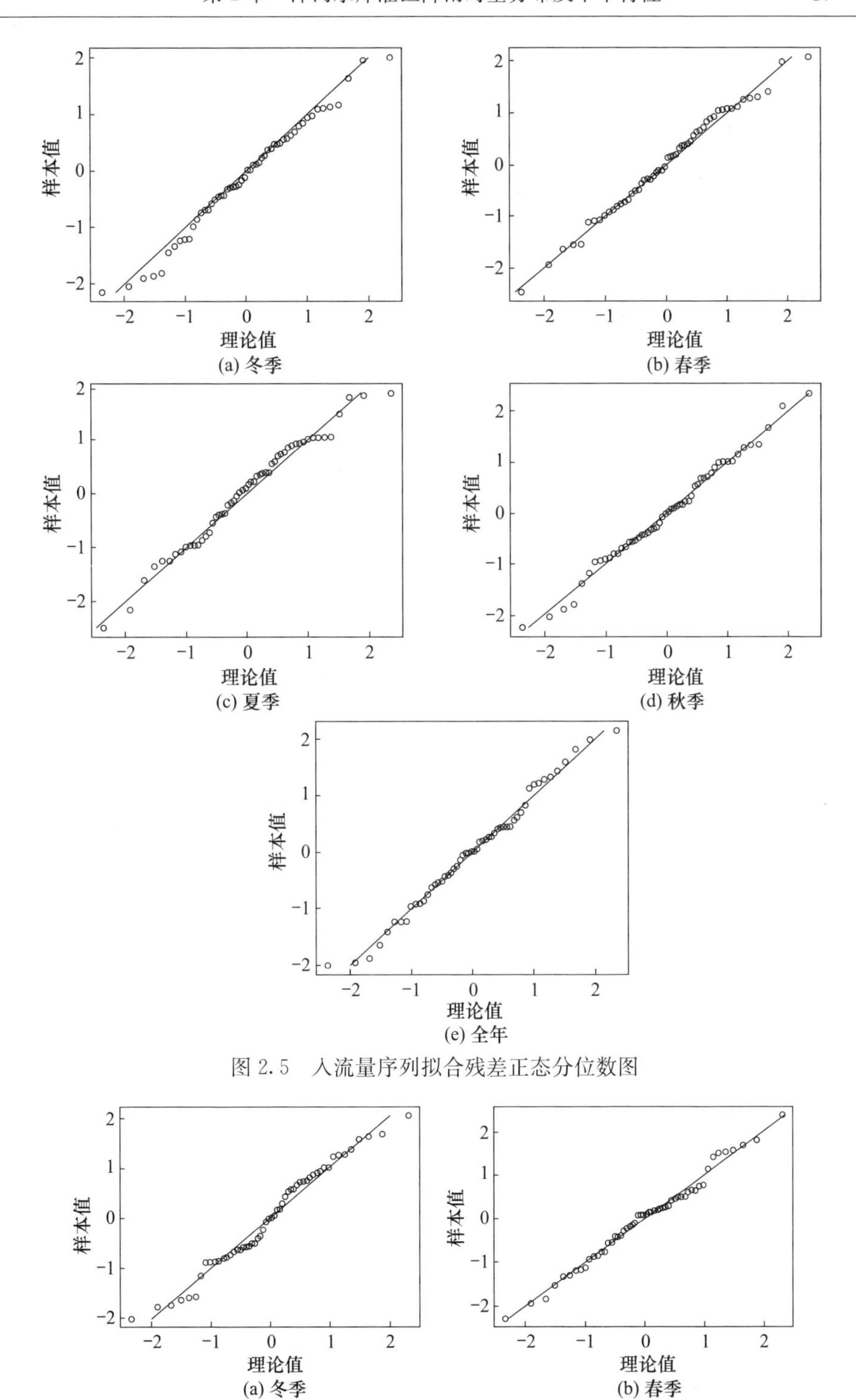

图 2.5　入流量序列拟合残差正态分位数图

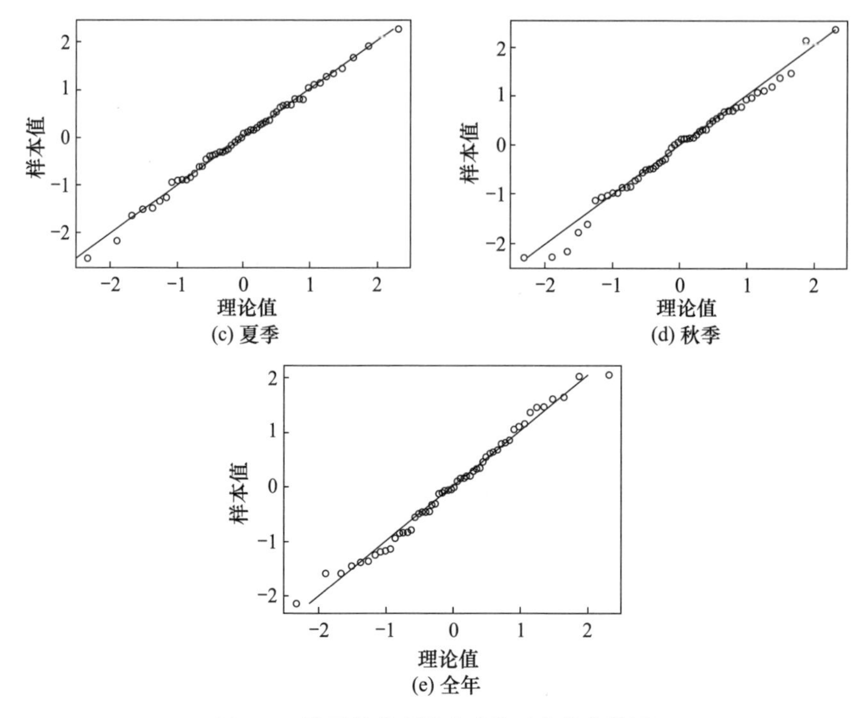

图 2.6　降雨量序列拟合残差正态分位数图

在最优模式中，如果参数都不随时间变化，说明入流量(降雨量)的概率分布参数是一致的，即入流量(降雨量)序列不存在变异；如果任一参数随时间线性或非线性变化，说明入流量(降雨量)的概率分布参数是不一致的，即入流量(降雨量)序列存在变异。根据各入流量和降雨量序列的最优模式，可分析得到系列的变异情况，如表 2.15 所示。

表 2.15　基于 GAMLSS 模型的入流量和降雨量序列变异识别结果

水文要素	水文序列				
	全年	冬季	春季	夏季	秋季
入流量	无变异	非线性变异	线性变异	非线性变异	无变异
降雨量	线性变异	非线性变异	无变异	无变异	非线性变异

3. 非一致性概率分布计算

通过对比表 2.10 和表 2.15 可知，变异诊断系统和 GAMLSS 模型对年入流量、冬季入流量和秋季入流量以及年降雨量、春季降雨量、夏季降雨量和秋季降雨量序列的变异识别结果一致。对于春季入流量、夏季入流量和冬季降雨量序列，变异诊断系统诊断为无变异，而 GAMLSS 模型识别出线性或非线性变异。由于变异诊断系统在识别水文序列趋势变异时只能体现变量随时间的线性变化，而GAMLSS模型还可以描述变量与时间的非线性关系，本节采用基于GAMLSS模型分析得到的结果。

分位数回归图可直观地表示各序列的变异情况，根据漳河水库各入流量序列和漳河水库灌区各降雨量序列及其相应的最优模式，可得到各序列的分位数回归图，如图2.7和图2.8所示。从图2.7可以看出，对于冬季入流量序列，第50、第75和第95百分位数曲线一开始下降，然后在1980～2000年上升，达到顶峰后急剧

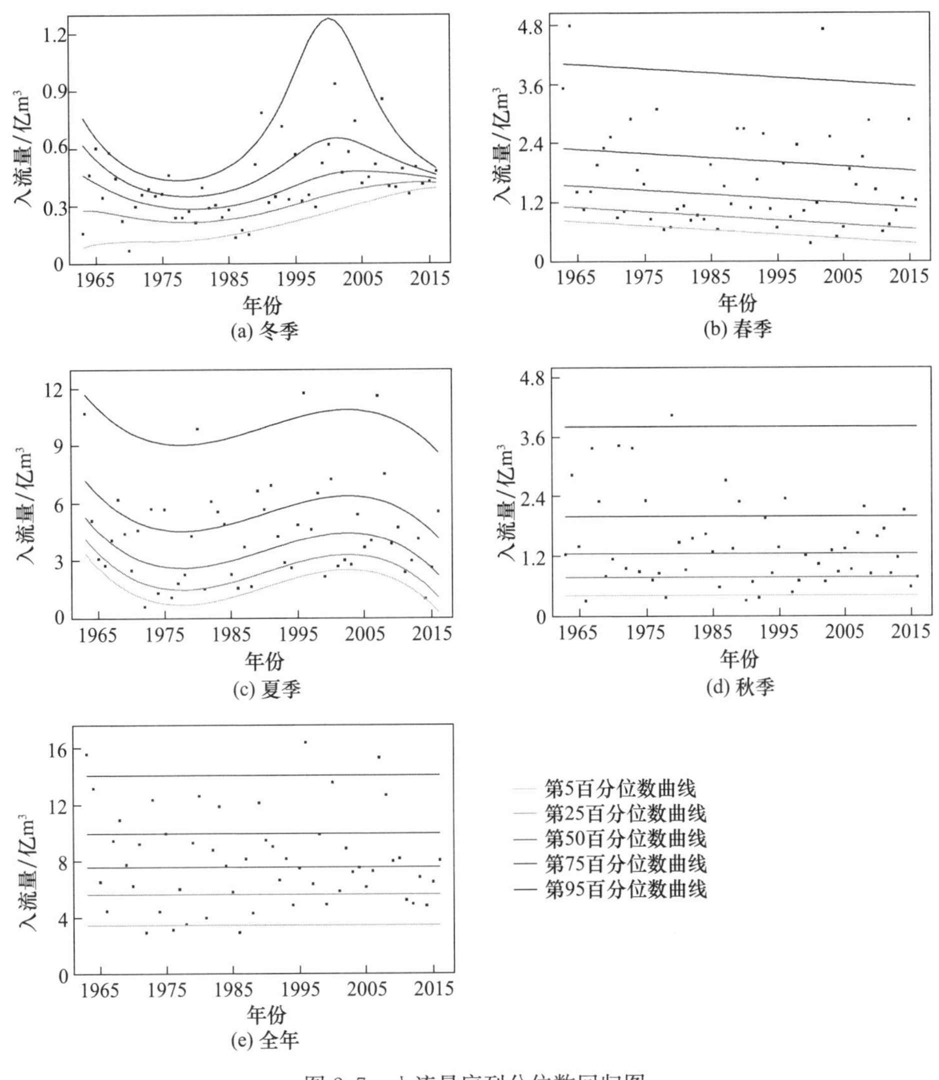

图2.7　入流量序列分位数回归图

实心点表示入流量实测值

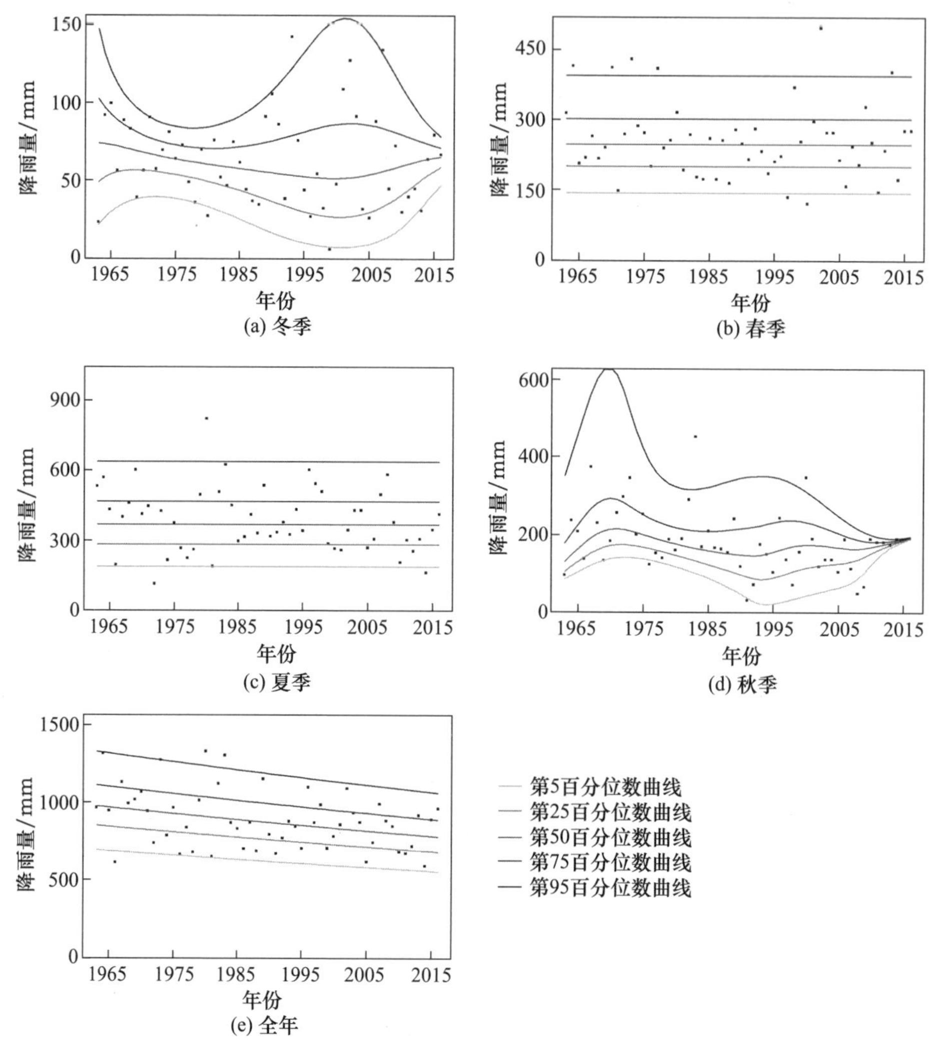

图 2.8　降雨量序列分位数回归图

实心点表示入流量实测值

下降；然而第 5 和第 25 百分位数曲线在 1980 年后一直缓慢上升。春季入流量序列的 5 个分位数曲线一直缓慢下降。对于夏季入流量序列，5 个分位数曲线在 1980 年前下降，然后上升，并在 2005 年后又开始下降。秋季入流量和年入流量序列的 5 个分位数曲线都基本保持水平。

从图 2.8 可以看出，对于冬季降雨量序列，第 75 和第 95 百分位数曲线在 1975 年前下降，而后上升，并在 2000 后开始急剧下降；然而第 5 和第 25 百分位数曲线与之正好相反。春季降雨量和夏季降雨量序列的 5 个分位数曲线都一直保持水平。对于秋季降雨量序列，第 75 和第 95 百分位数曲线先上升，在 1970 年达到顶峰后急剧下降，然后经过缓慢地上升和下降。年降雨量的5个分位数曲线都一直缓慢下降。

此外，根据最优模式的拟合结果，得到了漳河水库各入流量序列和漳河水库灌区各降雨量序列的概率分布参数与时间的定性关系，如表2.16和表2.17所示，进而可得到非一致性条件下每个入流量(降雨量)序列的概率分布。

表 2.16　入流量序列最优模式的分布参数

入流量	概率分布类型	位置参数	尺度参数	形状参数
全年	GA	$\mu=8.02\times10^4$	$\sigma=0.41$	—
冬季	EG	$\mu=\exp(2.39\times10^5-3.59\times10^2t+0.18t^2-3.00\times10^{-5}t^3)$	$\sigma=\exp(4.69\times10^5-7.11\times10^2t+0.36t^2-6.04\times10^{-5}t^3)$	$\nu=-4.65\times10^5+7.15\times10^2t-0.37t^2+6.25\times10^{-5}t^3$
春季	EG	$\mu=1.77\times10^5-86.45t$	$\sigma=1.07\times10^3$	$\nu=1.07\times10^4$
夏季	BCCG	$\mu=1.86\times10^{10}-2.80\times10^7t+1.41\times10^4t^2-2.36t^3$	$\sigma=3.27\times10^3$	$\nu=2.79\times10^4$
秋季	GG	$\mu=1.24\times10^4$	$\sigma=0.68$	$\nu=3.78\times10^{-3}$

注：t代表年份；入流量的单位是万m^3。

表 2.17　降雨量序列最优模式的分布参数

降雨量	概率分布类型	位置参数	尺度参数	形状参数
全年	GA	$\mu=\exp(15.22-4.24\times10^3t)$	$\sigma=0.19$	—
冬季	WEI	$\mu=\exp(7.81\times10^4-1.17\times10^2t+5.86\times10^{-2}t^2-9.79\times10^{-6}t^3)$	$\sigma=\exp(-1.11\times10^6+1.67\times10^3t-0.84t^2+1.41\times10^{-4}t^3)$	—
春季	GA	$\mu=2.56\times10^2$	$\sigma=0.30$	—
夏季	GA	$\mu=3.84\times10^2$	$\sigma=0.36$	—
秋季	BCCG	$\mu=\exp(2.87\times10^6-4.07\times10^3t+1.92t^2-2.99\times10^{-4}t^3)$	$\sigma=\exp(2.18\times10^6-3.29\times10^3t+1.66t^2-2.78\times10^{-4}t^3)$	$\nu=1.25\times10^5-1.88\times10^2t+9.45\times10^{-2}t^2-1.58\times10^{-5}t^3$

注：t代表年份；降雨量的单位是mm。

2.3　灌区干旱特性分析

2.3.1　干旱指标选取及干旱频率分析

干旱最直观的表现是降雨量的减少，降雨量是干旱变化的最主要因子，同时，蒸散量也与干旱的形成和旱灾的严重程度有着密不可分的关系。因此，本节选择月尺度和季尺度标准化降水指数(standardized precipitation index,SPI)和月尺度标准化降水蒸散指数(standardized precipitation evapotranspiration index,SPEI)进行适用性分析。

SPI是一种可以反映不同时间尺度上的降水丰贫程度的指标值,它可以很好地反映研究区域的旱涝程度及其起始时间。通过选取特定时间尺度,配合长期降水记录数据,可对任何研究区域(或站点)进行SPI指标计算,从而评价该研究区域(或站点)的降水丰贫程度。SPEI的计算与SPI有相似之处,采用降雨量与蒸散量的差值代替SPI计算中的降雨量,计算其偏离平均状态的程度,从而反映研究区域的干旱情况。这两种干旱指标因计算简单、资料易获取、具有稳定的计算特性、对干旱变化反应敏感等特点,被国内外学者广泛应用于干旱分析研究。

采用三阈值法进行干旱事件识别,剔除假性干旱,合并子干旱。干旱识别过程中,分别选用阈值 $R_0=0$,$R_1=-0.5$,$R_2=-1$。

(1) 当指标值小于 R_1 时,初步判断形成干旱。

(2) 干旱历时仅一个月,当指标值小于 R_2 时,则判定确实发生了干旱;如果干旱历时仅一个月,且指标值在 R_1 与 R_2 之间,则判定为假性干旱。

(3) 干旱历时超过一个月,即使指标值在 R_1 与 R_2 之间,仍判定为干旱。

(4) 两场干旱之间,若出现超过连续两个月指标值大于 R_1,则认为两场干旱相互独立;反之,二者是一场干旱的子干旱。

(5) 一场干旱后相邻一个月的指标值大于 R_0,则干旱结束。

干旱场次具有多项特征值,包括干旱历时 D 和干旱烈度 S。干旱烈度 S 定义为干旱起始至终止时段内,干旱月份指标值与阈值 R_1 之差的累积和。干旱历时 D 定义为干旱起始至终止时段的干旱月份数,由于过渡时段对干旱时间的重现期影响较小,不计入干旱历时。当计算干旱频率,求干旱重现期时,需要通过这两种特征值计算其联合概率分布。选用GH Copula函数分析两种变量之间存在的正相关性,其计算公式为

$$F_{D,S}(d,s)=C(U\geqslant\mu,V\geqslant\nu)=\mu+\nu+\{-\{[-\ln(1-\mu)]^{\theta}+[-\ln(1-\nu)]^{\theta}\}^{\frac{1}{\theta}}\}-1 \tag{2.23}$$

式中,$\mu=F_D(d)$;$\nu=F_S(s)$;θ 通过Kendall相关系数 τ 计算:

$$\theta=\frac{1}{1-\tau} \tag{2.24}$$

τ 的计算公式为

$$\tau=\frac{2\sum\limits_{i<j}\operatorname{sgn}\{(D_i-D_j)(S_i<S_j)\}}{n(n-1)} \tag{2.25}$$

式中,D_i 为第 i 场干旱的历时;S_i 为第 i 场干旱的烈度;$\operatorname{sgn}(\cdot)$为符号函数。

所求重现期为同时满足条件，干旱历时 $D\geqslant d$，干旱烈度 $S\geqslant s$ 的联合重现期为

$$T(D\geqslant d,S\geqslant s)=\frac{E(L)}{F_{D,S}(d,s)} \tag{2.26}$$

式中，$E(L)$为平均干旱间隔，等于平均非干旱历时与平均干旱历时之和。

2.3.2　干旱指标适用性比较及干旱特征分析

根据湖北省漳河工程管理局所提供的 1973～2009 年各月份降水与蒸发资料，分别计算逐年各月份月尺度 SPI、季尺度 SPI、月尺度 SPEI 指标值。根据干旱过程识别准则，识别各干旱事件过程并提取每场干旱事件的特征值。以 P-Ⅲ型指数分布曲线对干旱历时 D 和干旱烈度 S 进行适线，结果如图 2.9 所示（此处仅列出基于月尺度 SPI 的频率适线图）。根据 P-Ⅲ型曲线，计算得 D、S 的理论频率 F_D 和 F_S。根据 Kendall 相关系数计算得 $\tau=0.441$，再据 GH Copula 的上尾相关系数为 $2-2^{1/\theta}$得 $\theta=1.79$，后经式(2.23)计算得 D 和 S 联合频率 $F_{D,S}$，根据 $F_{D,S}$和干旱间隔期望值 $E(L)$，由式(2.26)计算干旱事件重现期 T。

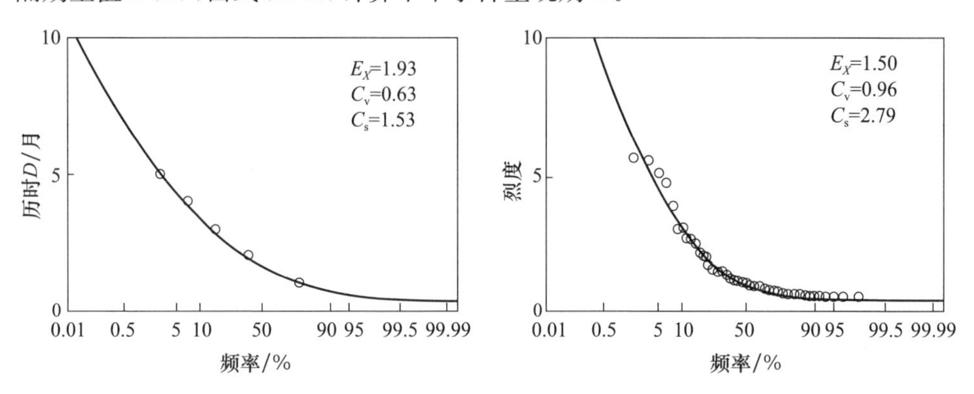

图 2.9　基于月尺度 SPI 的干旱历时 D 和干旱烈度 S 的频率适线图

根据湖北省漳河工程管理局提供的灌区实际旱情资料，比较基于干旱指标识别的干旱过程与实际干旱过程的一致性，从而评判干旱指标在表征区域干旱的适宜性。分别将 3 种指标所识别的漳河水库灌区的几场严重干旱进行整理，基于 3 种干旱指标分别识别的几场严重干旱场次的特征值如表 2.18 所示。

通过与实际旱情资料及灌区历史枯水期进行比对，发现月尺度 SPI 和月尺度 SPEI 对干旱的识别较为准确。从表 2.18 可以看出，基于月尺度 SPI 较准确地识别出了漳河水库灌区历史中出现严重旱情的 1979 年、1981 年、1991 年、1998～1999 年、2000 年、2001 年等干旱过程，但所识别的 1988 年、2005 年及 2009 年的干旱过程在实际资料记载中并未形成严重干旱，同时，未能识别出 1977～1978 年出现的严重干旱过程。基于月尺度 SPEI 较准确地识别出了漳河水库灌区历史中出现严重旱情的 1977～1978 年、1979 年、1981 年、1998～1999 年、2000 年、2001 年

等干旱过程，但所识别的 1987 年的干旱过程在实际资料记载中并未形成严重干旱，同时，未能识别出 1991 年出现的严重干旱过程。而基于季尺度 SPI 识别的结果较差，识别出的严重干旱过程缺失较明显，且所识别出的干旱过程历时偏长，重现期较短，与实际干旱情况不符合。因此，认为在对于漳河水库灌区干旱过程的识别中，月尺度 SPI 与月尺度 SPEI 的识别效果较好。

表 2.18 基于 3 种干旱指标分别识别的严重干旱事件特征值

月尺度 SPI				
起始时间/年-月	结束时间/年-月	历时 D/月	烈度 S	重现期 T/年
2000-02	2000-07	6	5.50	45.6
1998-11	1999-03	5	5.61	33.6
2009-07	2009-11	5	2.70	28.1
2001-05	2001-09	5	4.68	22.8
1981-05	1981-07	3	5.07	21.7
1991-08	1991-11	4	2.62	12.7
2005-03	2005-06	4	2.48	12.4
1979-10	1979-11	2	3.85	10.1
1988-10	1988-12	3	3.05	8.4
季尺度 SPI				
起始时间/年-月	结束时间/年-月	历时 D/月	烈度 S	重现期 T/年
2000-01	2000-08	8	8.28	34.4
1998-11	1999-04	6	7.33	16.1
1988-01	1988-07	7	4.98	14.1
1986-02	1986-10	9	2.37	12.5
1991-09	1992-02	6	6.21	11.7
1981-05	1981-09	5	6.34	10.3
2001-05	2001-09	5	5.88	8.8
月尺度 SPEI				
起始时间/年-月	结束时间/年-月	历时 D/月	烈度 S	重现期 T/年
1981-05	1981-07	3	8.4	397.4
2000-02	2000-07	6	3.68	34.4
1977-06	1977-09	4	3.98	19.7
1979-10	1979-11	2	4.4	17.4
1978-07	1978-10	4	3.56	16.5
1987-12	1988-04	5	3.3	15.1
2001-05	2001-09	5	2.52	12.3
1998-09	1999-02	6	2.33	11.9
1973-10	1973-12	3	3.57	11.1

基于月尺度SPI所识别的最为严重的干旱过程为2000年2～7月，其历时为6个月，烈度为5.5，对应重现期达45.6年一遇，这与该场干旱出现了1973年以来实际灌区受灾面积最大的情况相一致；基于月尺度SPEI识别出的最为严重的干旱过程为1981年5～7月，其历时为3个月，烈度为8.4，其对应的重现期最大，达397.4年一遇，与实际资料长度38年差距较大。因此，认为基于月尺度SPI识别干旱场次，计算对应干旱重现期较为合理，而基于月尺度SPEI计算得出的干旱重现期在极值点处存在一定问题，需要进行修正。

因此，在漳河水库灌区干旱评价中，月尺度SPI识别效果最好。该指标可以准确地识别干旱过程，各干旱场次特征值求取准确，对应重现期与实际资料较为吻合，在漳河水库灌区干旱分析中具有良好的适用性。

对基于月尺度SPI识别的干旱过程进行分析，得出漳河水库灌区干旱特征。1973～2009年，漳河水库灌区总干旱场次为57场，其中严重干旱为9场，约为4年一遇，与相关文献研究结果较为吻合。与实际旱情过程相比，基于指标所识别的干旱场次明显呈现干旱历时长、干旱出现时间提前的特点。分析漳河水库灌区干旱季节性特征(各月份出现干旱次数见表2.18)可以看出，漳河水库灌区干旱总体季节性特征不突出，各季节干旱分布较为均匀，夏季出现次数略多于其余三个季节。通过对严重干旱场次进行分析(见表2.19)，可以看出漳河水库灌区严重干旱多发生在夏秋季，对应时间段水稻处于孕穗、抽穗、乳熟生育期，需水量大，一旦出现严重干旱，灌区灌溉用水得不到满足，将直接威胁灌区农业经济收入。

表2.19　各月份干旱发生次数统计

月份	干旱发生次数/次	月份	干旱发生次数/次
1	8	7	12
2	9	8	13
3	11	9	11
4	9	10	7
5	10	11	8
6	11	12	11

2.4　本章小结

本章介绍了湖北省漳河水库灌区这一主要试验研究区的基本情况，对灌区水资源非一致性和干旱特性进行了研究，得出以下结论：

(1) 分别采用变异诊断系统和GAMLSS模型对漳河水库年入流量和各季节入流量序列以及漳河水库灌区年降雨量和各季节降雨量序列的变异进行了识别。

对大多数序列，两种方法识别结果一致。考虑到 GAMLSS 模型既能体现变量随时间的线性变化，也可以描述变量与时间的非线性关系，本章将基于 GAMLSS 模型分析得到的结果作为变异识别结果。除年入流量、秋季入流量、春季降雨量和夏季入流量序列外，其他入流量(降雨量)序列均存在线性或非线性变异。最后根据 GAMLSS 模型最优模式的拟合结果，得到了非一致性条件下，每个入流量(降雨量)系列在各规划水平年的概率分布，为变化条件下的水资源优化分配奠定基础。

(2) 在漳河水库灌区干旱特性分析中，月尺度 SPI 对实际旱情的识别情况最好，能够较为准确地识别干旱过程并表征其干旱历时、干旱烈度，所求取的各干旱场次联合重现期与实际旱情资料较为吻合。认为月尺度 SPI 在漳河水库灌区干旱分析中具有很好的适用性。

(3) 漳河水库灌区干旱总体季节性特征不突出，各季节干旱分布较为均匀，夏季出现次数略多于其余三个季节。灌区严重干旱四年一遇，且多发生在夏秋季，正是水稻需水季节，夏秋旱容易导致用水保证率降低，威胁粮食生产。通过月尺度 SPI 识别出的干旱过程相对于实际形成的干旱过程，呈现历时长、干旱出现时间提前的特点。根据这一特点，可以在实际气候监测时提前预测可能出现的干旱，布置抗旱规划，合理分配灌溉用水，降低或消除干旱危害。

第 3 章　稻田土壤水分运动试验与模拟

3.1　稻田不同灌溉方式下土壤水分模拟

3.1.1　试验方法及模型建立

1. 田间试验

在水稻生育期内开展的田间试验于 2010 年和 2011 年在漳河水库灌区团林灌溉试验站的低地稻田进行。试验采用两种不同灌溉方式处理(干湿交替灌溉和长期淹灌),每个处理四个重复,田块布置和监测仪器位置示意图如图 3.1 所示。各试验小区田块用平板覆盖土砌块分开(9m×8m),平板向下延伸 50cm,防止田块间的横向渗流。

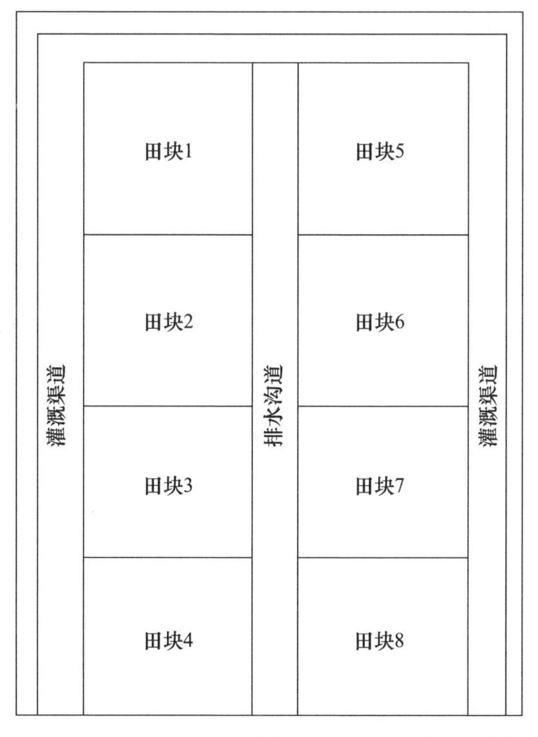

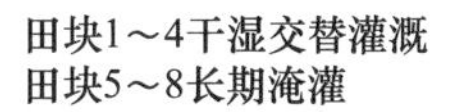

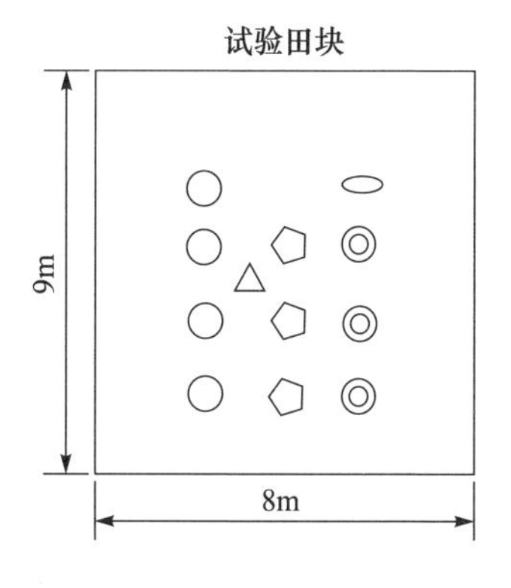

图 3.1　田块布置和监测仪器位置示意图

干湿交替灌溉的水稻不同生育期田间水分状况控制标准如表 3.1 所示。对于淹灌稻田，除水稻需水较少的分蘖后期和黄熟期，其余时期田面均维持一定水层。在长期淹灌稻田，田间无淹没水层时即进行灌溉。长期淹灌和干湿交替灌溉稻田的积水上限深度都是 10cm。在水稻生长阶段的分蘖后期和黄熟期，按照当地村民的经验，排干田面水层以达到增加水稻产量的效果。试验中施用相同氮磷肥。

表 3.1　干湿交替灌溉的水稻不同生育期田间水分状况控制标准

控制条件	返青期	分蘖前期	分蘖后期	拔节期	乳熟期	黄熟期
田间水层上限/cm	10	10	10	10	10	排水和自然晒干
土壤压力水头下限/cm	0	−50	−150	−100	−50	
观测深度/cm	0～18	0～18	0～18	0～33	0～33	

根据对原位土壤质地的目测观察以及对试验田块各层未扰动土样室内土壤性质化验分析，将土壤剖面分为三层，即耕作层、犁底层和积淀层，各层土壤基本物理性质见表 3.2，用 Ankersmid Ltd. Eyetech Series 形状测量系统测定各层土壤粒径分布。在试验田块每层土壤，水平均匀取 250cm^3 土样，每层三次重复。将每份原状土分成三组，分别测定土壤容重、饱和水力传导度和土壤水分特征曲线。土壤容重用烘干法测定，饱和水力传导度用定水头法测定，土壤水分特征曲线用基于简化蒸发法的 Hyprop 系统测定。测量关键土壤水势和土壤含水率是利用 HYDRUS-1D 模型中的 Hyprop 系统优化确定 van Genuchten θ-h 关系，这将在 3.1.2 节中具体阐述。

表 3.2　田间土壤基本物理特征

土层	质地			ρ_b/(g/cm)
	砂粒/%	粉粒/%	黏粒/%	
耕作层(0～18cm)	20.2	45.5	34.3	1.33(6.43)
犁底层(18～33cm)	16.1	44.7	39.2	1.56(2.58)
积淀层(33～100cm)	36.4	37.2	26.4	1.43(2.79)

土层	保水方程参数				K_s/(cm/d)
	θ_r/(cm^3/cm^3)	θ_s/(cm^3/cm^3)	α	n	
耕作层(0～18cm)	0.098(42)	0.43(32)	0.021(12)	1.31(10)	7.43(32)
犁底层(18～33cm)	0.069(53)	0.38(28)	0.011(14)	1.23(11)	0.48(46)
积淀层(33～100cm)	0.062(31)	0.41(25)	0.034(8)	1.41(8)	18.2(11)

注：ρ_b 为土壤容重；θ_r为残余体积含水率；θ_s 为饱和体积含水率；α 和 n 为土壤水分特征曲线适线参数；K_s 为饱和水力传导度；括号中的值为基于百分数表示的方差。

插秧前，将压力计和张力计安装在每块地中心 18～33cm 深处，该深度压力梯度较大，表面张力计可能达到最深的位置是 72cm 土壤深度处。各试验田块打入

PVC 管(内径 4cm)测量地下水水位，并在各田块安装水尺测量田面积水深度，积水深度用排水口处的铁闸控制。

2010 年(6 月 3 日～9 月 25 日)和 2011 年(6 月 9 日～9 月 28 日)水稻生育期间，手动记录每块稻田的每日积水深度及地下水位；每日土壤水势用张力计测量，如果土壤是饱和的，土壤压力水头用压力计测量。为确保数据的一致性，每日测量时间均为下午 2 点。水平衡要素包括降雨水量、灌水量和排水量，根据测量的田间水势和灌溉制度进行灌溉。灌水量按照当地经验，一次 30mm，通过抽运时间与稳定泵流进行控制。试验中，干湿交替灌溉和长期淹灌稻田排水口都没有观察到排水，每日蒸发蒸腾量通过参考蒸发蒸腾量乘以水稻系数来计算，从距试验稻田 100m 远的团林气象站获得气象数据。每年在收获季节对所有田块当季粮食产量进行调查。水稻生长季节期间使用的日期称为移植后天数(days after transplanting，DAT)。

2. 模型原理

使用 HYDRUS-1D 模型模拟水分运动，用 Richard 方程描述土壤水运动过程：

$$\frac{\partial\theta}{\partial t}=\frac{\partial}{\partial Z}\left[K(h)\left(\frac{\partial h}{\partial Z}+1\right)\right]-S \tag{3.1}$$

式中，t 为时间，d；θ 为体积含水率，cm^3/cm^3；h 为土壤压力水头，cm；Z 为空间坐标，cm，定义向上为正；$K(h)$ 为非饱和水力传导度，cm/d；S 为蒸腾量，代表植物根系吸水，cm/d，以蒸发蒸腾量值(ET)代替。

van Genuchten 等(1980)提出用 K-h 和 θ-h 的关系描述低地水稻土壤水力特性：

$$\theta(h)=\begin{cases}\theta_r+\dfrac{\theta_s-\theta_r}{[1+(\alpha h)^n]^m}, & h<0\\ \theta_s, & h\geqslant 0\end{cases} \tag{3.2}$$

$$K(h)=K_s S_e^l\left[1-(1-S_e^{\frac{1}{m}})^m\right]^2 \tag{3.3}$$

$$m=1-\frac{1}{n},\quad S_e=\frac{\theta-\theta_r}{\theta_s-\theta_r} \tag{3.4}$$

式中，θ_r、θ_s分别为残余体积含水率和饱和体积含水率，cm^3/cm^3；α、n 为土壤水分特征曲线的拟合参数，α 单位为 cm^{-1}，n 无量纲；l 为孔隙连通性参数，通常取 0.5；S_e 为相对饱和度。

HYDRUS-1D 模型可应用 Marquardt-Levenberg 类型参数估计算法反推土壤水力参数。

由于地下水埋深深度一般低于 1m，用 1m 深土柱模拟水稻土壤区域。土壤的初始含水率利用插秧前一天测量的土壤压力水头根据 van Genuchten 方程的 θ-h

关系计算得出。下边界条件设置为每日测量地下水位的日常压力水头，上边界条件设置为大气边界条件。大气边界条件包括降雨、蒸发和灌溉，灌溉假定为均匀降雨情况。钢板能够有效阻止水分横向流动，因此土壤区域的左右边界为零通量边界。

模型模拟分为两个步骤：①对每个田块使用表 3.2 中的实测土壤水力参数进行模拟；②用所测土壤压力水头与 Marquardt-Levenberg 参数估计算法反推犁底层的饱和水力传导度。为了充分利用实测土壤水力参数和减少参数优化的不确定性，选择校准犁底层的饱和水力传导度，因为该值测量难度较大，并且犁底层在很大程度上决定着稻田土壤优先流的产生。用 18cm、33cm 和 72cm 土壤深度处的土壤压力水头作为目标函数的拟合变量，用测量所得 48 组随时间变化的土壤压力水头数据(3 个深度、8 个田块和 2 个水稻生育期)估计犁底层的饱和水力传导度。在反推过程中，利用 2010 年土壤压力水头数据率定犁底层的饱和水力传导度，并预测 2011 年的土壤压力水头和土水势，反之亦然。

使用两个统计参数评价模拟数据和实测数据的相似度。均方根误差(root mean square error，RMSE)为

$$\mathrm{RMSE}=\sqrt{\sum_{i=1}^{n}\frac{(P_i-O_i)^2}{n}} \tag{3.5}$$

式中，P_i 为预测所观察到的土壤压力水头或土水势，cm；O_i 为对应的实测土壤压力水头或土水势，cm；n 为数据对的数目。

纳什效率系数见式(2.1)。

3.1.2 监测和模拟结果分析

1. 土壤特征和田间地下水位分析

室内分析土样所得的试验田块不同土层土壤容重(ρ_b)、质地和水分特征曲线参数及饱和水力传导度(K_s)结果表明，犁底层土壤容重最高(1.52～1.60g/cm^3)，其饱和水力传导度值最低，仅为耕作层的 6.5%和积淀层的 2.6%。表现出了典型低地稻田土壤剖面特征，即表层耕作和机械压实促进细小的土壤颗粒积淀形成致密层。测得的犁底层饱和水力传导度(0.48cm/d)比 Wopereis 等(1994)和 Chen 等(2002a)在特定的水田测量的结果(0.036cm/d 和 0.05cm/d)大很多，但低于 Garg 等(2009)测量的结果(1.3cm/d)。并且，犁底层和耕作层土壤的饱和水力传导度有很大的变化，表明用唯一的饱和水力传导度表征整个田块的土壤特性来模拟土壤水分运动是非常困难的，有必要对犁底层饱和水力传导度进行校准。

通过分析所测地下水埋深，发现各田块地下水埋深差异较小，由于田块相邻且试验稻田面积较小，本节忽略干湿交替灌溉田块和长期淹灌田块间地下水埋深的差异，对正向模拟和反推模拟模型设置相同的下边界条件。水稻生育期的平均地

下水埋深如图 3.2 所示。可以看出,地下水埋深在 66.4～93.6cm 波动,且 2010 年的稻田地下埋深比 2011 年深,因为 2010 年降雨相对较少。地下水位并不总是随降雨和灌溉而波动,它同时也受到试验稻田(见图 3.1)排水沟中水位的影响。

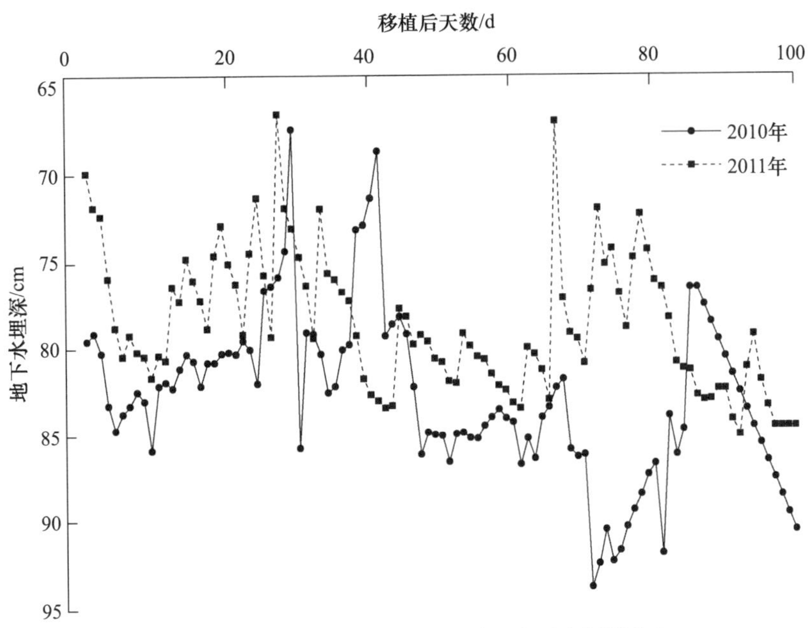

图 3.2　2010 年和 2011 年试验稻田地下水埋深分布

2. 粮食产量和水分生产率分析

水分生产率即产量与总投入水量(包括降雨量和灌水量)的比值。计算所得粮食产量为 6044～7864kg/hm^2,水分生产率为 0.80～1.24kg/m^3(见表 3.3)。与长期淹灌措施相比,虽然干湿交替降低了粮食产量(平均下降 9.6%),但是水分生产率提高了 32.2%。这些结果与以往试验结果稍有出入:与长期淹灌措施相比,干湿交替灌溉措施没有明显的粮食产量的变化(Tan et al.,2013)。表明较低的浅层地下水位是干湿交替灌溉措施不影响作物产量的重要因素,Belder 等(2005)也发现了相同的规律。

表 3.3　水平衡要素、水稻产量和水分生产率

年份	灌水方式	灌水量[a]/mm	降雨量[a]/mm	蒸发蒸腾量[b]/mm	地下水上升[c]/mm
2010	干湿交替灌溉	390	207.4	412.1	162.6±45.6[d]
	长期掩灌	690	207.4	412.1	106.3±29.4
2011	干湿交替灌溉	240	336.5	335.3	152.1±33.6
	长期掩灌	480	336.5	335.3	145.2±12.4

续表

年份	灌水方式	渗漏量[c] /mm	土壤水量变化 /mm	水稻产量[a] /(kg/hm²)	水分生产率 /(kg/m³)
2010	干湿交替灌溉	408.1±55.2	60.2±9.6	6849±632	1.15±0.09
	长期掩灌	674.5±38.8	82.9±9.4	7536±328	0.84±0.04
2011	干湿交替灌溉	530.0±39.1	136.8±5.5	6628±584	1.15±0.09
	长期掩灌	695.7±22.7	69.3±10.3	7368±405	0.90±0.05

注：a 表示实测值；b 由实测气象数据根据彭曼公式（Allen et al.，1998）和水稻系数计算所得；c 表示模型模拟值；正负号数据为变量值的方差。

3. 土壤水分状况模拟分析

由于干湿交替灌溉田块在 2011 年最后几天（DAT＝80～103d）（见图 3.3）水投入量很少，18cm 土壤深度处土壤压力水头达－2000cm，与模拟值相同，比平常土壤负压低很多，并且张力计测量误差也影响了准确度。为了消除这些极低值对模型性能统计的影响，本节统计分析中忽略了模型最后七天的土壤负压值。

利用各稻田田块水力参数的实测值（见表 3.2），分别对水稻生长季的水分运动进行了模拟计算。比较在 18cm、33cm、72cm 土壤深度处的土壤压力水头实测值与模拟值，结果如表 3.4 所示。长期淹灌田块的模型模拟效果优于干湿交替灌溉田块，干湿交替灌溉田块的均方差平均值为长期淹灌田块的 1.16 倍，且干湿交替灌溉的模型纳什效率系数低于长期淹灌田块平均值 9.6%。由于田间土壤异质性和土壤优先流，土壤水力特性的点估计值不能代表整个田块中的值。土壤压力水头的均方根误差为 1.80～9.43cm，平均值为 5.17cm，且模型效率系数变动范围为 0.56～0.94，平均值为 0.80，结果远低于 Wang 等（2010）采用 HYDRUS-1D 模拟旱田土壤水分的效果。测量数据和模拟数据拟合度最差的点位于干湿交替灌溉田块的 33cm 土壤深度处。

表 3.4　干湿交替灌溉和长期淹灌稻田土壤压力水头的模型模拟值和实测值的比较统计参数

年份	灌溉方式	土壤压力水头			
		RMSE[a]/cm	RMSE[b]/cm	NSE[a]	NSE[b]
2010	干湿交替灌溉	6.82±1.62[c]	2.22±0.43	0.80±0.06	0.95±0.02
	长期淹灌	3.42±1.18	1.56±0.62	0.86±0.08	0.96±0.02
2011	干湿交替灌溉	7.32±2.11	2.15±0.53	0.72±0.16	0.96±0.02
	长期淹灌	3.13±1.33	1.73±0.77	0.82±0.08	0.95±0.01

注：a 表示正向模拟；b 表示反向模拟；c 表示四个重复田块中的标准差。

由于田块 2（干湿交替灌溉）和田块 6（长期淹灌）测量的土壤压力水头值接近四个田块的平均值，对田块 2 和田块 6 的 18cm、33cm 和 72cm 土壤深度处土壤压力水头的实测值和模拟值进行分析，如图 3.3 所示。其变化过程表明，2010 年和 2011 年，干湿交替灌溉田块的 18cm 土壤深度处，在淹水时期较易低估土壤压力水头值，在干燥时期较易高估土壤压力水头值。而在长期淹灌田块，水稻分蘖后期前(DAT＝1～30d)，通常高估 18cm 土壤深度处的土壤压力水头值，在该时间内测得的土壤压力水头减少量有时不能通过正向模拟体现。因此，有必要进行反推模拟，进一步分析水量平衡关系。

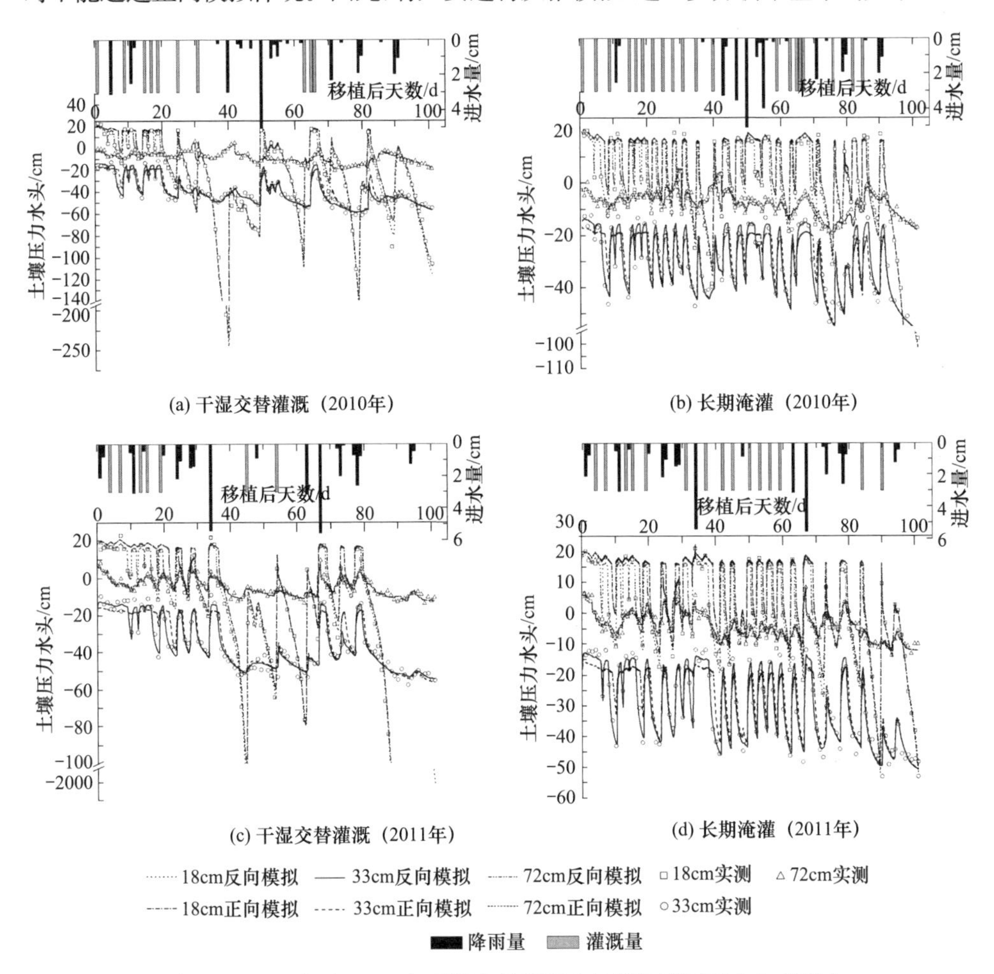

图 3.3　2010 年和 2011 年干湿交替灌溉和长期淹灌稻田全生育期内田间不同土层实测、正向和反向模拟试验土壤压力水头

通过 48 组土壤压力水头时间序列数据的校准，估算了各水稻田块的饱和水力传导度。图 3.3 显示了反推模拟得出的在 18cm、33cm 和 72cm 土壤深度处的模拟土壤压力水头值，表 3.4 显示了反推模拟的效果。反推出的犁底层饱和水力传导度分别为：干湿交替灌溉田块 0.66cm/d、0.68cm/d、0.69cm/d 和 0.69cm/d(平均 0.68cm/d)，长期淹灌田块 0.53cm/d、0.53cm/d、0.54cm/d 和 0.55cm/d(平均 0.54cm/d)。与正向模拟相比，通过反推得到的饱和水力传导度值大大提高了

2010年和2011年的模型(见图3.3)模拟土壤压力水头精度,尤其在18cm和33cm土壤深度处特别明显。相较于前面正向模拟,通过反向模拟后的模拟值与实测值均方根误差平均下降了59.3%,模型纳什效率系数平均提高了19.9%。虽然Garg等(2009)建议使用双孔隙模型描述水稻田中优先流所致的土壤压力水头特性,从犁底层的饱和水力传导度的反推模拟来看,单孔隙HYDRUS-1D模型已能够较好地模拟土壤水在多层稻田土壤中的运动和垂直压力水头分布情况。模型纳什效率系数平均达到0.93~0.98,表明水量平衡分析的反向模拟结果是合理的。

率定的饱和水力传导度在干湿交替灌溉田块和长期淹灌田块之间的差异与干湿交替田块存在的明显土壤优先流现象有关。干湿交替灌溉稻田裂缝的重复产生与消失会引起土壤的膨胀和收缩,导致稻田的土壤水力条件发生动态变化。然而,稻田空间异质性较大也是导致土壤水力学特性发生的潜在因素,并且试验田的优先流现象并没有充分证据,因此不能将率定后的饱和水力传导度变化完全归因于稻田中的优先流。

4. 土壤压力水头分布和水量平衡分析

干湿交替灌溉和长期淹灌稻田实测土壤压力水头的统计值如表3.5所示。在2010年和2011年的水稻试验中,18cm、33cm和72cm土壤深度处的土壤压力水头取决于水分的输入情况(见图3.3)。干湿交替灌溉和长期淹灌田块的土壤压力水头在时空上均有较大变化。土壤压力水头通常随降雨和灌溉的变化而变化,当降雨和灌溉淹没稻田时,土壤压力水头增加,在土壤剖面上的变化幅度由上到下递减。耕作层的土壤压力水头对降雨和灌溉最敏感,因为这部分水量通常首先通过耕作层到达犁底层,然后慢慢渗透至底部土壤或通过蒸散损失。

表3.5　干湿交替灌溉和长期淹灌稻田实测土壤压力水头的统计值

年份	灌溉方式	土壤深度/mm	土壤压力水头/cm			
			平均值	方差	最大值	最小值
2010	干湿交替灌溉	18	−31.8±8.3[a]	44.8±10.2	−223.9±46.3	22.7±2.8
		33	−40.7±2.8	12.5±2.1	−61.7±12.3	−11.6±3.8
		72	−9.3±1.3	5.6±1.7	−21.0±2.4	6.0±1.1
	长期淹灌	18	−3.8±1.6	22.7±2.4	−97.8±8.7	20.1±0.8
		33	−31.3±4.2	12.9±3.7	−64.7±17.6	−12.3±3.9
		72	−8.1±0.6	4.9±0.9	−19.3±2.2	4.3±0.7
2011	干湿交替灌溉	18	−86.1±20.8	219.8±48.7	−968.0±82.9	23.0±2.4
		33	−36.5±3.7	14.4±3.3	−57.9±11.6	−9.3±2.2
		72	−5.0±0.4	5.2±1.4	−14.1±1.4	9.6±1.3
	长期淹灌	18	−2.0±1.8	15.2±1.2	−48.4±6.8	21.1±0.6
		33	−30.9±12.4	12.6±4.8	−53.1±19.7	−11.8±2.5
		72	−4.6±0.6	4.9±0.9	−13.8±0.9	8.2±1.1

注:a表示四个重复田块之间值的方差。

各田块土壤三个不同深度处所测得的土壤压力水头均为负值,这说明在长期淹灌和干湿交替灌溉下,稻田土壤一般是非饱和的。在 2010 年和 2011 年,与长期淹灌田块相比,干湿交替灌溉田块的土壤压力水头变化较大,尤其在 18cm 土壤深度处。由于灌溉及时,在水稻的生育期(除最后自然晒干的 10 天),长期淹灌田块 18cm 土壤深度处的土壤压力水头总是大于－25cm。从表 3.5 中的土壤压力水头最小值和最大值可以看出,干湿交替灌溉田块在 18cm 土壤深度处的土壤压力水头范围显著大于长期淹灌田块。干湿交替灌溉方法对 18cm 土壤深度处的土壤压力水头有显著影响,因此非常有必要观测干湿交替灌溉稻田上部土壤压力水头。干湿交替灌溉各试验田块在 18cm 土壤深度处的土壤压力水头差异明显,而长期淹灌各试验田块在 33cm 土壤深度处的土壤压力水头具有显著差异。由于 2011 年干湿交替灌溉田块在分蘖后期(DAT＝25～30d)水资源投入较少,在 18cm 土壤深度处的平均土壤压力水头低于 2010 年。然而,在 2011 年,33cm 和 70cm 土壤深度处的平均土壤压力水头和 2010 年几乎相同,说明由浅水位和地下水毛细上升产生了一定影响。

在干湿交替灌溉和长期淹灌水稻田块,72cm 土壤深度处的土壤几乎是饱和的,这部分土层接近地下水位。Garg 等(2009)提到 60cm 土壤深度处的土壤压力水头达到 60cm,说明了试验田块具有极低的地下水位和较小的犁底层土壤饱和水力传导度(1.2cm/d)。然而,Tournebize 等(2006)通过监测和模拟发现,在 85cm 土壤深度处的土壤压力水头范围为－75～－200cm,主要是因为较深的地下水位和犁底层较高的饱和水力传导度(13.2cm/d)。在他们的模型模拟中,稻田的下边界被视为自由排水边界。因此,稻田的地下水位和犁底层的饱和水力传导度对土壤剖面的压力水头分布具有重要意义。

图 3.4 为模型模拟所得干湿交替灌溉田块(田块 2)暴雨前后多天土壤压力水头垂直分布。通常,在水稻生育期,60cm 以下的土壤接近饱和且变化不大,降雨和灌溉对积淀层土壤压力水头没有显著影响。在第 49～50d 耕作层和犁底层的土壤压力水头不同程度地显著增加。在第 50d 降雨后,典型垂直土壤压力水头分布体现了犁底层对淹水稻田土壤水分状况的重要影响作用,水分在犁底层上部滞留形成了犁底层及其以下土层的不饱和状态。此研究的实测和模型模拟土壤压力水头分布及土壤水分状况与叶自桐(1991)基于结构化犁底层稻田多层土壤分析方程的计算结果相似。在土层界面附近存在两个转折点,表明犁底层厚度和位置的确定对水稻土壤水分流动分析非常重要。

图 3.5 为 2010 年和 2011 年水稻全生育期内反推模型模拟所得干湿交替灌溉田块(田块 2)和长期淹灌田块(田块 6)稻田底层(1m 土壤深度)水流通量。地下水通过毛细作用、蒸发蒸腾吸力作用向上运动的情形多发生在水稻生长期的分蘖后期、孕穗期和抽穗期。虽然 2010 年和 2011 年生育期内测得的表层土壤压力水头

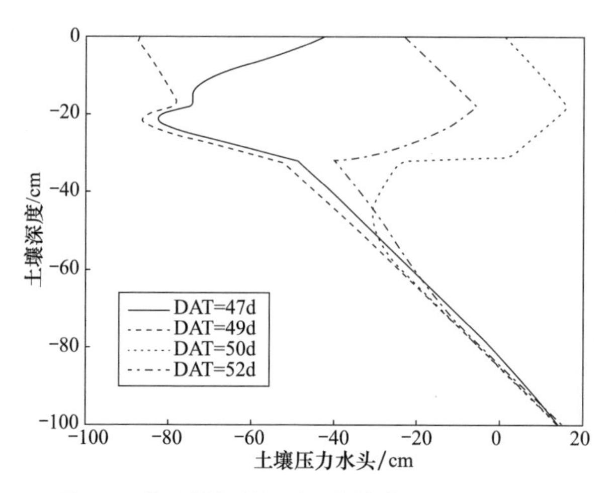

图 3.4　模型模拟所得干湿交替灌溉田块(田块 2)
暴雨前后多天土壤压力水头垂直分布

相差不大(见图 3.3),但由于 2011 年水稻移栽后 15～35d 地下水位较高(见图 3.2),每日地下水毛细上升量高于 2010 年的干湿交替灌溉田块和长期淹灌田块。但由于 2010 年灌区土壤较干燥,其地下水毛细上升的天数超过 2011 年。另外,干湿交替灌溉田块每日地下水毛细上升量大于长期淹灌田块,其中 2010 年更为明显。在干湿交替灌溉田块发生地下水上升的天数(27d)是长期淹灌田块的两倍多(12d)。干湿交替灌溉和长期淹灌田块之间的渗漏过程差异显著,尤其是在第 50～101d,表明干湿交替灌溉方法能够控制稻田土壤状况,降低其压力梯度,从而减少田块渗漏。

图 3.6 为稻田水平衡要素及运动示意图。水稻生育期稻田水量平衡关系用以下方程描述:

$$\Delta SWS = R + I + GWR - ET - P \tag{3.6}$$

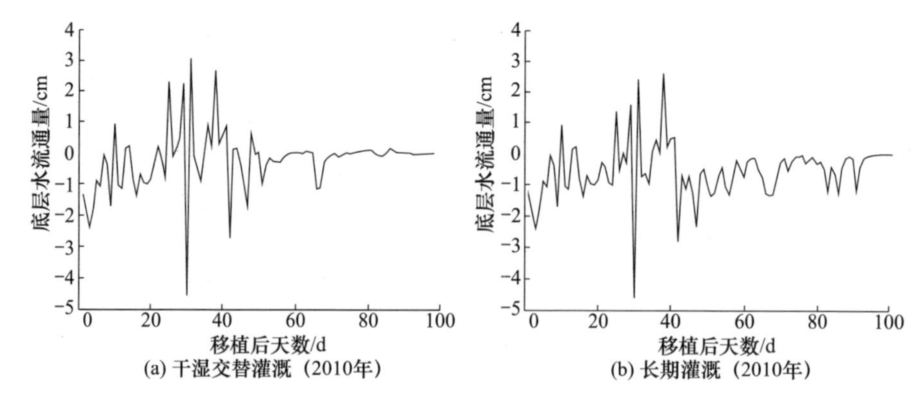

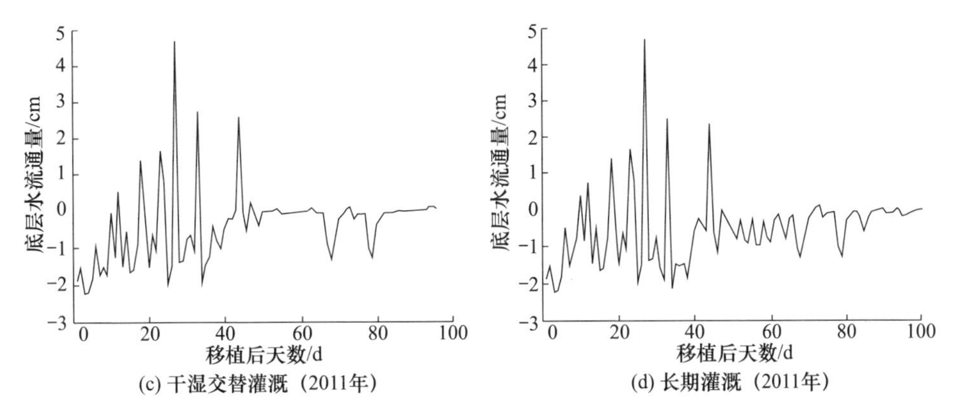

图 3.5　2010 年和 2011 年水稻全生育期内模型模拟所得干湿交替灌溉田块(田块 2)和长期淹灌田块(田块 6)底层水流通量

负值表示渗漏量;正值表示地下水毛细上升量

式中,ΔSWS 为从水稻移栽到收获期的土壤蓄水量变化,mm,即水稻生育期土壤耗水量;R、I 分别为实测降雨量和灌水量,mm;GWR 为地下水毛细上升量(模型模拟结果),mm;P 为渗漏量(模型模拟结果),mm;ET 为蒸发蒸腾量,mm,根据气象数据利用彭曼公式方程乘以水稻作物系数估计参考作物蒸发蒸腾量。

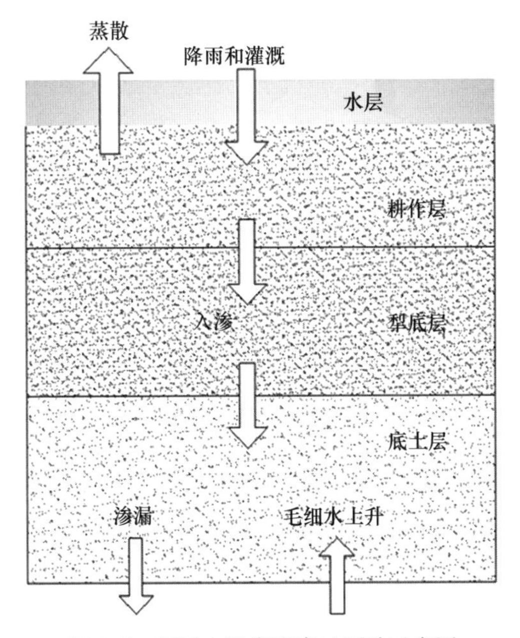

图 3.6　稻田水平衡要素及运动示意图

稻田干湿交替灌溉和长期淹灌水平衡要素见表 3.3。由于插秧前,淹水条件下水稻土接近饱和,而水稻收割时由于晒田土壤较为干燥,将水稻移栽时和水稻收获后的土壤储水量差别视为土壤水分消耗。干湿交替灌溉和长期淹灌田块在不同年份的水平衡要素间存在较大差异。干湿交替灌溉田块的灌水量(2010 年 597.4mm 和 2011 年 576.5mm)显著低于长期淹灌田块(2010 年 897.4mm 和 2011 年 816.5mm)。相较于长期淹灌田块,干湿交替灌溉田块 2010 年节省了 330mm 和 240mm 的灌水量。

干湿交替灌溉田块渗漏量在 2010 年平均比长期淹灌田块低 38.2%～40.3%,在 2011 年平均低 23.3%～27.2%(见表 3.3)。但值得指出的是,渗漏量(353～718mm)甚至超过了有效耗水量。为了减少这种渗漏,在水稻产量不受显著影响的前提下,可以设计灌溉制度以增加临界土壤压力水头。在黏土含量较高的稻田,其渗漏量也比之前所监测的大(258～496mm)(Tan et al.,2013)。通过增加犁耕,使犁底层土壤结构密实以降低其水力传导度从而减少渗漏。因此,改进灌溉制度设计和加强犁耕以减少渗漏需要进一步研究。水分利用效率(定义为蒸发蒸腾量与总投入水量的比值)在长期淹灌田块为 40.8%～46.2%,在干湿交替灌溉田块为 57.2%～69.3%,干湿交替灌溉田块每日渗漏量为 5.08～5.21mm,长期淹灌田块每日渗漏量为 6.68～6.92mm,符合其他研究所监测的范围(Bouman et al.,2001; Bouman et al.,2007)。

2010 年干湿交替灌溉田块和长期淹灌田块地下水毛细上升的差别较大,2011 年其数量比较接近,因为 2011 年地下水埋深较浅,且湿润年干湿交替灌溉田块和长期淹灌田块具有相似的土壤水分状况。干湿交替灌溉田块地下水毛细上升量为总投入水量的 26.1%～27.4%,长期淹灌田块为 10.2%～18.1%。长期淹灌田块净渗漏量(等于渗漏量减去地下水毛细上升量)为 2.3～3.8mm/d,干湿交替灌溉田块则为 5.3～5.7mm/d。因此,相较于长期淹灌田块,干湿交替灌溉田块地下水毛细上升量的增加和渗漏量的减少有助于田间节水。

3.2 稻田不同水管理组合下土壤水渗漏分析

3.2.1 试验方法及模型建立

本节利用 3.1 节所述的田间试验监测所得数据进行进一步分析,试验设置前面已经进行了详细的描述,在此不作赘述。试验期内,水稻灌溉方式生育期采用漳河水库灌区最常用的干湿交替灌溉,每次灌水量为 3cm,水稻生育期内的田间水深上限为 10cm。水稻生育期内以土层土壤负压来控制灌溉,在返青期、分蘖前期和分蘖后期以 33cm 深度处的土壤压力水头下限实施灌溉,其下限分别为 0cm、−50cm 和 −150cm;在抽穗开花期和乳熟期以 33cm 深度处的土壤负压下限实施灌溉,其下限分别为 −100cm 和 −50cm。水稻黄熟期实施排水自然落干。

本节利用 HYDRUS-1D 软件对土壤垂直运动建模，为更好地反映稻田土壤水分转化过程，根系吸水采用 HYDRUS-1D 软件中 Feddes 等(1978)提出的广义根系吸水模型计算：假定水稻根系呈指数分布 $\beta(Z,t)$([1/L])计算潜在蒸腾量 $T_P(t)$([L/T])。因此，单位土体由于水稻根系吸水实际所消耗的体积水量 $S(h,Z,t)$([$L^3L^{-3}T^{-1}$])考虑水和渗透压胁迫，根据潜在蒸腾量估算(Feddes et al.，1978；Šimůnek et al.，2009)，即

$$S(h,Z,t)=\beta(Z,t)\alpha(h)T_P(t) \tag{3.7}$$

式中，$\alpha(h)$为根系吸水对水分胁迫的函数，其值为 0～1。

本节采用 Feddes 模型(Feddes et al.，1978)通过基于四个临界土壤压力水头($h_4<h_3<h_2<h_1$)的阶段函数 $\alpha(h)$描述水稻根系吸水对水势和渗透压的多重胁迫。

$$\alpha(h)=\begin{cases}\dfrac{h-h_4}{h_3-h_4}, & h_3>h>h_4\\ 1, & h_2\geqslant h\geqslant h_3\\ \dfrac{h-h_4}{h_3-h_4}, & h_1>h>h_2\\ 0, & h\leqslant h_4\ \text{或}\ h\geqslant h_1\end{cases} \tag{3.8}$$

模拟中四个临界土壤压力水头值分别设置为 $h_1=100$cm，$h_2=55$cm，h_3(high)$=-250$cm，h_3(low)$=-160$cm 和 $h_4=-15000$cm。该值是 Singh 等(2006)经过模型优化得到的用于水稻根系生长的模拟值，也可用于如 Phogat 等(2010)有关水稻根系吸水模拟的研究。

试验田块中不存在盐度胁迫，因此水稻实际蒸发蒸腾量可以通过式(3.9)对整个水稻根系区 L_R 求和估计：

$$\mathrm{ET_c}=\int_{L_R}S(h,Z,t)\mathrm{d}Z=T_P(t)\int_{L_R}\alpha(h)\beta(Z,t)\mathrm{d}Z \tag{3.9}$$

HYDRUS-1D 中的动态根系生长模型(Šimůnek et al.，1993)用于描述根系区 L_R：

$$L_R(t)=L_m f_r(t) \tag{3.10}$$

式中，L_m为最大根系深度，m；$f_r(t)$为根系生长系数，其由 Verhulst-Pearl logistic 根系生长函数描述：

$$f_r(t)=\frac{L_0}{L_0+(L_m-L_0)\mathrm{e}^{-rt}} \tag{3.11}$$

式中，L_0 为初始根系深度，cm；r 为根系生长速率指数，1/d，其由监测到的根系深度数据优化得到。

水稻根系生长参数设置为：干湿交替灌溉稻田 $L_0=10\text{cm}$、$L_m=60\text{cm}$；长期淹灌稻田 $L_0=10\text{cm}$、$L_m=50\text{cm}$。监测的干湿交替灌溉稻田和长期淹灌稻田根系深度在水稻种植后 40d 分别为 32cm 和 28cm，其用于率定 r。

潜在蒸腾量由作物实际蒸发蒸腾量与土壤潜在蒸发蒸腾量的差值确定。作物实际蒸发蒸腾量根据水稻生育期内各阶段叶面积指数来划分潜在蒸腾量和土壤潜在蒸发量：

$$E_p = \mathrm{ET_c} e^{-\beta \mathrm{LAI}} \tag{3.12}$$

$$T_p = \mathrm{ET_c} - E_p \tag{3.13}$$

式中，β 为辐射消失系数，水稻取 0.3；LAI 为叶面积指数，从团林灌溉试验站收集水稻不同生长阶段的 LAI 值。

同样，采用 RMSE 和 NSE 评价模拟效果。

3.2.2 模拟情景设置

为了确定灌溉方式（灌水量和持续时间）、土壤灌前含水率和地下水埋深对渗漏的影响，以一次灌溉为模拟周期，研究中设置不同情景：土壤灌前负压（AM）、每次灌溉时间的灌水量（IA）和地下水埋深（GWD）分别设置 4 个梯度，灌溉持续时间（ID）设置 3 个控制梯度。各因素进行正交设计，共计 192 种情景，模拟时间单位为 1h。

针对各要素情景设置情况进行说明。依据水稻生长状况和土壤含水率进行灌溉，根据不同程度的干湿交替灌溉（茆智，2002）方式和当地实践中确定灌水量的 4 个梯度。在不同的灌水量梯度下，分别考虑了 3 种灌溉持续时间模式。在灌溉农田面积和灌水量一定的情况下，灌溉持续时间较短通常意味着更大的灌溉强度。灌溉持续时间由田间面积、渠道或泵的供水能力以及稻田的灌水量确定。在漳河水库灌区，稻田灌溉持续时间在几个小时内变化，其根据田间试验和实地调查进行设置。土壤含水率常作为灌溉的触发控制因素（Kukal et al.，2005；Luo et al.，2009），当土壤含水率低于某一限值时实施灌溉。根据现有研究，情景模拟中采用耕作层土壤灌前负压作为实施灌溉的控制下限，由 −30kPa 至接近饱和设置了 4 个梯度，并将其设定为情景分析模拟的初始条件。同样，在情景分析中应用了 4 个地下水埋深。由此确定情景模拟的下边界条件：边界条件设定为地下水埋深分别为 30cm、60cm 和 90cm 时的土壤压力水头；在其他情况下，当地下水埋深很深（自由排水）时采用自由排水，情景分析详细情况如表 3.6 所示。

根据团林灌溉试验站 2011～2016 年的气象资料，计算出水稻生育期（6 月 1 日～8 月31 日）的平均日蒸发蒸腾量 $\mathrm{ET_c}$ 为 3.58mm。$\mathrm{ET_c}$ 日内变化根据 Fayer

表3.6　情景分析中土壤灌前负压、灌水量、灌溉持续时间及地下水埋深的详细情况

土壤灌前负压/kPa	灌水量/cm	灌溉持续时间/h	地下水埋深/cm
−30	1	1	30
−20	3	3	60
−10	5	5	90
−2	7	—	FR

注:FR指自由排水。

(2000)的假定计算:每天18:00至第二天的6:00之间的ET_c占每天ET_c总量的1%,剩余的ET_c在其余12h内遵循正弦曲线分布。利用方程(3.12)和方程(3.13)计算情景分析中的E_p和T_p。据漳河水库灌区田间考察,为减少蒸发损失,通常在早上进行灌溉。因此,情景分析中的灌溉在早上6:00进行。基于干湿交替灌溉方式的模拟灌水周期设定为7d。采用2010～2011年数据校准过的HYDRUS-1D模型模拟每个情景的土壤水分运动及渗漏过程。

3.2.3　数据分析

采用Spearman相关系数分析渗漏与研究因素的相关性,通过SPSS 22.0中的方差分析(ANOVA)评估各种梯度下各个因素以及其他因素组合情景下的渗漏差异。通过对Clementine 12.0中分类和回归树(CART)模型的分析,量化了土壤灌前负压、灌水量、灌溉持续时间和地下水埋深的相对贡献。此外,还用CART模型评估了情景分析中各因素对渗漏的交互影响。

3.2.4　结果分析

1. HYDRUS-1D模型的校准与验证

基于HYDRUS-1D建立的土壤水分运动模型分别对2010年和2011年田间试验土壤压力水头进行校准和验证,结果如图3.7和图3.8所示。表3.7为校准期(2010年)和验证期(2011年)土壤压力水头的模拟效果参数统计。可以看出,18cm、33cm和72cm土壤深度处的土壤压力水头模拟值与观测值非常一致,NSE值均不小于0.91。虽然验证模型时,生育期晚期模拟的土壤压力水头较高,但模型模拟整体效果良好,由之得到的土壤水力参数能较好地描述稻田土壤剖面特征。此外,模拟也准确描述了由低水头压力引发的灌溉之前和之后的土壤压力水头(见图3.7和图3.8),说明校准后的模型准确描述了灌水前后的土壤压力水头。基于模型模拟分析了土壤剖面的水量平衡(见表3.8),闭合误差相对较小,表明HYDRUS-1D也可以精确模拟稻田土壤水平衡要素。因此,该模型及率定的参数可用于研究情景分析中各水平衡要素的模拟。

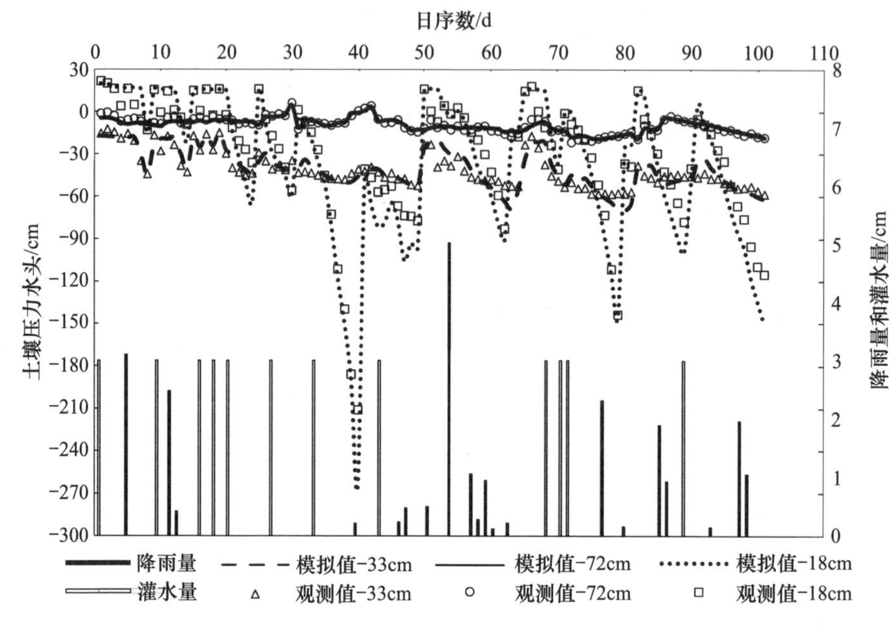

图 3.7 三种土层校准期土壤压力水头的观测值和 HYDRUS-1D 模拟值

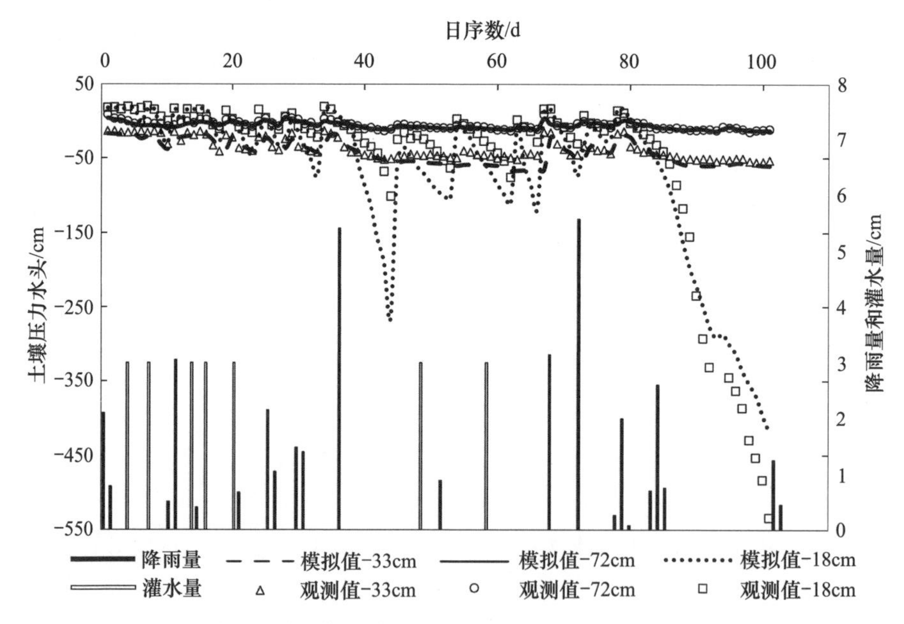

图 3.8 三种土层验证期土壤压力水头的观测值和 HYDRUS-1D 模拟值

表 3.7　校准期(2010年)和验证期(2011年)土壤压力水头的模拟效果参数统计

年份	18cm 土壤深度处		33cm 土壤深度处		72cm 土壤深度处	
	RMSE/cm	NSE	RMSE/cm	NSE	RMSE/cm	NSE
2010年	14.66	0.93	5.92	0.98	1.70	0.98
2011年	104.42	0.91	10.27	0.93	1.88	0.93

表 3.8　校准期(2010年)和验证期(2011年)水量平衡分析

年份	降雨量/mm	灌水量/mm	E_c/mm	T_c/mm	渗漏量/mm	ΔSWC/mm	闭合误差
2010	235.60	390	149.2	255.8	284.3	64.2	0.5
2011	366.5	210	152.3	274.4	224.4	61.1	−13.5

注:E_c、T_c 分别表示实际蒸发量和实际蒸腾量;ΔSWC 表示水稻生育期节省土壤用水量。

2. 底部通量情景分析

通过 HYDRUS-1D 模拟得到 192 种情景下 1m 深处的平均底部通量(深层渗漏或地下水毛细上升),具体如图 3.9 所示。59.4%的情景分析发生深层渗漏,其中大部分深层渗漏发生土壤灌前负压(≥−10kPa)更高、灌水量(7cm)更大或采用自由排水的情景下。特别要说明的是,在 22.9%的灌溉事件中深层渗漏量高于 5mm/d,但只有 3 个灌溉事件发生在 AM_20 和 AM_−30 模式下。其余的灌溉方式则发生地下水毛细上升,而且较低的土壤灌前负压更易导致毛细水上升。

图 3.9 显示了情景分析的平均底部通量(深层渗漏或地下水毛细上升)。其他因素保持不变,随着土壤灌前负压的增加,底部通量逐渐由地下水毛细上升转变为深层渗漏(见图 3.9)。例如,在 IA_1 模式中,随着土壤灌前负压从−30kPa 增加到−2kPa,底部通量从 2.50cm 变化到−1.96cm(见图 3.9(a))。当土壤灌前负压一定时,较大的灌水量导致较少的地下水毛细上升和较高的深层渗漏。底部通量从地下水毛细上升转变为深层渗漏的灌水量阈值随着前期土壤负压的增加而降低(见图 3.9(a))。当土壤灌前含水率高于−10kPa 时,在不同灌水量情况下平均累积底部通量几乎均为负值。

表 3.9 为累积深层渗漏的平均值、标准差及方差分析结果。可以看出,地下水埋深对底部通量有显著影响。随着土壤水分的增加,不同地下水埋深下的底部通量变化趋势与灌水量的类似。当采用 GWD_60、GWD_90 和 AM_−30、AM_−20 的组合时,平均累积底部通量为正(见图 3.9(b))。较高的土壤灌前负压使地下水毛细上升更少,并且深层渗漏增加梯度更大。与其他地下水埋深控制方式相比,GWD_FR 控制模式(见图 3.9(b)和图 3.10)导致较大的深层渗漏,表明地下水位控制模式可以增强地下水毛细上升和减少深层渗漏。较浅的地下水埋深增加了毛

细水发生的潜在可能，但在 GWD_30 模式下，仅在 IA_1 和 IA_3 模式且土壤灌前负压低于－10kPa(见图 3.10)的情况下才发生地下水毛细上升，其他控制模式下底部通量均为深层渗漏，表明较高的地下水位反而会促进深层渗漏发生。因此，地下水管理方式应该根据相应的土壤灌前负压和灌水量进行调整。

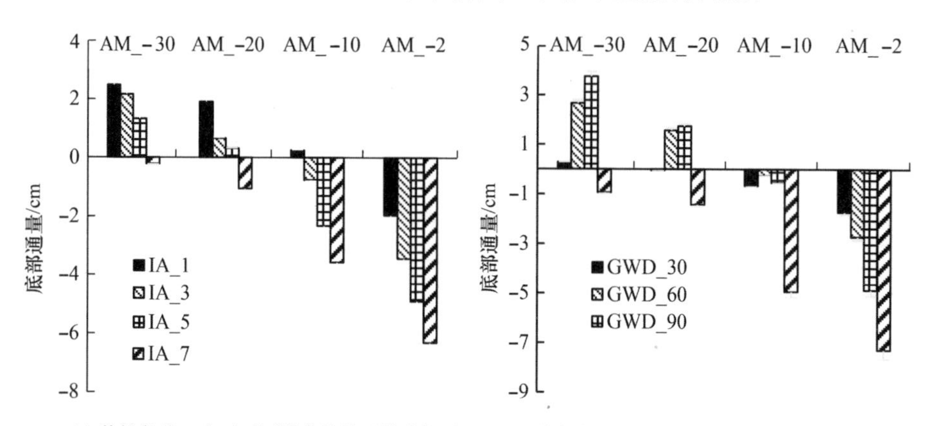

(a) 其他条件一定时不同灌水量的平均底部通量　(b) 其他条件一定时不同地下水埋深的平均底部通量

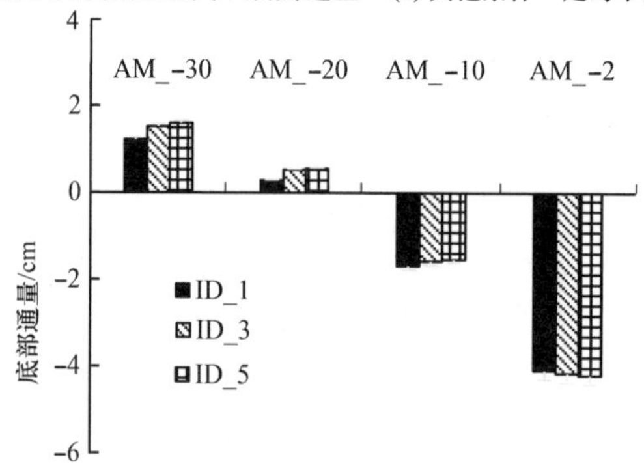

(c) 其他条件一定时不同灌溉持续时间平均底部通量

图 3.9　其他因素一定时四种土壤灌前负压条件下的平均底部通量

表 3.9　累积深层渗漏的平均值、标准差及方差分析结果

IA /cm	DP/cm		AM /kPa	DP/cm		GWD /cm	DP/cm		ID /h	DP/cm	
	Mean	SE[e]		Mean	SE[e]		Mean	SE[e]		Mean	SE[f]
1	0.67[a]	0.42	－30	1.44[a]	0.33	30	－0.63[a]	0.32	1	－1.14[a]	0.40
3	－0.22[a]	0.42	－20	0.49[a]	0.31	60	0.46[a]	0.38	3	－0.88[a]	0.41
5	－1.34[b]	0.45	－10	－1.60[b]	0.36	90	－0.14[a]	0.52	5	－0.74[a]	0.42
7	－2.78[c]	0.42	－2	－4.00[c]	0.43	FR	－3.65[b]	0.39	—	—	—

注：DP 表示深层渗漏；Mean 表示平均值；SE 表示标准差；各列中的不同字母(a、b、c)表明模拟值事后 LSD 检验差异显著($p<0.05$)；e 表示 $n=48$；f 表示 $n=64$。

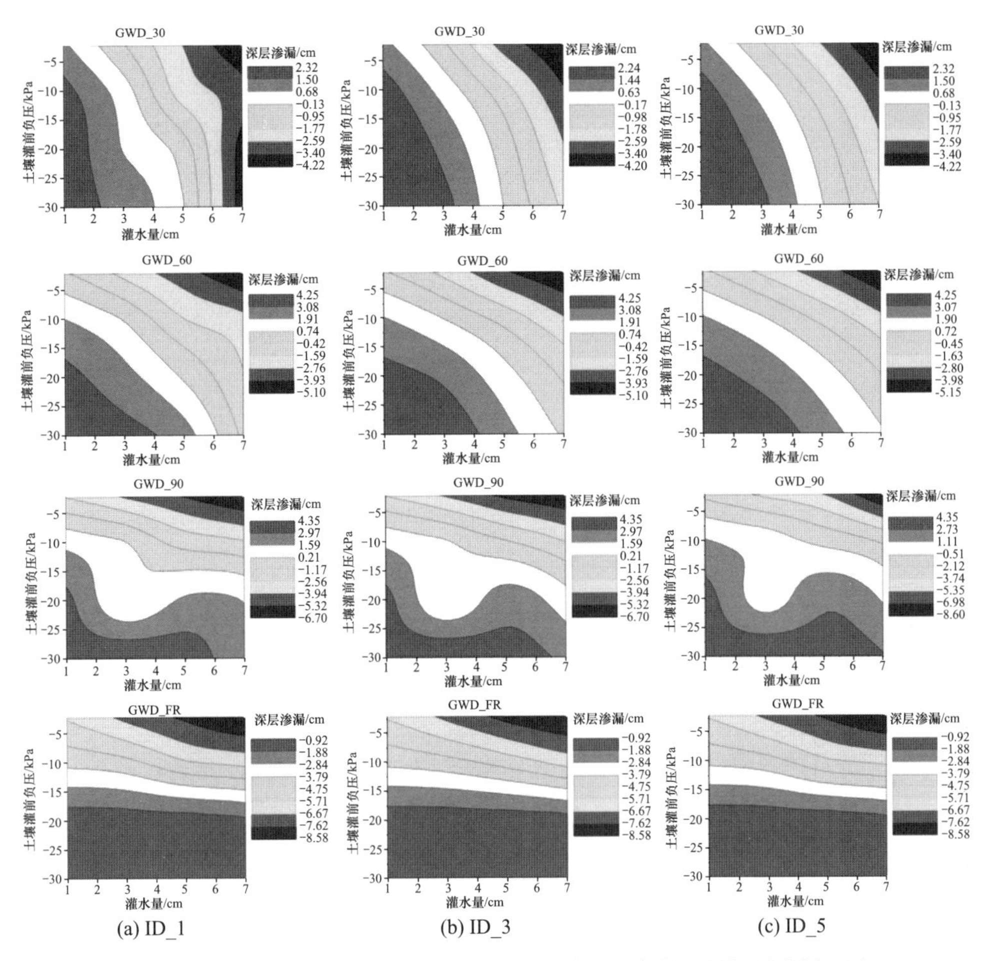

(a) ID_1　　(b) ID_3　　(c) ID_5

图 3.10　不同土壤灌前负压、灌水量和地下水埋深条件下的深层渗漏云图

灌溉持续时间对深层渗漏或地下水毛细上升没有明显的影响(见图 3.9(c)和表 3.10),其原因可归于以下因素。首先,情景分析中采用的灌溉持续时间变化范围很小,其对深层渗漏的影响可能未得到充分体现。其次,土壤剖面特征影响了水的下渗过程。Wang 等(2010)发现田间土壤水力传导度相对较高(土壤剖面深度 0～150cm 为 12.36～19.35cm/d)时,随着灌溉速率的提高(即灌溉持续时间更短),深层渗漏显著增加。然而,本章中土壤剖面的水力传导度较低(见表 3.2),特别是犁底层。土壤水分下渗过程中被密实的犁底层阻滞,从而削弱了灌溉持续时间的影响。由图 3.10 可知,尽管灌溉持续时间对底部通量的影响有限,但较长的灌溉持续时间可能会降低深层渗漏并增加地下水毛细上升。另外,较浅的地下水埋深和较高的灌水量增加了灌溉持续时间对底部通量的影响。

表 3.10 灌水量、灌溉持续时间、土壤灌前负压和地下水埋深的优化组合

IA /cm	ID /h	AM /kPa	GWD /cm	Ta /h	BT_{Ta} /cm	DBT_{Ta} /(mm/d)	底部通量
3	1	−30	60	>168	3.52	5.03	地下水毛细上升补给
3	3	−30	60	>168	3.88	5.54	
3	5	−30	60	>168	3.88	5.54	
3	1	−30	90	>168	4.31	6.21	
3	3	−30	90	151	4.35	6.21	
3	5	−30	90	151	4.35	6.21	
5	1	−30	90	>168	3.94	5.63	
5	3	−30	90	>168	3.88	5.54	
5	5	−30	90	>168	3.97	5.67	
7	1	−2	90	123	−6.7	−9.57	深层渗漏
7	3	−2	90	123	−6.68	−9.54	
7	5	−2	90	122	−8.6	−12.29	
7	1	−2	FR	122	−8.58	−12.26	
7	3	−2	FR	122	−8.57	−12.24	
7	5	−2	FR	123	−8.6	−12.29	

注：Ta 是土壤水分刚刚低于或达到灌溉实施的临界土壤灌前负压的时间；BT_{Ta}和 DBT_{Ta}分别表示 Ta 时的累积底部通量和平均每日底部通量。

3. 各因素的相对贡献

将情景模拟的底部通量采用 CART 方法分析，考虑土壤灌前负压、灌水量、灌溉持续时间和地下水埋深 4 个因素，土壤灌前负压对深层渗漏的相对贡献率最高(46.3%)，地下水埋深和灌水量对深层渗漏的相对贡献率分别为 32.5% 和 18.7%，灌溉持续时间对深层渗漏的相对贡献率仅为 2.5%，进一步表明其影响很小。已有研究表明，深层渗漏与土壤灌前负压和灌溉或降雨有关(Chen et al.，2002b；Hatiye et al.，2017)。然而，以上各因素对深层渗漏的贡献率并不一致。与 Ochoa 等(2007)的结果相比，本节土壤灌前负压的相对贡献率较高，而在 Ochoa 等(2007)的研究中采用淹灌，灌水量主导了渗漏过程。然而，本节研究中土壤灌前负压对深层渗漏的相对贡献率小于与 Lai 等(2016)的研究(85.7%)。这种差异表明，某一因素对渗漏的贡献还受其他因素的影响。

分别采用 Spearman 相关分析和 CART 方法对以上因素对渗漏影响的相互作用进行了分析，两种方法结果相似，本节仅表述 CART 的结果。在不同土壤灌前负压条件下，灌水量、灌溉持续时间和地下水埋深对渗漏的相对贡献也不同。研究发现，地下水埋深是渗漏变化的第二个重要因素。当土壤灌前负压一定时，几乎一半或更多的渗漏变化归功于地下水埋深(见图 3.10)。随着土壤灌前负压的升高，地下水埋深的相对贡献率降低，而灌水量和灌溉持续时间的相对贡献呈现出相反

的趋势。在土壤灌前负压低于－10kPa 的情景模拟中，地下水毛细上升是底部通量的主要形式(见图 3.9 和图 3.10)。随着土壤含水率的增加，土壤吸力减弱，削弱了地下水毛细上升(Liu et al.，2006)，从而减少了地下水埋深的贡献，并增强了灌溉方式对底部通量的影响。当土壤灌前负压逐渐增加时，地下水毛细上升转化为深层渗漏，使得渗漏变化中灌水量和灌溉持续时间的作用更为重要。灌水量的增加加强了灌溉持续时间的相对贡献，表明灌溉持续时间在较大灌水量下的水转化中起着更重要的作用。随着灌水量从 1cm 增加到 5cm，土壤灌前负压的相对贡献增加，而且灌水量(≤3cm)较小时土壤灌前负压的相对贡献率增加速率更大。在同样的条件下，地下水埋深的相对贡献减弱，这是因为灌水量的增加取代或稀释了地下水作为底部通量水源的作用，从而导致地下水埋深的相对贡献率降低，同时增加了土壤灌前负压的相对贡献率。这表明每次灌溉事件中灌水量较大时，地下水毛细上升作用会减弱(见图 3.9)。为了减少渗漏，提高用水效率，在实际灌溉管理中应避免高灌水量与土壤灌前负压的组合。当一次灌水量为 7cm 时，土壤灌前负压和地下水埋深是渗漏变化的两个主要原因，发挥了几乎相当的作用。

地下水埋深条件也影响其他因素的相对贡献。随着地下水埋深的增加，灌水量和土壤灌前负压的相对贡献变化显示了相反的趋势。当地下水埋深非常浅(30cm)时，渗漏变化的 80.8%归因于灌水量；而在其他地下水埋深条件下，土壤灌前负压的相对贡献率超过 52.8%。当地下水埋深较浅时，土壤剖面存储水的空间较小，故土壤灌前负压的相对贡献较小。然而，当地下水埋深较大时，土壤灌前负压的相对贡献随着地下水埋深的增加而降低。

如图 3.11 所示，灌溉持续时间的相对贡献率极为有限。然而，不同灌溉持续时间条件下，土壤灌前负压、灌水量和地下水埋深的相对贡献亦有变化。尽管土壤灌前负压仍是影响最大的因素，随着灌溉持续时间的延长，地下水埋深的相对贡献率降低，但灌水量的相对贡献率升高。

4. 水管理组合优化

情景分析中渗漏的统计数据如图 3.11 所示，渗漏随土壤灌前负压、灌水量、灌溉持续时间和地下水埋深的不同组合而变化。因此，可以根据灌溉实施方案和渗漏的相关要求选择适当的水管理方法。

在 192 种组合中，耕作层土壤含水率达到土壤灌前负压的时间在第 21～168h，这表明灌溉间隔为 21h～7d。较短的灌溉间隔意味着村民会因频繁的灌溉而投入更多的时间和精力，而这些在灌溉管理中是需要避免的。根据当地村民的实践和相关研究(Tan et al.，2013)，本节研究的临界灌溉间隔设置为 5d。由此筛选出 120 个满足要求的组合，其中底部通量在－12.29～6.21mm/d，只有灌水量为 3cm、5cm 和 7cm 以及土壤灌前负压低于－2kPa 的组合。

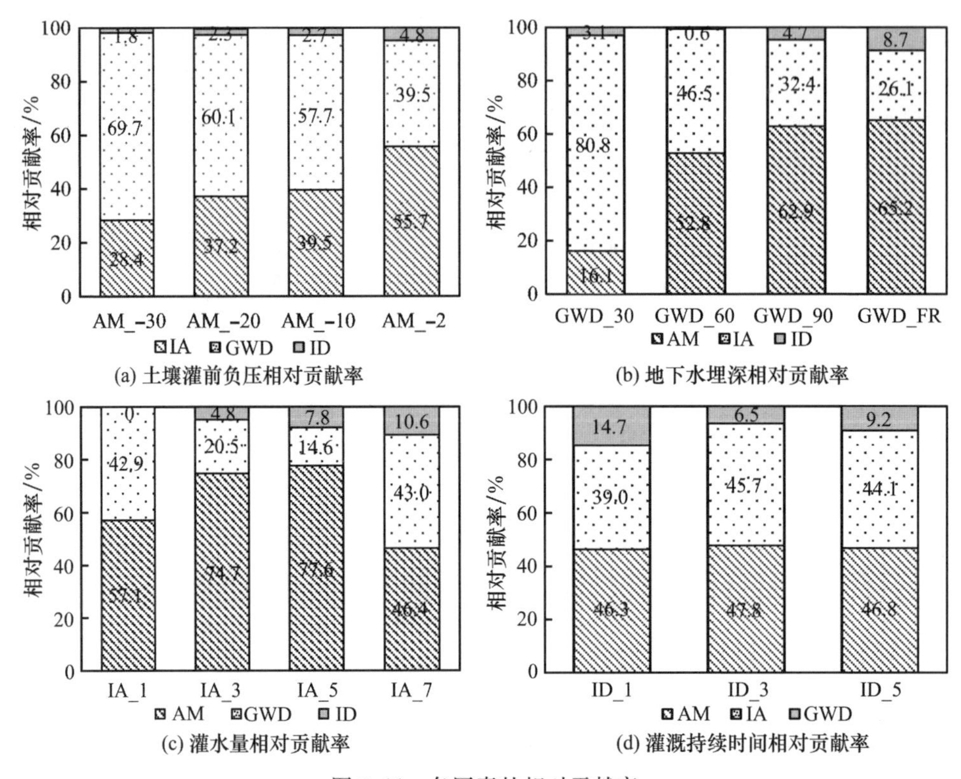

图 3.11　各因素的相对贡献率

上述筛选的 120 种合理组合中，47 种组合下地下水毛细上升补给土壤水，其中(IA_3、ID、AM_－30、GWD_60/90)和(IA_5、ID、AM_－30、GWD_90)的组合表现出最高的地下水毛细上升补给能力(＞5mm/d)。如表 3.10 所示，灌溉持续时间的增加或土壤灌前负压的减少都会增加地下水毛细上升补给，较少的灌水量和较浅的地下水埋深的组合也有相同效果。这 47 种组合，特别是(IA_3，ID，AM_－30，GWD_60/90)和(IA_5，ID，AM_－30，GWD_90)的组合，通过增强地下水毛细上升减弱了水量损失和污染物淋失的风险。为了提高用水效率，尤其是在施肥之后，在进行稻田水管理时应该优先考虑这些灌溉方式和地下水埋深控制的组合。然而，在中亚热带地区水稻的某些生长阶段，9～15mm/d 的渗漏率可能对水稻生长有利(徐琪等，1998)。渗漏率低的土壤透水性较差，氧化还原潜力较低不利于水稻的生长(Shan et al.，2005)。通过调节水稻和降低水稻土壤的盐度，适当的渗漏也有利于水稻生长。考虑到渗漏的阈值，120 个合理组合中有 6 个(IA_7，ID，AM_－2，FR；IA_7，ID，AM_－2，GWD_90)符合要求灌水量(见表 3.10)，其中地下水埋深为 90cm 时渗漏较少。

根据上述分析，基于模拟灌溉间隔和渗漏，确定了土壤灌前负压、灌水量和地下水埋深以及灌溉持续时间的适当组合。然而,在水稻生长期间,这些组合并非一成不变的。根据水稻生长和用水效率,灌溉方式和地下水埋深应进行适时调整。此外,干湿交替灌溉模式下,渗漏也可能受到通过土壤裂缝的优先流的影响(Garg et al.,2009),本节研究中未考虑这一点。因此,整个水稻生长阶段灌溉方式和地下水埋深对渗漏的影响仍需要进一步研究。

3.3 考虑侧渗的多层土壤结构水平和垂向渗流特征试验与模拟

3.3.1 试验方案

1. 试验区概况

试验区位于湖北省荆门市掇刀区团林灌溉试验站,多年平均降雨量为903.3mm,年均气温为15.8℃,多年平均蒸发量为1413.9mm,潮湿系数一般小于1,以中稻—油菜轮作的种植方式为主,土壤为黄土及中性夹黄土,质地黏重。

2. 试验方法

试验于2016年3月在多年种植水稻的平坦田块开展,为便于试验操作、减小外界环境因素的影响,选择具有代表性的1m×1m试验区。试验探究田块内水分沿耕作层水平运动和沿犁底层垂向运动过程,试验区平面布置图如图3.12所示,试验前去掉土壤表层浮土(约3cm)。为实现水分通过耕作层水平入渗与通过犁底层垂直入渗试验效果,需要一个稳定的供水区域进行试验水分渗流过程的观测,因此将试验区一半面积挖去耕作层以形成供水区,另外一半耕作层保留作为侧渗

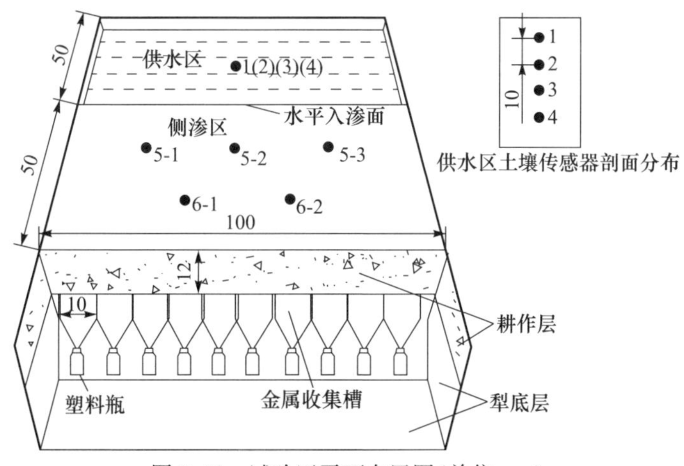

图3.12 试验区平面布置图(单位:cm)

● 土壤水分传感器

研究区(侧渗区)。在侧渗区远离供水区一侧挖出深至犁底层底部的剖面,在该剖面耕作层底部插入 10 个 10cm 宽的楔形金属收集槽,并在各收集槽下部放置 100ml 塑料瓶,以收集耕作层侧向渗漏。在试验区其余三个侧面由深至犁底层的金属钢板封闭,以隔绝水量损失。

在供水区和侧渗区埋设土壤水分传感器,相对位置见图 3.12。其中,供水区土壤水分传感器 1、2、3、4 埋深(从供水区土壤表面计)分别为 5cm、15cm、25cm、35cm;侧渗区土壤水分传感器埋深均为 5cm,平行于水平入渗面(OC 面,见图 3.13)设置两排,均匀分布,分别距离水平入渗面 15cm、35cm。埋设传感器前,先利用室内烘干法测量的土壤含水率对其进行校正。试验期间一共连续灌水 5 次,每次田面水层接近于 0cm 时就开始下一次灌水,前两次灌水至 5cm 水深,后三次灌水至 8cm 水深,供水区内部布设水尺记录水层深度变化。

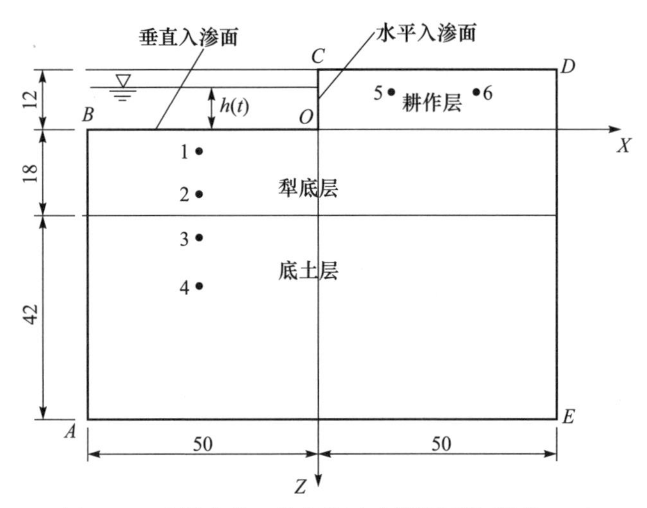

图 3.13　土壤水分二维入渗运动模拟区域(单位:cm)

3.3.2　模型建立

1. 模型的基本方程

将变水头条件下的土壤水分运动简化成水流沿犁底层垂向入渗和沿耕作层侧向入渗的二维运动模型。模型采用 Richards 方程描述水分运动情况:

$$\frac{\partial\theta}{\partial t}=\frac{\partial}{\partial x}\left[K(h)\frac{\partial h}{\partial x}\right]+\frac{\partial}{\partial z}\left[K(h)\frac{\partial h}{\partial z}+K(h)\right] \tag{3.14}$$

式中,θ 为土壤体积含水率,cm^3/cm^3;h 为土壤压力水头,cm;t 为入渗时间,min;x 为横向坐标;z 为垂向坐标;$K(h)$ 为非饱和水力传导度,cm/min。

土壤水力特性即土壤水分特征曲线相关参数和土壤非饱和水力传导度,根据 van Genuchten-Mualem 模型计算,见式(3.2)~式(3.4)。

2. 模型的初始条件和边界条件

调用 HYDRUS 中 Geometry 模块建立水平宽度为 100cm、垂直深度为 72cm 的模拟区域，在与现场试验土壤水分传感器对应位置处设置模拟观测点，如图 3.13 所示。O 表示坐标原点，A、B、C、D、E 分别表示边界节点，OC 为水平入渗面，OB 为垂直入渗面；$h(t)$表示随时间变化的田面水层深度。

1) 模型初始条件

试验前利用土壤水分传感器测量每层土壤含水率，作为土壤各层初始含水率输入模型中：

$$\theta(x,z)=\theta_{0i},\quad i=1,2,3 \tag{3.15}$$

式中，$\theta(x,z)$表示土壤体积含水率，cm^3/cm^3；θ_{0i}表示土壤初始体积含水率，cm^3/cm^3，i 表示土层。

2) 模型边界条件

如图 3.13 所示，根据试验，BO、OC 设为变水头边界，水头变化值根据实测田面水层深度输入模型中；由于试验时间相对较短，土壤水蒸发可忽略，设置 CD 为零通量边界；试验期间，地下水埋深较大，下边界 EA 设置为自由排水边界；在试验设计中，边界 AB 用金属钢板与试验区外田块隔开，假定无水分交换作用，设定为零通量边界；本次试验探究田块内水分通过耕作层水平(侧向)渗流情况，暂不考虑田埂边界的作用，在水平水力梯度作用下，侧向渗漏通过 DE 自由渗流，故设定为侧渗面边界。

3. 模型网格划分和参数设定

HYDRUS-2D 模型采用 Galerkin 有限元法对模型进行求解，利用 Generate Finite Element Mesh 模块将模拟区域离散成不规则的三角形网格进行计算。图 3.13 模拟区域 OB、OC 为变水头入渗边界，水流速率变化较快，计算要求精度高，设置网格尺寸为 0.5cm，其余网格间距均设定为 1.0cm。

试验区分层土壤各层物理及水动力参数如表 3.11 所示。模型所需土壤性质参数由实验室测得：土壤粒径组成采用筛分法结合比重计法试验所得；容重采用环刀法测得；其他所需 van Genuchten 水动力参数由模型自带的神经网络模块根据实测土壤粒径、容重参数预测而得。利用 RMSE 和 NSE 分析模拟效果。

3.3.3 模型验证

1. 模型参数分析

土壤耕作层、犁底层、底土层各项物理参数见表 3.11。可以看出，调整后耕作

层 K_s 值比模型预测值偏小，犁底层与底土层 K_s 值比模型预测值偏大。表明实际田块土壤条件复杂多变，模型预测难以准确反映土壤性质，因此输入参数值应进行调整以提高模拟精度。本次建立的模型采用调整后的 K_s 值，耕作层和犁底层的 K_s 值比相关学者在该地区测得的 K_s 偏大，分析原因是，试验正值油菜生长时期，油菜根系较浅、分布较散，耕作层和犁底层上部分有机质含量多，土质松散，分层明显；实测耕作层和犁底层容重较小，容重较小的土壤具有较强的收缩能力，容易产生裂缝，增大了耕作层和犁底层的透水性能。但犁底层相对较小的 K_s 值表明了其较好的持水性。

表 3.11　土壤各层物理及水动力参数

土层	砂粒/%	粉粒/%	黏粒/%	γ/(g/cm³)	θ_r/(cm³/cm³)	θ_s/(cm³/cm³)	α	n	K_s/(cm/d)	K_s^a/(cm/d)
耕作层(0～12cm)	20.2	45.5	34.3	1.01	0.096	0.557(0.520[a])	0.011	1.461	84.48	64.80
犁底层(13～30cm)	16.1	44.7	39.2	1.48	0.088	0.447	0.011	1.410	3.76	7.26
底土层(31～60cm)	36.4	37.2	26.4	1.45	0.072	0.410	0.011	1.475	8.29	11.52

注：γ 表示土壤容重；上标 a 表示调参后所得参数值。

2. 模型效果验证

各观测点土壤含水率和累积入渗量实测值与模拟值对比结果如图 3.14 所示，各观测点 RMSE 和 NSE 计算结果见表 3.12。

观测点 3 的传感器由于中途出现故障，不进行分析。从表 3.12 可以看出，土壤含水率的 RMSE 值均小于 0.1，NSE 值均大于 0.65，模拟误差较小，说明模型及所选土壤参数能够较好地模拟试验区土壤水分运动。观测点 1 的 NSE 值相对较小，可能由于观测点 1 在土壤表层，含水率增加很快，前期观测数据变化不稳定(见图 3.14(a))，监测数据少，在计算 NSE 值时含水率平均值偏高，导致 NSE 值降低，但模拟值与实测值变化趋势较一致。累积入渗量的 RMSE 值相对较大，实际灌水操作的不连续可能对累积入渗量的模拟有影响。图 3.14 表明，含水率实测值与模拟值较一致，但耕作层水平方向土壤含水率变化规律的模拟效果相对不好(见图 3.14(b))，可能是由于耕作层结构条件复杂，存在大量裂缝，易改变水流运动方向，从而影响模型模拟，但水平方向观测点(观测点 5、观测点 6)的 NSE 值说明模拟水分运动变化趋势比较可靠。本次模拟结果误差均在允许范围内，土壤含水率和累积入渗量实测值和模拟值基本吻合，所建模型用来描述多层土壤水分入渗特性是合理的。

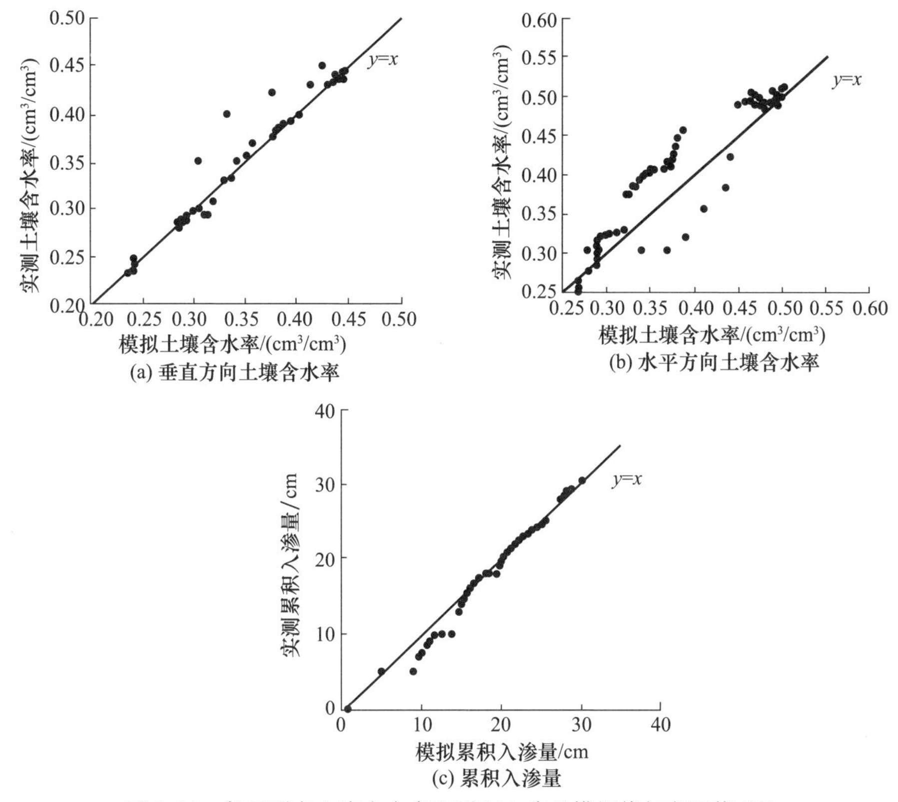

图 3.14　各观测点土壤含水率和累积入渗量模拟值与实测值对比

表 3.12　HYDRUS-2D 模拟效果统计参数计算结果

参数	土壤含水率					累积入渗量
	观测点 1	观测点 2	观测点 4	观测点 5	观测点 6	
RMSE	0.036	0.017	0.009	0.068	0.094	0.172
NSE	0.656	0.979	0.714	0.898	0.723	0.968

3.3.4　结果分析

1. 垂直入渗土壤含水率分析

垂直方向犁底层与底土层各观测点土壤含水率变化规律如图 3.15 所示，供水区同一竖直剖面土壤含水率变化规律如图 3.16 所示。从图 3.15 可以看出，观测点 1 对应的犁底层上部土壤含水率在 0～20min 迅速增加并达到饱和；观测点 2 前 100min 土壤含水率基本没有变化，100min 后，土壤含水率逐渐开始增加；观测点 4 对应的底土层土壤含水率在试验期间无明显变化。犁底层土质黏重，对水分下渗的抑制作用多源于中部和下部土层，而上部土层可能会受到翻耕、作物根系等作用，导致透水性增加。但整个犁底层减少深层下渗，起到保水作用，进而减少农田水肥淋失。另外，根系生长和田间生物的运动会产生优先流通道，水分沿着优先流通道下渗至观测点所在范围，可能导致观测值出现不均匀变化，降低模拟效果。结合图 3.16 可知，随着土壤水分入渗深度逐渐增加，垂向入渗速率（曲线斜率）随时间逐渐降低。0～30min 平均入渗速率为 0.274cm/min，30min 以后水流到达犁底层中下部，垂向入渗速率显著降低，入渗过程逐渐趋于稳定，整个试验过程垂向平均入渗速率为 0.094cm/min，垂向湿润峰仅到达犁底层表层以下 25cm 处，25cm 以下土壤含水率基本维持初始含水率值。

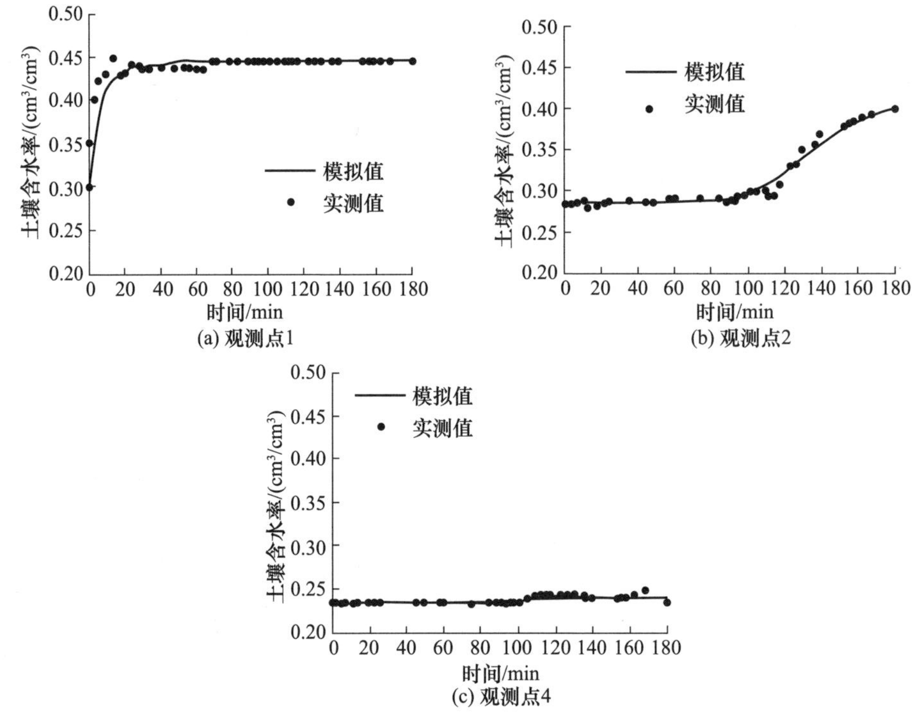

图 3.15 垂直方向犁底层与底土层观测点土壤含水率变化规律

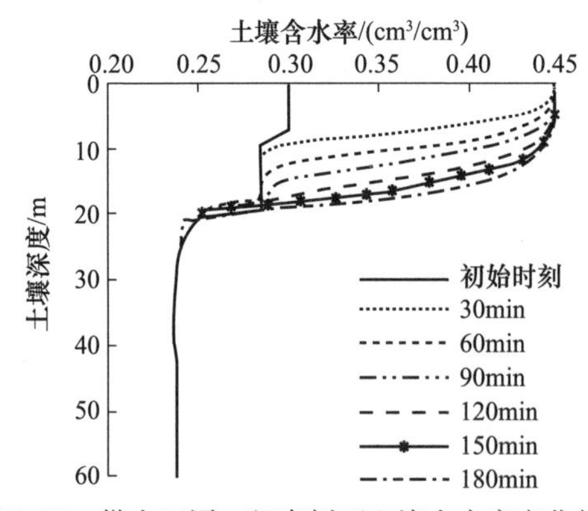

图 3.16 供水区同一竖直剖面土壤含水率变化规律

2. 水平(侧向)入渗土壤含水率分析

水平方向耕作层各观测点土壤含水率变化规律如图 3.17 所示,侧渗区同一水平剖面土壤含水率变化规律如图 3.18 所示。实际计算的观测点 5 的土壤含水率为图 3.12 中观测点 5-1、5-2 和 5-3 土壤含水率的平均值,实际计算的观测点 6 的土壤含水率为图 3.12 中观测点 6-1 和 6-2 土壤含水率的平均值。

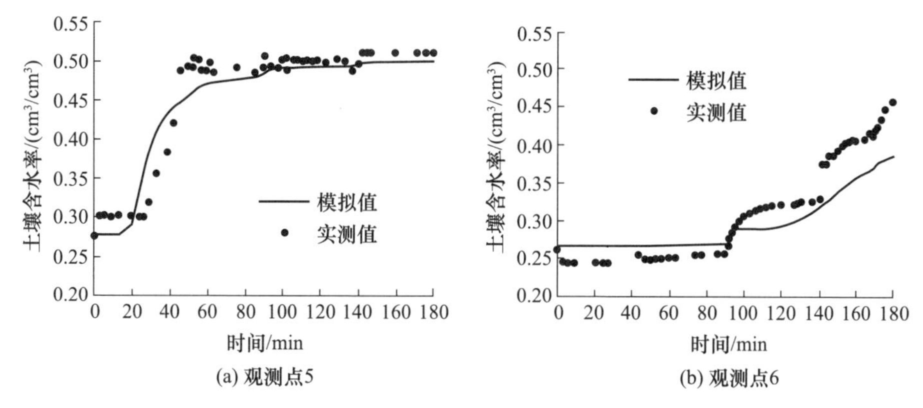

图 3.17　水平方向耕作层观测点土壤含水率变化规律

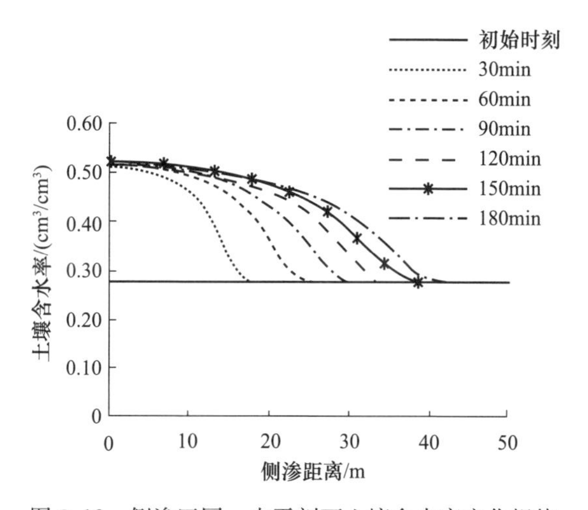

图 3.18　侧渗区同一水平剖面土壤含水率变化规律

图 3.17 表明,耕作层观测点处土壤含水率实测值与模拟值较吻合。观测点 6 湿润峰的提前出现,说明田块耕作层疏松多孔,水流沿存在于层内的多孔通道优先流至观测点处。从图 3.16 可以看出,试验开始 20min 后侧向入渗湿润峰到达距离侧渗面 15cm(观测点 5)处,20～60min 土壤含水率迅速增加,60min 以后土壤逐渐

趋于饱和;实测 90min 后侧向入渗湿润峰到达 35cm(观测点 6)处,之后土壤含水率逐渐增加至达到稳定状态。结合图 3.18 可知,土壤含水率随入渗时间逐渐增加,前期沿耕作层侧向入渗速率较大(0.355cm/min),随着土壤逐渐达到饱和,含水率增加较慢,入渗速率随之降低并趋近稳定。试验期间沿耕作层平均侧向入渗速率为 0.138cm/min,大于范严伟等(2015)所得田间侧渗速率值,形成差异的主要因素在于研究区田块地势低,土壤长期受到地下水冷浸作用,耕作层土粒分散、结构性差使侧渗输出速率升高。

试验发现,在第 50min 和第 80min 分别由收集槽收集到耕作层侧向渗漏量,出流时间提前反映了耕作层土壤的空间异质性。其余收集槽侧渗出流平均时间为 140min,说明在试验进行 140min 后,侧向渗漏穿透 50cm 宽的耕作层,说明了田块耕作层较强的侧向透水能力。试验结束后发现,土壤犁底层及犁底层以下剖面也有部分水渗出,表明密实的犁底层也会发生侧向渗漏。

3. 土壤水量平衡分析

通过模型模拟可知,土壤耕作层和犁底层在 720min 后达到饱和状态,入渗稳定后沿耕作层水平入渗速率和沿犁底层垂向入渗速率分别为 0.05cm/min、0.006cm/min。通过模型各边界单宽流量输出计算土壤总体和分层水平衡要素,建立试验期间入渗过程以及模型模拟的后期稳定入渗阶段的土壤水平衡关系,如表 3.13 所示。可以看出,在整个试验入渗期间,土壤犁底层持水性能最强,其渗漏量较少(7.52%),减少了土壤深层渗漏量;而耕作层产生渗漏较严重(33.97%),渗漏量中侧向渗漏所占比例较大,垂向渗漏较小;底土层持水性能较差。在后期入渗达到稳定后,耕作层的垂向渗漏量有所降低,相反侧向渗漏量增加;犁底层渗漏量所占比例均有所增加;底土层垂向渗漏量变大,说明入渗稳定后,深层渗漏比例会增大。下面将对累积入渗量变化过程及稳定入渗过程中侧向渗漏情况做进一步分析。

表 3.13　土壤水量平衡关系

土层	试验入渗过程(0～180min)								模拟后期稳定入渗过程							
	CI								CI							
	VI /cm²	LI /cm²	ΔW /cm²	LS /cm²	P /cm²	ΔW/CI /%	LS/CI /%	P/CI /%	VI /cm²	LI /cm²	ΔW /cm²	LS /cm²	P /cm²	ΔW/CI /%	LS/CI /%	P/CI /%
土体	121.62	102.29	186.04	37.17	0.70	83.09	16.60	0.31	12.58	11.20	18.76	4.91	0.11	78.89	20.65	0.46
耕作层	0	102.29	67.55	29.20	5.54	66.03	28.55	5.42	0	11.20	6.99	3.98	0.23	62.41	35.54	2.05
犁底层	127.16	0	117.59	7.20	2.37	92.47	5.66	1.86	12.81	0	11.65	0.84	0.32	90.96	6.55	2.49
底土层	2.37	0	0.90	0.77	0.70	38.14	32.39	29.47	0.32	0	0.13	0.09	0.11	39.30	27.02	33.68

注:CI 表示土壤累积入渗量;VI 表示土壤垂直入渗量;LI 表示土壤侧向入渗量;ΔW 表示土壤内部储存水量;LS 表示土壤侧向渗漏量;P 表示通过土壤下边界垂直渗漏量。

1）累积入渗量分析

试验期间累积入渗量是通过土壤犁底层垂直入渗量和土壤耕作层侧向入渗量之和，其随时间的变化规律如图 3.19 所示，前期试验过程中实际灌水操作在时间上不连续，致使实测累积入渗量略小于模拟值。从图 3.19 可以看出，在 0～20min，累积入渗量的增加值相对较快，所对应的入渗速率也较快，这与初渗阶段土壤含水率增加较快一致。随着入渗时间的增加，犁底层上部含水率逐渐达到饱和，水分侧渗现象逐渐明显，耕作层 15cm（观测点 5）处含水率开始变化。但由于犁底层透水性相对较弱，阻碍了水分的继续下渗，土壤入渗量增加缓慢，入渗速率逐渐降低直至稳定，犁底层下部及底土层土壤含水率基本无变化；而耕作层结构疏松多孔，透水能力较强，随着入渗的继续进行，湿润锋持续前进，直到到达侧渗区 50cm 末端，产生耕作层侧向出流。

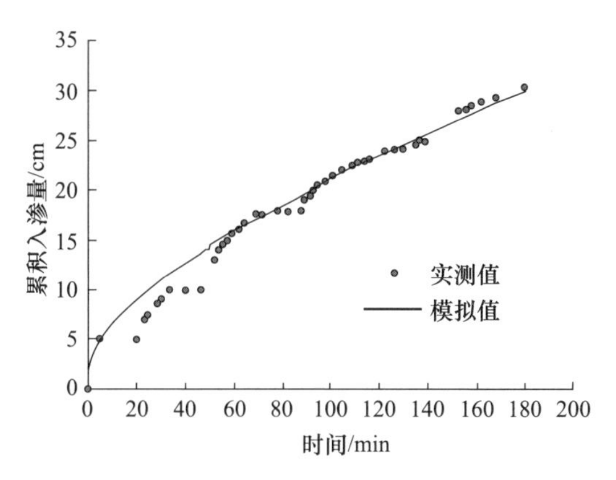

图 3.19　累积入渗量随时间的变化规律

2）侧向渗漏量分析

表 3.13 中，耕作层的侧向渗漏量由试验收集水量称量，其余侧向渗漏量数据均由模型边界的输出水量确定。在后期入渗达到稳定状态时，试验区渗漏量占土壤累积入渗量的 21.11%，侧向渗漏量占 20.65%，表明受土壤分层结构的影响，田间侧向渗漏量在田间水平衡要素中占有相当比例。由于丘陵区田块呈阶梯状分布，上游田块侧渗会导致下游田块地下水位常年偏高，土温低，耕性较差，还原物质积累，从而形成冷浸田；另外，侧渗水携带土壤养分，排至下游河沟，可能成为面源污染来源。耕作层侧向渗漏量占整个土壤剖面侧向渗漏量的 81.06%，说明结构疏松的耕作层及与犁底层的交界面是侧渗的主要通道。一方面，耕作层自身透水性好及优先流通道的存在，使水分易于侧向运动；另一方面，犁底层阻滞水分下渗，促使水分沿着透水性强的耕作层及层间位置运动。犁底层的侧向渗漏量较小；底土层由于犁底层的阻水作用，入渗量非常小，但是侧向渗漏量的比例也较大，这部

分渗漏量大多入渗补给地下水。根据以上分析，耕作层侧向渗漏是田间渗漏的主要路径，降低了田间水利用率。虽然该部分水量会被下游田块承纳，但是长期作用会导致下游田块冷浸化。另外，侧渗水进入相邻沟渠，会增加面源污染的危险。

3.4 多层土壤水肥迁移转化参数测试装置及方法

3.4.1 测试装置

如图 3.20～图 3.22 所示，本节研究使用的多层土壤水肥迁移转化参数测试装置包括平台，平台上从内至外依次设置分层土壤土柱、圆柱形有机玻璃内柱、圆柱形有机玻璃外柱。有机玻璃内柱指定高度上分布着图 3.22 所示的梅花孔洞，用以排出在土壤水分下渗过程中产生的侧向渗漏水。梅花孔洞与土柱之间设置塑料滤网，防止土壤颗粒被侧向渗流水带出，其厚度按照试验要求确定。有机玻璃内柱通过法兰螺栓和内柱法兰固定在平台上，其下部的平台上均匀设置多孔法兰，并在其上铺设塑料滤网，塑料滤网的厚度根据试验要求确定。圆柱形有机玻璃内柱下设置有供水室，供水室侧壁上方设置有排气孔，供水室通过供水管与自动控制供排水装置相连通。

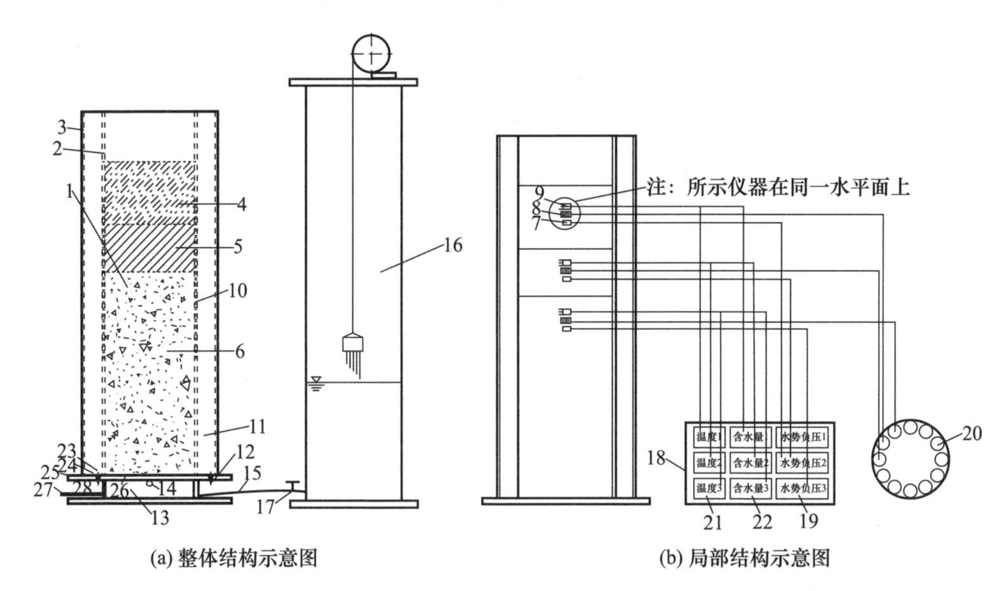

图 3.20 测试装置结构示意图

1. 分层土壤柱；2. 圆柱形有机玻璃内柱；3. 圆柱形有机玻璃外柱；4. 耕作层；5. 犁地层；6. 底土层；7. 土壤负压传感器；8. 负压取水样器；9. 土壤含水率测量仪器；10. 梅花孔洞；11. 环形区域；12. 排水管；13. 供水室；14. 排气孔；15. 供水管；16. 自动控制供排水装置；17. 阀门；18. 土壤数据综合采集箱；19. 土水势采集器；20. 负压取土壤水真空罐；21. 土壤温度采集器；22. 土壤水分采集器；23. 法兰螺栓；24. 内柱法兰；25. 平台；26. 多孔法兰；27. 排水管；28. 阀门

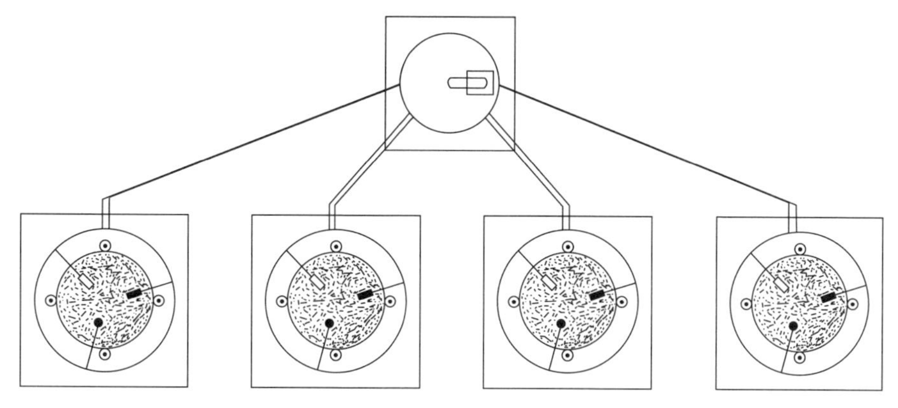

图3.21 测试装置平面布置图

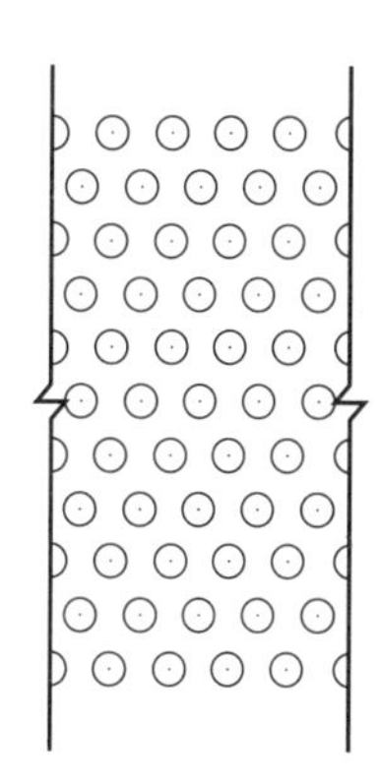

图3.22 梅花孔洞结构示意图

土壤柱被内柱包裹并根据稻田原状土特点分为底土层、犁底层和耕作层，各层土壤厚度分别为20～30cm、15～20cm、≥60cm。整个土壤柱高度在95～105cm，可根据具体试验要求的底土层厚度加以调整。

各个土层内分别埋设土水势传感器、负压取水样器和土壤含水率测量仪器(同时测量温度)，要求仪器每一层在同一个水平面上，每一列相同的仪器在同一竖直剖面上。土层内传感器利用各自的缆线通过有机玻璃内外柱预留孔分别连接至外部土壤数据综合采集箱中的土水势采集器、负压取土壤水真空罐、土壤温度采集器、土水分采集器。其中，土水势采集器、土壤温度采集器、土壤水分采集器集成于土壤数据综合采集箱中。动态采集参数数据传输至主控计算机，土壤数据综合采集箱的尺寸为360mm×200mm。有机玻璃内外柱预留孔每一层有三个均匀分布在同一水平面上，其中，有机玻璃内柱和有机玻璃外柱的预留孔在同一高度位置处，从上层至下层距离玻璃柱顶部的距离分别为250cm、425cm、600cm。

通过梅花孔洞排出侧向渗漏水到内外柱之间的环形区域，在环形区域底部设置一排水管，通过排水管排出到外部并收集后进行化验分析。

有机玻璃内柱下部安装高度为84mm的供水室，用以向土柱内供水和承接土柱水分垂直下渗过程中的排水，并在供水室侧壁上方设置排气孔，供水室通过供水管连接自动控制供排水装置，供水管上设置阀门控制水流动情况，并通过排水管收集排水，同时设置阀门以控制排水水流。

3.4.2 测试方法

多层土壤水肥迁移转化参数测试方法包括以下步骤：

(1) 采集各层土样进行化验分析，确定各项初始理化参数值。

(2) 确定最高和最低控制地下水水位。最高控制地下水水位不高于土壤柱柱壁侧渗段下端，最低控制地下水水位根据试验要求确定。

(3) 配置土壤水肥溶液模拟稻田在土壤柱耕作层表层施肥，并保持一定水层深度，水层深度根据具体试验要求确定；不同的水层深度代表不同的灌溉方式，会对水肥在多层土壤中的迁移转化产生影响。

(4) 根据埋设在土壤柱各层的传感器动态监测水肥溶液入渗过程中每层土壤含水率、温度和水势情况，并同时利用负压取水样器装置按照试验要求的取样频次在各层分别取水样，根据试验要求测量土壤溶液中的营养元素含量；结合观测到的土壤含水率、温度和水势进行分析，探究水肥溶液下渗过程中相应含量的变化及其在土壤中的分布情况；进一步研究土壤水分和养分在各层之间迁移转化的过程。

(5) 在土壤水肥溶液下渗的过程中，会在圆柱形有机玻璃内柱侧壁的梅花孔洞形成侧渗，根据所述圆柱形有机玻璃外柱底部的排水管收集有机玻璃内外柱环形区域之间的侧渗水，进行称量化验，探究连续侧渗水在水肥溶液渗漏过程中所占的比例，并且分析连续侧渗过程中水肥变化规律以及各因素的迁移转化。

(6) 根据自动控制供排水装置监测的各时段供水量和排水量分析土壤水肥溶液下渗过程中的地下水水位变化过程及其对地下水水位的影响；收集所述有机玻璃内柱下部供水室的水样进行化验分析，分析排出水的组成成分以及含量，探究土壤中水肥垂直渗漏损失量；通过对土壤侧渗水和垂直下渗水的独立监测过程，分析土壤水肥渗漏的二维特性，探究多种控制条件下土壤水肥迁移转化规律，为提高水肥利用效率提供理论依据和技术支撑。

3.4.3 实例验证

1. 供试土壤

试验所采用的南方土壤来自湖北省漳河水库灌区团林灌溉试验站。室内分层土柱按照稻田实际分层顺序装填，均质土柱由各层土壤按比例混合。供试土壤各层基本物理性质如表 3.14 所示。

按照图 3.20 所示装置及测试方法分别进行一维入渗试验及考虑侧渗的二维入渗运动试验探究与模拟。土柱试验设置四种不同情景：一维分层土壤、一维均质土壤、二维分层土壤、二维均质土壤。试验按照如下步骤进行：

(1) 将供试土壤风干后磨细过 2mm 筛，并按照设计容重要求及分层情况(见表 3.14)每次 5cm 高度装填进有机玻璃柱，在指定土层位置安装土壤水分探头并连接数据采集器。

表 3.14 供试土壤各层基本物理性质

供试土壤		颗粒级配/%			γ /(g/cm³)	θ_r /(cm³/cm³)	θ_s /(cm³/cm³)	α	n	K_s /(cm/h)
		砂粒	粉粒	黏粒						
分层土壤	0～20cm	12.38	64.30	23.32	1.20	0.081	0.482	0.005 (0.007)	1.635 (1.559)	1.105 (0.561)
	20～35cm	11.87	70.67	17.46	1.50	0.066	0.402	0.006 (0.006)	1.636 (1.640)	0.213 (0.05)
	35～90cm	16.40	68.51	15.09	1.40	0.063	0.410	0.005 (0.006)	1.681 (1.711)	0.3063 (0.015)
均质土壤	0～90cm	14.69	68.10	17.21	1.35	0.068	0.429	0.005 (0.006)	1.683 (1.560)	1.100 (1.133)

注：不带括号的表示模型预测参数值；带括号的表示模型反演之后的参数值。

(2) 连接自动供排水装置对土柱进行地下水供应并控制其埋深为 60cm(即 30cm 水位条件)，同时记录毛细水上升湿润峰，当供排水装置记录的供水量在一定时间不发生改变时，则表明达到设定的地下水水位条件。

(3) 连接马氏瓶进行地表恒定水层(5cm)入渗试验，并记录马氏瓶内水量的变化情况。

(4) 当土柱内各土层含水率均达到饱和并持续一段时间后，试验结束。

2. 基于 HYDRUS-2D 的土壤水分运动模型构建

1) 模型原理

HYDRUS 模型原理在前面已讲过，这里不再赘述。

2) 模型建立

建立与土柱对应矩形模拟区域，宽度 28cm，高度 90cm。模拟区域内观测点设置在土柱内土壤水分探头对应位置处。试验过程中土柱上部加盖可移动柱盖，试验时间较短，忽略水量蒸发损失。试验前根据土柱各层负压传感器测得土壤初始负压水头值作为模型初始条件，两负压传感器之间土壤区域采用线性插值得到负压水头值。一维入渗模拟中，设定模拟区域上边界为定土壤压力水头(5cm)边界；下边界为恒定地下水位(30cm)边界，其余均为零通量边界；二维入渗模拟中，由于增加了有机玻璃柱柱壁侧渗孔，对应的模拟区侧渗孔部位 50cm 侧渗孔处边界设置为侧渗面边界，其余边界条件与一维情况一致。

HYDRUS 软件采用有限元法将模拟区域离散成网格进行求解，一维入渗模拟网格尺寸设定为 1.0cm，二维入渗模拟网格尺寸设定为 1.0cm。土壤水力学特性参数的准确性对反映实际土壤水分运动过程具有重要意义。利用 HYDRUS 自带的 Rosetta 模块通过输入表 3.14 的土壤质地及容重参数预测土壤水力学参数，模拟各土柱土壤水分运动，模拟得到土壤含水率及负压值与实测值吻合度不理想（平均相对误差达到15%）。为进一步优化参数，调用模型中 Inverse Solution 子模块利用试验时段各层土壤含水率实测数据反演求得主要土壤水力学参数（饱和水力传导度、拟合参数 α、n），得出的分层土壤与均质土壤的水力特性参数见表3.14。

3）模型参数反演及验证

利用反演后的土壤水力特性参数建立水分运动模型模拟四个土柱各观测点土壤含水率，得到的各观测点土壤含水率一维情况及二维情况实测值与模拟值对比如图3.23所示。可以看出，对比点大部分靠近1∶1线，说明观测点土壤含水率模拟值与实测值较为一致，模拟结果较可靠。计算所得一维情况各观测点RMSE平均值为0.105，二维情况各观测点RMSE平均值为0.096。所建立模型模拟效果理想，经过模型反演调整后的水力特性参数能够较准确地反映南方土质条件下稻田土壤水分运动规律。

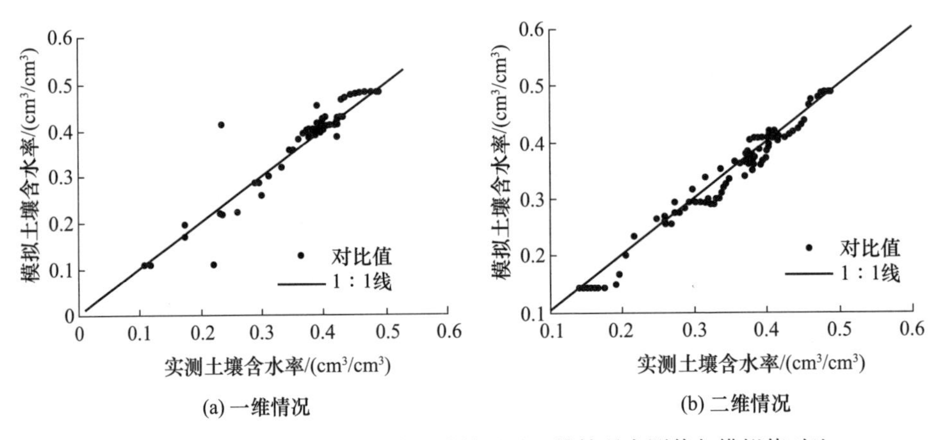

图3.23　各观测点土壤含水率一维情况及二维情况实测值与模拟值对比

3.4.4　结果分析

1. 土壤地下水毛细上升规律分析

不同土壤条件下地下水毛细上升高度随时间的变化规律如图3.24所示。毛管水上升运动初期，土壤初始含水率为0.1～0.2，基质势较大，吸水能力强，毛管水上升较快；随水分上升高度不断增加，水势梯度逐渐降低，土壤地下水毛细上升逐渐稳定。从图3.24可以看出，在地下水毛细上升前期较短时间内，各土柱土壤上升速率基本相同，随着毛管水运动，均质土壤地下水毛细上升速率逐渐大于分层土壤；分层土壤地下水毛细上升高度达到42.5cm。说明土壤质地和分层结构差异均对地下水毛细上升运动有较大影响，尤其在土壤存在密实土层情况下，层间性质差异减弱了土壤毛管力作用，阻碍地下水毛细上升。

不同土壤条件下地下水累积补给量随时间的变化规律如图 3.25 所示。可以看出，均质土壤与分层土壤变化趋势基本一致，前期补给速率较大，后期随毛管力作用的减弱，补给速率逐渐降低并达到稳定。同一地区分层土壤地下水累积补给量大于均质土壤，但相差不大，说明地下水补给量受分层结构影响不大。

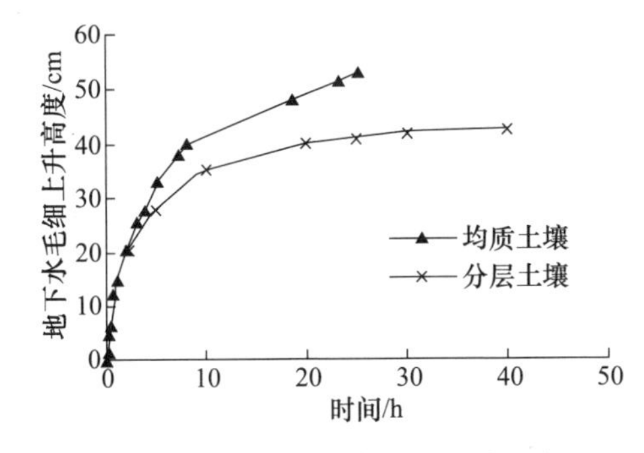

图 3.24　不同土壤条件下地下水毛细上升高度随时间的变化规律

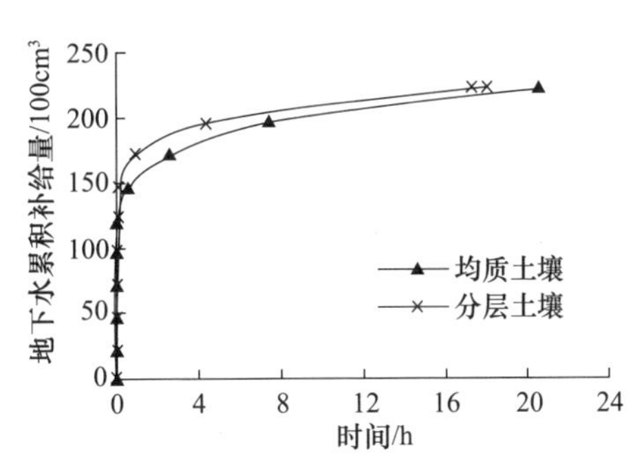

图 3.25　不同土壤条件地下水累积补给量随时间的变化规律

2. 一维入渗土壤累积入渗量及垂直渗漏量分析

土壤上边界在恒定水层(5cm)条件下连续入渗，地表累积入渗量随时间的变化规律如图 3.26 所示。可以看出，入渗初始入渗速率大，累积入渗量增加较快，随着入渗路径逐渐增加，从土壤表面到入渗锋面的水势梯度不断减小，入渗速率随之降低并达到稳定，累积入渗量呈现均匀增加趋势。同一地区均质土壤的入渗能力大于分层土壤。相同试验阶段，分层土壤、均质土壤累积入渗量分别为 49235cm^3、102282cm^3。说明土壤分层性质差异在一定程度上抑制了地表水的入渗，降低了入渗速率。

在地下水位保持恒定的前提下，通过自动控制供排水装置自动记录土柱排水量得到土壤水分垂直渗漏量随时间的变化规律，如图 3.27 所示，该曲线同时也说明了土壤垂直渗漏情况以及各土柱开始发生垂直渗漏的时间点。在试验开展时段内，均质土壤垂直渗漏进入地下水的水量最大。研究发现，由于多年的稻田耕作，分层土壤中存在致密层，位于土壤中下层，其密实结构发挥了抑制水分垂直入渗作用，能够减少水分深层渗漏；均质土壤结构均匀，可能存在贯通的土壤渗漏通道，形成连续水分入渗过程，因而造成大量渗漏损失。整个试验阶段，分层土壤、均质土壤发生垂直渗漏的时间分别为第 7.9h、4.86h；其垂直渗漏量占定水头入渗总水量的比例分别为 31.54%、63.89%。

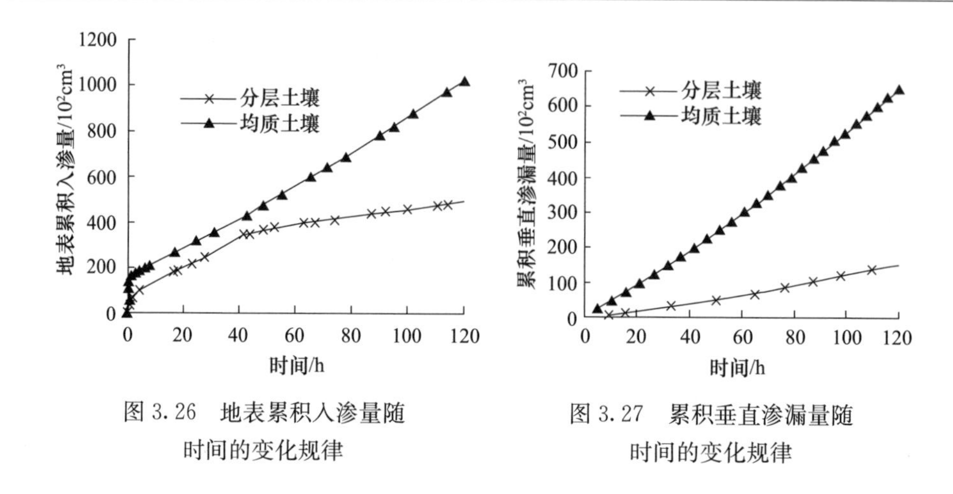

图 3.26 地表累积入渗量随时间的变化规律

图 3.27 累积垂直渗漏量随时间的变化规律

3. 分层土壤水分入渗速率分析

一维和二维分层土柱水分入渗速率随时间的变化规律如图 3.28 所示。可以看出,入渗前期受土壤较大吸力的影响,水分入渗速率很大,一维分层土柱和二维分层土柱初期入渗速率分别为 3.511cm/h、2.86cm/h,由于土壤土质及分层结构一致,前期相差不大;随着入渗时间加长,土壤含水率逐渐增加,基质势降低,水分进入土壤中下密实层,入渗速率随之减小并趋于恒定,并且受到边界条件的影响,一维与二维条件下入渗速率逐渐产生变化。一维和二维分层土柱达到恒定入渗速率的时间分别为第 8h 和第 9.5h 左右,稳定后的入渗速率分别为 0.227cm/h、0.427cm/h,表明在入渗逐渐稳定后,二维分层土柱的入渗速率超过了一维分层土柱。表明考虑土壤侧渗情况后,其稳定后的入渗速率增加,水分产生渗漏及侧渗的可能性增加,传统一维分析条件可能造成对土壤渗漏损失量较少的估计。

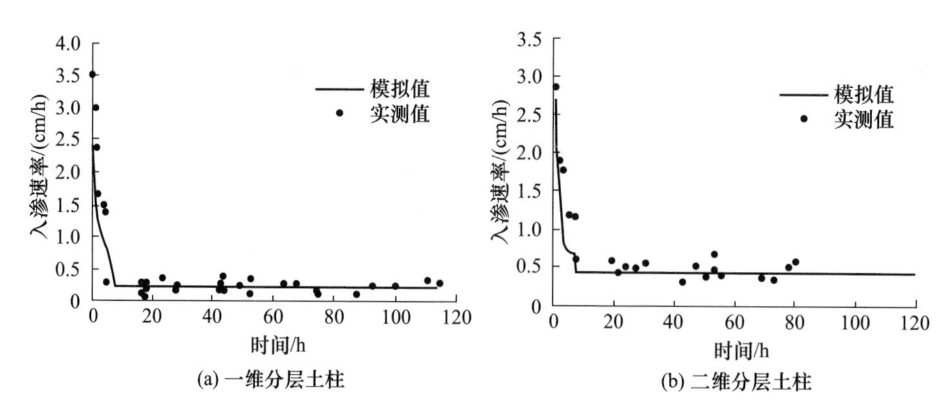

图 3.28 一维和二维分层土柱水分入渗速率随时间的变化规律

4. 土壤水分二维入渗运动速率分析

1）土壤水分侧向渗漏速率分析

二维分层土柱和二维均质土柱侧向渗漏速率随时间的变化规律如图3.29所示。可以看出，均质土柱各土层整体侧向渗漏速率高于分层土柱，说明质地均匀的土壤结构容易形成连续的侧向渗漏通道。均质土柱（见图3.29(b)）稳定后的侧向渗漏速率为0.639cm/h。对于分层土壤来说，各层侧向渗漏速率呈现出一定的规律变化：当入渗刚开始，湿润峰逐渐下移至耕作层侧向渗漏孔处时，开始发生侧向渗漏，随着湿润峰的持续下移，耕作层整层逐渐达到饱和，这一过程耕作层的侧向渗漏速率是逐渐增加的；当饱和面向下移至犁底层时，由于犁底层透水性差，滞留在两层之间的水分由层间孔隙侧向渗漏，降低了耕作层的侧向渗漏速率，随着犁底层逐渐开始发生侧向渗漏，耕作层的侧向渗漏速率又逐渐回升，当整个犁底层均达到饱和时，侧向渗漏速率达到稳定，饱和面到达底土层；上下的干湿压力差增大了底土层的吸水作用，从而增加了耕作层的侧向渗漏速率，但这种压力差持续一段时间直到底土层也接近饱和，整个土层均达到饱和，此时底土层侧向渗漏速率稳定，耕作层侧向渗漏速率降低并达到稳定。耕作层、犁底层与底土层达到稳定后的侧向渗漏速率分别为0.335cm/h、0.068cm/h、0.017cm/h。整个过程耕作层侧向渗漏速率变化复杂，因此合理控制耕作层土壤水分状况对控制田间土壤侧向渗漏具有重要作用。

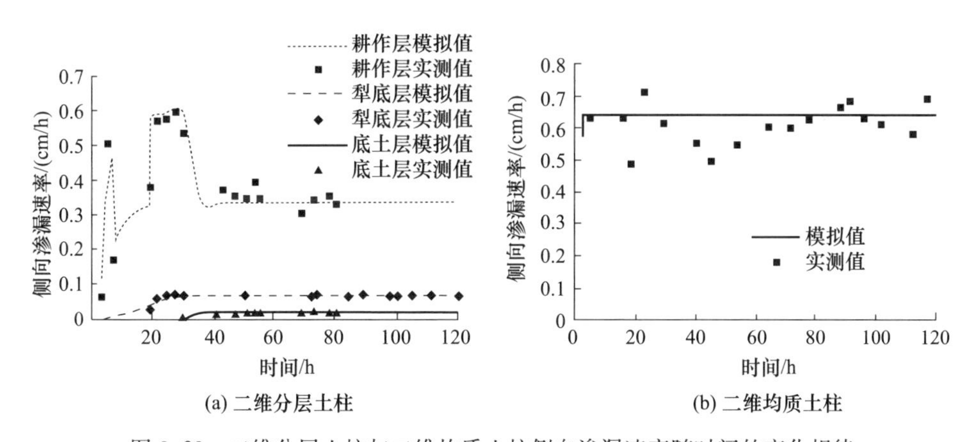

图3.29　二维分层土柱与二维均质土柱侧向渗漏速率随时间的变化规律

2）土壤水分垂向渗漏速率分析

实测垂向渗漏量来源于自动供排水装置自动记录的排出水量，模拟值为试验期间模拟区域下边界输出量。二维分层土柱与二维均质土柱垂向渗漏速率随时间的变化规律如图3.30所示。二维分层土柱试验期间未记录到垂向渗漏数据，表明该值非常小,低于自动供排水装置记录的下限值,模型模拟值很小,稳定后二维分层土柱垂向渗漏速率为 0.004cm/h。表明对于分层土壤,由于中间存在密实土层,抑制了水分的垂向入渗,同时,试验考虑了侧向渗漏,密实土层的存在也在一定程度上促进了水分的水平运动,因此大部分渗漏水由水平侧渗输出,或由于重力作用,上层侧渗水由层间渗漏通道或者流向下层土壤侧渗输出,真正垂向渗漏至地下水的水量较少,进入地下水的大部分渗漏水可能由于侧渗弧形运动排出。这部分将在后面水量平衡关系中进行具体分析。均质土壤的垂向渗漏比分层土壤大,二维均质土柱垂向渗漏速率为 0.211cm/h,但低于侧向渗漏速率。

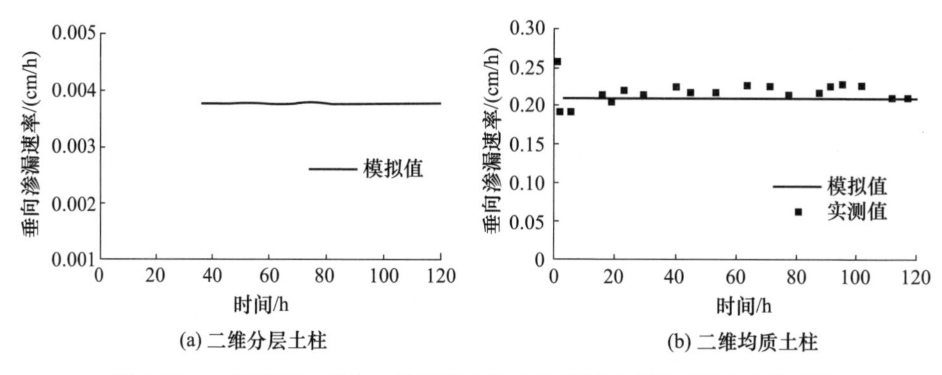

图 3.30 二维分层土柱与二维均质土柱垂向渗漏速率随时间的变化规律

5. 二维入渗土壤水量平衡关系分析

分析考虑水分侧渗情况下的土壤水量平衡关系时,可分为两个阶段:第一阶段为土壤从初始水分状态至达到饱和状态;第二阶段为达到饱和之后的稳定入渗状态。按照稻田土壤的实际分层情况,将分层土柱和均质土柱均按照 0~20cm、20~35cm、35~90cm 分层分析其水量平衡关系,如表 3.15 和表 3.16 所示。

表 3.15 分层土壤水量平衡关系

土壤分层	0~30h 入渗初期至饱和状态阶段					30~120h 入渗稳定阶段			
	累积入渗/%		土壤储水/%	侧向渗漏/%	垂向渗漏/%	累积入渗/%		侧向渗漏/%	垂向渗漏/%
	上边界灌水	地下水补给				上边界灌水	地下水补给		
整体	97.10	2.90	49.44	50.56	0	100	0	99.19	0.81
0~20cm	97.10	0	24.40	47.12	0	100	0	80.60	0
20~35cm	97.10	0	15.11	3.42	0	100	0	14.22	0
35~90cm	97.10	2.90	9.93	0.02	0	100	0	4.37	0.81

表3.16　均质土壤水量平衡关系

土壤分层	0～2.5h入渗初期至饱和状态阶段					2.5～120h入渗稳定阶段			
	累积入渗/%		土壤储水/%	侧向渗漏/%	垂向渗漏/%	累积入渗/%		侧向渗漏/%	垂向渗漏/%
	上边界灌水	地下水补给				上边界灌水	地下水补给		
整体	76.20	23.80	96.49	3.51	0	100	0	83.75	16.25
0～20cm	76.20	0	46.13	1.40	0	100	0	26.98	0
20～35cm	76.20	0	44.23	0.24	0	100	0	6.31	0
35～90cm	76.20	23.80	6.13	1.87	0	100	0	50.46	16.25

土壤输入水量为累积入渗量，包括上边界灌水及地下水补给。累积入渗量一部分用以满足土壤自身储水，另一部分通过土壤输出，主要为侧向渗漏和垂向渗漏。分层土壤达到饱和的时间较慢，饱和期间还伴随着侧向渗漏，而均质土壤很快达到饱和，基本是饱和之后才开始发生渗漏现象。

从表3.15和表3.16可以看出，分层土壤在入渗30h后达到稳定，均质土壤在入渗2.5h后达到稳定。分析表3.15可知，入渗初期至刚达饱和状态期间，有部分地下水的补给，主要补给底土层；形成土壤含水量和侧向渗漏出流量基本各占一半，表明前期由于耕作层土壤的疏松多孔结构，初期灌水形成了较大的侧向渗漏，试验期间未观测到垂向渗漏。当入渗稳定后，土壤达到饱和状态，此时上边界灌水均由渗漏出流，但可以看到，垂向渗漏所占比例依旧很低，表明分层的这种土质差异性在一定程度上对侧渗现象贡献较大。由于灌水期间地下水位较高（埋深60cm），80.6%的侧渗水由耕作层贡献，底土层贡献较小，这也与3.3节田间试验所得结果吻合。对比分析表3.16，前期地下水补给量占23.8%，说明结构均匀土壤促进毛管水作用，且该时间段内累积入渗基本形成了土壤含水量，渗漏量很少，但后期稳定入渗后，垂向渗漏比例增大，达到16.25%。均质土壤不同层的侧向渗漏也出现了较大差异，下层（35～90cm）最大，其次为上层（0～20cm），最后为中层（20～30cm）。这在一定程度上也说明了对于均质土壤，侧渗现象大多产生于土壤靠近地下水的下层部分，中层很少，上层由于灌水也会占有一定的比例。

3.5　本章小结

通过本章试验与模拟研究，可以得出如下结论：

（1）通过开展稻田不同灌溉方式下各水分要素监测试验，在HYDRUS-1D运动模型建立的基础之上采用实测土壤剖面负压值率定犁底层饱和水力传导度。结果表明，试验研究中设计的长期淹灌灌溉制度产生了明显的过度灌溉，而相比于长期淹灌，干湿交替灌溉在很大程度上减少了灌溉用水，因为其抑制了田间渗漏并增加了地下水毛细上升；干湿交替灌溉田块的地下水毛细上升量占水投入总量的26.1%～27.4%，因此在设计灌溉制度时应该考虑地下水毛细上升对节水灌溉的贡献；在低地稻田中，浅层地下水水位和表层土壤的干燥环境有利于土壤水分向上运动，增加地下水毛细上升。

(2) 基于稻田试验结果，采用HYDRUS-1D模型进行了情景分析，评估了不同水分管理组合及地下水埋深对渗漏的影响。设计的192种情景模拟均分析了底部通量，包括地下水毛细上升和深层渗漏。结果表明，当土壤灌前负压及灌水量分别在−10～−2kPa和5～7cm时，形成了地下水毛细上升与深层渗漏的相互转化，太浅(30cm)或太深(自由排水)的地下水埋深都会导致渗漏增加，地下水埋深介于60～90cm更可能发生地下水毛细上升补给；根据分类和回归树模型的结果，土壤灌前负压是影响渗漏的最主要因素，其次是地下水埋深和灌水量，灌溉持续时间的影响较小。本章还分析了渗漏中灌水量、灌溉溉续时间、土壤灌前负压和地下水埋深对渗漏贡献的相互作用：随着地下水埋深和灌水量(1～5cm)的增加，土壤灌前负压的贡献增加；当灌水量为7cm时，土壤灌前负压的贡献降低；随着前期土壤水分由较干变为中度湿润，灌水量对渗漏的贡献增加；当土壤灌前负压变化时，地下水埋深对渗漏的贡献呈现出与灌水量相反的趋势。在分析了灌溉方式和地下水埋深对渗漏的影响后，根据稻田灌溉间隔的限值筛选了120个合理组合，并根据水稻生长和水分利用效率筛选出控制渗漏的最佳组合。

(3) 采用HYDRUS-2D模拟南方丘陵区田间变化水层条件多层土壤水分水平与垂直入渗规律，所得到的不同土层土壤含水率和累积入渗量变化与田间试验结果基本一致，表明该模型及其参数设置具有一定的合理性，所建立的模型能够有效模拟变水头条件下的田块内土壤水分水平与垂向运动规律。犁底层垂向入渗试验结果表明，犁底层中部及下部的土壤含水率变化缓慢，底土层土壤含水率基本无变化，其弱透水性质能有效减少土壤水分深层渗漏。当犁底层抑制水分垂向运动时，耕作层侧渗方向土壤含水率逐渐增大，湿润峰不断前进，试验期间沿耕作层平均侧向渗漏速率为0.138cm/min，入渗达到稳定后侧向渗漏速率为0.05cm/min。为提高丘陵区田间水分利用率，防治冷浸渍害低产田，需要优化控制田块侧向渗流，减少水肥流失。试验和模型模拟发现，当入渗达到稳定后，试验区域的侧向渗漏量占田面累积入渗量的20.65%，其中，通过耕作层侧渗水量占侧向渗漏量的81.06%。需要进一步优化防治丘陵区侧向渗流的梯级上下田块的高差，强调田埂的生态硬化，避免耕作层因土质疏松可能存在的大量层内及层间优先流通道，降低田间水分利用效率。

(4) 研制了多层土壤水肥迁移转化测试装置，基于该装置提出水肥参数测试方法。该方法能够在控制地下水位条件的前提下，实时动态监测土壤水分、温度、负压、溶质等要素，并创新性地提出侧渗孔结构，分析土壤水分、溶质的二维运动情况，为研究水肥资源高效利用提供试验基础。根据该装置进行室内一维/二维模拟试验，根据实测土壤含水率数据率定二维模型，得到适用于该地的土壤水力学特性参数，并用以模拟一维/二维土壤水分运动，验证田间试验结果，提高模拟的准确度。结果表明，分层土壤能够有效增加土壤水上升补给量，减小水分垂向/侧向渗漏速率，抑制土壤水分渗漏。侧渗流失是主要的水分流失形式，稻田土壤需要保持一定的犁底层厚度，以增加浅层地下水毛细上升量并减小侧渗流失，从而提高稻田水分利用效率。

第4章　水稻控势灌溉及其产量环境效应

4.1　水稻控势灌溉试验与模型

4.1.1　旱作水稻田间试验布置

1. 试验设计与资料搜集

综合南方河网灌区气候、农业生产条件、农业生产模式等特点，研究水稻在水量相对丰沛的南方河网灌区旱作方式推广种植的适应度，以及在不同生长阶段不同的水处理对茎蘖数、有效分蘖数、穗长等的影响而最终对产量造成的影响，以土水势作为灌水控制指标，提出适宜南方河网灌区旱作水稻的灌溉控制下限值。

2013～2014年在湖北省漳河水库灌区谭店村示范区田间小区中进行试验，试验点属于亚热带季风气候，雨量丰沛，年均降雨量为932.9mm，降雨年内分布不均，多集中在6～8月，约占全年降雨量的50%，年蒸发量为1345～1538mm。供试田块土壤为黏土及黏壤土交错分布，土层厚，耕作层较深，质地黏重，透水性差，肥力高，地下水埋深较浅，可满足水稻旱作的要求。

以土水势作为灌溉控制下限指标，试验水分处理保持全生育期水分胁迫，按梯度设置6种不同灌水指标处理（W_0～W_5），分别为常规灌溉方式、－10kPa、－20kPa、－30kPa、－40kPa和－50kPa控制灌溉，采用无覆盖旱作条播方式，行距15cm。每个处理设置3次重复，共18块小区。小区处于高处，不受其他水稻田块的影响，有利于土壤水分的控制，每两个处理之间设有1m隔离带，并用80cm深防渗膜隔开，小区面积26m^2。供试水稻品种为绿旱一号。灌水方式采用灌“跑马水”的方式，用计时器记录灌水时间得出灌水量。降雨后及时排出雨水，田面不留水层。肥料使用为按常规方式施肥，1次基肥、2次追肥。旱作水稻田间试验布置图如图4.1所示，生育期划分如表4.1所示。

试验前对土壤的基底值进行了测定，0～20cm土壤化学性质为：有机质含量为1.31%，全氮含量为0.13%，速效氮含量为93.2ppm（ppm表示百万分率），总磷含量为0.16%，速效磷含量为5.3ppm，pH（1∶1H_2O）为6.8。并于分蘖期、乳熟期测量各器官生物量、株高、分蘖数、叶面积指数、产量等生理指标，以期得到土水势与植物生长之间的内在关系，分析保证旱作水稻高产并产生较小环境影响的土水势范围，确定节水灌溉的灌水控制指标，以此来指导灌区的精准灌溉。

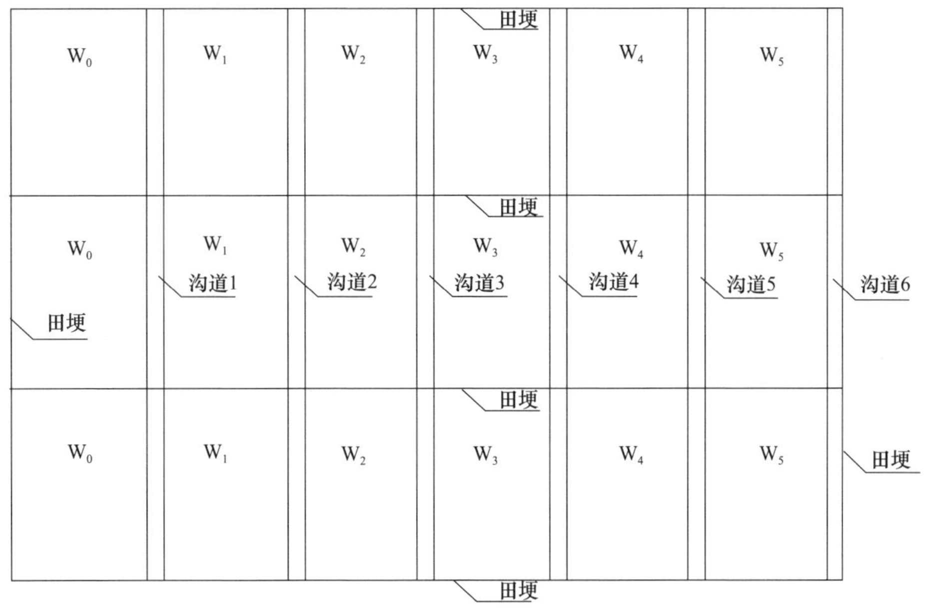

图 4.1　旱作水稻田间试验布置图

表 4.1　旱作水稻生育期划分

生育期	起止时间/月-日	天数
泡田	5-20～6-01	13
返青	6-02～6-11	10
分蘖前期	6-12～7-12	31
分蘖后期	7-13～7-19	7
孕穗	7-20～8-03	15
抽穗	8-04～8-13	10
乳熟	8-14～8-23	10
黄熟	8-24～8-31	8
合计	—	104

试验观测在水稻全生育期内逐日观测。由于试验在野外进行，土壤负压计难以准确达到预设值，试验过程中以实际读数为控制值，分别记录株高、穗长、千粒重、出穗期等指标，并于收割后进行测产。

1）田间土水势

每个田块内布设有张力计，埋入地面以下 20cm，对水稻生育期内每天 7:00 和 19:00 的田块土水势进行记录。

2）田间灌水

在张力计读数达到设定下限时，对相应田块进行灌水，灌水的方法是采用灌“跑马水”的方式，详细记录灌水时间及灌水量。在抽穗开花期，为保证正常抽穗，灌水次数与灌水量有所增加。

3）降雨管理

当降雨造成田面有水层时进行排水。

4）其他

对降雨量、施肥、施药、除草、生长状况等情况进行详细记录。

2. 模型资料搜集

结合实测的试验数据，本节采用 AquaCrop 模型在作物产量预设的条件下确定相应的作物需水量，资料搜集主要包括模型所需的水分状况、作物生长情况、气象数据等基础数据的搜集整理工作。

1）气象数据

根据湖北省荆门市团林灌溉试验站气象站实测资料，得到水稻生育期内逐日气象数据，包括降雨量、平均气压、最高温度、最低气温、平均气温、日照时数、风速、相对湿度等。

2）田间水量情况

田间土壤水分状况，采用手持式土壤水分测定仪测量田块土壤体积含水率，在水稻全生育期内逐日观测，观测频率为每日两次。

3）作物生长状况

在水稻全生育期内根据生育期的划分取样进行分析，得到各生育期水稻生物量的情况，并于收割后进行测产。

4）其他资料

对模型及研究所需的其他相关资料进行搜集整理，并且根据模型运用的要求建立相关的数据库。

4.1.2　水稻产量响应规律分析

1. 不同水分条件对旱作水稻生育期的影响分析

在不同的土壤水分条件下，旱作水稻的生长发育受到不同程度的影响。随着水分胁迫程度的加深，旱作水稻生育期推迟，生长发育缓慢，各生育阶段延长，主要表现在分蘖期后移、出穗期延迟。与常规灌溉条件对比，水分胁迫条件下旱作水稻出穗期延长天数如表 4.2 所示，出穗期最迟延长达到 24 天。

表 4.2　水分胁迫条件下旱作水稻出穗期延长天数

处理田块	延长天数
W_1	3
W_2	4
W_3	8
W_4	15
W_5	24

2. 不同水分条件下旱作水稻产量及其相关性状分析

本节选取最高茎蘖数、有效茎蘖数、有效茎蘖数率、株高、穗长、千粒重、相对抽穗期、灌水量8个性状作为产量相关指标，其中有效茎蘖数率是指有效茎蘖数占最高茎蘖数的比例，相对抽穗期是指水分胁迫条件下出穗期相对于常规灌溉延长的天数。

从观测结果来看，W_0～W_5的土水势最高分别为－10kPa、－16kPa、－30kPa、－45kPa、－50Pa、－58Pa，产量随着水分胁迫程度的加深而降低，降幅达到44.33%。W_0处理产量最高，达到7644.9kg/hm^2，与同期常规种植水稻、有机稻、优质稻产量没有明显差异，而其用水量为2824.5m^3/hm^2，不足同期水稻用水量的1/3。W_1、W_2处理产量与W_0无显著差异，其产量分别达到7435.8kg/hm^{2}和6903.7kg/hm^2，与无水分胁迫处理相比，产量降幅小于10%，即轻度水分胁迫下产量不会出现明显下降，因此在本次试验条件下，当土水势不超过－30kPa时不会造成严重减产。株高、穗长、千粒重、有效茎蘖数率在不同水分胁迫程度下均受到一定的影响，其降幅分别达到31.89%、12.11%、15.69%、9.64%。旱作水稻茎蘖数和有效茎蘖数受到水分胁迫的影响，但是在不同水分条件下，其表现不具有明显的规律。

3. 不同水分条件下旱作水稻产量构成因子分析

1）旱作水稻产量单因素分析

研究认为，产量与茎蘖数、有效茎蘖数之间不存在显著的相关关系，在轻微水分胁迫条件下，产量与有效茎蘖率之间存在一定的相关关系，如图4.2～图4.4所示。对产量相关性状进行单因素分析，可以看出产量的构成因子为株高、穗长、千粒重、相对抽穗期和灌水量，其相关系数如表4.3所示。

表4.3　旱作水稻产量单因素分析

指标	株高	穗长	千粒重	相对抽穗期	灌水量
相关系数	0.9503	0.9824	0.8087	0.8984	0.8687

2）旱作水稻产量性状相关性分析

为了消除多元性状之间的互作效应对产量相关性状的影响，以便更准确地分析产量相关性状之间的相关关系，本章分别对产量相关性状进行多元偏相关分析和偏相关系数的显著性检验，结果如表4.4所示。结果表明，在不同的水分条件下，相关性状对产量的影响具有明显的差异，产量与株高、穗长、千粒重和灌水量具有极显著正相关关系，与相对抽穗期具有极显著负相关关系，其中，穗长是影响旱作水稻产量的最主要因素。进一步对旱作水稻株高、穗长、千粒重进行多元偏相

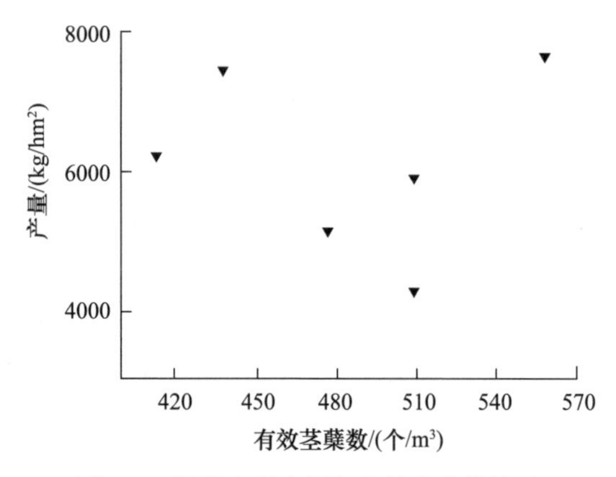

图 4.2　旱作水稻产量与有效茎蘖数关系

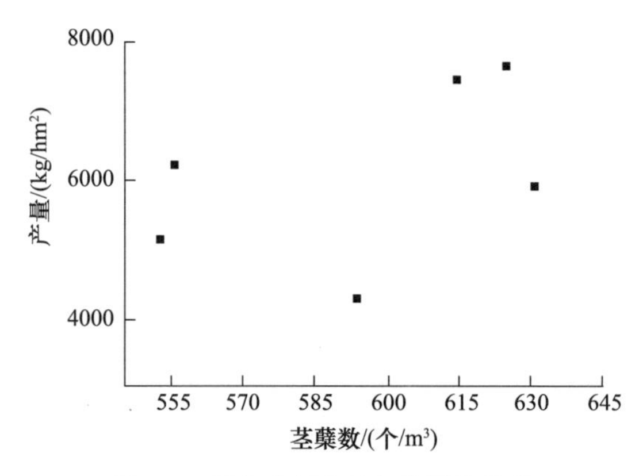

图 4.3　旱作水稻产量与茎蘖数关系

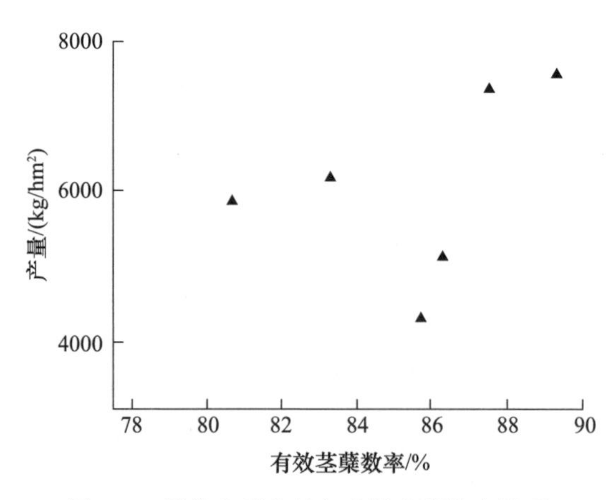

图 4.4　旱作水稻产量与有效茎蘖数率关系

关分析和偏相关系数的显著性检验，结果如表 4.5 所示，可以发现灌水量与千粒重、株高、穗长之间存在极显著正相关关系，从而认为影响旱作水稻产量的直接因素有株高、穗长、千粒重和相对抽穗期，灌水量是影响产量的间接因素，通过作用于株高、穗长、千粒重和相对抽穗期间接影响旱作水稻产量。

表 4.4　旱作水稻产量相关性状偏相关分析

指标	株高	穗长	千粒重	相对抽穗期	灌水量
相关系数	0.975	0.991	0.948	−0.948	0.932
显著性检验	0.001**	0**	0.004**	0.004**	0.001**

注：**、* 分别表示 0.01 和 0.05 显著水平。

表 4.5　灌水量相关性状偏相关分析

指标	株高	穗长	千粒重	相对抽穗期
相关系数	0.854	0.961	0.912	−0.834
显著性检验	0.01*	0**	0.007**	0.039*

注：**、* 分别表示 0.01 和 0.05 显著水平。

3）旱作水稻产量性状通径分析

研究表明，影响旱作水稻产量的直接因素为株高、穗长、千粒重和相对抽穗期，其他性状通过作用于这 4 个性状产生间接影响旱作水稻产量。以旱作水稻产量为因变量 Y，株高、穗长、千粒重和相对抽穗期分别为自变量 X_1、X_2、X_3 和 X_4，这 4 个性状对产量进行通径分析，可知其线性回归方程为 $Y=-925.374+0.826X_1+54.934X_2+8.288X_3-1.634X_4$，其通径系数分别为 $P_{Y1}=0.11$，$P_{Y2}=0.664$，$P_{Y3}=0.07$，$P_{Y2}=-0.171$，显著性检验结果与偏相关分析显著性一致。

4）不同灌水量对产量影响分析

分析观测数据发现，对于 W_0 常规灌溉，灌水量为 188.3m³/亩，产量为 509.9kg/亩；对于 W_1 和 W_2 两个轻微水分胁迫处理，灌水量分别为 180.6m³/亩和 174.7m³/亩，产量比常规灌溉分别下降 2.72%和 9.69%；对于 W_3～W_5 的 3 个重度水分胁迫处理，灌水量分别为 172.9m³/亩、170.1m³/亩和 168.5m³/亩，其产量降幅分别为 23.03%、33.06%和 44.33%，而其灌水量虽逐渐递减，但并未出现明显差异。根据实测灌水量与产量的关系，可以得出灌水量与产量的相关关系，如图 4.5 所示。可以看出，水稻的产量与灌水量之间不是单一的直线关系，在灌水量逐步增加的情况下，水稻产量逐步增加，当灌水量持续增加到一定程度时，产量达到最大，如果继续增加灌水量，水稻产量将会下降。因此，存在灌溉效益最大点，本节根据产量与灌水量之间的相关关系，可以得出在灌水量为 184.1m³/亩时，产量达到最大，最大产量为 522.4kg/亩。一般研究认为，在水分胁迫条件下，当产量降幅不超过 10%时认为该水分处理不会造成明显减产。通过产量和灌水量之间的拟合关系计算可以得出，当产量与最高产量相比减少10％时，对应的灌水量为176.7m³/亩和191.5m³/亩，此时产量为470.2kg/亩。根据实测数据，拟合灌水量与土水势之间的相关关系，其结果如图4.6所示，插值可以得到当土水势不超过－22.6kPa时，可以认为适度的水分胁迫不会对水稻产量造成明显的影响。

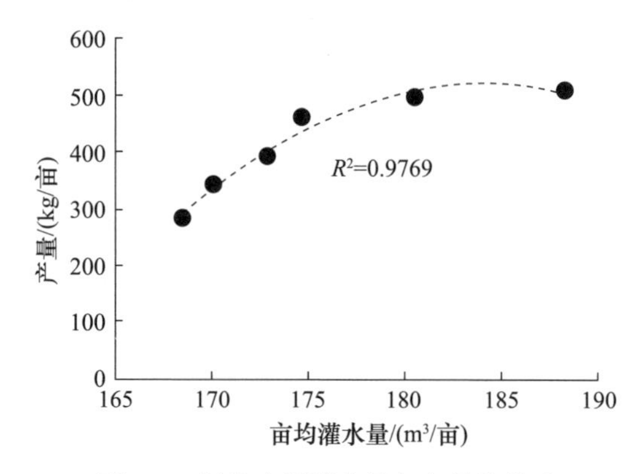

图4.5　旱作水稻灌水量与产量的关系

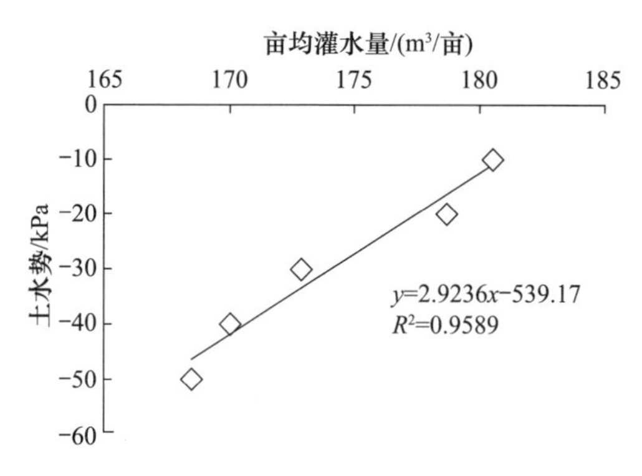

图4.6　旱作水稻试验灌水量与土水势的关系

针对灌水量差别不大而产量差异明显的现象，根据国际水稻研究对稻子生育期的划分，以－30kPa作为重度与轻微水分胁迫程度的临界值，结合从幼苗期开始的逐日观测数据对不同生育阶段水分胁迫情况进行总结，如表4.6所示，表明旱作水稻分蘖期、孕穗期和抽穗期是影响产量的关键时期。分蘖期缺水会影响旱作水稻有效分蘖的形成，孕穗期缺水会影响旱作水稻穗长、结实率和粒重，抽穗期缺水会延长旱作水稻出穗时间从而导致死穗，因此这3个生育期缺水将会导致旱作水稻严重减产。同时，早期重度水分胁迫会影响旱作水稻根系发育，从而影响根系对地下水的吸收利用，导致旱作水稻减产。

表4.6　旱作水稻不同生育阶段水分胁迫程度

生育期	W_3	W_4	W_5	生育期	W_3	W_4	W_5	生育期	W_3	W_4	W_5
幼苗期	#	#	#	孕穗期	#	#	##	乳熟期	##	#	#
分蘖期	#	#	#	抽穗期	##	##	##	蜡熟期	#	#	##
拔节期	#	##	##	扬花期	##	#	##	完熟期	#	#	#

注：##、#分别表示重度水分胁迫和轻微水分胁迫。

4.1.3　水分生产函数模型

选取Jensen、Minhas、Blank、Stewart及Singh等5种典型水分生产函数模型，采用多元线性回归的分析方法，对旱作水稻的水分和产量相关关系进行拟合计算分析。以作物根区所占据的土体单元为研究对象，进行旱作水稻田间水量平衡分析。

$$W_t - W_0 = W_r + P_0 + K + M - \mathrm{ET} \tag{4.1}$$

式中，W_0 和 W_t 分别为时段初和 t 时刻的土壤计划湿润层内的储水量，mm；W_r 为由于计划湿润层增加而增加的水量，mm；P_0 为有效雨量，mm；K 为时段 t 内的地下水补给量，mm；M 为时段 t 内的灌水量，mm；ET为时段 t 内的作物田间需水量，mm。

(1) 乘法模型。

水分生产函数Jensen模型：

$$\frac{Y_{\mathrm{a}}}{Y_{\mathrm{m}}} = \prod_{i=1}^{n} \left(\frac{\mathrm{ET}_{\mathrm{a}i}}{\mathrm{ET}_{\mathrm{m}i}}\right)^{\lambda_i} \tag{4.2}$$

水分生产函数Minhas模型：

$$\frac{Y_{\mathrm{a}}}{Y_{\mathrm{m}}} = a_0 \prod_{i=1}^{n} \left[1 - \left(1 - \frac{\mathrm{ET}_{\mathrm{a}i}}{\mathrm{ET}_{\mathrm{m}i}}\right)^{b_0}\right]^{\lambda_i} \tag{4.3}$$

(2) 加法模型。

水分生产函数Blank模型：

$$\frac{Y_{\mathrm{a}}}{Y_{\mathrm{m}}} = \sum_{i=1}^{n} K_i \left(\frac{\mathrm{ET}_{\mathrm{a}}}{\mathrm{ET}_{\mathrm{m}}}\right)_i \tag{4.4}$$

水分生产函数Stewart模型：

$$\frac{Y_{\mathrm{a}}}{Y_{\mathrm{m}}} = 1 - \sum_{i=1}^{n} K_i \left(1 - \frac{\mathrm{ET}_{\mathrm{a}i}}{\mathrm{ET}_{\mathrm{m}i}}\right) \tag{4.5}$$

水分生产函数Singh模型：

$$\frac{Y_{\mathrm{a}}}{Y_{\mathrm{m}}} = \sum_{i=1}^{n} K_i \left[1 - \left(1 - \frac{\mathrm{ET}_{\mathrm{a}i}}{\mathrm{ET}_{\mathrm{m}i}}\right)^2\right] \tag{4.6}$$

式中，Y_{a}、Y_{m} 分别为作物全生育期内的实际产量和最大产量，$\mathrm{kg/hm^2}$；$\mathrm{ET_a}$、$\mathrm{ET_m}$ 分别为全生育期内作物实际蒸发蒸腾量和最大蒸发蒸腾量，mm；λ_i 为生育阶段 i

缺水对作物产量影响的敏感性指数，即水分敏感指数；n 为生育阶段数。Minhas 模型中 a_0 可以认为是实际水分亏缺以外的其他因素对产量的影响修正系数，在单因子水分生产函数中，$a_0=1$；加法模型中 K_i 为第 i 生育阶段作物产量对水分亏缺的敏感因子。

将以上模型转化为多元线性方程，采用多元线性回归分析方法求解系数。

选用以下参数对模型精度进行评价：平均误差（AE）、均方根误差（RMSE）、变异系数（C_v）、残差聚集系数（CRM）和模型性能指数（EF）。模型性能指数的计算公式为

$$\mathrm{EF}=\frac{\sum_{i=1}^{n}(O_i-O)^2-\sum_{i=1}^{n}(P_i-O_i)^2}{\sum_{i=1}^{n}(O_i-O)^2} \tag{4.7}$$

式中，P_i 为模型模拟值；O_i 为试验观测值；O 为试验观测均值。

1. 典型模型比较

根据试验中旱作水稻生育期的灌水量和测得的土壤各深度含水率，利用水量平衡方程(4.1)，计算得到旱作水稻各个生育期的作物需水量。应用 SPSS 数据处理软件，根据选用的五种模型，求解旱作水稻不同模型中的敏感指数值。计算结果如表 4.7 和表 4.8 所示。

表 4.7　2013 年旱作水稻各处理蒸发蒸腾量及产量

处理编号	处理特征	各阶段蒸发蒸腾量/mm				四阶段蒸发蒸腾量之和/mm	产量/(kg/hm²)
		分蘖期	拔节	抽穗	乳熟期		
W_0	正常灌溉	67.7	73.4	80.0	30.9	252.0	7644.9
W_1	分蘖期轻旱	57.2	66.5	75.1	28.2	227.0	6199.1
W_2	拔节孕穗期轻旱	65.6	59.3	65.2	26.6	216.7	5384.6
W_3	抽穗开花期轻旱	65.9	72.4	52.3	24.9	215.5	5117.9
W_4	抽穗开花期中旱	67.3	71.6	35.5	23.9	198.3	4256.0
W_5	乳熟期轻旱	67.1	72.1	80.3	25.8	245.3	7435.8

表 4.8　各模型敏感指数表

模型	分蘖期①	拔节孕穗期②	抽穗开花期③	乳熟期④
Jensen 模型	0.477	0.771	0.667	0.193
Blank 模型	0.154	0.487	0.817	−0.582
Stewart 模型	0.492	0.533	0.739	0.135

续表

模型	分蘖期①	拔节孕穗期②	抽穗开花期③	乳熟期④
Singh 模型	−0.325	3.326	1.554	−3.744
Minhas 模型	−21.908	−4.869	3.073	−31.098

从表 4.8 可以看出：

Jensen 模型中，敏感指数从高到低的阶段顺序为：②-③-①-④。敏感指数的大小反映了作物在不同生育阶段缺水对产量的影响程度，敏感指数越大表明对水分越敏感。由 Jensen 模型推算出南方旱作水稻敏感指数总体上呈中间大、两头小的变化规律，在第②阶段最高，其次是第③阶段，表明这两个生育阶段为关键生育期，这与当地实际情况相一致。模型相关系数 $R=0.997$，认为南方旱作水稻采用 Jensen 模型比较合理。

Blank 模型中，敏感指数越大，作物对水分的敏感性越小，即因缺水导致的减产越轻。根据表 4.8 可知，敏感指数最高的是第③阶段，其次是第②阶段，表明这两个生育期对水分均不敏感，这与实际情况相违背。因此，Blank 模型不适用于南方旱作水稻的产量计算。

Stewart 模型中，敏感指数表示的规律与 Blank 模型一致，与 Jensen 模型相反。第③阶段敏感指数最大，表示其受缺水的影响最明显，对水分的敏感性最大。相关系数在 0.95 以上，此模型亦属合理。

Singh 模型中，敏感指数越小则缺水后减产率越高。敏感指数最高的是第②阶段，表示其对水分的敏感性最小，而第①阶段和第④阶段的敏感指数为负值，计算出的结果无法用物理意义进行解释，属于不合理情况。

Minhas 模型中，敏感指数出现 3 个负值，仅有第③阶段为正值，而且敏感指数的绝对值均较大，亦属于不合理情况。

通过对以上 5 种水分生产函数模型的分析，认为在各生育阶段水分生产函数模型中，南方旱作水稻适宜采用的模型为 Jensen 模型和 Stewart 模型。这两个模型的相关系数都满足条件，由于 Jensen 模型为连乘模型，Stewart 模型为连加模型，连乘模型通过连乘的数学关系反映多阶段间的相互影响，比加法模型有更高的灵敏度，因此认为 Jensen 模型更合适。

2. Jensen 模型精度评价

为检验 Jensen 模型的模拟精度，应用 Jensen 模型分别计算旱作水稻模拟的相对产量，结果如表 4.9 所示。选择 AE、RMSE、C_v、CRM 和 EF 等统计指标对模拟结果进行评价，结果如表 4.10 所示。可以看出，Jensen 模型对旱作水稻相对产量的模拟结果较好，CRM 为 −0.001，反映出 Jensen 模型的模拟相对产量与实测相对产量吻合度高，EF 为 0.987，表示模型整体模拟能力较好。

表 4.9 实测相对产量与 Jensen 模型模拟相对产量

处理编号	实测相对产量	模拟相对产量
W_1	1.00	1.00
W_2	0.81	0.81
W_3	0.70	0.71
W_4	0.67	0.71
W_5	0.97	0.95
W_6	0.56	0.54

表 4.10 Jensen 模型模拟结果精度分析

AE	RMSE	C_v	CRM	EF
−0.001	0.019	2.363	−0.001	0.987

综上所述，南方旱作水稻的水分生产函数模型选用 Jensen 模型是合理的，其具体表达式为

$$\frac{Y_a}{Y_m}=\left(\frac{ET_{a1}}{ET_{m1}}\right)^{0.477}\left(\frac{ET_{a2}}{ET_{m2}}\right)^{0.771}\left(\frac{ET_{a3}}{ET_{m3}}\right)^{0.667}\left(\frac{ET_{a4}}{ET_{m4}}\right)^{0.193} \tag{4.8}$$

3. 水分生产函数模型总结

综上所述，通过水稻田间试验，利用 5 种典型水分生产函数模型对试验结果进行拟合分析，得出如下结论：

(1) 适用于南方旱作水稻的水分生产函数模型是 Jensen 模型。

(2) Jensen 模型中的敏感指数，在拔节孕穗期最高，其次是抽穗开花期和分蘖期，乳熟期最低，该变化规律与水稻的生理特性相吻合。

(3) 本节得到的模型能体现水稻灌水的关键生育期，能为非充分灌溉制定提供依据，达到节水稳产的最终目的。

4.2 基于 AquaCrop 模型的旱作水稻生产力模拟

4.2.1 模型简介

1. 模型研究背景

自 20 世纪 60 年代以来，基于计算机技术的迅猛发展及人类对作物生态机理和生态过程认识的不断提升，对于作物模型的研究也逐步深入，目前已经逐渐向实用化迈进。在农业研究方面，作物动态模拟模型已经成为强有力的工具，这是一种基于作物生理生态机理，同时考虑作物生长与土壤、大气、生物和人文环境等因素相互作用的模型。作物模型由于集科学研究成果于一体、作物种植管理能够科学

化，并在制定决策的过程中起着重要作用而逐渐被大众广泛认识，并不断在更多的领域中得到应用。

现有的作物模型研究与应用虽然达到了一定高度，但其存在的问题仍然是不可否认的。在研究上，由于对作物生理生态的认识仍存在限制，对于模型中一些包括叶面积指数的发展动态、叶片衰老过程、干物质分配等在内的作物生长及环境动态的过程，依然需要在经验关系的基础上来分析。在应用上，主要包括以下几点：①多数系统仍主要强调科学问题而不是实际应用，造成了系统中农业技术知识密集度相对不足的问题，因此许多决策支持系统所包含的农业技术知识十分有限；②大部分作物模型不能够完全考虑限制因子对模拟目标的影响，使得模拟的深度和广度不够，现有作物模拟模型中面向用户的模型太少，且不够简单实用；③与作物模型相应的参数估计、参数获取与计算方法还不完善，对模型而言，参数估计是作物模拟研究的重要环节，其机理性越强，包含的参数也越多，参数种类繁多且取值差别较大；④系统的研究性和广适性不强，这源于大多基于专家知识库或知识系统包含了许多具有较强地域性和时间性的经验参数（王向东等，2003）。

鉴于主要现存作物模型本身存在的复杂、透明度不足、设计不平衡及输入数据诸多问题，为更好地解决这些问题，联合国粮食及农业组织（Food and Agriculture Organization of the United Nations，FAO）领导来自不同国家和研究中心的科学家、专家组成的（分别研究气候、作物、土壤、灌溉、水资源等领域），包括国际农业研究磋商小组在内的团队研发了一种新型作物模型——AquaCrop模型（Steduto al.，2009）。该模型揭示了作物的水分响应机制，通过生物量与收获指数来模拟作物生产力水平，具有直观性强的特点。该模型通过作物林冠生长及根系生长模拟获得生物量，再通过生物量与收获指数来模拟作物生产力水平。由于对作物整个生育期的生长和衰老过程进行了量化，并由日增长量及达到最大林冠覆盖后的日衰减量来描述，避免了叶面积指数等不确定性过程可能对模型模拟造成较大误差，使作物生长的模拟过程更加逼近作物真实的生长过程。该模型所需数据较少，不仅简单、直观、便捷，更面向用户，是一款实用的作物生产力模拟、预测工具。由于主要面向服务推广、政府机构、非政府组织和各类农民协会工作的直接，基本达到了较为理想的效果。

2. *模型基本原理*

AquaCrop模型是由国际粮农组织在2009年发布的一种新型作物生长模型，主要针对大田作物开发的作物-水模型，着重关注作物产量对水分的响应，目的是从模型的精度、直观性、稳定性等方面实现最佳平衡。模型认为作物的产量主要受到土壤中可供水量的影响，模拟作物生物量对于水分的响应状况，从而揭示作物水分响应机理。模型的应用主要包括模型的参数率定和模型本地化两个方面，其中模型本地化是指将模型应用于当地作物，利用当地的气象、土壤等数据对模型进行调整和模拟效果检验。

作物产量对水分的响应可以用来描述在作物生育期内降雨或者灌溉引起的水分亏缺对作物产量的影响(Doorenbos et al.，1979)，其关系式可以表达为

$$1-\frac{Y_a}{Y_c}=K_y\left(1-\frac{ET_a}{ET_c}\right) \tag{4.9}$$

式中，Y_a 和 Y_c 分别为作物的实际产量和潜在产量，kg/m^2；ET_a 和 ET_c 分别为作物的实际蒸发蒸腾量和潜在蒸发蒸腾量，mm；K_y 为产量相对降幅与蒸发蒸腾量相对降幅的比例因子；$1-\frac{Y_a}{Y_c}$为产量相对降幅；$1-\frac{ET_a}{ET_c}$为蒸发蒸腾量相对降幅。

AquaCrop 模型针对上述方程进行了改进：①认为作物的实际蒸散量包括土壤蒸发和作物蒸腾，将这两部分区分开可以有效避免将非生产性耗水和生产性耗水混淆，这在作物生长初期和对稀植作物尤为必要；②将作物的最终产量分为生物量和收获指数两个部分，这将分别阐述外界环境作用造成的影响，独立描述水分胁迫对生物量和收获指数的作用。各关系式可以表述为

$$ET=E+T_r \tag{4.10}$$

$$Y=HI(B) \tag{4.11}$$

$$B=WP\sum T_rB \tag{4.12}$$

式中，E 和 T_r 分别为土壤蒸发量和作物蒸腾量，mm；HI 为收获指数；B 为生物量，kg/m^2；WP 为水分生产率，kg/(m^2·mm)。

AquaCrop 被设计为一个土壤-作物-大气的连续系统，从而使 AquaCrop 模型的功能更为强大。模型由三个基本模块组成，即土壤水分平衡模块、作物生长模拟模块(包括作物发育、生长和产量形成)和大气组分模块(大气因子包括二氧化碳浓度、降水、蒸发、温度等)。此外，AquaCrop 模型组成还有作物管理模块，可以实现对灌溉、施肥、农药等管理措施的模拟。

3. 模型计算步骤

AquaCrop 模型的计算步骤共分为 5 个部分，如图 4.7 所示。

1) 土壤平衡模拟

将根部区域概化为一个蓄水体，持续地记录进出水体的水量，包括入流量(降雨量、灌水量、毛细水上升量)和出流量(径流量、蒸发量和土壤水渗漏量)，依据土壤水量平衡理论，可以计算出在特定时期任意时刻根部区域的损耗量。在作物生育期内，为了准确模拟整个生长过程土壤剖面的水分状况，模型建立土壤深度 z 和

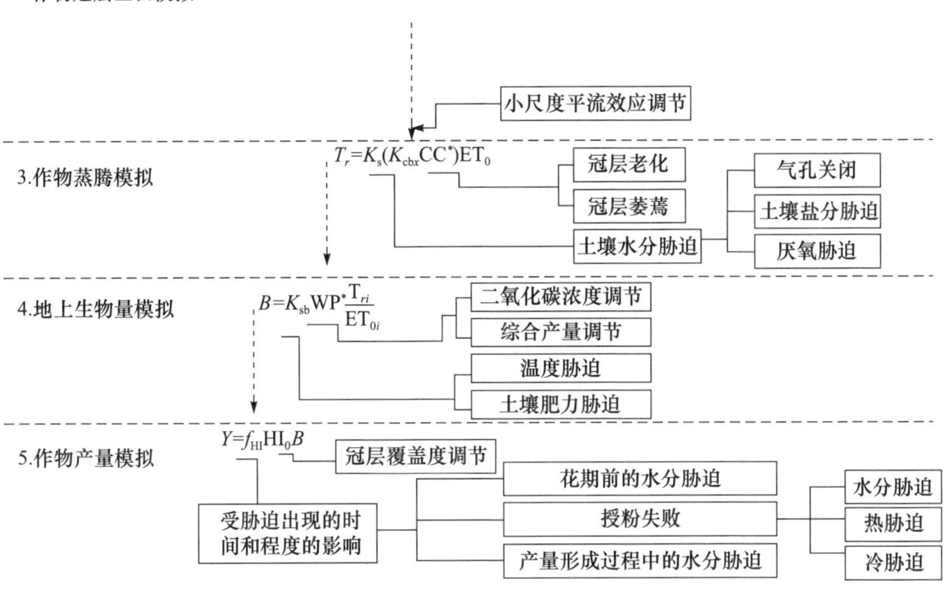

图 4.7　AquaCrop 模型计算步骤示意图

时间 t 的坐标轴，将土壤剖面分割成 Δz 和 Δt 的小片段(一般模型默认 $\Delta z=12\text{cm}$，$\Delta t=1\text{d}$)，对于节点(z_i，t_j)的土壤水量平衡表达式为

$$\theta_{i,j}=\theta_{i,j-1}+\Delta\theta_{i,\Delta t} \tag{4.13}$$

式中，$\theta_{i,j}$ 为土壤该时间节点的土壤体积含水率；$\theta_{i,j-1}$ 为土壤上一个时间节点土壤体积含水率；$\Delta\theta_{i,\Delta t}$ 为土壤 Δt 时间内土壤体积含水率的变化量，可以表达为

$$\Delta\theta_{i,\Delta t}=\Delta\text{Redis}_{i,\Delta t}+\Delta\text{Deper}_{i,\Delta t}+\Delta\text{Infil}_{i,\Delta t}+\Delta\text{Evape}_{i,\Delta t}+\Delta\text{Tran}_{i,\Delta t} \tag{4.14}$$

式中，$\Delta\text{Redis}_{i,\Delta t}$、$\Delta\text{Deper}_{i,\Delta t}$、$\Delta\text{Infil}_{i,\Delta t}$、$\Delta\text{Evape}_{i,\Delta t}$、$\Delta\text{Tran}_{i,\Delta t}$ 分别为 Δt 时间内土壤层 i 新分配的水量、渗漏的水量、大气降水和灌溉水等除去地表径流以外渗透的水量、蒸散量和蒸发蒸腾量，m^3/m^3。

2) 作物冠层生长模拟

AquaCrop 使用作物冠层覆盖指数(green canopy cover，CC)代替叶面积指数来描述冠层生长，作物冠层覆盖指数是指作物冠层对土壤表面的覆盖率。在最优条件下，作物冠层的发展仅仅只由一些作物系数加以描述，这些系数是通过在模拟开始时检索生成的作物文件得到的。为描述作物在生长过程中冠层覆盖指数的变化，可以通过冠层覆盖指数日增长量(CGC)来表达，其表达式为

$$\begin{cases} CC = CC_0 e^{tCGC}, & CC \leqslant \dfrac{CC_x}{2} \\ CC = CC_x - 0.25 \dfrac{(CC_x)^2}{CC_0} e^{-tCGC}, & CC > \dfrac{CC_x}{2} \end{cases} \tag{4.15}$$

一般认为，当作物冠层覆盖指数达到最大以后，作物即进入衰老阶段，为描述作物在生长过程中冠层覆盖指数的变化，可以通过冠层覆盖指数日衰减量（CDC）来表达，其表达式为

$$CC_t = CC_x \left\{1 - 0.05\left[\exp\left(\frac{CDC}{CC_x}t\right) - 1\right]\right\} \tag{4.16}$$

式中，CC_0、CC_x 和 CC_t 分别为初始时刻（$t=0$）作物冠层覆盖指数、最大作物冠层覆盖指数和 t 时刻（日或者生长度日）的作物冠层覆盖指数，%。

同时，在模型计算过程中，还充分考虑了水分胁迫、土壤盐分胁迫、矿物养分胁迫、气温胁迫等对作物冠层生长的影响。具体的计算是根据胁迫种类和程度的差异，其对作物冠层覆盖指数的影响可以通过相应的胁迫系数进行修正。

3）作物蒸腾模拟

作物蒸腾量（T_r）为作物潜在蒸发蒸腾量与作物蒸腾系数、水分胁迫系数的乘积，其表达式为

$$T_r = K_s K_{cb} ET_0 = K_s (K_{cbx} CC^*) ET_0 \tag{4.17}$$

式中，ET_0 为作物潜在蒸发蒸腾量，可以根据由 FAO 确定的彭曼公式计算得到；K_{cb}为作物蒸腾系数，主要能够反映所研究的作物与参考作物蒸腾量之间的差异，其计算方法为作物冠层覆盖指数（CC）和比例因子（K_{cbx}）的乘积。同时，考虑到植被蒸腾作用受到作物不同行间的小尺度对流作用的影响，因此在进行具体计算时，需要用调整之后的作物冠层覆盖指数（CC^*）代替作物冠层覆盖指数（CC）参与计算。因此，K_{cb}的值随着冠层生长状况的变化而变化，同时，K_{cbx}随着作物的老化和萎蔫而变化。

K_s 为土壤水分修正系数，也可以认为是土壤水分胁迫系数，其取值范围为 0～1。当 $K_s=1$ 时，认为作物无水分胁迫影响；当 $K_s=0$ 时，则认为作物受到严重的水分胁迫，停止蒸腾作用；当 $0<K_s<1$ 时，表示土壤根区水分不足，将会引起气孔关闭，从而减弱植被的蒸腾作用。为了模拟气孔变化对植被蒸腾作用的影响，模型引入了 K_{ssto}胁迫系数进行修正。同样，当土壤根区水分过多时，植物的根系会出现厌氧反应，从而植被的蒸腾作用减弱。为了模拟厌氧条件对植被蒸腾作用的影响，模型引入了 K_{saer}胁迫系数进行修正。

4）地上生物量模拟

作物水分生产率（WP）可以表述为在单位面积（m^2 或 hm^2）上产生单位蒸腾量（mm）而积累的地上干物质量（g 或 kg）。许多试验都表明，对于一个给定的气候

条件，生产的生物质与给定的作物种类所消耗的水存在高度线性关系。AquaCrop 模型用标准化作物水分生产率(WP*)模拟地上生物量，用以修正气候条件对作物水分生产力的影响。标准化的目的是将其应用于不同气候情景、不同时间和地点的情况，其表达式为

$$B = K_{sb} \mathrm{WP}^* \frac{T_{ri}}{\mathrm{ET}_{0i}} \tag{4.18}$$

式中，T_{ri} 为第 i 天的作物蒸腾量；ET_i^0 为第 i 天的参考蒸散量；K_{sb} 为温度胁迫系数。K_{sb} 的取值范围在 0～1，当其取 0 时，表示温度太低，不能满足作物生长；当其取 1 时，表示热量能完全满足作物生长需求，作物蒸腾量可全部转化为作物生物量；当其取中间值时，表示热量不能完全满足作物生长所需，作物蒸腾量只能部分转化为作物生物量。此外，受到大气 CO_2 的实际浓度、作物产品的种类和土壤肥力条件差异性的影响，模拟过程中 WP* 会根据具体情况进行调整。

5）作物产量模拟

在 AquaCrop 模型中，作物产量(Y)是由作物的地上生物量(B)转换而来的，具体表达式为

$$Y = f_{\mathrm{HI}} \mathrm{HI}_0 B \tag{4.19}$$

式中，HI_0 为作物成熟时的收获指数，也称参考收获指数；f_{HI} 为调整系数，用来反映各种胁迫条件(水分胁迫、温度胁迫等)对作物产量的影响。在相同胁迫条件下，作物生长的各个阶段的 f_{HI} 值是不同的。

4. 模型功能特征

AquaCrop 模型主要包括三大模块：作物生长模拟模块、区分作物蒸腾与土壤蒸发模块、产量对水分的响应模块(朱秀芳等，2014)。包含两个方面的功能：①模拟指定条件下的作物生产力；②优化不同环境下的灌溉管理措施。AquaCrop 模型能够应用于果树/粮食作物、绿叶蔬菜作物、根和块茎作物、草料作物的模拟。AquaCrop 模型的最显著特点有：①把土壤蒸发从作物蒸腾中独立出来；②用生物产量和收获指数表示产量；③生长模型的核心是生物量水分生产力(或者生物量水分利用效率)关系，称为水驱动；④气候标准化程序准许模拟整块地区和季节的作物生长情况；⑤包含到所有可能的供水条件(如雨养、补充灌溉、亏缺灌溉和充分灌溉)、营养机制、盐分以及毛细管提升作用；⑥能够预测作物对未来气候变化的响应；⑦包括日历时间和热时间两个维度；⑧拥有三个主要类型的水应激反应，即冠层扩张、气孔关闭和衰老；⑨解决了规划、管理及情景模拟。

5. 模型现有应用

现阶段对该模型开发应用的研究较多在国外，内容包含模型的综述、模块的设

计开发、参数的调整及验证、模拟应用等。Steduto 等(2009)指出 AquaCrop 模型以较少的作物参数模拟作物生产力水平,有效揭示了作物对水分的响应机制。Mladen 等(2009)分别采用 AquaCrop、WOFOST 和 CropSyst 模型模拟意大利南部向日葵生长,并对比分析了模型在模拟时的表现,其结果表明三种作物模型的模拟效果相近,但 AquaCrop 模型参数明显少于另外两种模型。Geerts 等(2010)将模型成功应用于玻利维亚的藜麦,根据模拟结果提出了一种面向农民、易于操作的非充分灌溉制度,并且能为其他地区不同作物的灌溉决策提供依据。Andarzian 等(2011)在伊朗南部模拟了小麦在充分和非充分灌溉条件下的产量,发现当环境温度突然大幅提升时,参数 Canopy Cover(冠层覆盖)响应的速度比实测数据略慢。Wellens 等(2013)根据实地试验,将模型用于模拟布基纳法索西南部半干旱地区卷心菜的生长,对比分析模拟的作物产量和作物含水量与实测值,结果表明作物产量的标准均方根误差和一致指数分别为 1.39%和 0.99,作物含水量的标准均方根误差和一致指数分别为 4.38%和 0.90。Katerji 等(2013)将模型应用于模拟地中海地区番茄和玉米的蒸发量,其结果为番茄蒸发量模拟值与观测值的误差为 7%,而玉米蒸发量的误差最大达到 36%,出现这种差异的原因主要是所选作物对水分胁迫的响应不同。García-Vila 等(2012)将 AquaCrop 模型与经济学模型联合运用在西班牙南部的灌溉决策上,结果表明,相比修改农业管理措施、调整水和作物价格等,种植需水量最低的作物可以将节省的水用于高利润作物,改进的灌溉决策方案将会带来更大的经济效益。Shrestha 等(2013)将模型用于尼泊尔冬小麦和夏玉米两种旱季谷物的产量模拟试验,其结果为在灌溉用水和肥料紧缺的条件下,推荐采用 1/4 灌水定额进行非充分灌溉以及 50% 推荐肥料量进行施肥。我国对 AquaCrop 模型的研究尚处于起步阶段,科研人员分别将 AquaCrop 模型应用在中国华北地区、东北地区、西北地区,包括小麦、玉米、大葱和胡麻等作物,模拟结果良好,说明 AquaCrop 模型在中国部分地区有较好的适用性。

4.2.2 模型运动过程

1. 模型数据库建立

对于模型中所需输入的参数,一部分参数的确定可以参考国内外在模型应用方面的经验值,另一部分需要通过田间试验数据进行调试,本节利用 2013 年和 2014 年旱作水稻的实测数据对模型进行校准和验证。

1) 气象数据库的建立

模型所用的气象数据为团林灌溉试验站设立的自动气象站 2013 年采集的数据,在水稻生育期内的降雨量为 346.7mm,降雨过程如图 4.8 所示。根据气象站的相关数据可以计算得出参考作物需水量为 432.4mm,其需水过程如图 4.9 所示。再根据模型要求建立以 .CLI 格式命名的文件。

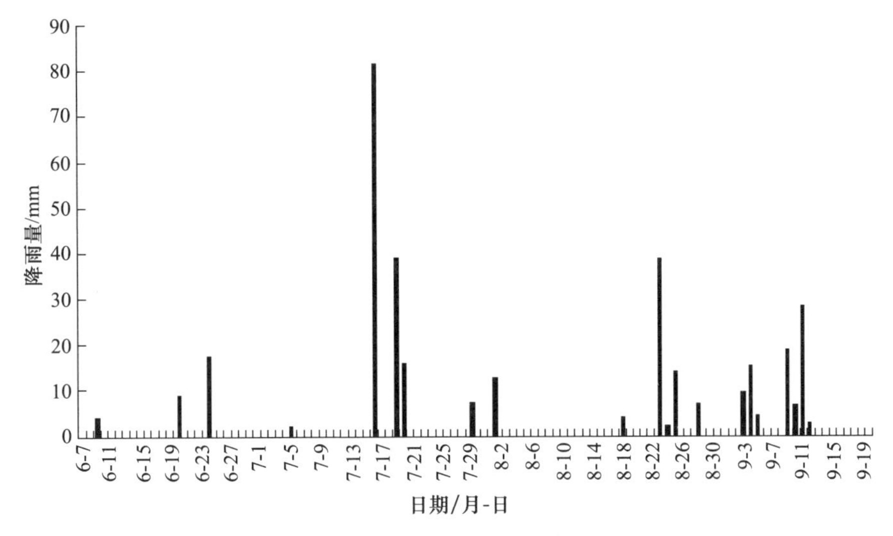

图 4.8　旱作水稻生育期内降雨过程

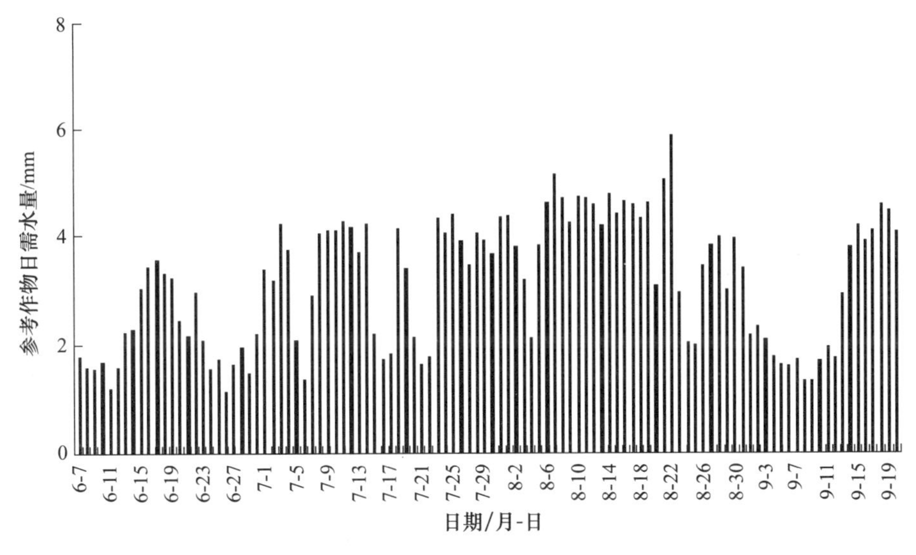

图 4.9　旱作水稻生育期内参考作物日需水过程

2）作物参数数据库的建立

根据田间试验的相关记录确定作物参数，主要包括水稻的生育期、生长状况以及建立模型所需的以 .COR 格式命名的作物参数数据库文件。

3）土壤参数数据库的建立

根据田间土壤剖面取样分析的理化特性数据以及现有的土壤特性试验参数建

立模型土壤参数数据库，田间试验分析土壤理化性质如表 4.11 所示，并建立模型所需的以 .SOL 格式命名的土壤参数数据库文件。

表 4.11　研究区土壤理化性质

土层厚度/cm	土壤质地/%			容重/(g/cm³)	饱和导水率/(cm/d)
	砂粒	粉粒	黏粒		
0～18	20.2	45.5	34.3	1.33	7.43
18～33	16.1	44.7	39.2	1.56	0.48
33～100	36.4	37.2	26.4	1.43	18.2

4) 管理参数数据库的建立

详细记录本次试验设计、田间灌溉及管理措施、施肥状况，建立模型所需的以 .MAN 格式命名的管理参数数据库文件。

2. 模型参数调试

将 2013 年和 2014 年的数据分为两部分，分别用于模型的参数校准和验证。本节以 2013 年田间试验实测数据驱动模型，以产量和生物量为目标函数，通过模型参数的调试来匹配模拟值和实测值。参考 FAO 给定的模型参数校正范围来调整模型参数值，将模型自带的参数值作为初始值，注意调整幅度不超过 5%，直至模拟值和实测值的拟合程度满足检验要求。

1) 冠层生长与生物量模拟

根据相应的要求，在模型中输入相关的气象、土壤、管理措施等数据之后，调整种植密度、出苗单株生长情况、生育期长短、生育阶段时长、播种到叶片开始衰老的时间、最大冠层覆盖度、最大有效根深等参数，通过不断比对模拟值与实测冠层生长状况的拟合程度来确定参数。在调试好冠层覆盖参数之后保持其值不变，通过调整最大有效根深、土壤初始状况、土壤水力特性的相关参数进行水稻地上生物量的模拟。冠层生长模拟界面如图 4.10 所示。

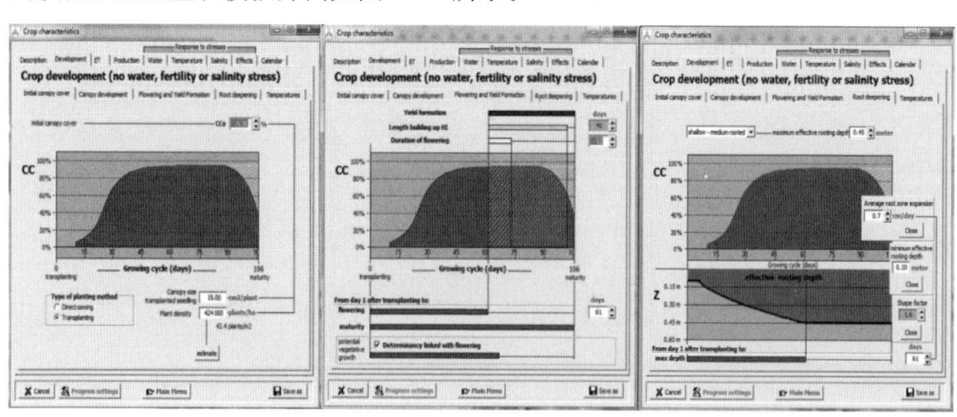

图 4.10　冠层生长模拟界面

2）调整收获指数

在生物量模拟调整好之后，不断调整参考作物收获指数，增加收获指数所需的最低冠层覆盖度，对水稻孕穗期、抽穗期、乳熟期等产量形成时期对水分胁迫的敏感度等参数进行调试，模拟水稻产量，通过不断比对产量模拟值与实测值的拟合程度来确定参数，相应的操作界面如图 4.11 所示。

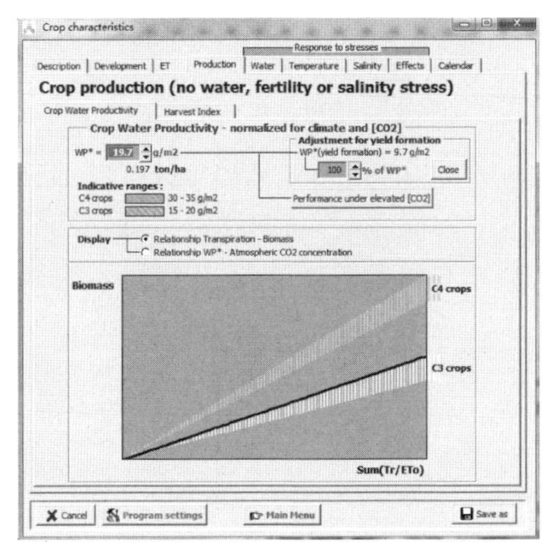

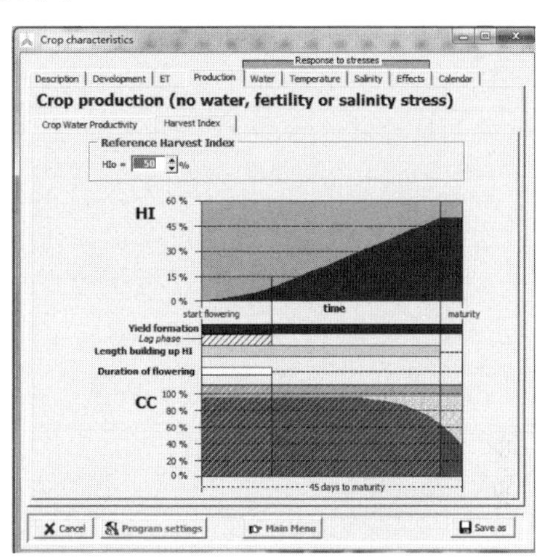

图 4.11　收获指数调整界面

根据 FAO 多年的应用研究发现，模型的部分参数与作物的种植方式、管理措施、种植地点等因素的关系不大，在运行模型时这一部分参数可以取用模型自带的校准值。本节模型运行所需的部分参数如表 4.12 所示。

表 4.12　模型运行所需的部分参数

参数	参数描述	取值
CC_0	初始时刻作物冠层覆盖指数/%	6.36
CC_x	最大作物冠层覆盖指数/%	95
CGC	冠层覆盖指数日增长量/%	13.1
CDC	冠层覆盖指数日衰减量/%	13.8
Z_{max}	最大有效根深/m	0.45
Z_{min}	最小有效根深/m	0.1
WP	标准化水分生产率/(g/m^2)	19.7
K_{cbx}	冠层衰老前的作物系数	1.2
其他参数	HI 的存在周期/d	41
	参考作物收获指数 HI_0	50
	达到最大冠层覆盖率后作物系数衰减率/%	0.15
	种植到开花的时间/d	61
	种植到衰老的时间/d	88
	开花周期/d	12

3. 作物产量模拟结果分析

根据田间试验设计，设置三种水分状况，即常规灌溉、轻微水分胁迫状态和重度水分胁迫状态，利用调试好的模型在不同的水分处理条件下对旱作水稻的产量进行模拟，其模拟值与实测值的相对误差如表 4.13 所示。模拟值与实测值的结果较为一致，相对误差均不超过 5%。进一步进行误差分析，可知误差指标纳什系数和均方根误差值分别为 0.986 和 1.311，可以认为模型的模拟效果较好。对模型设置的三种灌溉形式的 11 种预设灌水量的模拟值进行拟合，如图 4.12 所示，可以得出在灌水量为 179.1m³/亩时，旱作水稻的亩均产量达到最大。本章 4.1.2 节的研究得出，从实际观测值分析可以得出在灌水量为 184.1m³/亩时作物产量达到最大，与模型模拟值的相对误差为 2.72%，实际相对误差较小，可以用模型进行模拟。一般认为，作物产量减产幅度不超过最大产量的 10%时，可以认定为不造成明显减产。计算模型模拟值拟合后最大产量减少 10%时的灌水量，其值为 168.5m³/亩，因此可以认为在灌水量为 168.5～189.7m³/亩时，不会对旱作水稻造成明显减产。

表 4.13　模型产量模拟值与实测值相对误差

处理编号	模拟值/(t/hm²)	实测值/(t/hm²)	相对误差/%
W_0	7.435	7.645	2.75
W_1	7.438	7.436	0.03
W_2	6.846	6.699	2.19
W_3	6.013	5.885	2.18
W_4	5.109	5.118	−0.18
W_5	4.445	4.256	4.44

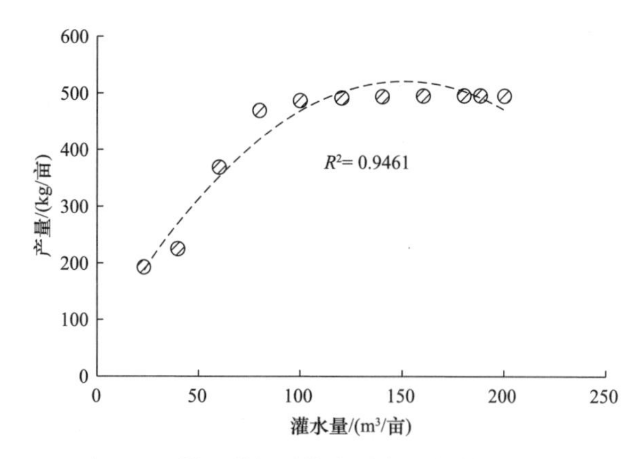

图 4.12　模型模拟旱作水稻产量与灌水量关系

4.3　生物多样性条件下田间需水量

4.3.1　农田土壤动物生物量调查

在旱作水稻种植生育期内，分别在水稻生育前期(5 月)、生育中期(8 月)和生育后期(10 月)对 6 个不同水分处理田块的土壤动物进行取样调查，每个处理设置 3 个平行样点，共计 54 个采样点。

取样方法采用湿漏斗法，利用专门取样器(直径 3cm、高 3cm 的环刀)取表层土壤。土壤样品带回实验室后通过专用设备收集，它们由三个部分组成：上部是罩及热源，可用 40～60W 灯泡；中部是金属网筛，供装填取样土壤使用，网筛的网眼大小可根据试验具体要求而定，一般选用小型网眼，其大小一般在 1～2mm；下部样品收集漏斗，其功能是将过筛的动物(包括一些泥沙什物)收集到盛有 75%酒精的器皿内。

4.3.2　数据统计与处理

1. 数据处理与分析

本节研究中对基础数据进行统计和分析处理时主要采用 SPSS 软件和 Excel 进行分析，采用 Pearson 系数(P)进行相关性分析，使用双尾检验(2. tailed)来表征相关关系的显著性。一般认为，当 $P>0.05$ 时表明变量之间不具有相关性，当 $P<0.05$ 时表明变量之间显著相关，当 $P<0.01$ 时表明变量之间极显著相关。差异性分析主要以方差分析(F 检验)进行统计，当 $P>0.05$ 时说明变量之间无显著差异，当 $P<0.05$ 时说明变量之间差异显著，当 $P<0.01$ 时说明变量之差差异极显著。

2. 土壤动物多样性指标

综合相关的研究，本节选取多样性指数、均匀度指数、优势度指数、丰富度指数、相似度指数等指标作为土壤动物多样性的分析指标，相关指标的定义及计算方法如下。

Shannon-Wiener 多样性指数定义为基于物种数量反映群落种类多样性，群落中生物种类增多代表群落复杂程度增高，其值越大，所含信息量越大(郎璞玫等，2008)。其表达式为

$$H' = -\sum_{i=1}^{s} P_i \ln P_i \tag{4.20}$$

Pielou 均匀度指数定义为群落物种分布的均匀程度(郎璞玫等，2008)。其表达式为

$$J = \frac{H'}{\ln s} \tag{4.21}$$

Simpson 优势度指数定义为物种分布的平均性，其值越大，表示优势度物种越少，奇异度越高(郎璞玫等，2008)。其表达式为

$$S=\sum\left(\frac{n_i}{N}\right)^2 \tag{4.22}$$

Margalef 丰富度指数定义为一个种群中或环境中物种数目的多少，表示种类的丰富度(郎璞玫等，2008)。其表达式为

$$M=\frac{s-1}{\ln N} \tag{4.23}$$

上述几个表达式中，N 为群落中所有种类的个体总数；n_i 为第 i 个类群的个体数量；$P_i=\frac{n_i}{N}$；s 为群落类群数。

为了对比不同取样地之间物种组成的相似程度，采用 Jaccard 相似度指数计算土壤动物组成的相似性，其表达式为

$$\mathrm{CP}=\frac{c}{a+b-c} \tag{4.24}$$

式中，a、b 分别代表不同取样地 A、B 的土壤动物类群数；c 为两个取样地共有的类群数。当 $0<\mathrm{CP}<0.25$ 时，表示两个取样地极不相似；当 $0.25\leqslant\mathrm{CP}<0.50$ 时，表示两个取样地中等不相似；当 $0.50\leqslant\mathrm{CP}<0.75$ 时，表示两个取样地中等相似；当 $0.75\leqslant\mathrm{CP}<1.00$ 时，表示两个取样地极相似。

4.3.3 农田土壤动物群落对不同灌排处理的响应

1. 农田土壤动物种类和数量对不同灌排处理的响应

对试验区不同水分处理土壤动物分布进行取样调查，统计共获得土壤动物 586 头($0.00785\mathrm{m}^2$ 取样器)，隶属于软体动物门、环节动物门和节肢动物门 3 门，包括寡毛纲、蛭纲、昆虫纲、线虫纲以及线蚓科、颤蚓科、沼甲科、蠓科、大蚊科、摇蚊科 4 纲 6 科，其中寡毛纲为优势类群，在三次调查中分别占土壤动物总数的 91.71%、80.61%和 83.90%，以线蚓科和颤蚓科为主，其中，在水稻生育前期和后期线蚓科数量多于颤蚓科，在水稻生育中期颤蚓科数量多于线蚓科。将调查数据以每平方米土壤动物个体数量进行换算，得到不同控制条件下田间土壤动物组成结构如表 4.14 所示。可以看出，相同的土地利用类型不同的处理之间土壤个体数和类群数因不同田块的水分状况出现较大差异，水稻不同生育期土壤动物个体数和类群数也具有显著差异，总体呈现出生育中期最多、生育前期最少的特征。

2. 农田土壤动物多样性指标对不同灌排处理的响应

根据前面描述的土壤动物多样性指标相关的计算公式，分别计算不同水分处

表 4.14　不同控制条件下田间土壤动物组成结构

调查次数	动物名称	田块					
		W_0	W_1	W_2	W_3	W_4	W_5
第一次	寡毛纲	—	—	—	—	—	—
	线蚓科	127	—	170	—	212	1189
	颤蚓科	127	42	—	—	42	—
	昆虫纲	—	—	—	—	—	—
	蠓科	—	—	—	42	—	—
	线虫纲	—	42	85	127	85	170
	合记	254	84	255	169	339	1359
第二次	寡毛纲	—	—	—	—	—	—
	线蚓科	—	297	42	—	—	467
	颤蚓科	4289	2548	807	127	—	424
	蛭纲	—	—	—	—	—	—
	舌置属	—	42	—	—	—	—
	昆虫纲	—	—	—	—	—	—
	鞘翅目	—	—	—	—	—	—
	大蚊科	42	85	42	127	—	85
	蠓科	85	—	—	42	—	—
	摇蚊科	—	—	42	—	—	—
	线虫纲	85	807	240	170	85	85
	合计	4501	3779	1173	466	85	1061
第三次	寡毛纲	—	—	—	—	—	—
	线蚓科	510	510	510	1019	85	510
	昆虫纲	—	—	—	—	—	—
	摇蚊科	—	42	—	85	42	—
	线虫纲	42	425	42	85	—	42
	合计	552	977	552	1189	127	552

注：—表示没有检测到土壤动物。

理条件下土壤动物的 Shannon-Wiener 多样性指数、Pielou 均匀度指数、Simpson 优势度指数和 Margalef 丰富度指数，结果如表 4.15 所示。可以看出，群落多样性指数各指标在水稻生育期的不同阶段差异较大。总体来说，在水稻生育前期，农田土壤动物丰富程度较高，分布结构均匀，随着生育期的推进，农田土壤动物在特定的耕作环境下表现出特定的适应特性，物种减少，从而表现为优势度指数增加。

3. 不同灌排处理农田土壤动物相似性分析

根据前面 Jacard 指数计算公式，可以得出不同取样时间不同灌排处理田块农田土壤动物群落相似性指数，结果如表 4.16～表 4.18 所示。总体来说，随着水稻生育期的不断推进,各处理之间的相似性程度越来越高,主要是因为田块在水稻种植期间长期淹水的种植方式,使各处理田块物种群落的丰富程度大大降低,物种组成单一,各田块土壤动物群落组成具有较强的相似性,这也说明水稻田典型的种植模式引起的相似的土壤环境会导致土壤动物群落组成比较接近。而在水稻生育前期和中期,由于不同的水分处理方式,各处理田块之间的土壤环境存在一定的差异,土壤动物群落组成也因此存在一定的差异。

表 4.15 不同控制条件下田间土壤动物多样性指标

调查次数	指标	田块					
		W_0	W_1	W_2	W_3	W_4	W_5
第一次	Shannon-Wiener 多样性指数	0.69	0.69	0.64	0.56	0.90	0.38
第二次		0.24	0.93	0.98	1.29	0.00	1.13
第三次		0.27	0.84	0.27	0.51	0.64	0.27
第一次	Pielou 均匀度指数	1.00	1.00	0.92	0.81	0.82	0.54
第二次		0.14	0.58	0.61	0.93	0.00	0.82
第三次		0.39	0.76	0.39	0.46	0.92	0.39
第一次	Simpson 优势度指数	0.50	0.50	0.56	0.63	0.47	0.78
第二次		0.91	0.51	0.48	0.29	1.00	0.37
第三次		0.86	0.46	0.86	0.74	0.56	0.86
第一次	Margalef 丰富度指数	0.18	0.23	0.18	0.19	0.34	0.14
第二次		0.36	0.49	0.56	0.49	0.00	0.43
第三次		0.16	0.29	0.16	0.28	0.41	0.16

表 4.16 不同控制条件下田间土壤动物第一次取样组成相似性分析

田块	W_0	W_1	W_2	W_3	W_4	W_5
W_0	1.00	—	—	—	—	—
W_1	0.33	1.00	—	—	—	—
W_2	0.33	0.33	1.00	—	—	—
W_3	0.00	0.33	0.33	1.00	—	—
W_4	0.40	0.67	0.67	0.25	1.00	—
W_5	0.33	0.33	1.00	0.33	0.67	1.00

表 4.17 不同控制条件下田间土壤动物第二次取样组成相似性分析

田块	W_0	W_1	W_2	W_3	W_4	W_5
W_0	1.00	—	—	—	—	—
W_1	0.50	1.00	—	—	—	—
W_2	0.50	0.67	1.00	—	—	—
W_3	1.00	0.50	0.50	1.00	—	—
W_4	0.25	0.20	0.20	0.25	1.00	—
W_5	0.60	0.80	0.80	0.60	0.25	1.00

表 4.18　不同控制条件下田间土壤动物第三次取样组成相似性分析

田块	W_0	W_1	W_2	W_3	W_4	W_5
W_0	1.00	—	—	—	—	—
W_1	0.67	1.00	—	—	—	—
W_2	1.00	0.67	1.00	—	—	—
W_3	0.67	1.00	0.67	1.00	—	—
W_4	0.33	0.67	0.33	0.67	1.00	—
W_5	1.00	0.67	1.00	0.67	0.33	1.00

4.3.4　农田土壤动物群落对环境因子的响应

1. 土壤动物群落与土壤环境因子关系分析

在水稻生育前期和生育后期对各处理田块本底铵态氮和硝态氮进行了取样分析,可以得出不同灌排处理土壤动物数量、生物量与土壤环境因子之间的关系,如表 4.19 所示。农田土壤动物个体数与生物量在水稻生育前期和生育后期与田块土壤化肥含量均没有显著的相关性,但并不能说明土壤动物对土壤环境的响应不敏感。主要是因为稻田在长期的单一耕作形式作用下,形成了稻田独有的生态系统,土壤动物的丰富程度比林地、旱地等其他耕作形式低。虽然在试验过程中采用了与常规水稻相异的灌溉施肥方式,但是两年的耕作种植难以改变长期的耕作方式造成的土壤动物分布状况。而且有研究表明,长期大量施用单一的化学肥料,会造成土壤 pH 降低,从而导致土壤结构变化,肥力降低,引起作物减产(曲均峰,2010)。而且过量施肥还会造成土壤重金属污染、大气和水体环境恶化,土壤动物作为土壤生态系统的重要生物活性成分,施用化肥会导致土壤动物群落组成和数量发生变化,甚至消失。本节研究得出的土壤动物与土壤环境的关系也从一定程度上说明了长期不合理的种植方式对土壤生态系统造成的破坏是巨大的,在短时间内难以实现有效逆转。

表 4.19　土壤动物组成与田间不同本底化肥浓度的相关关系

取样期	土壤环境因子	动物数量/个		生物量/(mg/m²)	
		回归方程	R^2	回归方程	R^2
生育前期	铵态氮含量/(mg/m³)	$y=1.835x-746.4$	0.503	$y=0.019x+39.22$	0.188
	硝态氮含量/(mg/m³)	$y=3.981x-904.9$	0.271	$y=-0.04x+64.42$	0.095
生育后期	铵态氮含量/(mg/m³)	$y=-0.301x+861.8$	0.031	$y=-0.482x+522.0$	0.549
	硝态氮含量/(mg/m³)	$y=2.504x+503.4$	0.072	$y=1.983x+73.41$	0.305

2. 土壤动物群落与控制水位关系分析

在试验过程中,通过控制稻田排水沟的水位控制稻田排水,来调控稻田土壤的水分状况，建立排水沟水位与稻田水分状况之间的相关关系，分析得出不同灌排处理土壤动物个体数、生物量与排水沟水位之间的关系如表 4.20 所示。在水稻生育前期，土壤动物个体数和生物量与控制水位之间均存在一定的负相关关系，即排水沟水位越高，个体数和生物量越小，其中生物量的相关关系不明显，主要是泡田期和插秧期稻田从原来的旱地状态变为水田状态，土壤动物组成结构因环境的突然变化而发生明显变化，物种丰富度降低，排水沟水位越高，土壤动物的物种组成越少。而生物量的相关性较小是因为厌氧环境使厌氧动物的繁殖增加，替代了减少的好氧动物，从而表现出负相关关系不明显。在水稻生育中期，土壤动物个体数和生物量与控制水位之间均存在显著的正相关关系，主要是因为从分蘖期开始均实施控制灌溉干湿交替模式，排水沟水位越高，土壤含水量越大，越有利于土壤动物的繁殖和生长。在水稻生育后期，土壤动物个体数和生物量与控制水位之间均存在一定的正相关关系，其中个体数相关关系不明显，而生物量显著相关。主要是因为长达 4 个多月的干湿环境使土壤动物的组成结构趋于稳定，不会出现显著的变化，而其生长的快慢仍然明显受到土壤含水量的影响。

表 4.20　土壤动物组成与排水沟不同控制水位的相关关系

取样期	环境因子	个体数/个		生物量/(mg/m²)	
		回归方程	R^2	回归方程	R^2
生育前期	排水沟水位/cm	$y=-81.451x+790.58$	0.436	$y=-0.4374x+53.265$	0.044
生育中期	排水沟水位/cm	$y=63.955x+548.08$	0.891	$y=11.962x+71.577$	0.906
生育后期	排水沟水位/cm	$y=15.154x+521.29$	0.099	$y=17.477x+71.356$	0.813

同时，对水稻生育中期土壤动物个体数和生物量与排水沟的水位、水稻生育后期土壤动物生物量与排水沟水位进行二次回归分析，其结果如表 4.21 所示。进一步分析可知，在水稻生育中期，排水沟水位大于 9.2cm 时，对土壤动物的种群结构发展和生物量均有利；在水稻生育后期，排水沟水位不超过 22.7cm 时，对土壤动物的生物量有利。因此，可以结合水稻的不同生育期，通过控制生态沟的水位来保证土壤动物的良好发展。

表 4.21　土壤动物组成与排水沟不同控制水位的二次回归分析

取样期	环境因子	个体数/个		生物量/(mg/m²)	
		回归方程	R^2	回归方程	R^2
生育中期	排水沟水位/cm	$y=-0.0667x^2+68.133x+530.94$	0.892	$y=0.2578x^2-4.702x+163.86$	0.980
生育后期	排水沟水位/cm	—	—	$y=-0.6887x^2+31.273x+37.5$	0.853

3. 土壤动物群落与灌水量之间的关系

对于水稻全生育期的灌水量进行记录，分析三次取样土壤动物个体数和生物量与灌水量之间的关系，其相关关系如表 4.22 所示。可以看出，土壤动物的种群结构与生物量与灌水量之间存在明显正相关关系，即灌水量越多，土壤动物的种群结构越丰富，生物量越大。主要是因为在水稻全生育期采取的是控制灌溉模式，灌水量越多，田间土壤越湿润，越有利于土壤动物的繁殖生长。进一步进行二次回归分析，可以发现在灌水量分别大于 150.2m³/亩和 159.4m³/亩时，土壤动物的个体数和生物量从最小值开始逐渐增大。

表 4.22　土壤动物组成与不同灌水量的回归分析

环境因子	个体数/个		生物量/(mg/m²)	
	回归方程	R^2	回归方程	R^2
灌水量/m³	$y=68.466x-11064$	0.684	$y=17.573x-2873.9$	0.890
	$y=1.2099x^2-363.37x+27404$	0.691	$y=0.4598x^2-146.54x+11745$	0.909

4.3.5　考虑生物多样性的田间需水量阈值

根据旱作水稻灌水量与产量的相关关系分析，以及 AquaCrop 模型模拟确定了 168.5～194.9m³/亩的灌水量范围作为指导研究区域旱作水稻灌溉的阈值。在上述研究中，得出在田间灌水量分别为 150.2m³/亩和 159.4m³/亩时，土壤动物的个体数和生物量从最小值开始逐渐增大。因此，在田间灌水量阈值为 168.5～194.9m³/亩时，田间土壤动物个体数和生物量在最小值的基础上分别增加 0.4～19.8 倍和 0.6～8.3 倍。由于缺乏田间土壤动物丰富程度评价标准，本章初步确定土壤动物状态为最小值 4 倍时的灌水量为控制下限，此时田间灌水量阈值为 180.6～194.9m³/亩，认为此时既能保证旱作水稻的产量，又能形成良好的田间生态系统。

4.4　本 章 小 结

本章研究了水稻控势灌溉及其产量环境效应，可以得出如下结论：

(1) 水分胁迫对水稻及其产量构成因子造成影响，表现为生育期推迟，产量相关指标下降。在不同的生长阶段，旱作水稻对水分胁迫的敏感程度不同，分蘖期、孕穗期和抽穗期最为敏感，为产量形成的关键时期，应保证充足的水量供给。对旱作水稻产量具有显著影响的产量性状为穗长、千粒重、株高和相对抽穗期，用水量是通过影响这四个指标对产量造成间接影响。

(2) 灌水量在 173.3～194.9m^3/亩的范围内不会对旱作水稻造成明显减产，对应的土水势值为－32.5kPa，因此提出－30kPa 土水势可以作为该地区旱作水稻节水灌溉的控制指标下限，此时全生育期内灌水量明显少于同期水稻生长灌水量，且不会造成明显减产，有助于水稻节水。

(3) 轻微水分胁迫时旱作水稻水分生产率不会出现显著降低，在－10kPa 控制条件下水分生产率最高，达到 2.85kg/m^3，高于常规灌溉形式。

(4) 适用于研究区旱作水稻的水分生产函数模型是 Jensen 模型，该模型敏感指数在拔节孕穗期最高，其次是抽穗开花期和分蘖期，乳熟期最低，该变化规律与水稻的生理特性及试验分析相吻合，从而可以在关键生育阶段保证水量来维持稳定产量。

(5) 通过 AquaCrop 模型进行模拟，其模拟值与实测值的相对误差不超过 5%，误差指标纳什系数和均方根误差分别为 0.986 和 1.311，模拟精度可以满足要求。进一步分析可得出模型模拟产量与灌水量的相关关系，并确定灌水量阈值为 168.5～189.7m^3/亩时，不会对旱作水稻造成明显减产。

(6) 初步确定灌水量范围为 168.5～194.9m^3/亩，以此作为稳产条件下旱作水稻田间灌水量阈值。

(7) 计算了多样性指数、均匀度指数、优势度指数、丰富度指数、相似度指数等指标，并分析了土壤动物的种类、数量以及上述指标在水稻不同生育期对不用处理的响应规律。

(8) 选取土壤本底营养物浓度、排水沟水位和亩均灌水量三个因子分析土壤动物群落的变化。同时通过相关关系分析得出土壤动物群落与土壤本底营养物浓度相关关系不明显；土壤动物个体数在水稻生育中期与排水沟水位显著相关，土壤动物个体数在水稻生育中期和生育后期与排水沟水位均显著相关；土壤动物群落个体数和生物量与亩均灌水量显著相关。

(9) 初步确定田间灌水量阈值为 180.6～194.9m^3/亩时，认为既能保证旱作水稻的产量，又能形成良好的田间生态系统。

第5章　不同尺度水平衡监测及灌溉水利用系数分析

5.1　区域水平衡监测

5.1.1　试验区概况

1. 地理位置

试验区位于湖北省荆门市掇刀区双喜街道，东经30.91°、北纬112.16°，属漳河水库灌区。北依漳河水库灌区总干渠，东邻凤凰水库，距漳河水库13.6km，灌溉水源充足；离荆门市区8.4km，交通十分方便。试验区地理位置如图5.1所示。

图5.1　试验区地理位置

2. 水文气象

试验区属长江中下游亚热带季风气候类型，气候温和、无霜期长、雨量充沛、较为湿润。本区内多年平均气温15.8℃，多年无霜期为267天，多年平均降雨量903.3mm，多年平均蒸发量1413.9mm，潮湿系数小于1。

3. 土壤特征

除部分刚平整过的土地外，试验区大部分耕地土层较厚，耕作层较深，质地黏重，透水性较差，保水、保肥、抗旱能力较强。干旱时板结坚硬，容易发生裂缝，遇水则较柔软易耕，肥力较高，易于种植水稻。

4. 土地利用类型

试验区总面积 270hm^2，其中耕地 218hm^2，占总面积的 81%，试验区土地利用图见附图 1。区域内有水田、旱地、塘堰、沟渠、农村住宅及林地等多种土地利用类型，各种土地利用类型占区域总面积的比例如图 5.2 所示。

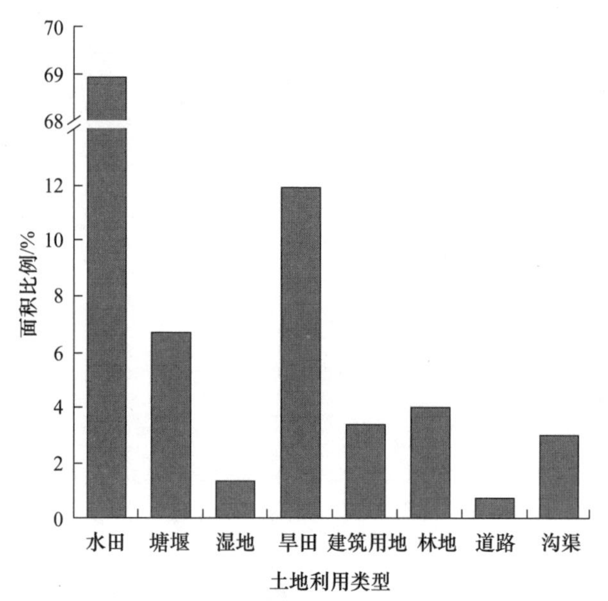

图 5.2　各种土地利用类型占区域总面积的比例

5. 种植结构

试验区主要种植水稻（优质稻、有机稻）、油菜、玉米和大棚蔬菜，种植方式以中稻—油菜轮作为主。试验区夏季种植结构图见附图 2。

6. 水利工程建设

试验区有分支渠两条，直接从漳河水库灌区总干渠引水，建成 120U 形渠 3500m、80U 形渠 800m、50U 形渠 25000m、30U 形渠 15000m，构成干-支-斗-农-毛五级灌溉渠道系统。排水支沟 1 条，由南至北贯穿试验区中部，将试验区分为东西两区，承担主要排水功能的同时成为试验区南部近千亩农田的灌溉水源。塘堰96处，其中鱼塘41处，湿地8处，最大水面面积21万m^2，总蓄水容积53.1万m^3，试验区水系图见附图3。

5.1.2　水平衡动态监测试验

1. 试验时间

试验于2014年5～9月进行。

2. 试验目的

(1) 确定试验区灌溉水利用系数及水分生产率。

(2) 研究渠道、塘堰、田间三者之间复杂的水转化关系。

(3) 探究由田间试验得到的水分高效利用的临界控制排水深度在区域上的适用性。

3. 试验设计

选取3个不同尺度的区域，分别是典型田、核心区、辐射区，区域面积分别为1.6hm^2、23.7hm^2、270hm^2。在水稻生育期内，对3个区域内的水平衡要素分别进行监测。

4. 监测内容及方法

1) 典型田监测内容及方法

典型田监测点布置图见附图4。

(1) 灌水量：用流速仪每日监测进水口流速及水深。

(2) 排水量：用流速仪每日监测排水口流速及水深。

(3) 田间水位：在典型田内选取3个水位监测点竖立水尺，每日观测田间水位。

2) 核心区监测内容及方法

核心区监测点布置图见附图5。

(1) 灌水量：在灌溉水入口设置2个水量监测点（分别是B、G点），用流速仪每日监测流速及水深；抽水量采用调查的方式获得。

(2) 排水量：在排水口设置4个水量监测点（分别是D、E、F、J点），用流速仪每日监测流速及水深。

(3) 平均水位：在区域内选取7个水位监测点竖立水尺，每日观测水位。

3) 辐射区监测内容及方法

辐射区监测点布置图见附图6。

(1) 灌水量:在灌溉水入口设置 20 个水量监测点(分别是 13、14、15、16、17、18、19、20、21、29、30、31、Z、32、33、34、35、36、37、G 点),用流速仪每日监测流速及水深。

(2) 上游地表排水量:在上游排水口设置 7 个水量监测点(分别是 22、23、24、25、26、27、28 点),用流速仪每日监测流速及水深。

(3) 排水量:在排水口设置 3 个水量监测点(H、I、J 点),用流速仪每日监测流速及水深。

(4) 塘堰水位:在塘堰内竖立水尺,每隔 14 天观测塘堰水位。

(5) 排水支沟水位:在排水支沟上选取 3 个断面竖立水尺,每日观测沟水位。

4) 其他数据

(1) 气象数据:通过观测自动气象装置得到,自动气象装置位于距离试验区 12km 的团林灌溉试验站。每日观测内容包括最高气温、最低气温、平均气温、相对湿度、绝对湿度、饱和差、最多风向、最大风速、平均风速、气压、降雨量、蒸发量、日照时数等。

(2) 水稻产量及价格:采用调查的方式获得。

5.1.3 试验数据处理

1. 典型田

水量平衡方程为

$$h_{i+1} - h_i = \Delta h_i = M_i + P_i - \mathrm{ET}_i - D_i - \mathrm{Sep}_i \tag{5.1}$$

式中,h_i、h_{i+1}分别为第 i 天和第 $i+1$ 天田间平均水深,mm;M_i 为第 i 天的灌水量,mm;P_i 为第 i 天的降雨量,mm;ET_i 为第 i 天的蒸发蒸腾量,mm;D_i 为第 i 天的排水量,mm;Sep_i 为第 i 天渗流和深层渗漏量,mm。

水平衡中除了渗流和渗漏量外,其他水平衡要素均可确定,因此可建立如上水量平衡方程并计算渗流和渗漏量。

灌水量的计算公式为

$$M_i = \frac{1000\left(\frac{v_i A(H_i)}{2} + \frac{v_{i+1} A(H_{i+1})}{2}\right)\Delta t}{\mathrm{AF}} \tag{5.2}$$

式中,v_i、v_{i+1}分别为第 i 天和第 $i+1$ 天监测点流速,m/s;H_i、H_{i+1}分别为第 i 天和第 $i+1$ 天监测点断面水深,m;$A(H_i)$、$A(H_{i+1})$分别为第 i 天和第 $i+1$ 天监测点断面面积,由该断面的水深-面积公式计算,m^2;Δt 表示计算时间段长,$\Delta t=24\mathrm{h}$;AF 表示典型田面积,m^2。

排水量用同样的方法计算。

蒸发蒸腾量根据水稻不同生育期作物系数乘以潜在蒸发蒸腾量计算,即

$$ET_i = K_{ci} ET_{0i} \tag{5.3}$$

式中，K_{ci}为第i天作物系数，在水稻不同生育期存在较大的差异；ET_{0i}为第i天潜在蒸发蒸腾量，mm，其值由彭曼公式及气象资料计算。

2. 核心区

水量平衡方程为

$$S_{i+1} - S_i = \Delta S_i = M_i + P_i - D_i - ET_i - Sep_i \tag{5.4}$$

式中，S_i、S_{i+1}分别为第i天和第$i+1$天田间蓄水量，m^3；M_i为第i天的灌水量，m^3；P_i表示第i天的降雨量，m^3；ET_i为第i天的蒸发蒸腾量，m^3；D_i为第i天的排水量，m^3；Sep_i为第i天渗流和深层渗漏量，m^3。

水平衡中除了渗流和渗漏量外，其他水平衡要素均可确定，因此可建立如上水量平衡方程并计算渗流和渗漏量。

灌水量的计算公式为

$$M_i = \sum \left[v_{k,i} \frac{A(H_{k,i})}{2} + v_{k,i+1} \frac{A(H_{k,i+1})}{2} \right] \Delta t \tag{5.5}$$

式中，$v_{k,i}$、$v_{k,i+1}$分别为第k个监测点第i天和第$i+1$天流速，m/s；$H_{k,i}$、$H_{k,i+1}$分别为第k个监测点第i天和第$i+1$天断面水深，m；$A(H_{k,i})$、$A(H_{k,i+1})$分别为第k个监测点第i天和第$i+1$天断面面积，由该断面的水深-面积公式计算，m^2；Δt表示计算时间段长，$\Delta t=24h$。

排水量用同样的方法计算。

田间蓄水量的计算公式为

$$S_i = \sum_{j=1}^{7} \frac{h_{i,j} AC}{7000} \tag{5.6}$$

式中，$h_{i,j}$为第i天第j个水位监测点田间水深，mm；AC表示核心区面积，m^2。

3. 辐射区

地表水水量平衡方程为

$$W_{t+1} - W_t = \Delta W_t = Win_t - Wout_t - WC_t - WE_t \tag{5.7}$$

式中，W_{t+1}、W_t分别为第$t+1$和第t时段初储水量，m^3；Win_t为第t时段区域外来水量，包括降雨、灌溉水、上游地表排水，m^3；$Wout_t$为第t时段排水量，m^3；WC_t为第t时段耗水量，包括水面蒸发量、作物蒸腾量，m^3；WE_t为第t时段地表水与地下水交换量，m^3。

储水量的计算公式为

$$W_t = WF_t + WP_t + WW_t + WD_t \tag{5.8}$$

式中，WF_t为第t时段田间储水量，m^3；WP_t为第t时段塘堰储水量，m^3；WW_t为

第 t 时段湿地储水量，m^3；WD_t 为第 t 时段排水支沟储水量，m^3。

来水量的计算公式为

$$\mathrm{Win}_t = M_t + P_t + \mathrm{WS}_t \tag{5.9}$$

式中，M_t 为第 t 时段灌水量，m^3；P_t 为第 t 时段降雨量，m^3；WS_t 为第 t 时段上游地表排水量，m^3。

耗水量的计算公式为

$$\mathrm{WC}_t = E_t + \mathrm{ET}_t \tag{5.10}$$

$$E_t = k_t E_{\mathrm{E\text{-}601}t} \Delta t \mathrm{AW}_t \tag{5.11}$$

式中，E_t 为第 t 时段水面蒸发量，m^3；$E_{\mathrm{E\text{-}601}t}$为第 t 时段用 E-601 型蒸发皿测得的水面蒸发量，mm；AW_t 为第 t 时段水面面积；k_t 为蒸发折算系数；Δt 为计算时段长，d；ET_t 为第 t 时段作物蒸发蒸腾量，m^3。

5.1.4 试验结果分析

1. 水平衡分析

1）典型田

由于渗漏量记录数据不足，采用实测的降雨量、灌水量、排水量、耗水量、田间水层等数据，计算田间水平衡和田间渗漏量。典型田水稻生育期内各水平衡要素逐日累计量如图 5.3 所示，各生育期水平衡要素如图 5.4 所示。作物需水量、排水量和渗漏量分别占总入流量（降雨量和灌水量）的 59.3%、33.9%、7.8%。由于 2014 年是特别干旱年，整个生育期内降雨量为 192.2mm，除分蘖后期和黄熟期外，其他生育期几乎无排水。

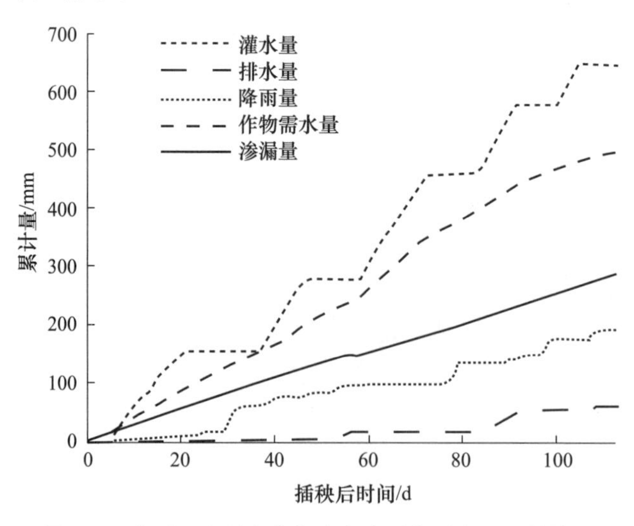

图 5.3　典型田水稻生育期内各水平衡要素逐日累计量

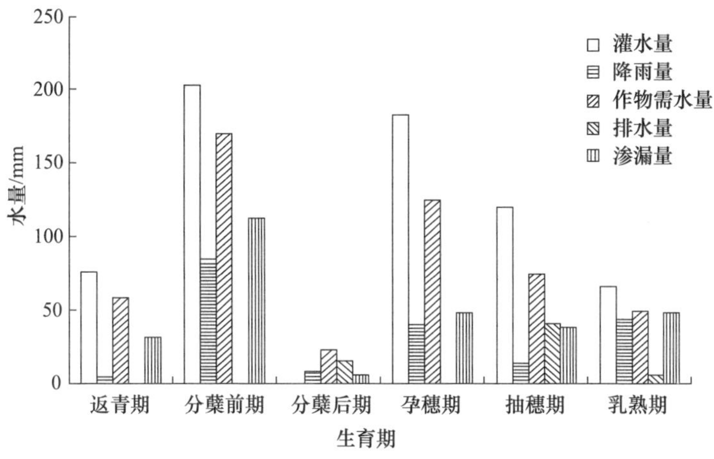

图 5.4　典型田各生育期水平衡要素

2）核心区

由于渗漏量记录数据不足，采用实测的降雨量、灌水量、排水量、耗水量、田间水层等数据，通过水量平衡计算核心区水平衡和渗漏量。核心区各生育期水平衡要素如图 5.5 所示。作物需水量、排水量和渗漏量分别占总入流量(降雨量和灌水量)的 22.2%、53.6%、24.2%。与典型田相比，渗漏量较少，一方面是因为部分渗漏量以地表水的形式排出；另一方面是典型田刚平整过，土地翻动较大，土质较松，渗透系数较大。而排水量增加很多，主要是因为分蘖前期和乳熟期进水渠道引水量较多，造成大量的退水。

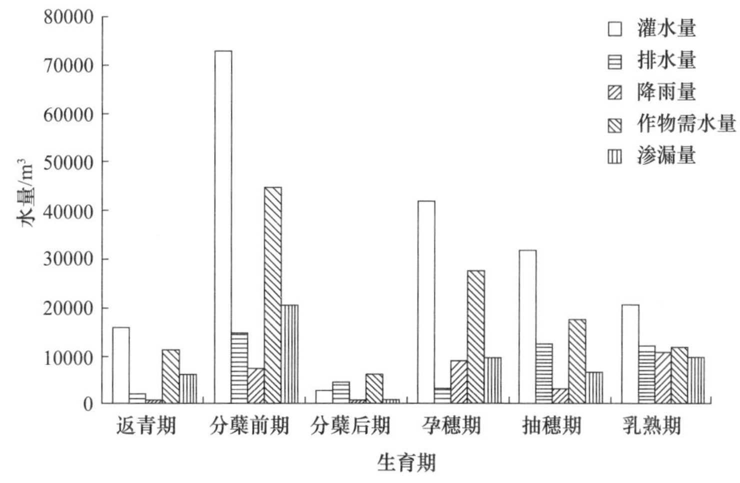

图 5.5　核心区各生育期水平衡要素

3）辐射区

由于地表水与地下水交换量记录数据不足，采用实测的降雨量、灌水量、上游地表来水量、排水量、耗水量等数据，通过水量平衡计算辐射区水平衡。水稻生育期内各水平衡要素如图 5.6 所示。

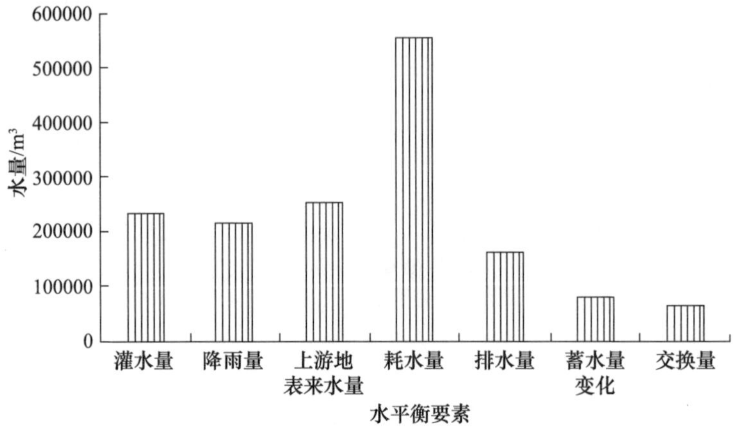

图 5.6　辐射区水稻生育期内各水平衡要素

2. 水分生产率

经抽样测产与问卷调查，试验区有机稻平均产量为 400kg/亩，优质稻平均产量为 508kg/亩，与往年相比，两种水稻产量均有所下降，主要是因为 2014 年病害较多。优质稻收购价格为 2.6 元/kg，有机稻收购价格为 7.2 元/kg。

选取单方灌溉水粮食产量、单方水（灌溉＋降雨）粮食产量、单方有效耗水粮食产量、单方灌溉水粮食产值、单方水粮食产值、单方有效耗水粮食产值等指标来评价水分生产率，计算结果如表 5.1 所示。

表 5.1　三个区域水分生产率

指标	典型田	核心区	辐射区
灌水量/(m³/亩)	490	582	170
蒸发蒸腾量/(m³/亩)	323	323	311
降雨量/(m³/亩)	156	156	156
粮食产量/(m³/亩)	400	400	485
粮食产值/(元/亩)	2880	2880	1644
单方灌溉水粮食产量/(kg/m³)	0.82	0.69	2.85
单方水粮食产量/(kg/m³)	0.62	0.54	1.49
单方有效耗水粮食产量/(kg/m³)	1.24	1.24	1.56
单方灌溉水粮食产值/(元/m³)	5.88	4.95	9.67
单方水粮食产值/(元/m³)	4.46	3.90	5.04
单方有效耗水粮食产值/(元/m³)	8.92	8.92	5.29

注：典型田与核心区只种植有机稻，辐射区内种植优质稻与有机稻。

从表 5.1 可以看出，典型田与核心区单方灌溉水粮食产量、单方水粮食产量、单方有效耗水粮食产量均不高，一方面是因为有机稻的生育期长，耗水较多，且由于管理等原因造成渗漏和排水较多；另一方面是因为有机稻的品种、病虫害等，产量不高。但是由于有机稻品质好，价格较高，粮食产值很高。辐射区由于回归水利用率较高，需要灌溉水较少，使其单方灌溉水粮食产量较高，达到了 2.85kg/m^3。

5.2　基于系统动力学的稻田塘堰系统水转化模拟

5.2.1　稻田塘堰系统水转化系统动力学模型

以水量平衡为基础理论，在某一控制系统内，用流入量减去流出量等于储存变化量的方程式来表示，即

$$I-O=\frac{\mathrm{d}W}{\mathrm{d}t} \tag{5.12}$$

式中，I 为流入量，m^3；O 为流出量，m^3；W 为储水量，m^3；t 为时间，d。

1. 田间水量平衡模拟计算

将水稻田视为一个控制系统，以田间储水水深作为状态变量，表示在系统中具有积累效应的变量。反映状态变量输入或输出速度的变量称为速率变量。状态变量与各速率变量的关系用水量平衡方程表示为

$$S_t=S_{t-1}+P_t+\mathrm{DI}_t-\mathrm{ET}_t-\mathrm{DP}_t-\mathrm{DR}_t \tag{5.13}$$

式中，S_{t-1}、S_t 分别为时段初与时段末的田间储存水深，等于土壤水储存量及田间水层的水量之和；P_t 为第 t 时段降雨量；DI_t 为第 t 时段灌溉需水量；ET_t 为第 t 时段作物蒸发蒸腾量；DP_t 为第 t 时段深层渗漏量；DR_t 为第 t 时段排水量。各变量单位均以单位面积上的水深(mm)表示。

灌溉需水量为

$$\mathrm{DI}_t=\begin{cases}\mathrm{IH}_{\max t}+\mathrm{ET}_t+\mathrm{DP}_t-S_{t-1}-P_t, & S_{t-1}+P_t-\mathrm{ET}_t-\mathrm{DP}_t\leqslant \mathrm{IH}_{\min t}\\ 0, & S_{t-1}+P_t-\mathrm{ET}_t-\mathrm{DP}_t>\mathrm{IH}_{\min t}\end{cases} \tag{5.14}$$

式中，DI_t 为第 t 时段水稻灌溉需水量，mm；$\mathrm{IH}_{\min t}$ 为第 t 时段灌溉下限，mm；$\mathrm{IH}_{\max t}$ 为第 t 时段灌溉上限，mm。

蒸发蒸腾量为

$$\mathrm{ET}_t=K_\mathrm{c}K_\mathrm{s}\mathrm{ET}_0 \tag{5.15}$$

$$K_\mathrm{s}=\begin{cases}1, & \theta\geqslant\theta_\mathrm{t}\\ \dfrac{\theta-\theta_\mathrm{wp}}{\theta_\mathrm{t}-\theta_\mathrm{wp}}, & \theta_\mathrm{wp}<\theta<\theta_t\end{cases} \tag{5.16}$$

$$\theta_{\mathrm{t}}=(1-p)\theta_{\mathrm{fc}}+p\theta_{\mathrm{wp}} \tag{5.17}$$

式中，K_{c} 为作物系数；K_{s} 为水分胁迫因子；ET_0 为参考作物蒸发蒸腾量，通过气象数据由彭曼公式计算得到，mm；θ、θ_{wp}、θ_{t}、θ_{fc} 分别为土壤体积含水率、凋萎系数、含水率临界值及田间持水量，$\mathrm{mm}^3/\mathrm{mm}^3$；$p$ 为作物可利用水分数，水稻取 0.2。

深层渗漏量为

$$\mathrm{DP}_t=\begin{cases}\mathrm{DP}_0, & \theta\geqslant\theta_{\mathrm{sat}}\\ \dfrac{\theta-\theta_{\mathrm{fc}}}{\theta_{\mathrm{s}}-\theta_{\mathrm{fc}}}\mathrm{DP}_0, & \theta_{\mathrm{fc}}<\theta<\theta_{\mathrm{sat}}\end{cases} \tag{5.18}$$

式中，DP_0 为土壤达到饱和体积含水率 θ_{s} 时的日渗漏量，通过试验等方式确定，mm。假定深层渗漏量只在土壤含水率大于田间持水量时发生，当土壤含水率在饱和体积含水率和田间持水量之间时，深层渗漏量与土壤含水率呈线性关系。

排水量为

$$\mathrm{DR}_t=\begin{cases}S_{t-1}+P_t-\mathrm{ET}_t-\mathrm{DP}_t-H_t, & S_{t-1}+P_t-\mathrm{ET}_t-\mathrm{DP}_t\geqslant H_t\\ 0, & S_{t-1}+P_t-\mathrm{ET}_t-\mathrm{DP}_t<H_t\end{cases} \tag{5.19}$$

式中，H_t 为第 t 时段排水口高度，由雨后最大允许蓄水深度确定，mm。当田间储存水深 S_t 高于排水口高度 H_t 时，会产生排水量，反之则无排水量。

2. 塘堰水量平衡调节计算

塘堰具有积蓄雨水和灌溉回归水的功能，在以塘堰为主体的灌溉系统中，根据水量平衡原理可得

$$V_{t+1}=V_t+W_t-\mathrm{WI}_t-\mathrm{EL}_t-X_t \tag{5.20}$$

式中，V_t 为第 t 时段塘堰蓄水量，m^3；W_t 为第 t 时段塘堰来水量，包括塘面集水量、水田排水量以及旱地和非耕地地表径流量，m^3；WI_t 为第 t 时段塘堰供水量，m^3；EL_t 为第 t 时段塘堰损失水量，m^3；X_t 为第 t 时段塘堰泄水量，m^3。

$$W_t=P_tA_{\mathrm{p}}+(\mathrm{DR}_tA_{\mathrm{r}}+\mathrm{RO}_tA_{\mathrm{u}})\lambda \tag{5.21}$$

$$\mathrm{RO}_t=(1-\alpha)P_t \tag{5.22}$$

式中，A_{p} 为塘堰面积，m^2；RO_t 为第 t 时段旱地和非耕地地表径流量，采用降雨径流法计算，mm；α 为降雨入渗系数，当 $P<5\mathrm{mm}$ 时，无径流与入渗产生，当 $5\mathrm{mm}\leqslant P\leqslant 50\mathrm{mm}$ 时，$\alpha=0.8$，当 $P>50\mathrm{mm}$ 时，$\alpha=0.7$；A_{r} 为水田面积，m^2；A_{u} 为旱地和非耕地面积，m^2；λ 为塘堰有效集雨面积与灌区面积之比，主要取决于地形因素。

$$\mathrm{EL}_t=E_t+L_t \tag{5.23}$$

式中，E_t 为第 t 时段塘堰蒸发量，采用蒸发皿折算系数法计算，mm；L_t 为第 t 时段塘堰渗漏量，通过试验观测估算，mm。

塘堰在某一时段的具体调节计算过程如下：

(1) 当 $V_t+W_t-\mathrm{EL}_t-\mathrm{DI}_t>V_m$（$V_m$ 为塘堰最大蓄水容量）时，塘堰泄水量为 $X_t=V_t+W_t-\mathrm{EL}_t-\mathrm{DI}_t-V_m$。

(2) 当 $0\leqslant V_t+W_t-\mathrm{EL}_t-\mathrm{DI}_t\leqslant V_m$ 时，$\mathrm{WI}_t=\mathrm{DI}_t$，塘堰供水可以满足灌溉需求。

(3) 当 $V_t+W_t-\mathrm{EL}_t-\mathrm{DI}_t<0$ 时，$\mathrm{WI}_t=V_t+W_t-\mathrm{EL}_t$，所需外来灌溉引水量为 $Q_t=\mathrm{DI}_t+\mathrm{EL}_t-V_t-W_t$。

3. 模型结构及模拟过程

系统动力学是一门研究系统动态复杂性的科学，采用定性与定量相结合，系统综合推理的方法，模拟系统在不同策略参数输入时的行为和趋势。该方法擅长处理高阶次、非线性、时变的复杂问题，是研究水资源系统的重要方法之一。构建系统动力学模型的一般步骤是：首先明确问题，根据问题特征绘制其因果关系图；然后在此基础上，进一步根据结构进行系统动力学模型流程图的绘制，输入各变量关系式，建立系统动力学模型；最后进行仿真试验，修改参数及验证模型，并在模型仿真结果的基础上分析战略与决策。

采用 Vensim 作为建立模型的平台，该软件具有可视化界面，用户可以根据具体问题采用概念化、模块化描述系统的结构，得到随时间连续变化的系统图像，并模拟系统的动态行为。稻田塘堰系统水转化模型结构如图 5.7 所示，模型中采用的参数如下：

(1) 状态变量：田间储存水深、塘堰蓄水量。

(2) 速率变量：降雨量、蒸发蒸腾量、深层渗漏量、排水量、塘堰来水量、塘堰供水量、塘堰损失水量、塘堰泄水量。

(3) 辅助变量：其他变量。

以上 3 种变量分别对应着状态方程、速率方程和辅助方程。设定非线性函数关系，确定估计参数，并为所有变量的初始值、表函数赋值。对模型设定不同的调控参数，从而有效刻画各个调控参数对稻田塘堰系统水转化动态过程的影响。

5.2.2 模型应用

1. 研究区域概述

研究区域位于漳河水库三干渠中游，地处 112°15′～112°16′E，30°42′～30°44′N，是由陈池支渠、洪庙支渠及五洋公路围成的封闭区域。区域总面积 151hm^2，主要灌溉作物为中稻，村民普遍采用浅水灌溉的方式，除分蘖末期适当晒田和黄熟期落干外，田面保持 0～50mm 的水层。区域内部分布着大小塘堰 145 口，主要通过排水沟渠连通，总调蓄能力可以达到 155283m³。据调查了解，为降低灌溉成本，除泡田期引用渠道水泡田外，村民优先使用塘堰的水灌溉，当塘堰供水不足时再考虑渠首放水，塘堰供水发挥着重要作用。

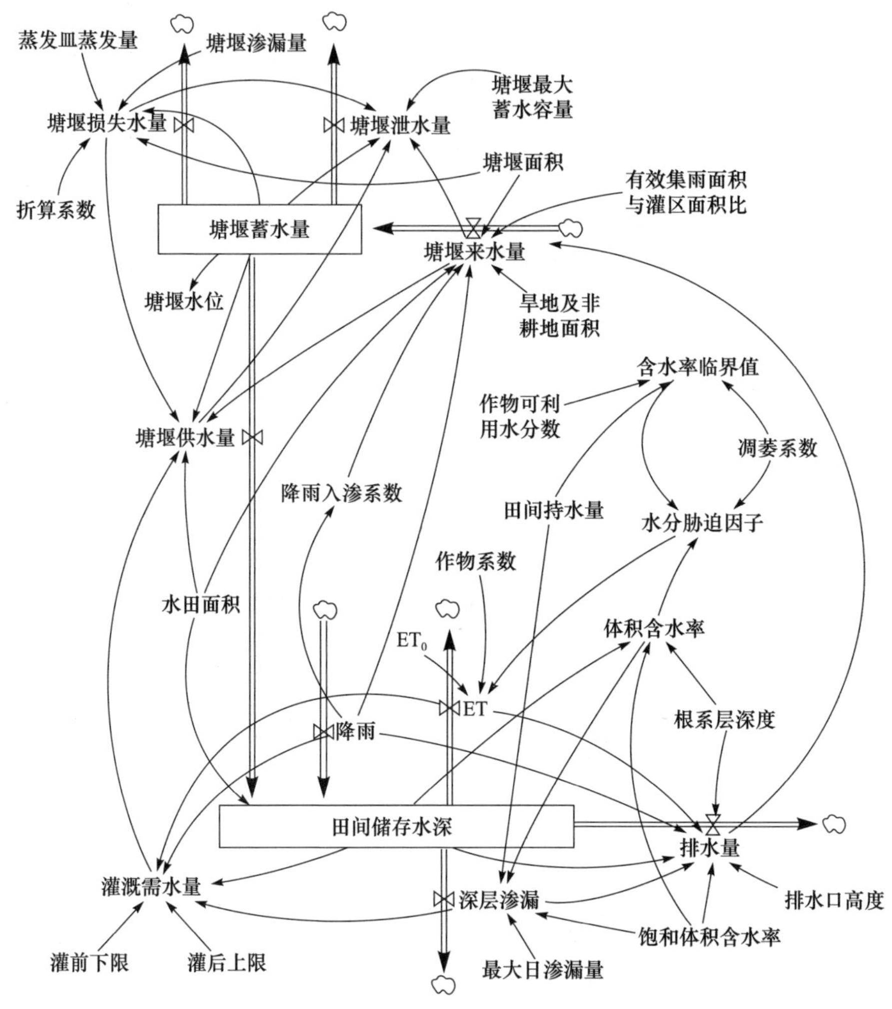

图 5.7　稻田塘堰系统水转化系统动力学模型结构

2. 输入资料与参数估计

气象资料来源于漳河团林灌溉试验站 2015 年监测的数据。水面蒸发折算系数取自宜昌蒸发站的分析结果，水稻根系层深度取 300mm，作物系数由试验站监测资料确定。结合漳河水库灌区实际，中稻生育期划分及不同灌溉模式下的水层控制标准如表5.2所示。由于模型在水稻插秧过后开始模拟，初始土壤处于饱和状态，且有田间水层深度40mm。

表5.2　稻田不同灌溉模式下水层控制标准

生育期	日期/月-日	灌溉下限-灌溉上限-排水口高度/mm		
		浅水灌溉	湿润灌溉	间歇灌溉
返青期	05-25～06-02	5-40-50	0-40-50	0-40-50
分蘖前期	06-03～07-02	0-30-50	$0.9\theta_{sat}H_r$-30-60	$0.8\theta_{sat}H_r$-25-50
分蘖后期	07-03～07-09	0-30-50	$0.85\theta_{sat}H_r$-30-50	$0.8\theta_{sat}H_r$-20-50
孕穗期	07-10～07-25	10-50-80	$0.95\theta_{sat}H_r$-40-70	$0.85\theta_{sat}H_r$-30-60
抽穗期	07-26～08-04	5-40-70	$0.9\theta_{sat}H_r$-30-70	$0.85\theta_{sat}H_r$-30-70
乳熟期	08-05～08-17	0-40-60	$0.85\theta_{sat}H_r$-30-50	$0.7\theta_{sat}H_r$-15-50
黄熟期	08-18～08-29	落干	落干	落干

注：H_r为水稻根系层深度，mm；θ_s为饱和体积含水率，mm^3/mm^3。

研究区域以黏壤土为主，取样分析得到凋萎系数为$0.15mm^3/mm^3$，田间持水量为$0.37mm^3/mm^3$，饱和体积含水率为$0.45mm^3/mm^3$。由于该区域长期种植水稻，渗漏强度较小，通过布置渗漏井观测得到土壤达到饱和含水率时的深层渗漏量为2mm/d。模型中假设各个田块的径流出流量直接汇入排水沟渠，并最终通过塘堰收集。考虑到局部区域的地表径流量不能被塘堰拦蓄，根据漳河水库灌区典型村λ值的计算结果，结合该区域地形条件，λ取0.95。在区域内实地监测塘堰水位，根据各塘堰水位容量关系，计算得到区域塘堰的初始蓄水量，约为塘堰最大蓄水容量的70%。

5.2.3　模型验证及结果分析

1. 模型验证

根据研究区域内塘堰的整体特征和分布情况，从中抽取16个典型塘堰，实地测量每个典型塘堰的水面面积、边坡系数和最大蓄水容量，确定每个典型塘堰水位容量关系。每个典型塘堰内布设有量水尺，在2015年中稻生育期内逐日观测塘堰水位。通过每个塘堰的水位容量关系，可以得到16个典型塘堰蓄水量日变化过程。将区域内所有塘堰概化为一个大塘堰，作为灌溉系统的主体水源。在同一时段，假设大塘堰的总蓄水量与16个典型塘堰的总蓄水量成一定比例，即可以由16个典型塘堰的总蓄水量推求得到大塘堰的总蓄水量，再通过大塘堰的水位容量关系，可以得到区域的塘堰水位，由此来验证模拟的塘堰水位。采用复相关系数R^2、纳什效率系数(NSE)和均方根误差(RMSE)来评价模拟值与实测值的相似度。

利用2015年中稻生育期内塘堰日水位实测值与模拟值对比，如图5.8所示，从直观上看，模拟结果与实测结果拟合较好。R^2和NSE的理想值为1，RMSE的理想值为0。2015年中稻生育期内塘堰日水位模拟结果的R^2值和NSE值分别为

0.90 和 0.79，RMSE 值为 0.155m/d，模拟结果具有较高精度，说明模型可以反映区域塘堰水位的动态变化过程。

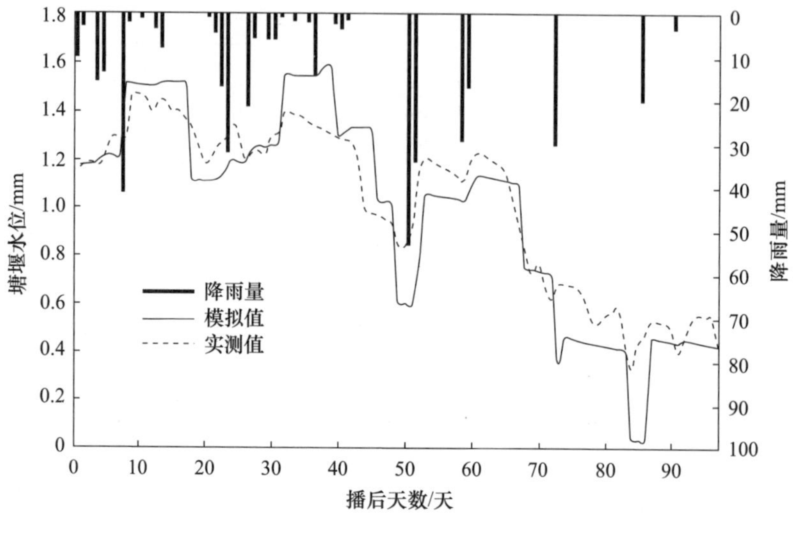

图 5.8 塘堰水位逐日模拟结果

2. 塘堰不同调蓄方式下的系统动态模拟

为了研究塘堰不同调蓄方式对稻田塘堰系统水转化的影响，在实施的浅水灌溉模式下，模拟了 3 种塘堰调蓄方式：第 1 种是可以使用塘堰所有的蓄存水量，此方式接近实际调蓄方式；第 2 种是采用部分调蓄的方式，考虑到生态养殖等要求，保证塘堰蓄水量不得低于最大蓄水容量的 60%；第 3 种是灌区内无塘堰可以使用，实行雨养。基于 2015 年资料模拟分析水稻生育期内田间储存水深变化，如图 5.9 所示。

从图 5.9 可以看出，浅水灌溉下，当塘堰完全调蓄时，水稻在落干前的田间储存水深一直处于饱和体积含水率之上，作物得到充分灌溉。当塘堰部分调蓄时，田间储存水深在第 72 天低于含水率临界值，作物发生水分胁迫，在生育后期出现供水不足的情况。当没有塘堰调蓄时，田间储存水深在第 45 天开始低于含水率临界值，作物缺水天数明显增多。这表明，塘堰的调蓄作用能够有效延长作物缺水天数，当发生干旱缺水时，若能充分发挥塘堰就近取水、灌水及时的特点，合理地调配塘堰灌溉系统，可以缓解作物关键期无水可用的情况，并使灌区管理部门有时间拟定相关应对措施。

3. 田间不同灌溉模式下的系统动态模拟

为了研究不同灌溉模式对稻田塘堰系统水转化的影响，当塘堰完全调蓄时，选取用水管理部门推广较为广泛的湿润灌溉与间歇灌溉模式，并与浅水灌溉进行对

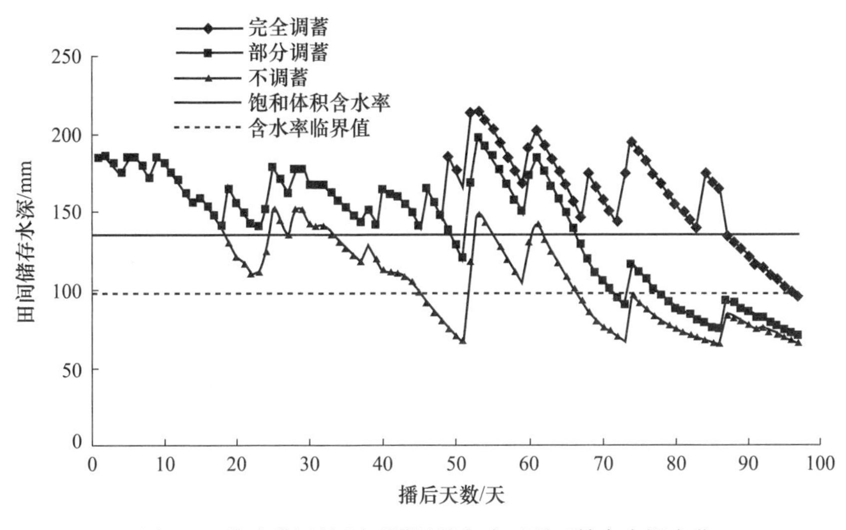

图5.9　浅水灌溉塘堰不同调蓄方式下稻田储存水深变化

比，基于2015年资料模拟分析水稻生长季塘堰蓄水量变化，如图5.10所示。从模拟结果可以看出，在生育早期3种灌溉模式下的塘堰蓄水量变化一致；发育期湿润灌溉下的塘堰蓄水量相对最小，而间歇灌溉模式下塘堰产生泄水；生育中后期浅水灌溉下塘堰蓄水量下降最为明显。从塘堰最低蓄水量占塘堰最大蓄水容量的比例来看，浅水灌溉、湿润灌溉、间歇灌溉分别为2.0%、18.9%和41.3%。这表明，实行间歇灌溉模式，塘堰可以长期保持一定的蓄水量，为塘堰水产养殖、排水水质处理等生态功能提供保障。

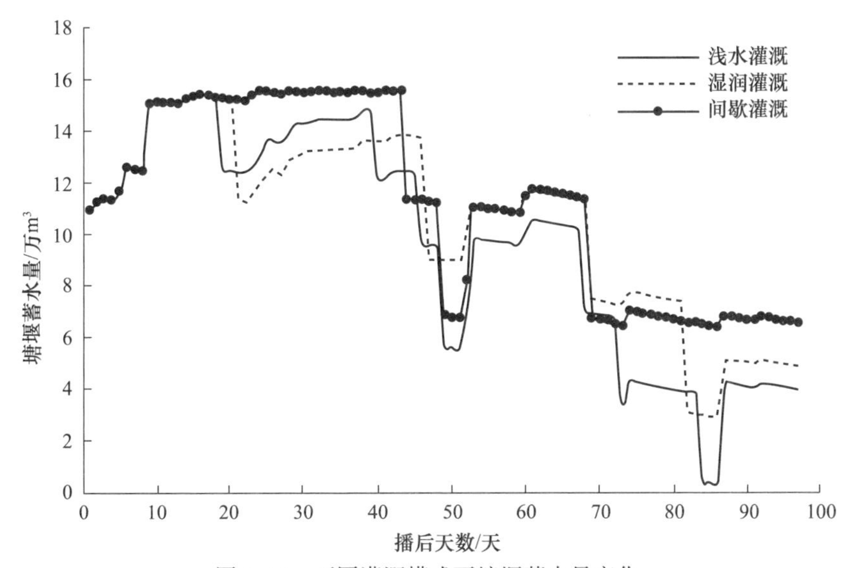

图5.10　不同灌溉模式下塘堰蓄水量变化

表 5.3 为水稻生长季不同灌溉模式下塘堰的水平衡要素和有效水利用率。可以看出,3 种灌溉模式下,塘堰来水量是浅水灌溉＞间歇灌溉＞湿润灌溉,供水量以浅水灌溉＞湿润灌溉＞间歇灌溉,有效水利用率分别为 84.7%、80.9% 和 67.7%。由于间歇灌溉的灌溉下限明显低于其他灌溉模式,具有较大的蓄积雨水的空间,在各个阶段灌溉需水量相对较小,所以塘堰有效水利用率最小。

表 5.3　不同灌溉模式下塘堰水平衡要素及有效水利用率

灌溉模式	来水量/m^3	损失水量/m^3	泄水量/m^3	供水量/m^3	蓄水量变化量/m^3	有效水利用率/%
浅水灌溉	184781.8	39019.5	0	215513.6	−69751.3	84.7
湿润灌溉	144304.2	39019.5	0	165509.8	−60225.1	80.9
间歇灌溉	147023.2	39019.5	22535.0	129306	−43837.3	67.7

注:蓄水量变化量指黄熟期结束后,塘堰最终蓄水量与初始蓄水量之差;有效水利用率指供水量占总水量的比例,其中总水量为来水量减去蓄水量变化量。

5.3　长藤结瓜灌区灌溉水利用系数分析

5.3.1　田间水有效利用系数分析

1. 计算方法

田间水有效利用系数指灌入田间可被作物利用的水量与末级固定渠道放出水量的比值,是衡量田间工程状况和灌水技术水平的重要指标。测定田间水有效利用系数的方法有平均法和实测法。平均法是以末级固定渠道控制的灌溉面积作为单元,计算某次灌水的田间水利用系数。实测法是在灌区中选择有代表性的地块,通过田间实际测得净灌水定额和灌入田间的毛水量计算田间水有效利用系数。本次研究采用实测法进行计算。

首先,选取典型田块,依据地形部位、土壤类型、灌溉制度与方法进行选择。其次,在生育期内用水管抽水进行灌溉,并在水管末端安装水表,记录每次的灌水量,累加即为整个生育期内末级渠道灌入田间的水量。

净灌溉定额的计算以水稻为例,划分为泡田期和生长期分别进行计算。

泡田期灌水定额为

$$M_{泡田}=10^3\gamma H(\omega_1-\omega_2)+h+(E+F)t-P \tag{5.24}$$

式中,H 为犁底层平均深度,cm;γ 为犁底层内的土壤容重,g/cm^3;ω_1 为犁底层的土壤饱和含水率;ω_2 为犁底层泡田开始之前土壤平均含水率;h 为插秧时所需的水层深度,mm;E 为泡田期日均水面蒸发量,mm/d;F 为泡田期日均渗漏量,mm/d;P 为泡田期内降雨量,mm;t 为泡田天数,d。

泡田期日均渗漏量的计算公式为

$$F = Z_1 - Z_2 + P - E_{\text{E-601}} \tag{5.25}$$

式中，Z_1 为前一天的水层水位，mm；Z_2 为当天的水层水位，mm；P 为泡田期内降雨量，mm；$E_{\text{E-601}}$ 为 E-601 型蒸发皿测得的水面蒸发量，mm。

水稻生长期的灌水定额分为灌水前有水层和无水层的情况。

若灌水前田面有水层，则

$$M_{生长1} = h_2 - h_1 \tag{5.26}$$

式中，h_2 为灌水结束后田面水深，mm；h_1 为灌水开始时田面水深，mm。

若灌水前田面无水层，则

$$M_{生长2} = H_1 + H_2 \tag{5.27}$$

式中，H_1 为不考虑入渗的灌水深度，mm；H_2 为灌溉过程中入渗的水量。

田间水有效利用系数为

$$\eta_{\text{f}} = \frac{M_{泡田} + M_{生长}}{M} \tag{5.28}$$

式中，η_{f} 为田间水有效利用系数；$M_{泡田}$、$M_{生长}$ 为泡田期、水稻生长期的灌水定额，mm；M 为整个生育期末级渠道灌入田间的水量，mm。

2. 田间观测试验

1）观测地点

2015 年试验地点选在湖北省荆门市掇刀区谭店村，属于漳河水库灌区，距离漳河水库 13.6km，位于漳河水库总干渠灌域内，灌溉水源充足。选取区域内典型有机稻和优质稻的田块进行试验。

观测区耕地土层较厚，耕作层较深，质地黏重，透水性较差，保水、保肥、抗旱能力较强。干旱时板结坚硬，容易发生裂缝，遇水则较柔软易耕，肥力较高，易于种植水稻。

2）观测时间

2015 年试验从 5 月中旬开始，至 9 月中旬结束。其中，2015 年 5 月中旬在灌区内选择典型田块，田间试验从整田开始至水稻收获。优质稻的生育期为 91 天，有机稻的生育期为 111 天。优质稻和有机稻生育阶段划分如表 5.4 所示。

表 5.4 优质稻和有机稻生育阶段划分

生育期	优质稻/月-日	有机稻/月-日
返青期	05-25～06-03	05-25～06-03
分蘖期	06-04～07-11	06-04～07-11
孕穗期	07-12～07-26	07-12～07-31
抽穗期	07-27～08-05	08-01～08-15
乳熟期	08-06～08-15	08-16～08-31
黄熟期	08-16～08-23	09-01～09-12

3）观测项目

2015年田间试验于5月20日整田开始，5月27日水稻移栽，至9月7日水稻收获结束。试验期间通过水泵和水管抽水的方式往田间灌水。在水管靠近田间的末端安装水表，田间打下木桩，通过水表和木桩观测并记录各小区每次灌水时的灌水量和田间净灌溉定额，并计算出总灌水量、总渗漏量、田间总有效水量以及灌溉的田间水有效利用系数。

3. 田间水有效利用系数计算与分析

采用上述方法，根据2015年观测的数据，计算得到优质稻和有机稻的田间水有效利用系数，如表5.5所示。

表5.5　优质稻和有机稻的田间水有效利用系数

指标	优质稻	有机稻
总灌水量/mm	321	391
总渗漏量/mm	403	446
总有效水量/mm	296	352
田间水有效利用系数	0.922	0.900

从表5.5可以看出，有机稻的总灌水量为391mm，比优质稻的总灌水量多70mm，日均渗漏量达到了4mm/d。有机稻的田间水有效利用系数为0.900，比优质稻的田间水有效利用系数低0.022。试验区近几年进行过土地平整，土地翻动较大，土质较松，土壤渗透率较大，田间渗漏量整体偏高。有机稻的生育期比优质稻的长20天，耗水较多，单次灌水量多，田间的水位高，造成深层渗漏更多，因此有机稻的田间水有效利用系数偏低。

5.3.2　渠系水利用系数分析

1. 计算方法

渠系水利用系数是灌溉渠系的净流量与毛流量的比值，用符号η_s表示。灌溉渠系的净流量指农渠向田间供水的流量，渠系的毛流量指干渠或总干渠从水源引水的流量。渠系水利用系数反映的是整个渠系的水量损失情况，其值为各级渠道水利用系数的乘积，即

$$\eta_s = \eta_{总干}\eta_{干}\eta_{支}\eta_{斗}\eta_{农} \tag{5.29}$$

式中，η_s为全灌区的渠系水利用系数；$\eta_{总干}$、$\eta_{干}$、$\eta_{支}$、$\eta_{斗}$、$\eta_{农}$分别为总干、干渠、支渠、斗渠、农渠各级渠道的渠道水利用系数。

式(5.29)中各级渠道的渠道水利用系数的计算，需要依次求得典型渠段单位长度的输水损失率$\sigma_{典}$、实际渠道单位长度的输水损失率$\sigma_{渠道}$、平均单位长度输水

损失率 $\sigma_{平}$ 和渠道水利用系数 $\eta_{渠}$，现详细介绍其计算过程。

首先是典型渠段的单位长度输水损失率的计算，计算公式为

$$\sigma_{典}=\frac{[k_2+(k_1-1)(1-k_2)]\delta_{典}}{L_{典}} \tag{5.30}$$

$$\delta_{典}=1-\frac{Q_{尾}}{Q_{首}} \tag{5.31}$$

$$k_1=1+\frac{Q_{尾}}{Q_{首}} \tag{5.32}$$

式中，$\sigma_{典}$ 为典型渠道单位长度的输水损失率；$\delta_{典}$ 为典型渠段的输水损失率；$L_{典}$ 为典型渠段的长度，km；k_1 为输水率；$Q_{首}$ 为渠首流量，m^3/s；$Q_{尾}$ 为渠尾出流流量，m^3/s；k_2 为分水率，因实际分水情况复杂，为便于推广，假定渠道是线性均匀分水，取 $k_2=0.5$。

渠道单位长度输水损失率 $\sigma_{渠道}$ 由典型渠道单位长度的输水损失率 $\sigma_{典}$ 和各典型渠段的长度 $L_{典i}$ 加权平均得到，即

$$\sigma_{渠道}=\frac{\sum\sigma_{典}\ L_{典i}}{\sum L_{典i}} \tag{5.33}$$

式中，$\sigma_{渠道}$ 为渠道单位长度输水损失率；$L_{典i}$ 为某典型渠段的长度，km。

通过调研获得渠道放水的实际长度，计算各级渠道的渠道水利用系数：

$$\eta_{渠}=1-\sigma_{渠道}L_{渠} \tag{5.34}$$

式中，$\eta_{渠}$ 为各级渠道的渠道水利用系数；$L_{渠}$ 为该级渠道的平均长度，km。

长藤结瓜灌区中岗岭和沟溪纵横交错，把灌区分割成许多大大小小的地块，岗岭错落有致，渠系并不是按照典型的干-支-斗-农进行排列，而是普遍存在越级取水现象，致使渠系组合非常复杂。若简单地用各级渠道水利用系数连乘的方法，忽略渠系实际的组合情况，则得到的渠系水利用系数偏低。

本节提出两种渠系水利用系数的计算方法，分别是分区法和概化法。其中，各级渠道平均单位长度输水损失率 $\sigma_{平}$ 的计算方法与本节介绍的方法相同，所不同的是渠道水利用系数和渠系水利用系数的计算，现详细介绍其步骤。

1）分区法

漳河水库放水灌溉时，灌溉水通过各分水口，流经不同长度的渠道进入田间，因此不同区域的渠系水利用系数均不相同。根据灌区渠系的具体分布，利用渠道单位长度输水损失率和渠道长度计算各个区域的渠系水利用系数，依据灌溉面积进行加权，得到各干渠尺度的渠系水利用系数。

如图 5.11 所示，水源的水依次流经长度为 L_1 的干渠、长度为 L_2 的支渠、长度为 L_3 的斗渠和长度为 L_4 的农渠，最后流入阴影区域的田块，则阴影面积的渠系水利用系数的表达式为

$$\eta=(1-\sigma_1L_1)(1-\sigma_2L_2)(1-\sigma_3L_3)(1-\sigma_4L_4) \tag{5.35}$$

式中，η 为阴影区域的渠系水利用系数；L_1、L_2、L_3 和 L_4 分别为灌溉水从水源到田块流经的干渠、支渠、斗渠和农渠的长度，m；σ_1、σ_2、σ_3 和 σ_4 分别为干渠、支渠、斗渠和农渠的单位长度输水损失率。

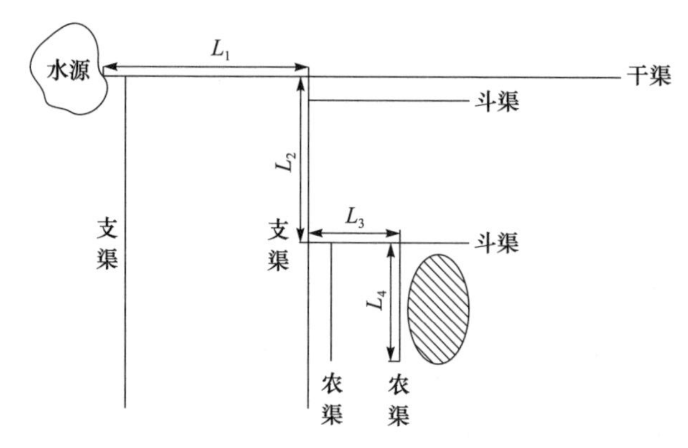

图 5.11　灌溉渠系示意图

按照上述方法计算出每个区域的渠系水利用系数，再根据面积进行加权，得到整个灌区的渠系水利用系数，计算公式为

$$\eta_s = \sum_{i=1}^{n} (1 - L_t \sigma_t) \frac{S_i}{S} \tag{5.36}$$

式中，η_s 为整个灌区的渠系水利用系数；S_i 和 S 分别为阴影区域和整个灌区的面积，m^2。

该计算方法需要灌区有详细的渠系资料，包括渠道长度和渠系分布，适用于多水源灌区，能准确反映渠系输送过程中水量的损失。

2) 概化法

长藤结瓜灌区的渠系组合形式丰富，概化法是指首先计算每种渠系组合的渠系水利用系数，再按照组合的面积比进行加权，得到整个灌区的渠系水利用系数。

在实际调研过程中，通常选取典型渠段进行测量，计算渠道的单位长度输水损失率，再与渠道长度相乘得到渠道水利用系数，因此渠道长度对结果影响比重大。式(5.34)中采用的长度是渠道全长的平均值，但长藤结瓜灌区渠道在灌溉时，通常是部分渠段放水，并不是从头到尾都通水，若用其全长进行计算，则导致损失水量偏多，得到的渠道水利用系数偏低，所以对式(5.34)修正如下：

$$\eta_{渠} = 1 - \sigma_{渠道} L'_{渠} \tag{5.37}$$

式中，$\eta_{渠}$ 为各级渠道的渠道水利用系数；$L'_{渠}$ 为该级渠道实际放水长度的平均值，km。

利用式(5.37)计算渠道水利用系数，再根据渠系组合计算渠系水利用系数。

以漳河水库灌区为例，渠道四通八达，计有总干渠、干渠、支干渠、分干渠、支渠、分渠、斗渠、农渠、毛渠等 9 级渠道。根据总干渠、干渠、分干渠、支渠、斗渠和农渠的渠道水利用系数，计算每种渠系组合的渠系水利用系数，根据灌溉面积进行加权，得到整个漳河水库灌区的渠系水利用系数。

根据实地调研和资料整理发现，灌区主要渠系结构为10种形式，如表5.6所示。

表5.6 漳河灌区主要渠系结构

主要渠系结构	灌溉面积	渠系水利用系数
干-农	S_1	$\eta_{干}\eta_{农}$
干-支-农	S_2	$\eta_{干}\eta_{支}\eta_{农}$
干-分干-农	S_3	$\eta_{干}\eta_{分干}\eta_{农}$
干-分干-支-农	S_4	$\eta_{干}\eta_{分干}\eta_{支}\eta_{农}$
总干-农	S_5	$\eta_{总干}\eta_{农}$
总干-分-农	S_6	$\eta_{总干}\eta_{分}\eta_{农}$
总干-干-农	S_7	$\eta_{总干}\eta_{干}\eta_{农}$
总干-干-分干-农	S_8	$\eta_{总干}\eta_{干}\eta_{分干}\eta_{农}$
总干-干-支-农	S_9	$\eta_{总干}\eta_{干}\eta_{支}\eta_{农}$
总干-干-分干-分-农	S_{10}	$\eta_{总干}\eta_{干}\eta_{分干}\eta_{分}\eta_{农}$

漳河水库灌区的渠系水利用系数的计算公式为

$$
\begin{aligned}
\eta_s =& \eta_{干}\eta_{农}\frac{S_1}{S}+\eta_{干}\eta_{支}\eta_{农}\frac{S_2}{S}+\eta_{干}\eta_{分干}\eta_{农}\frac{S_3}{S}+\eta_{干}\eta_{分干}\eta_{支}\eta_{农}\frac{S_4}{S}+\eta_{总干}\eta_{农}\frac{S_5}{S}\\
&+\eta_{总干}\eta_{分}\eta_{农}\frac{S_6}{S}+\eta_{总干}\eta_{干}\eta_{农}\frac{S_7}{S}+\eta_{总干}\eta_{干}\eta_{分干}\eta_{农}\frac{S_8}{S}+\eta_{总干}\eta_{干}\eta_{支}\eta_{农}\frac{S_9}{S}\\
&+\eta_{总干}\eta_{干}\eta_{分干}\eta_{分}\eta_{农}\frac{S_{10}}{S}\\
=&\sum\eta_i\frac{S_i}{S}
\end{aligned}
\tag{5.38}
$$

式中，S 为灌区的灌溉面积，m^3；η_i 为对应于面积 S_i 的渠系水利用系数。

该方法需要调查灌区渠系的组合形式，以及每种组合的灌溉面积，相比于传统的连乘法，此方法更符合长藤结瓜灌区的实际情况。

2. 渠系水利用系数现场测试

1）测试时间

渠系水利用系数测试于2015年和2016年在湖北省漳河水库灌区开展。

2015和2016年降雨量分别为953.1mm和1077.7mm，2015年属于平水年，2016年属于丰水年，漳河水库在2015年的放水量多于2016年。如表5.7所示，2015年漳河水库放水集中在5月下旬、7月中下旬和8月上中旬，2016年漳河水库放水集中在5月下旬、7月末和8月初，这两个时期分别为水稻泡田期和幼穗分化期。

表 5.7　2015 年和 2016 年漳河水库放水记录

年份	起始时间	终止时间	渠道流量/(m^3/s)	天数
2015	5 月 19 日	5 月 21 日	5	2
	5 月 21 日	5 月 26 日	6	5
	5 月 26 日	5 月 29 日	5	3
	5 月 29 日	5 月 30 日	4	1
	5 月 30 日	5 月 31 日	3	1
	5 月 31 日	6 月 2 日	11	2
	6 月 2 日	6 月 5 日	1	3
	7 月 14 日	7 月 15 日	1	1
	7 月 23 日	7 月 24 日	3	1
	7 月 24 日	7 月 27 日	5	3
	7 月 27 日	7 月 28 日	6	1
	7 月 28 日	7 月 29 日	5	1
	7 月 29 日	7 月 31 日	6	2
	7 月 31 日	8 月 4 日	5	4
	8 月 4 日	8 月 6 日	6	2
	8 月 6 日	8 月 12 日	4	6
	8 月 12 日	8 月 13 日	3	1
	8 月 13 日	8 月 15 日	5	2
	8 月 17 日	8 月 18 日	1	1
	8 月 20 日	8 月 21 日	15	1
2016	5 月 18 日	5 月 19 日	3	1
	5 月 19 日	5 月 21 日	4	2
	5 月 21 日	5 月 23 日	38	2
	5 月 23 日	5 月 25 日	15	2
	5 月 25 日	5 月 26 日	3	1
	5 月 26 日	6 月 2 日	1	7
	7 月 29 日	7 月 30 日	3	1
	7 月 30 日	8 月 5 日	4	6
	8 月 5 日	8 月 6 日	2	1

2015 年水库的放水周期长，渠道流量为 1～15m^3/s，大部分时间的渠道流量集中在 4～6m^3/s；2016 年水库的放水周期短，渠道流量为 1～38m^3/s，大部分时间的渠道流量集中在 3～4m^3/s，两年的放水记录有明显差异。漳河水库灌区在 2011～2014 年发生严重的连续干旱，漳河水库作为枯水年的主要水源，提供的灌水量多，存蓄的水量减少，长期在低水位状态运行，在 2015 年平水年，水库开始存储水量，灌溉周期延长；2016 年是丰水年，田间需要的灌水量减少，水库补充的水量也相应

降低。

考虑水流稳定的要求，2015年选择的测试时间为7月27日～8月6日，2016年选择的测试时间为5月23日～5月24日和7月31日～8月2日两个时间段。

2）测试仪器和方法

（1）测试仪器。

测试采用的仪器是声学多普勒流速剖面仪和便携式流速仪，具体介绍如下：

声学多普勒流速剖面仪（acoustic doppler current profilers，ADCP）是专门为在明渠中进行流量测验设计的，流速量程为±7.2m/s，流速精度为±1.0%±0.2cm/s。

便携式流速仪能高精度快速地测量明渠中的水流速度，主要结构为水流速探头和数字式读数显示器。仪器的一端是水涡轮螺旋桨正位移传感器，感应水流的速度，另一端是数字式读数显示器，中间由一个可伸缩的探头手柄连接。水流速计显示的是平均流速，提供的流速测量是最精确的。流速测量范围是0.1～6.1m/s，测量精度为0.03m/s。

（2）测试方法。

渠系水利用系数的试验通常采用动水法和静水法，两种方法的具体操作如下：

动水法是在渠道放水期间，采用ADCP或便携式流速仪测量典型渠段上、下游断面以及渠段分水口的流速和水位，尽量在流量稳定的条件下进行测试。当渠道流量小于1m^3/s时，渠段长度不低于1km；当渠道流量为1～10m^3/s时，渠段长度不低于3km；当渠道流量为10～30m^3/s时，渠段长度不低于5km；当渠道流量大于30m^3/s时，渠段长度不低于10km。

静水法是选择长度为100m的代表性渠段，两端堵死，在相对长度为0、0.25、0.5、0.75、1处安放水尺，从附近的塘堰抽水，每隔2h记录一次水位，观察渠段内水位下降过程，根据水位变化计算损失水量和渠系水利用系数。

3）测试点选取原则

测试点的选取原则如下：

（1）代表性。主要表现在：①要充分反映灌区渠系的基本布局，全面覆盖总干、干渠、分干渠、支渠、分支渠、斗渠、农渠等不同级别渠道水利用系数情况；②要反映灌区渠系工程建设的基本情况，尽可能涉及各种不同断面、不同衬砌、不同渠系建筑物等形式对渠系水利用系数的影响；③要充分反映灌区不同地形、气候（不同年份降雨蒸发）、水体、植被、城乡居民、经济等自然社会环境对渠系水利用系数的影响，并选取相关渠段；④要尽量多地反映不同灌溉水源（大中小水库、塘堰、泵站、地下水等）调节性能差异、渠系级数多少、灌溉面积大小等因素对渠系水利用系数的影响，并选取相应的典型渠段。

（2）可行性。选择区域应交通方便，配备量水设施，便于测量，保证及时方便、可靠地获取测算分析基本数据。

(3) 稳定性。区域放水基本保持相对稳定,使测算分析工作持续进行。

4) 测试点布置

漳河水库灌区地处丘陵平原过渡带,属于比较典型的长藤结瓜灌溉系统。大中小不同类型水库水、塘堰水、河渠水、地下水等灌溉水源多,调节性能各异,大中小水库与河渠塘堰水量调配关系复杂;渠系多,渠道长,渡槽、节制闸、提水泵站、桥梁、分水闸等渠系建筑物丰富,渠系水调配、利用关系多变;输配水涉及农业灌溉用水与荆门城乡供水、鱼塘生态补水等,不同灌域用水结构与用水效率存在明显差异。

因此,考虑到漳河水库灌区渠道分为 9 级,分别是总干渠、干渠、支干渠、分干渠、支渠、分渠、斗渠、农渠和毛渠,但灌区渠道并不是全部按照 9 级渠道进行分布的,最多的渠系级数才为 9 级,最少的渠系级数为 3 级,不同级数的渠系水利用系数可能存在较大差异。

结合实际放水情况,2015 年选取总干渠、一干渠、三干渠和四干渠灌域内的典型渠段进行测试,2016 年选取总干渠、一干渠和三干渠灌域内的典型渠段进行测试,分析比较其灌溉用水效率,揭示不同尺度灌溉用水效率的差异性。

漳河水库灌区总干渠有且只有 1 条,一干渠是当阳市的独立饮水系统,三干渠的灌溉面积为六大干渠之首,四干渠承担农田供水并负责向城镇供水,三干渠二分干灌溉面积大、结构复杂、离漳河水库距离远,总干渠二分渠断面形状规则、长期通水、离漳河水库近,选取的测量渠道能代表灌区的整体情况。

本次测试选取的典型渠段如表 5.8 所示,典型渠系分布如图 5.12 所示。

表 5.8　测试选取的典型渠段

年份	典型渠段	级别
2015	总干渠渠首闸至皂当公路桥	总干
	一干渠简易桥至洪桥村生产桥	干
	四干渠陵园桥至葛洲坝路桥	干
	总干渠二分渠	分
	三干渠二分干洪庙支渠	支
	总干渠二分渠一斗渠	斗
	总干渠二分渠农渠	农
2016	总干渠和平五组桥至双井十一组桥	总干
	一干渠老管理处桥至红锦桥	干
	三干渠新党校桥至白鹤桥	干
	三干渠二分干	分干
	总干渠二分渠	分
	总干渠二分渠一斗渠	斗
	总干渠二分渠农渠	农

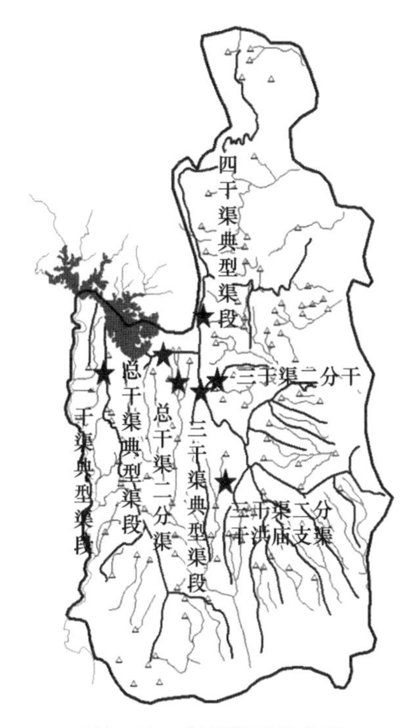

图 5.12　典型渠系分布图

1) 2015 年具体测试点

总干渠选取 3 个测试点，分别为总干渠和平五组桥、总干渠车桥节制闸和总干渠皂当公路桥，测试段长 2.25km，占总长的 12.5%。

一干渠选取 3 个测试点，分别为新皂当公路桥、六口堰渡槽和洪桥村生产桥，测试段长 1.06km，占总长的 2.6%。

四干渠选取 5 个测试点，分别为四干渠陵园桥、四干渠龙泉渡槽、四干渠中路桥、四干渠理工学院桥和四干渠葛洲坝路桥，测试段长 3.85km，占总长的 5.9%。

总干渠二分渠选取的测试段长 843m，占总长的 15.9%；三干渠三分干洪庙支渠为通水，采用静水法进行测试，选取的渠段长度为 50m；总干渠二分渠一斗渠两岸均衬砌，选取的测段长 185m，根据观测段两侧取水口的情况，设置 11 个取水口观测点，进行测试；总干渠二分渠灌溉范围内选取总干渠二分渠一农渠至总干渠二分渠六农渠进行测试。

2) 2016 年具体测试点

总干渠选择 5 个测试点，分别为总干渠和平五组桥、总干渠车桥节制闸、总干渠皂当公路桥、总干渠双井七组桥和总干渠双井十一组桥，测试段长 4.72km，占总长的 26.1%。

一干渠选取 6 个测试点，分别为老管理处桥、老皂当公路桥、新皂当公路桥、六口堰渡槽、洪桥村生产桥和红锦桥，测试段长 3.28km，占总长的 6.5%。

三干渠选取 5 个测试点，分别为三干渠新党校桥、三干渠张家湾桥、三干渠官堰湖桥、三干渠九家湾节制闸和三干渠白鹤桥，测试段长 8.47km，占总长的 11.2%。

三干渠二分干位于三干渠九家湾节制闸处，进水闸桩号为 7+775，渠道实际长度为 22km，灌溉范围为兴隆街办和麻城。在三干渠二分干选取了 5 个测试点，分别为三干渠二分干渠首、三干渠二分干龙王一桥、三干渠二分干龙王二桥、三干渠二分干郑家大堰陡坡节制闸和三干渠二分干陡坡下游，测试段长 1.3km，占总长的 5.9%。总干渠二分渠选取的测试段长 843m，占总长的 15.9%，根据观测段两侧取水口的情况，设置 11 个取水口观测点，结合实际情况进行了观测。

3. 渠系水利用系数计算与分析

采用前面的方法，利用 2015 年和 2016 年观测数据，计算渠道水利用系数与渠系水利用系数，结果如表 5.9～表 5.12 所示。

表 5.9　2015 年和 2016 年漳河水库灌区渠系水利用系数计算表(分区法)

干渠区域	2015 年	2016 年
总干渠灌域	0.7789	0.7901
一干渠灌域	0.6834	0.6975
西干渠灌域	0.8356	0.8398
二干渠灌域	0.6015	0.5862
三干渠灌域	0.6555	0.6620
四干渠灌域	0.6057	0.5808
漳河水库灌区	0.6528	0.6562

漳河水库灌区 2015 年的渠系水利用系数用分区法计算的是 0.6528，概化法计算的是 0.6080，平均值是 0.6304，总干渠、干渠、支渠、斗渠和农渠的渠道水利用系数分别为 0.938、0.823、0.839、0.849 和 0.893；2016 年的渠系水利用系数用分区法计算的是 0.6562，用概化法计算的是 0.6470，平均值为 0.6516，总干渠、干渠、分干渠、分渠、斗渠和农渠的渠道水利用系数分别为 0.9337、0.8427、0.8615、0.8550、0.8611 和 0.9082。

1）不同级数对渠系水利用系数的影响

对漳河水库灌区的渠系进行分类，按照二级、三级、四级、五级和六级分别计算渠系水利用系数，结果如表 5.13 所示。可知渠系水利用系数最大的是总干渠和干渠组成的二级渠系，为 0.7482；最小的是总干渠、干渠、分干渠、分渠、斗渠和农渠组成的六级渠系，为 0.4425。

表 5.10　2015 年和 2016 年漳河水库灌区渠系水利用系数计算表(概化法)

主要渠系结构	灌溉面积占整个漳河水库灌区的比例/%	渠系水利用系数	
		2015 年	2016 年
干-农	3.45	0.7171	0.7653
干-支-农	3.57	0.6016	0.6543
干-分干-农	2.99	0.6178	0.6593
干-分干-支-农	1.03	0.5183	0.5637
总干-农	0.68	0.8376	0.8480
总干-分-农	1.45	0.7028	0.7250
总干-干-农	23.80	0.6726	0.7146
总干-干-分干-农	55.92	0.5795	0.6156
总干-干-支-农	4.38	0.5643	0.6109
总干-干-分干-分-农	2.72	0.4862	0.5263
漳河水库灌区	—	0.6080	0.6470

表 5.11　2015 年漳河水库灌区渠道水利用系数计算表

概化的五级渠道	衬砌情况	断面形式	水位/m	底宽/m	实测流量/(m^3/s)	实际放水长度/km	单位长度的输水损失率	渠道的输水损失率	渠道水利用系数
总干	两岸衬砌	梯形断面	3.0～4.0	20～24	8.5～8.7	4.75	0.0024	0.062	0.938
	右岸衬砌					13.30	0.0038		
干渠	两岸衬砌	梯形断面	1.2～2.3	3～10	1.9～3.0	25.00	0.0026	0.177	0.823
	右岸衬砌					26.00	0.0043		
支渠	衬砌	梯形断面	0.6～0.75	0.9～2	0.25～0.53	5.31	0.0303	0.160	0.839
斗渠	衬砌	U形断面	0.3～0.5	0.6～0.9	0.02～0.025	3.58	0.0423	0.152	0.849
农渠	衬砌	U形断面	0.06～0.25	0.4～0.5	0.008～0.01	2.26	0.0473	0.107	0.893
	未衬砌					—	0.2677		

注：实际放水长度为放水时渠道的行水长度，因考虑南方灌区渠系分布广，一般是渠道的部分渠段通水，因此使用实际通水渠道长度进行计算。

表 5.12　2016 年漳河水库灌区渠道水利用系数计算表

渠道级别	渠道名称	断面形式	典型渠段	衬砌情况	单位长度输水损失率	平均单位长度输水损失率	实际放水长度/km	渠道水利用系数
总干	总干渠	梯形断面	和平五组桥—车桥节制闸	两岸衬砌	0.0031	0.0031	4.75	0.9337
		梯形断面	车桥节制闸—皂当公路桥	右岸衬砌,左岸未衬砌	0.0038			
		梯形断面	皂当公路桥—双井七组桥	右岸衬砌,左岸未衬砌	0.0043	0.0039	13.30	
		梯形断面	双井七组桥—双井十一组桥	右岸衬砌,左岸未衬砌	0.0035			
干渠	一干渠	梯形断面	老管理处桥—老皂当公路桥	右岸衬砌,左岸浆砌石	0.0043	0.0048	41.00	0.8050
		梯形断面	老皂当公路桥—新皂当公路桥	右岸衬砌,左岸浆砌石	0.0042			
		梯形断面	新皂当公路桥—六口堰渡槽进口	右岸衬砌,左岸土渠	0.0053			
		梯形断面	六口堰渡槽进口—洪桥村生产桥	右岸衬砌,左岸土渠	0.0048			
		梯形断面	洪桥村生产桥—红锦桥	右岸衬砌,左岸土渠	0.0052			
	三干渠	梯形断面	新党校桥—张家湾桥	两岸衬砌	0.0022	0.0032	36.88	0.8803
		梯形断面	张家湾桥—官堰湖桥	两岸衬砌	0.0035			
		梯形断面	官堰湖桥—九家湾	两岸衬砌	0.0037			
		梯形断面	九家湾—白鹤桥	两岸衬砌	0.0035			
分干	三干渠二分干	梯形断面	三干渠二分干进口—龙王一桥	浆砌石	0.0126	0.0139	10.00	0.8615
		梯形断面	龙王一桥—龙王二桥	右岸浆砌石,左岸衬砌	0.0154			
		梯形断面	龙王二桥—郑家大堰陡坡节制闸	两岸浆砌石,左岸衬砌	0.0110			
		梯形断面	郑家大堰陡坡节制闸—陡坡下游	两岸浆砌石,左岸衬砌	0.0164			
分渠	总干渠二分渠	U 形断面		两岸衬砌	0.0290	0.0290	5.00	0.8550
斗渠	总干渠二分渠一斗渠	U 形断面		两岸衬砌	0.0388	0.0388	3.58	0.8611
农渠	总干渠二分渠二农渠	U 形断面		两岸衬砌	0.0410	0.0406	2.26	0.9082
	总干渠二分渠三农渠	U 形断面		两岸衬砌	0.0460			
	总干渠二分渠四农渠	U 形断面		两岸衬砌	0.0359			
	总干渠二分渠五农渠	U 形断面		两岸衬砌	0.0397			

表 5.13　渠系水利用系数分级计算表

渠系级数	总干渠	干渠	分干渠	分渠	斗渠	农渠	渠系水利用系数
二级	0.9337	0.8399	0.8450	0.8550	0.8611	0.9069	—
	0.9337	0.8399	—	—	—	—	0.7842
	—	0.8399	0.8450	—	—	—	0.7097
	—	—	0.8450	0.8550	—	—	0.7225
	—	—	—	0.8550	0.8611	—	0.7362
	—	—	—	—	0.8611	0.9069	0.7809
三级	0.9337	0.8399	0.8450	—	—	—	0.6627
	—	0.8399	0.8450	0.8550	—	—	0.6068
	—	—	0.8450	0.8550	0.8611	—	0.6221
	—	—	—	0.8550	0.8611	0.9069	0.6677
四级	0.9337	0.8399	0.8450	0.8550	—	—	0.5666
	—	0.8399	0.8450	0.8550	0.8611	—	0.5225
	—	—	0.8450	0.8550	0.8611	0.9069	0.5642
五级	0.9337	0.8399	0.8450	0.8550	0.8611	—	0.4879
	—	0.8399	0.8450	0.8550	0.8611	0.9069	0.4739
六级	0.9337	0.8399	0.8450	0.8550	0.8611	0.9069	0.4425

2）蒸发渗漏对渠道水利用系数的影响

在灌溉系统中，从渠首引入的水量有相当一部分在输送过程中损失，包括渠道水面蒸发损失、渠床渗漏损失、闸门漏水和渠道退水等。渠系水量损失降低了渠系水利用系数，减少了灌溉面积，浪费了水资源，而且增加了灌溉成本和村民的水费负担。因此，设法降低水量损失是节水型灌区建设中的重要内容。

水面蒸发指的是水面的水分从液态转变成气态离开水面的过程。影响蒸发的因素分为两大类：一类是气象条件，如太阳辐射、温度、湿度、风速、气压等；另一类是水体表面的面积、水深和水面的状况等因素。

利用静水法试验数据和团林灌溉试验站的气象数据，分别计算观测期间渠道总的损失水量和蒸发量，进一步得到蒸发量占输水损失的百分比，蒸发渗漏对渠道水利用系数的影响结果如表 5.14 所示。蒸发量占输水损失的比例为 1.3%。

表 5.14　蒸发渗漏对渠道水利用系数的影响计算表

渠道长度/m	水位/cm	渠道湿周/m	入渗面积/m^2	损失量/m^3	蒸发量/m^3	蒸发损失比重/%	渗漏量/m^3	渗漏损失比重/%
50	68.0	3.240	162.0	2320.26	30.17	1.300	2290.09	98.700
50	68.2	3.364	168.2	2755.58	35.93	1.304	2719.65	98.696

3）衬砌对渠道渗漏的影响

渠道防渗是减少渠道输水渗漏损失的主要工程措施，不仅能减少渠道渗漏损失，节省灌溉用水量，提高水资源的利用效率，同时能降低渠床的糙率，使渠道的流速提高，增加渠道的输水能力，另外，能有效防止渠道长草，一定程度上减少泥沙产生淤积，节省渠道工程的维修费用，进而降低灌溉的成本，提高灌区灌溉的效益。

漳河水库灌区渠道的衬砌形式主要分为 3 种，即两岸衬砌、一岸衬砌一岸浆砌石及一岸衬砌一岸土渠。不同衬砌形式下的单位长度输水损失率如表 5.15 所示。

表 5.15　不同衬砌形式的单位长度输水损失率

衬砌形式	典型渠段	单位长度输水损失率	平均值
两岸衬砌	和平五组桥—车桥节制闸	0.00313	0.00322
	新党校桥—张家湾桥	0.00223	
	张家湾桥—官堰湖桥	0.00354	
	官堰湖桥—九家湾	0.00368	
	九家湾—白鹤桥	0.00354	
一岸衬砌 一岸浆砌石	老管理处桥—老皂当公路桥	0.00433	0.00426
	老皂当公路桥—新皂当公路桥	0.00418	
一岸衬砌 一岸土渠	车桥节制闸—皂当公路桥	0.00384	0.00448
	皂当公路桥—双井七组桥	0.00430	
	双井七组桥—双井十一组桥	0.00347	
	新皂当公路桥—六口堰渡槽进口	0.00529	
	六口堰渡槽进口—洪桥村生产桥	0.00480	
	洪桥村生产桥—红锦桥	0.00518	

由上述结果可知，两岸衬砌的渠道渗漏量最小，单位长度输水损失率为 0.00322，其次是一岸衬砌一岸浆砌石的情况，渗漏量最大的是一岸衬砌一岸土渠的情况，其单位长度输水损失率为 0.00448。表明混凝土的防渗效果较好，土渠通过单侧衬砌可减少 28%的渗漏水量。

4）渠道过水流量对渠道渗漏的影响

流速对渠道渗漏的影响可以从空间和时间两个角度进行分析，空间上，在同样流量的情况下，流速越大，则对应的渠道过水断面越小，水流可以渗漏的面积也减小，总的渗漏量也就减小了；时间上，流速越大，同等水量的水流在渠道中的停留时间越短，因此产生的渗漏损失越少。

图 5.13 为流量与单位长度输水损失率的关系。可以看出，随着流量的增加，单位长度输水损失率由 0.04 开始大幅度减小，流量达到 0.7m^3/s 之后，减幅变缓，超过 3.5m^3/s 之后，单位长度输水损失率稳定在 0.003 左右。当流量接近零时，即水处于静止状态，依然存在渗漏损失，与实际相符。

4. 渠系分形特性研究

灌区渠系是人类在遵循自然规律的基础上，因势利导建造而成的，与自发形成的水系有许多相似之处，都符合自然规律和分形体系特征。

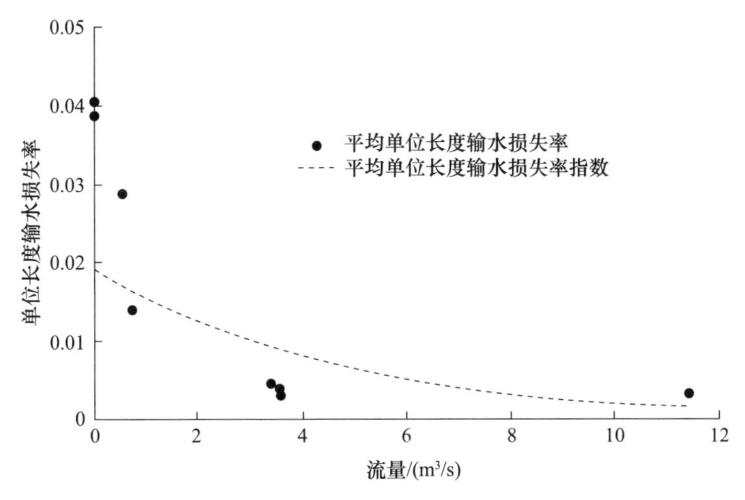

图5.13　流量与单位长度输水损失率的关系

灌区渠系和河流水系的相似性体现在基本属性、运动介质、结构和流速流态四个方面，具体表现形式如下：①基本属性方面，灌区的输水渠道和自然界中的河流水系都是存在于各种自然力所营造的陆地中，承载着流动水体在重力作用下的能量传递和流量输送功能；②运动介质方面，渠系和水系中水体运动具有连续性和流动性，遵从物质与能量守恒定律，在形式上共同决定了输送水体的物质载体；③结构方面，河流水系常见的形式有树枝状、扇形、羽状和网状等，灌区的渠道有干、支流关系以及水系中的各种结构形式；④流速流态方面，河流水体从高处向低处流动，是一种非均匀流，流速过小会产生淤积和壅水，流速过大则会冲刷堤岸。渠系在设计中也有相应的最大和最小允许流速，以防止发生淤积和冲刷。

灌区渠系和河流水系的差异性体现在成因、水量来源、流向终端和输水断面等方面，具体表现形式如下：①成因方面，灌区渠系的形态和运行方式主要受人为改造，偏向规则和直线化，河流水系是自然界自发形成的一种输水形态，运行符合自然规律；②水量来源方面，渠系的水源以水库和河流引水为主，依赖于人为调控，河流水系的水量更新以天然水源为主，受自然降雨、植被、地貌等因素控制；③流向终端方面，渠系以干渠→支渠→斗渠→农渠方式分散输送，呈枝状结构，水量逐渐减少，河流是从源头经支流汇入干流，呈从小到大的枝状结构，水量逐渐增加，两者的流向和功能截然相反；④输水断面方面，渠系的断面一般比较规则，有较为确定和规则的矩形、梯形或U形断面，而水系河岸和堤防虽然部分经过人为修整，但主要以天然的不规则形态的河床为主。渠系和水系虽然同为水的承载媒介，但在运行方式和形态构成上存在明显差异，尤其是在形态特征方面，从而导致功能有所不同。因此，本节运用分形理论来分析和揭示漳河水库灌区的渠系形态。

1) 分形的理论基础

分形(Fractal)一词来源于拉丁语 Frangere,其本意有不规则的、支离破碎的含义。分形几何的研究对象是不规则的、复杂的几何形态和行为,研究的对象在任何尺度下都包含了其本身的特征要素。

分形没有严密的定义,不同的研究领域对其的定义均存在差异,只有描述性的定义,分形较为全面和恰当的定义是具有下列性质的集:结构精细,在任意小的尺度下呈现复杂的细节;整体和局部均不规则,无法用传统的几何语言进行描述;具有近似的或者是统计意义的自相似性;在某种定义下,分形维数大于拓扑维数;在多数情况下,可以由迭代方法产生。

分形具有的基本特征包括自相似性和标度不变性。自相似性指对于一个系统而言,在一定的尺度变化下,局部和整体在结构或过程特征方面都是相似的,或者其局域性质与整体类似。标度不变性是指在任意尺度范围内,放大任一局部显示出的形态特征不发生改变。例如,计算机迭代生成的“柯赫”曲线在任意尺度下均展现出严格的自相似性,特征尺度是无限的;具有统计意义的分形体在一定的尺度范围内表现出自相似性。

分形维数是定量描述分形体复杂度和粗糙度的重要参数,分形维数值越大,分形体越复杂、越粗糙。分形维数分为分数维和整数维,分数维包含了整数维,分数维能够动态地刻画几何图形,而整数维只能对分形图形的静态特性进行简单的描述。广泛使用的维数有相似维数、盒维数、信息维数和关联维数等。

盒维数是应用最多的维数之一,其计算比较简单,经验估算也比较容易,因此其原始定义描述如下:假设对象 X 是存在于欧式空间 $\boldsymbol{R}_n$ 中的分形集,选取边长为 $r(0<r<1)$ 的正方形盒子覆盖分形集 X,需要的盒子数目为 $N_r(X)$,则集合 X 的上、下盒维数分别为

$$D_B^+(X)=-\lim_{r\to 0}\frac{\lg N_r(X)}{\lg r} \tag{5.39}$$

$$D_B^-(X)=-\lim_{r\to 0}\frac{\lg N_r(X)}{\lg r} \tag{5.40}$$

如果有

$$D_B^+(X)=D_B^-(X) \tag{5.41}$$

则分形集 X 的盒维数定义为

$$D_B(X)=-\lim_{r\to 0}\frac{\lg N_r(X)}{\lg r} \tag{5.42}$$

式中,$D_B(X)$为分形集的盒维数。

盒子尺寸 r 越趋近于 0,非空盒子数 $N_r(X)$的数目也就越来越多,即分形

对象的复杂程度可以通过非空盒子数和对应尺度的比值来描述。在实际计算中，先把不同盒子尺寸 r 所对应的盒子数计算出来，然后分别对盒子尺寸 r 和非空盒子数 $N_r(X)$ 取双对数坐标，并将 $(-\lg r_i, \lg N_{ri}(X))$ 在双对数坐标系中描述出来，这些点在双对数坐标系中就会构成一条线段，其中的直线段就是无标度区间段。本节采用 Excel 拟合出一条直线段，其斜率的绝对值即为分形的盒维数。

2）渠系分形计算

（1）计算方法。

本节采用盒计数法研究漳河水库灌区的分形特征，盒维数法的计算思路如下：用边长为 r_1 的正方形网格（即小盒子）覆盖灌区渠系，会发现有些正方形覆盖了灌区渠系的一部分，有些正方形是空的，数出包含渠系的非空正方形格子数 N_1；再以尺寸减半的方式缩小正方形的边长，用 $r_2=r_1/2$ 的正方形网格覆盖灌溉区系，数出包含渠系的非空正方形格子数 N_2，依次类推，当边长 r_i 时，覆盖渠系的正方形格子数为 N_i。当 $r\to 0$ 时可以得到盒维数法定义的分形维数值为

$$D_0=-\lim_{r\to 0}\frac{\ln N}{\ln r} \tag{5.43}$$

实际计算中只能取有限的正方形边长 r，因此以 $\ln r_i$ 为横坐标、$\ln N_i$ 为纵坐标，作 $\ln r$-$\ln N$ 的双对数图，图中的点在坐标系中会构成一条线段，其中的直线段是无标度区间段，采用最小二乘法进行拟合，所得直线 $\ln N_i=-D\ln r_i+C$ 斜率的相反数 D 即为灌区渠系的盒维数。

（2）正方形盒子边长的选取。

选取合适的正方形边长 r 格外重要，若 r 选取得过大，则会高估灌区的盒维数，若 r 选取得太小，则会低估灌区的盒维数，不能准确地体现灌区的分形特征，因此 r 值应该在一定的范围内。

漳河水库灌区渠系分布如图 5.12 所示，渠系分形生长是有限度的，渠系的布置和规模与田块形状有相应关系，渠系的分形标度不变性区间是本身固有的。对每条渠道单独进行研究，将最大网格边长设置成使非空盒子数为 1 的最小长度，盒子单元的标度选择依次减半的 5 级网格梯度。在 Excel 中绘制 $\ln r$-$\ln N$ 关系图，可以看出有明显的直线段，其回归系数都达到 0.95 以上，说明存在无标度区间，整个灌区具有分形结构。

3）渠系分维值分析

按照总干渠、一干渠、二干渠、三干渠和四干渠分别计算盒维数，计算结果如表 5.16 所示。可以看出，R^2 都大于 0.95，说明直线拟合良好，漳河水库灌区的渠系分形维数在 1.0175～1.2497，符合刘丙军等（2005）的结论，即灌区灌溉渠系与河网水系类似，具有分形特征，且其分形维数为一般在 1.1～1.3。

表 5.16 漳河灌区各渠系分形维数计算结果

渠道名称	标度 r	非空盒子数 N	$\ln r$	$\ln N$	拟合方程	分形维数	R^2
总干渠	300	1	5.704	0	$y=-1.1026x+6.2279$	1.103	0.997
	150	2	5.011	0.693			
	75	4	4.317	1.386			
	37	9	3.611	2.197			
	18.5	22	2.918	3.091			
总干渠一支渠	500	1	6.215	0	$y=-1.0175x+6.3112$	1.018	1.000
	250	2	5.521	0.693			
	125	4	4.828	1.386			
	62.5	8	4.135	2.079			
	31.25	17	3.442	2.833			
总干渠二支渠	700	1	6.551	0	$y=-1.0175x+6.6536$	1.018	1.000
	350	2	5.858	0.693			
	175	4	5.165	1.386			
	87.5	8	4.472	2.079			
	43.75	17	3.778	2.833			
二干渠	1600	1	7.378	0	$y=-1.1107x+8.1844$	1.111	0.998
	800	2	6.685	0.693			
	400	5	5.991	1.609			
	200	10	5.298	2.303			
	100	21	4.605	3.045			
二干渠一分干	500	1	6.215	0	$y=-1.151x+7.2915$	1.151	0.992
	250	3	5.521	1.099			
	125	6	4.828	1.792			
	62.5	12	4.135	2.485			
	31.25	27	3.442	3.296			
二干渠二分干	400	1	5.991	0	$y=-1.2497x+7.6108$	1.250	0.995
	200	3	5.298	1.099			
	100	7	4.605	1.946			
	50	15	3.912	2.708			
	25	34	3.219	3.526			
三干渠	1000	1	6.908	0	$y=-1.2411x+8.6715$	1.241	0.996
	500	3	6.215	1.099			
	250	6	5.521	1.792			
	125	15	4.828	2.708			
	62.5	33	4.135	3.497			

续表

渠道名称	标度 r	非空盒子数 N	$\ln r$	$\ln N$	拟合方程	分形维数	R^2
三干渠二分干	400	1	5.991	0	$y=-1.1244x+6.7635$	1.124	0.989
	200	2	5.298	0.693			
	100	6	4.605	1.792			
	50	11	3.912	2.398			
	25	21	3.219	3.045			
三干渠二支二分干	600	1	6.397	0	$y=-1.1403x+7.4486$	1.140	0.990
	300	3	5.704	1.099			
	150	6	5.011	1.792			
	75	13	4.317	2.565			
	37.5	25	3.624	3.219			
三干渠二支干渠	700	1	6.551	0	$y=-1.0666x+6.9529$	1.067	0.999
	350	2	5.858	0.693			
	175	4	5.165	1.386			
	87.5	9	4.472	2.197			
	43.75	19	3.778	2.944			
三干渠二支一分干渠	600	1	6.397	0	$y=-1.1403x+7.4486$	1.140	0.990
	300	3	5.704	1.099			
	150	6	5.011	1.792			
	75	13	4.317	2.565			
	37.5	25	3.624	3.219			
三干渠六分干	250	1	5.521	0	$y=-1.0666x+5.8993$	1.067	0.997
	125	2	4.828	0.693			
	62.5	5	4.135	1.609			
	31.25	9	3.442	2.197			
	15.625	19	2.749	2.944			
三干渠三分干	1000	1	6.908	0	$y=-1.0966x+7.5303$	1.097	0.997
	500	2	6.215	0.693			
	250	4	5.521	1.386			
	125	10	4.828	2.303			
	62.5	20	4.135	2.996			
三干渠四分干	500	1	6.215	0	$y=-1.1625x+7.3633$	1.163	0.993
	250	3	5.521	1.099			
	125	6	4.828	1.792			
	62.5	13	4.135	2.565			
	31.25	27	3.442	3.296			

续表

渠道名称	标度 r	非空盒子数 N	$\ln r$	$\ln N$	拟合方程	分形维数	R^2
三干渠五分干	350	1	5.858	0	$y=-1.1378x+6.6463$	1.138	0.998
	175	2	5.165	0.693			
	87.5	5	4.472	1.609			
	43.75	11	3.778	2.398			
	21.875	22	3.085	3.091			
三干渠一分干	1100	1	7.003	0	$y=-1.0175x+7.1134$	1.018	1.000
	550	2	6.310	0.693			
	275	4	5.617	1.386			
	137.5	8	4.924	2.079			
	68.75	17	4.230	2.833			
三干渠一支干渠	500	1	6.215	0	$y=-1.1416x+7.3651$	1.142	0.969
	250	4	5.521	1.386			
	125	7	4.828	1.946			
	62.5	13	4.135	2.565			
	31.25	29	3.442	3.367			
三干渠一支干渠二分干	300	1	5.704	0	$y=-1.1403x+6.6582$	1.140	0.990
	150	3	5.011	1.099			
	75	6	4.317	1.792			
	37.5	13	3.624	2.565			
	18.75	25	2.931	3.219			
三干渠一支干渠三分干	400	1	5.991	0	$y=-1.1107x+6.6447$	1.111	0.998
	200	2	5.298	0.693			
	100	5	4.605	1.609			
	50	10	3.912	2.303			
	25	21	3.219	3.045			
三干渠一支干渠一分干	400	1	5.991	0	$y=-1.0818x+6.4917$	1.082	0.996
	200	2	5.298	0.693			
	100	5	4.605	1.609			
	50	10	3.912	2.303			
	25	19	3.219	2.944			
四干渠	400	1	5.991	0	$y=-1.0175x+6.0841$	1.018	1.000
	200	2	5.298	0.693			
	100	4	4.605	1.386			
	50	8	3.912	2.079			
	25	17	3.219	2.833			

续表

渠道名称	标度 r	非空盒子数 N	$\ln r$	$\ln N$	拟合方程	分形维数	R^2
四干渠北干渠	1100	1	7.003	0	$y=-1.1747x+8.182$	1.175	0.999
	550	2	6.310	0.693			
	275	5	5.617	1.609			
	137.5	11	4.924	2.398			
	68.75	25	4.230	3.219			
四干渠东干渠	600	1	6.397	0	$y=-1.1755x+7.4831$	1.176	0.998
	300	2	5.704	0.693			
	150	5	5.011	1.609			
	75	12	4.317	2.485			
	37.5	24	3.624	3.178			
一干渠	800	1	6.685	0	$y=-1.1103x+7.3775$	1.110	0.994
	400	2	5.991	0.693			
	200	4	5.298	1.386			
	100	11	4.605	2.398			
	50	20	3.912	2.996			
西干渠	300	1	5.704	0	$y=-1.1241x+6.3924$	1.124	0.998
	150	2	5.011	0.693			
	75	5	4.317	1.609			
	37.5	10	3.624	2.303			
	18.75	22	2.931	3.091			

根据分形维数的定义，非空盒子数能反映集合的展开方式，盒维数能够表示分形体内空间分布的均匀程度。分形维数值越大，分形体在空间的分布越均匀，并且越不规则。对于灌溉渠系，渠系的分形维数值越大，表明渠道的弯曲程度越高，能均匀地分布在灌区内。

经验证，二干渠二分干和三干渠的分形维数值大于1.2，弯曲程度较大，渠线分布比较均匀，符合灌区实际情况，即灌溉渠系的分形维数值越大，渠道空间分布越不规则。

4）渠系分形对渠系水利用系数的影响

灌区渠系的分形特征与天然水系的分形特征有许多相似之处，渠系分形维数是反映灌区渠系形态的重要综合指标之一，体现出多方面因素的影响结果，是分析渠系水利用系数的新角度。

渠系水利用系数影响着灌区灌溉水有效利用系数的大小，与渠系的长度、衬砌与否和土壤质地等有关，渠系分形维数能够表征渠系输配水结构的合理度。为提升灌溉水有效利用系数，灌区渠系的分形维数偏大或偏小都不适宜。基于此，寻求相对“最佳”的分形维数对提高用水效率具有重要的理论和现实意义。

在不考虑灌区地形地貌和田间形态的影响下，分析不同灌域内的渠系水利用

系数与分形维数的相关性，作散点图(见图 5.14)，以分析其总体趋势性变化规律。

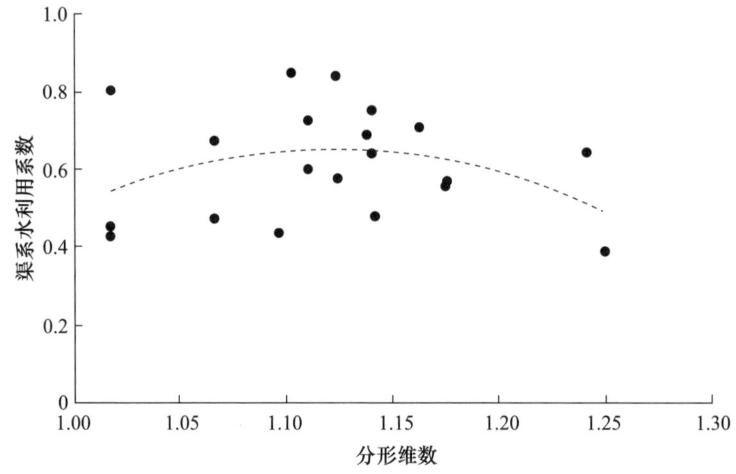

图 5.14　漳河水库灌区渠系水利用系数与分形维数的关系

从图 5.14 可以看出，随渠系分形维数的增大，渠系水利用系数呈现先增大后减小的一个总体特征。渠系水利用系数与分形维数之间呈明显向下开口抛物线的关系，说明两者的表征关系存在一个拐点，趋势拐点对应的分形维数为 1.12。在渠系分形维数小于 1.12 时，一定程度上增加渠系的分形维数，能使水量更快捷、高效地输送到田间，对渠道系统的渠系水利用系数的提高有促进作用。但随着分形维数进一步提高，渠系水利用系数反而出现降低的现象，因为部分渠道在功能上是相对无效和冗余的，更多更细化的渠系并不利于提高输水效率。

影响渠系水利用系数的因素和作用机理比较复杂，其中渠系结构体系的高效布设对渠系水利用系数的影响应予以重视，在灌区改造中应予以考虑，以发挥渠系系统灌溉输配水的最大效用。

5.3.3　灌溉水有效利用系数分析

1. 计算方法

灌溉水是指通过一定的工程技术措施，可用于农田灌溉的天然状态下的水。灌溉水分为地表水和地下水，地表水一般是从水库、河流引来或用水泵提的，地下水是用水泵从井提取的。从水源取用的灌溉水并不是全部被作物利用，而是有一部分在输水、配水和灌水过程中损失，没有被利用。

国内普遍采用首尾测试法和系数连乘法计算灌溉水有效利用系数。

1) 首尾测算法

首尾测算法是直接用灌入田间可被作物吸收利用的水量(净灌溉用水量)与灌区从水源取用的灌溉总水量(毛灌溉用水量)的比值来计算灌区灌溉水有效利用系

数，计算公式为

$$\eta=\frac{W_{净}}{W_{毛}} \tag{5.44}$$

式中，η 灌区灌溉水有效利用系数；$W_{净}$ 为灌区净灌水量，m^3；$W_{毛}$ 为灌区毛灌水量，m^3。

式(5.44)中灌区净灌水量 $W_{净}$ 的计算分为两个部分，即作物需水量的计算和净灌水量的计算，现分别进行介绍。

作物需水量是指植株蒸腾和株间蒸发之和，既包括植株蒸腾的水量，又包括植株间土壤或田面的水分蒸发，是确定作物灌溉需水量的基础。作物需水量主要受气象条件、作物特性、土壤性质和农业技术措施等多种因素的影响。作物需水量的计算方法主要有田间测定法和理论计算法。本节计算作物需水量采用的是作物系数法，计算公式为

$$\mathrm{ET_c}=K_c\mathrm{ET_0} \tag{5.45}$$

式中，$\mathrm{ET_c}$ 为作物的实际蒸发蒸腾量，mm；$\mathrm{ET_0}$ 为参考作物蒸发蒸腾量，mm；K_c 为作物系数。

参考作物需水量是指在土壤水分充足、地面完全覆盖、生长正常、高矮整齐的开阔矮草地上的蒸发量，一般是指在此条件下的苜蓿草的需水量。采用 FAO 推荐的彭曼公式进行计算：

$$\mathrm{ET_0}=\frac{0.408\Delta(R_n-G)+\gamma\dfrac{900}{T+273}U_2(e_a-e_d)}{\Delta+\gamma(1+0.34U_2)} \tag{5.46}$$

式中，R_n 为太阳净辐射，以蒸发的水层深度计，mm/d，可用经验公式计算，从有关表格中查得或用辐射平衡表直接测取；Q 为土壤热通量，W/m^2；γ 为湿度计常数，$\gamma=0.66\mathrm{h\cdot Pa/℃}$；$T$ 为 2m 高处日平均气温，℃；U_2 为 2m 高处风速，m/s；e_a 为饱和水汽压，Pa；e_d 为实际水汽压，Pa；Δ 为饱和水汽压湿度曲线斜率。

作物系数是根据参照蒸发蒸腾量计算实际作物需水量的重要参数，不仅与作物种类有关，而且随作物生育阶段不同而变化。本节采用的作物系数参考《节水灌溉理论与技术》(迟道才，2009)，如表 5.17 所示。

表 5.17　漳河水库灌区中稻作物系数分布

月份	作物系数
5	1.350
6	1.500
7	1.400
8	0.940
9	1.240

作物的净灌溉定额是指作物生长过程中由灌溉补充的水量。作物需水量一般是由降雨和地下水补给，不足的部分再通过灌溉进行补充。水稻全生育期的净灌溉定额的计算公式为

$$m_{净}=ET_c+S+m_0-P_e-G \tag{5.47}$$

式中，$m_{净}$ 为净灌溉定额，mm；ET_c 为作物的实际蒸发蒸腾量，mm；S 为田间渗漏量，可通过试验等方式确定，mm；m_0 为泡田定额，可通过试验等方式确定，mm；P_e 为有效降雨量，mm；G 为地下水利用量，mm。

作物生育期的有效降雨量可通过时段水量平衡法准确计算出，需要的资料包括逐时段(1～5d)的降雨量和蒸发蒸腾量、时段初土壤储水量的实测值和最大储水量，这些数据在灌区监测中较难获得。本次研究采用美国农业部水土保持司推荐的计算公式，该方法已经得到了普遍推广：

$$P_e=\begin{cases}P\dfrac{125-0.2P}{125}, & P\leqslant 250\\ 125+0.1P, & P>250\end{cases} \tag{5.48}$$

式中，P_e 为有效降雨量，mm/M；P 为累计降雨量，mm/M。若计算时段为日或旬，需要通过时段平均得到。

灌区净灌水量 $W_{净}$ 由灌区的灌溉面积 $S_{灌}$ 和净灌溉定额 $m_{净}$ 计算得到，即

$$W_{净}=m_{净}S_{灌} \tag{5.49}$$

2）系数连乘法

灌区灌溉渠道系统是指水源取水、通过渠道及其附属建筑物向农田供水、经由田间工程进行农田灌溉的工程系统，包括渠首工程、输配水工程和田间工程。灌溉渠系既是保证田间作物需水的重要输配水设施，更是直接影响到灌区作物需水量的大小，是田间尺度向灌区尺度转换的工程纽带。典型渠系分布如图 5.15 所示。

系数连乘法认为灌区的灌溉水均通过渠系进入田间，即灌溉水有效利用系数分为渠系水利用系数和田间水利用系数两部分，其值为渠系水利用系数和田间水有效利用系数的乘积。渠系水利用系数和田间水有效利用系数的计算方法参考 5.3.1 节和 5.3.2 节。

灌溉水有效利用系数的计算公式为

$$\eta=\eta_s\eta_f \tag{5.50}$$

式中，η 为灌区的灌溉水有效利用系数；η_s 为渠系水利用系数；η_f 为田间水有效利用系数。

2. 创新方法

长藤结瓜灌区的主要供水水源可分为水库和塘堰，水库和提水泵站一般通过渠系对田间进行灌溉，把这部分供水统称为水库供水；塘堰则通过水泵或者农渠灌

水进入田间。根据水源的不同，把灌区划分为三类区域，即塘堰供水区（灌溉水源仅为塘堰）、单库塘区域（灌溉水源由单个水库和塘堰组成）和多库塘区域（灌溉水源由多个水库和塘堰组成）。

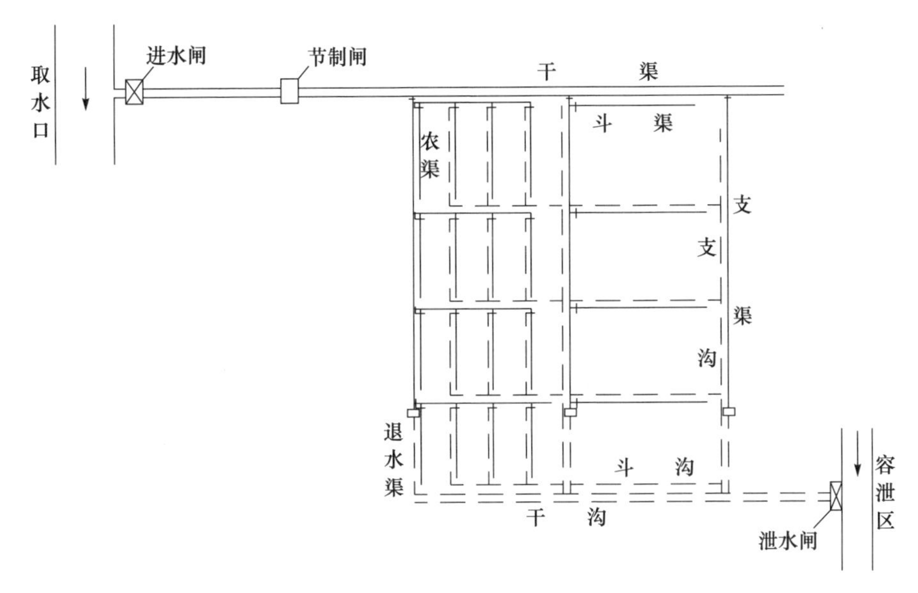

图 5.15　典型渠系分布图

塘堰供水区域水源单一，输配水系统具体，水量损失比较明确；单库塘区域和多库塘区域中，不同水源的输配水系统不同，有的水源距离近，有的水源距离远，相应的灌溉水有效利用系数也存在差异。

本节从灌溉水有效利用系数的基本概念出发，提出计算灌溉水有效利用系数的水平衡首尾法和水平衡渠段法。

1）水平衡首尾法

对塘堰供水区域、单库塘区域和多库塘区域进行水量平衡分析，推导灌溉水有效利用系数的计算公式。

（1）塘堰供水区域。

塘堰拦蓄雨水和地表径流存储水量，损失包括蒸发、渗漏和出流，其余供田间灌溉，其水量平衡关系如图 5.16 所示。

塘堰的水量平衡的计算公式为

$$W_{\mathrm{P}}=E_{\mathrm{P}}+S_{\mathrm{P}}+F_{\mathrm{P}}+W_{\mathrm{P\text{-}F}}+\Delta W_{\mathrm{P}} \tag{5.51}$$

区域的毛灌水量为塘堰的供水量，灌溉水有效利用系数的计算公式为

$$\eta=\frac{W_{净}}{W_{\mathrm{P\text{-}F}}}=\frac{W_{净}}{W_{\mathrm{P}}-E_{\mathrm{P}}-S_{\mathrm{P}}-F_{\mathrm{P}}-\Delta W_{\mathrm{P}}} \tag{5.52}$$

式中，净灌水量 $W_{净}$ 按照 5.3.3 节中介绍的方法进行计算。

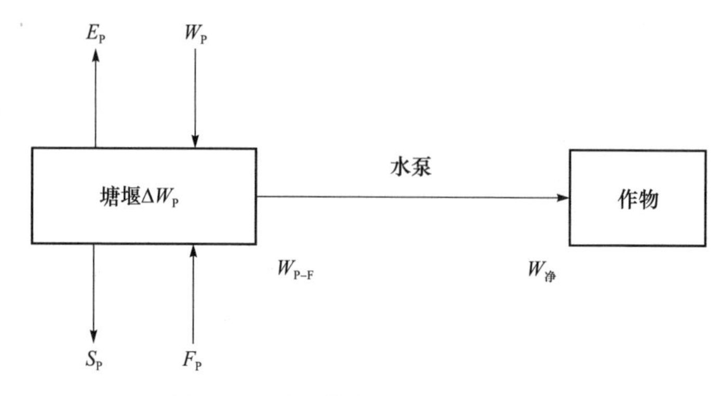

图 5.16　塘堰供水区域水量平衡关系

E_P. 塘堰水面蒸发量，m^3；F_P. 塘堰出流量，即超过塘堰最大容量的水量，m^3；S_P. 塘堰渗漏量，m^3；W_P. 塘堰拦蓄的入流量，m^3；ΔW_P. 塘堰容量变化量，m^3；W_{P-F}. 用于灌溉的塘堰供水量，m^3；$W_{净}$. 净灌水量，m^3

(2) 单库塘区域。

在单水库区域，水库供水进入渠系后，一部分直接进入田间，一部分给塘堰补水，其水量平衡关系如图 5.17 所示。

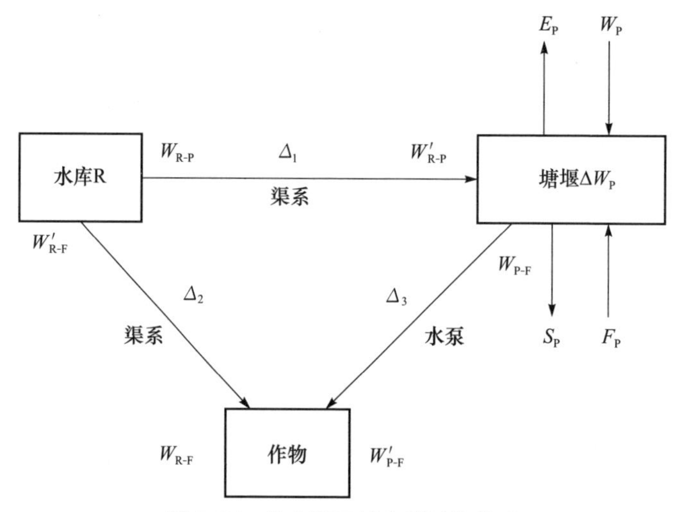

图 5.17　单水库区域水量平衡关系

W_R. 单水库的供水量，m^3；W_{R-P}. 补充塘堰的水量，m^3；W_{R-F}. 直接进入田间的水量，m^3；Δ. 输送过程中损失的水量，m^3

塘堰水量平衡的计算公式为

$$W'_{R-F}+W_P=E_P+S_P+F_P+W_{P-F}+\Delta W_P \tag{5.53}$$

区域毛灌水量为进入田间的水量和输水过程中损失的水量，灌溉水有效利用系数为

$$\eta=\frac{W_{净}}{W'_{R\text{-}F}+W'_{P\text{-}F}+\Delta_1+\Delta_2+\Delta_3}=\frac{W_{净}}{W_R+W_P-E_P-S_P-F_P-\Delta W_P} \tag{5.54}$$

(3) 多库塘区域。

水库和塘堰是南方长藤结瓜灌区的主要供水水源，水库供水进入渠系后，一部分直接进入田间，一部分给塘堰补水；塘堰拦蓄雨水和地表径流存储水量，其部分水量通过蒸发、渗漏和出流损失，其余水量通过水泵供水进入田间。多库塘区域包括多个不同调节性能的水库，选取两个水库为研究对象，其水量平衡关系如图 5.18 所示。

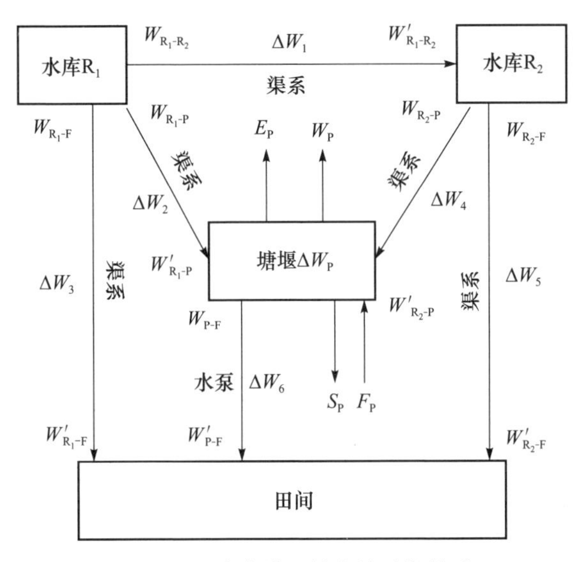

图 5.18　多库塘区域水量平衡关系

塘堰水量平衡的计算公式为

$$W'_{R_1\text{-}F}+W'_{R_2\text{-}F}+W_P=E_P+S_P+F_P+W_{P\text{-}F}+\Delta W_P \tag{5.55}$$

水库 R_1 的灌溉供水量为

$$W_{R_1}=W_{R_1\text{-}F}+W_{R_1\text{-}P}+W_{R_1\text{-}R_2} \tag{5.56}$$

水库 R_2 的灌溉供水量为

$$W_{R_2}=W_{R_2\text{-}F}+W_{R_2\text{-}P} \tag{5.57}$$

灌区的毛灌水量为灌入田间的水量和输送过程中损失的水量之和，即

$$W_{毛}=W'_{R_1\text{-}F}+W'_{R_2\text{-}F}+W'_{P\text{-}F}+\sum_{i=1}^{6}\Delta W_i \tag{5.58}$$

区域毛灌水量为进入田间的水量和输水过程中损失的水量之和，灌溉水有效利用系数为

$$\eta=\frac{W_{净}}{W_{毛}}=\frac{W_{净}}{W_{R_1}+W_{R_2}-W'_{R_1\text{-}R_2}+W_P-E_P-S_P-F_P-\Delta W_P} \tag{5.59}$$

式中，η 为灌溉水有效利用系数；$W_{净}$ 为净灌水量，m^3；$W'_{R_1\text{-}R_2}$ 表示大型水库对中小型水库的补水量，一般有较详细的资料；$W_{R_1}+W_{R_2}-W'_{R_1\text{-}R_2}$ 为多水库的灌溉供水量 $W_{库}$，其中补充塘堰的水量来源于水库，最终进入田间，依据来源，把这部分水量划分在水库的供水量中；$W_P-E_P-S_P-F_P-\Delta W_P$ 为塘堰拦蓄降雨径流提供的灌溉供水量 $W_{塘}$。

式(5.59)可简化为

$$\eta=\frac{W_{净}}{W_{毛}}=\frac{W_{净}}{W_{库}+W_{塘}} \tag{5.60}$$

南方长藤结瓜灌区根据水源情况可划分为三类区域，即塘堰供水区域(灌溉水源仅为塘堰)、单水库区域(灌溉水源由单个水库和塘堰组成)和多水库区域(灌溉水源由多个水库和塘堰组成)。对于塘堰供水区域，$W_{库}$ 取 0；对于单水库区域，$W_{库}$ 取单个水库的灌溉供水量。

水库灌溉供水量 $W_{库}$ 一般有较详细的统计资料，若能通过观测确定塘堰拦蓄降雨和地表径流提供的灌溉供水量 $W_{塘}$，则可根据式(5.60)计算灌区的灌溉水有效利用系数。

(4) 塘堰供水量的计算。

本节中出现的塘堰供水量特指塘堰拦蓄降雨径流提供的灌溉供水量 $W_{塘}$，不包括水库补充塘堰的水量，为说明方便，用塘堰供水量代指 $W_{塘}$。

为准确评估塘堰供水量，现提供实地观测的计算方法，积累一定资料后，即可推导出塘堰供水量的经验公式，省去观测的工作量。实地观测法的具体步骤包括选取典型塘堰安装水尺、记录水稻生育期内水位变化过程、在谷歌地球中读取塘堰表面积、进行供水量的计算。具体步骤如下：

① 从灌区选取典型区域，若典型区域内的灌溉用水只来源于塘堰，每个塘堰均安装水尺，记录生育期内每天的塘堰水位；若典型区域内渠道对塘堰补充水量，则除需记录生育期内每天的塘堰水位外，还需在塘堰进口安装量水堰，记录塘堰补水量 $W_{渠}$。并通过谷歌地球测量典型区域内每个塘堰的表面积 S_i。

② 整理观测数据，再观测典型区域塘堰水位变化过程，发现其每日水位下降幅度远小于塘堰深度，故把塘堰容积近似当成棱柱进行计算：

$$V_j=S_i h_j \tag{5.61}$$

式中，V_j 为第 j 天的塘堰水量，m^3；h_j 为第 j 天的塘堰水位，m；S_i 为第 i 个塘堰的表面积，m^2。

③ 结合观测的水位过程，计算区域内塘堰日均蒸发蒸腾量 $ET_{塘}$、日均渗漏量 $S_{塘}$ 和典型区域塘堰拦蓄降雨和地表径流提供的灌溉供水量 $W_{典塘}$。若连续 n 天塘堰水位缓

慢下降，表明没有发生降雨和灌溉，则塘堰减少的水量为塘堰渗漏和蒸发的水量：

$$ET_{塘}+S_{塘}=\frac{V_k-V_{k-n}}{n} \tag{5.62}$$

式中，$ET_{塘}$ 为塘堰日均蒸发蒸腾量，m^3；$S_{塘}$ 为塘堰日均渗漏量，m^3；V_k 为塘堰水位缓慢下降阶段的起始水量，m^3；V_{k-n}为连续 n 天塘堰水位缓慢下降的终止水量，m^3；n 表示这一阶段的天数。式(5.62)等号右侧表示在不发生降雨和灌溉阶段，塘堰水位平均每天下降的水位，即为蒸发和渗漏的损失。

塘堰水位下降明显则表明进行了灌溉，其供水量为

$$W_m=V_m-V_{m+1}-(ET_{塘}+S_{塘}) \tag{5.63}$$

式中，W_m 为第 m 天的塘堰供水量，m^3；V_m 为第 m 天的塘堰水量，m^3；V_{m+1}为第 $m+1$ 天的塘堰水量，m^3。

若选择的典型区域只由塘堰供水灌溉，则塘堰拦蓄降雨和地表径流提供的灌溉供水量为

$$W_{典塘}=\sum_{i=1}^{n}W_m \tag{5.64}$$

式中，$W_{典塘}$ 为典型区域塘堰拦蓄降雨和地表径流提供的灌溉供水量，m^3。

若选择的典型区域有渠道对塘堰的补给，则塘堰拦蓄降雨和地表径流提供的灌水量为

$$W_{典塘}=\sum_{i=1}^{n}W_m-W_{渠} \tag{5.65}$$

式中，$W_{渠}$ 为典型区域内渠道对塘堰补充的水量，m^3。

④ 把典型区域内塘堰拦蓄降雨和地表径流提供的灌溉供水量 $W_{典塘}$ 换算成整个灌区塘堰拦蓄降雨和地表径流提供的灌溉供水量 $W_{塘}$，按照典型区域塘堰数目 $S_{典}$ 和灌区塘堰数目 $S_{灌}$ 的比值进行计算，即

$$W_{塘}=\frac{S_{灌}}{S_{典}}W_{典塘} \tag{5.66}$$

2）水平衡渠段法

由现行方法中介绍可知，现有典型渠段计算公式为渠系水利用系数和田间水有效利用系数的乘积，即式(5.50)。该公式的适用条件是灌溉水均通过渠系进入田间，但在南方长藤结瓜灌区，水库一般采用此种灌溉方式，塘堰则通过水泵或者农渠灌水进入田间，式(5.50)没有考虑塘堰的供水特性。根据水源的两种灌溉途径，净灌水量应表示为

$$W_{净}=W_{库}\eta_{库}+W_{塘}\eta_{塘} \tag{5.67}$$

式中，$\eta_{库}$ 为水库供水的效率，$\eta_{塘}$ 为塘堰供水的效率。

水库一般通过渠系进行灌溉，故水库供水的效率 $\eta_{库}$ 可表示为

$$\eta_{库}=\eta_{s}\eta_{f} \tag{5.68}$$

式中，η_s 为渠系水利用系数，η_f 为田间水有效利用系数。

根据实地调研，塘堰一般通过水泵或者农渠灌水进入田间，故 $\eta_{塘}$ 可表示为

$$\eta_{塘}=\eta_{农}\eta_{f} \tag{5.69}$$

式中，$\eta_{农}$ 为农渠的渠道水利用系数。

为清楚地反映塘堰供水对灌溉水有效利用系数的影响，引入一个表示塘堰供水量占总供水量比值的指标，即塘堰供水率 PT。

$$PT=\frac{W_{塘}}{W_{库}+W_{塘}} \tag{5.70}$$

灌溉水有效利用系数可表示为

$$\begin{aligned}\eta&=\frac{W_{净}}{W_{毛}}=\frac{W_{库}\eta_{库}+W_{塘}\eta_{塘}}{W_{库}+W_{塘}}=\frac{W_{库}}{W_{库}+W_{塘}}\eta_{库}+\frac{W_{塘}}{W_{库}+W_{塘}}\eta_{塘}\\&=(1-PT)\eta_{s}\eta_{f}+PT\eta_{农}\eta_{f}\end{aligned} \tag{5.71}$$

式(5.71)表明，通过计算塘堰供水率、渠系水利用系数、田间水有效利用系数和渠道水利用系数，即可得到灌溉水有效利用系数。塘堰供水率 PT 由水库灌溉供水量 $W_{库}$ 和塘堰灌溉供水量 $W_{塘}$ 计算，其中 $W_{库}$ 一般有较详细的统计资料，$W_{塘}$ 通过观测或者经验公式确定。$\eta_s\eta_f$ 也可理解为塘堰供水区域的灌溉水有效利用系数。

3. 塘堰水位观测试验

长藤结瓜灌区的灌溉水源主要为水库和塘堰，水库与塘堰之间存在水量输送，即塘堰存储的水量来自拦蓄的降雨和地表径流以及水库的补充。水库提供的灌溉供水量一般有详细的资料，而塘堰提供的灌溉供水量常采用固定的经验率，无法体现年际之间的变化，与实际情况不相符。为准确计算塘堰提供的灌溉供水量，并避免出现与水库灌溉供水量重复计算的现象，选取没有水库放水的封闭区域，即灌溉水源只为塘堰的区域进行研究。通过水位观测试验，得到塘堰仅靠拦蓄降雨和地表径流能提供的灌溉供水量的值，以便推广到整个灌区。

1）测试时间

塘堰水位观测试验于 2015 年和 2016 年在湖北省漳河水库灌区开展，在水稻生育期内对塘堰水位的变化过程进行监测。

2）测试内容

选取的典型区域如 5.2.2 节所示，在塘堰进出水口布设量水设施（三角堰/量水尺），监测进出口水量。当抽取塘堰水进行灌溉时，对抽水泵的型号、抽水次数、抽水持续时间、灌溉面积进行调查记录。每个典型塘堰内布设有量水尺，逐日监测塘堰水位变化情况。当连续多天未观测到降雨与灌溉时，若塘堰水位发

生缓慢下降，则塘堰减少的水量为蒸发和渗漏产生的损失水量。通过测量塘堰各生育期内的水位变化，分析区域内的塘堰储水量变化，计算塘堰的灌溉供水能力。

4. 灌溉水有效利用系数计算与分析

根据 2015 年和 2016 年的观测资料，以及通过湖北省漳河工程管理局收集的 2015 年至今的灌溉台账，采用上述方法对整个灌区的灌溉水有效利用系数进行计算。

研究团队因与华中农业大学进行合作，田间试验由华中农业大学负责，华中农业大学于 2015 年在团林灌溉试验站进行试验，得到田间水有效利用系数为 0.923，因其年际变化不明显，故本节的田间水有效利用系数取 0.923。

现从计算方法、区域尺度和水文年型三个方向分析灌溉水有效利用系数。

1) 不同计算方法的比较

如表 5.18 所示，漳河水库灌区 2015 年的渠系水利用系数为 0.631，灌溉水有效利用系数为 0.750；2016 年的渠系水利用系数为 0.652，灌溉水有效利用系数为 0.775。

表 5.18　2015 年和 2016 年漳河水库灌区水资源有效利用系数计算表

2015 年			2016 年		
渠系水利用系数	田间水有效利用系数	灌溉水有效利用系数	渠系水利用系数	田间水有效利用系数	灌溉水有效利用系数
0.653(分区法)	0.923	0.726(水平衡首尾法)	0.656(分区法)	0.923	0.757(水平衡首尾法)
0.608(概化法)	0.923	0.773(水平衡渠段法)	0.647(概化法)	0.923	0.793(水平衡渠段法)
0.631(平均值)	0.923	0.750(平均值)	0.652(平均值)	0.923	0.775(平均值)

渠系水利用系数的计算方法中，分区法的计算结果比概化法的稍大，因为分区法具体考虑了灌溉水从水源到指定灌域经过的渠道长度，计算过程更细致。

灌溉水有效利用系数的计算方法中，水平衡首尾法的计算结果比水平衡渠段法的略小，可能是因为水平衡首尾法中涉及塘堰供水量的计算，实际观测中选取的是有限数量的典型塘堰进行观测，再扩大到整个灌区，因此计算结果存在一定的空间差异性。因此，取两种方法的平均值代表整个灌区的情况。

2) 不同区域尺度的比较

由于 2015 年的资料齐全，选取 2015 年为代表，用水平衡首尾法计算不同区域的灌溉水有效利用系数，并分析区域尺度之间的差异。根据灌区水源情况，按照 5.3.2 节的分类选取典型区域。塘堰供水区域选取三干渠三分干陈池支渠和洪庙支渠灌溉范围，单水库区域选取杨树垱水库灌溉范围，多水库区域选取漳河水库灌区。漳河水库灌区的灌溉对象主要是水稻，因此所有分析均针对水稻生育期。

2015 年漳河水库灌区灌溉水有效利用系数计算结果如表 5.19 所示。可以看出，塘堰灌溉区的灌溉水有效利用系数最高，其次是库塘灌溉区和多库塘灌溉区。在塘堰灌溉区，灌溉水有效利用系数高于 0.8，表明塘堰供水的水资源利用系数高，应当鼓励优先使用。库塘灌溉区由杨树垱水库和塘堰共同供水，渠系输水损失比塘堰的多，灌溉水有效利用系数略小于 0.8，处于较高水平。多库塘灌溉区（漳河水库灌区）的灌溉水有效利用系数为 0.726，高于传统方法的计算结果，因为灌区本身既有水库供水又有塘堰供水，而且农业灌溉越来越依赖于塘堰，在评价灌区的灌溉用水效率时，不能忽略塘堰的作用，所以综合的灌溉水有效利用系数大于传统计算方法的值。

表 5.19　2015 年漳河水库灌区灌溉水有效利用系数计算结果

区域	水库供水量/万 m^3	塘堰个数	塘堰供水量/万 m^3	塘堰供水率	灌溉面积/hm^2	净灌水量/万 m^3	田间水有效利用系数	灌溉水有效利用系数
塘堰灌溉区	—	145	55.0	1	109	45.9		0.835
库塘灌溉区	122.7	3200	1213.8	0.908	3333	1047.6	0.923	0.784
多库塘灌溉区	8739.5	70208	26630.6	0.753	86613	2567.3		0.726

3）不同水文年型的比较

为进一步研究水文年型对灌溉水有效利用系数的影响，利用 2005～2016 年的统计资料，分析灌溉水有效利用系数的变化规律。漳河水库灌区 2015 年和 2016 年的渠系水利用系数分别为 0.63 和 0.65，近年来漳河水库灌区开展续建配套与节水改造工程，渠系水利用系数有所提高。假设渠系水利用系数稳步增加，则可由 2015 年和 2016 年的数据推导出近十年的值。2005～2016 年漳河水库灌区灌溉水有效利用系数如表 5.20 所示。

从表 5.20 可以看出，2005 年和 2006 年为偏干旱年，实际灌溉面积在 10 万 hm^2 以上，塘堰供水量偏少，水库供水比重大，表明干旱年大型水库的抗旱作用明显。2013 年以来，塘堰供水量维持在较高水平，水库供水量呈下降趋势，灌溉水有效利用系数逐渐升高，可能是农户对塘堰水进行灌溉越来越重视。

如图 5.19 所示，根据灌溉水有效利用系数与年降雨量排频的拟合曲线，灌溉水有效利用系数在丰水年的值略高于枯水年和平水年，原因分析如下：丰水年降雨充足，首先作物蒸发蒸腾量在不同水文年型之间的差异较小，如图 5.20 所示，降雨部分弥补作物蒸发蒸腾量；其次塘堰截留的降雨径流多，可以进行充分利用，灌区塘堰供水比达到峰值，如图 5.21 所示；然后土壤含水率高，渠道输水损失的水量少，故整个灌区的灌溉水有效利用系数高。

表 5.20 2005～2016 年漳河水库灌区灌溉水有效利用系数

年份	年降雨量排频/%	作物蒸发蒸腾量 ET_c/mm	生育期降雨量/mm	灌溉面积/hm^2	净灌水量/mm	水库供水量/万 m^3	渠系水利用系数	田间水有效利用系数	塘堰供水利用系数	塘堰供水量/万 m^3	塘堰供水率	灌溉水有效利用系数
2005	91	485.0	274.2	1115.9	38566.1	42885	0.43	0.923	0.843	25558	0.373	0.563
2006	65	440.7	276.9	1052.4	31439.0	28562	0.45	0.923	0.843	23222	0.448	0.607
2007	18	449.2	372.4	739.1	15530.9	9944	0.47	0.923	0.843	13306	0.572	0.668
2008	33	476.1	375.3	858.4	19995.0	12655	0.49	0.923	0.843	16929	0.572	0.676
2009	53	587.8	346.5	856.6	32045.0	13648	0.51	0.923	0.843	30392	0.690	0.728
2010	41	329.2	220.0	864.7	20915.5	7423	0.53	0.923	0.843	20503	0.734	0.749
2011	86	444.2	286.9	854.0	24803.0	20809	0.55	0.923	0.843	16891	0.448	0.658
2012	77	486.3	257.6	841.7	30435.8	24543	0.57	0.923	0.843	20787	0.459	0.671
2013	50	532.8	322.9	843.9	28927.3	24099	0.59	0.923	0.843	18747	0.438	0.675
2014	80	463.0	168.4	829.7	35483.2	20508	0.61	0.923	0.843	28395	0.581	0.726
2015	42	491.5	314.5	828.1	25673.2	8740	0.63	0.923	0.843	24426	0.736	0.749
2016	6	514.4	469.4	822.8	14643.5	4574	0.65	0.923	0.843	14115	0.755	0.775

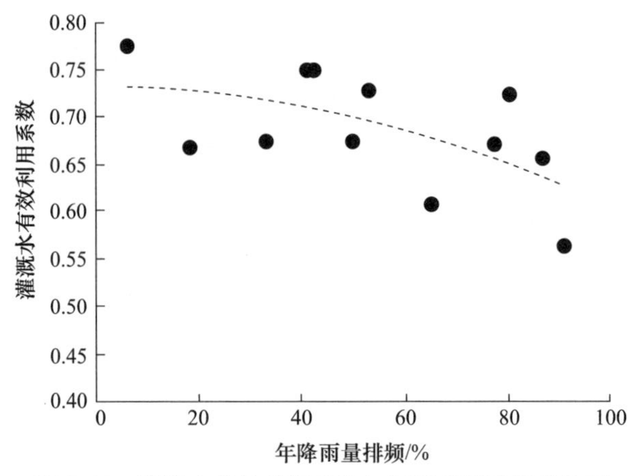

图 5.19　灌溉水有效利用系数与年降雨量排频的关系

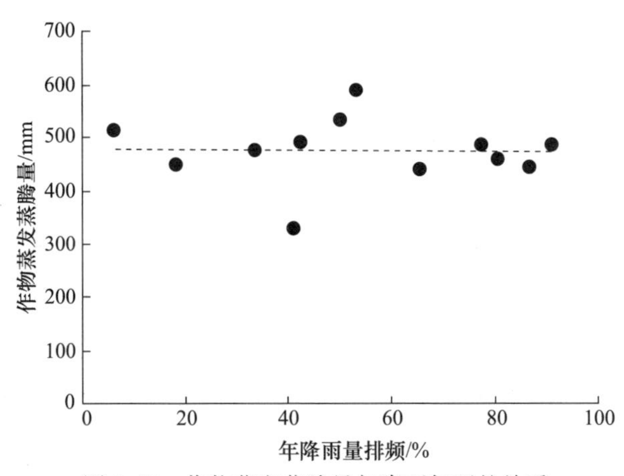

图 5.20　作物蒸发蒸腾量与降雨年型的关系

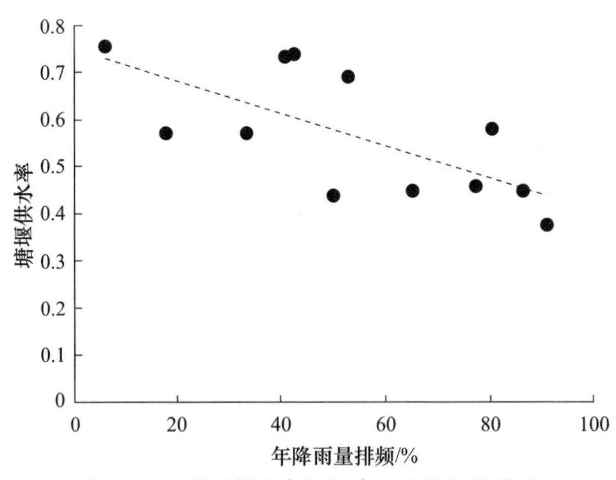

图 5.21　塘堰供水率与年降雨量排频的关系

5. 塘堰供水经验公式

漳河水库灌区实行了农村税费改革以后，在漳河水库的放水和收费制度方面进行了重大调整，使得农业灌溉更加依赖塘堰，即塘堰对于节水灌溉和农业生产的作用越来越大。塘堰是一种小型水利工程，在灌区灌溉中充当重要作用，因此其对灌溉用水效率的影响不可忽略。

从图5.21可以看出，近十年来塘堰供水率在0.5左右，由式(5.71)可知，灌溉水有效利用系数由四个因素计算得到，其中塘堰供水率由水库灌溉供水量和塘堰灌溉供水量决定；渠系水利用系数由灌区工程状况决定；田间水有效水利用系数因村民对自家的责任田管理精细，一般在0.90～0.95；塘堰供水率在0.83左右。利用漳河水库灌区2005～2016年的统计资料，即表5.20的计算结果，分析塘堰灌溉供水量的经验公式。

经回归分析发现，塘堰灌溉供水量与净灌水量和水库供水量有关。随着漳河水库灌区“谁放水谁交钱”制度深入落实，当地农户的节水意识不断提高，塘堰实际灌溉供水量不断增加。假设实行费改税每年对塘堰灌溉供水量增加的贡献是相同的，考虑费改税实行历时T(自2002年开始，如$T=3$表示费改税实行3年，即到2005年)，建立的经验公式如下：

$$W_{塘}=1.148W_{净}-0.518W_{库}-351.817T+3060.961 \qquad (5.72)$$

式中，$W_{塘}$为塘堰供水量，万m^3；$W_{净}$为净灌水量，万m^3；$W_{库}$为水库供水量，万m^3；T为费改税实行历时。

经检验，线性相关性能达到显著性水平($R^2=0.971$，$p<0.01$)。随着农户为减少灌溉成本使用塘堰水，净灌水量增加时，塘堰越能发挥其作用。

利用多水源计算方法，结合经验公式(5.72)，可推算南方长藤结瓜灌区的灌溉水有效利用系数，既节省工作量，也更准确。

5.4 本章小结

本章通过不同尺度水平衡要素监测及模型模拟，开展长藤结瓜灌区灌溉水有效利用系数测试，可以得出如下结论：

(1) 揭示了长藤结瓜灌溉系统农田与区域不同尺度水转化效率的差异原因及其规律。设置典型田、核心区和辐射区三个不同尺度的水平衡要素监测网络，分析水分生产率的尺度效应，提出沟、塘系统对提高农业用水效率有较显著的作用；有沟、塘系统的中等尺度区域比单独的田块农业用水效率高，主要原因是灌溉回归水的重复利用提高了灌溉水利用率。研究表明，辐射区由于回归水利用系数较高，需要灌溉水较少，使其单方灌溉水粮食产量较高，达到了2.85kg/m^3。

(2) 在分析南方水稻灌区水平衡机制的基础上，利用 Vensim 软件建立了稻田塘堰系统水转化系统动力学模型。运用研究区域塘堰日水位观测资料检验，模拟结果的复相关系数为 0.90，纳什效率系数为 0.79、相对均方根误差为 0.155m/d，证明模型可以定量描述稻田塘堰系统的水转化关系。

(3) 模拟分析了塘堰调蓄方式及灌溉模式对稻田塘堰系统水转化的影响。结果表明，在浅水灌溉模式下，塘堰在完全调蓄时可以保障作物充分灌溉，在部分调蓄与不调蓄时作物分别在第 72 天和第 45 天发生水分胁迫，塘堰灌溉对保证作物正常生长天数具有显著效果。当塘堰完全调蓄时，在浅水灌溉、湿润灌溉和间歇灌溉模式下，塘堰最低蓄水量占最大蓄水量的比例分别为 2.0%、18.9%和 41.3%，塘堰的有效水利用系数分别为 0.847、0.809 和 0.677。实行间歇灌溉，塘堰可以长期保持一定的蓄水量，为塘堰水产养殖、排水水质处理等生态功能提供保障。

(4) 针对长藤结瓜灌区水源工程种类数量繁多、调度及输配水过程复杂的特点，在充分考虑灌溉水有效利用系数的内涵及计算方法原理的基础上，基于水量平衡原理，提出了计算渠系水利用系数的分区法和概化法，以及计算灌溉水有效利用系数的水平衡首尾法和水平衡渠段法。结合 2015 年和 2016 年漳河水库灌区的试验数据，运用新方法的计算结果表明，漳河水库灌区 2015 年和 2016 年的渠系水利用系数分别是 0.63 和 0.65，2015 年和 2016 年的灌溉水有效利用系数分别是 0.75 和 0.77。本章提出的新方法的计算结果相差均不明显，具有一致性，在一定程度上论证了新方法的可靠性。

(5) 揭示了灌溉水有效利用系数与区域尺度和水文年型的相关关系。塘堰灌溉区的灌溉水有效利用系数为 0.835，高于单库塘灌溉区的 0.784 和多库塘灌溉区的 0.726。由于水库一般通过渠系供水进入田间，塘堰一般通过水泵或者农渠供水进入田间，塘堰离田块距离近，供水过程中的水量损失小，故塘堰供水区域的灌溉水有效利用系数高。丰水年的灌溉水有效利用系数略高于枯水年和平水年，2014 年、2015 年和 2016 年的降雨量排频分别为 80%、42%和 6%，灌溉水有效利用系数分别为 0.726、0.749 和 0.775。丰水年降雨充足，能直接满足作物的部分需水要求；塘堰截留的降雨径流多，可进行充分利用；同时土壤含水率高，渠道输水损失量小，故整个灌区的灌溉水有效利用系数高。

(6) 分析了田间水有效利用系数的影响因素。有机稻的田间水有效利用系数为 0.900，低于优质稻的 0.922。有机稻生育期长，单次灌溉的水量多，田间渗漏量大，故田间水有效利用系数偏低。

(7) 阐明了渠系水利用系数的影响因素。渠系水利用系数与渠系级数、衬砌情况、渠道流量和分形特征等有关，具体如下：随着渠系级数的增多，渠系水利用系数逐渐减小；渠道单侧衬砌可减少 28%的渗漏量，混凝土的防渗效果较好；渠道单位长度输水损失率随着流量的增加而减小，流量超过 3.5m^3/s 之后，单位长度输水损失率稳定在 0.003 左右；渠系分形维数值在 1.12 左右时，渠系水利用系数较高，渠系分形维数与渠系水利用系数呈倒 U 形关系，合适的渠系分形维数才能达到最高的渠系输水效率。

(8) 建立了塘堰灌溉供水量的经验公式。根据历史资料对塘堰灌溉供水量与净灌水量和水库供水量进行回归分析发现，塘堰供水量与水库供水量呈负相关关系，与净灌水量呈正相关关系。

第 6 章　灌区多水源水量调配机制

6.1　基于随机降雨模拟的塘堰优化运行规则

6.1.1　模型与方法

1. 基于蒙特卡罗方法的随机降雨模拟

蒙特卡罗(Monte Carlo)方法是一种以概率论和数理统计为基础,通过对随机变量的统计试验、随机模拟来解决非确定性的数值方法。为了求解数学、物理、工程技术及生产管理等方面的问题,首先建立一个概率模型或随机过程,使它的参数等于问题的解,然后通过对模型或过程的观察或抽样试验来计算所求参数的统计特征,最后给出所求解的近似值。

蒙特卡罗方法模拟的目标并不是要精确地预报某一时间的特定值,而是使模拟预报系列在整体上反映模拟区的特征,使预报系列在个体上具有随机性,在总体上具有统计规律性。按照蒙特卡罗方法的原理,以旬降雨量为随机变量,首先通过 SPSS 软件检验多年旬降雨资料所属分布函数,然后利用 MATLAB 软件中的统计工具箱计算分布函数的参数值,并由对应的随机数发生器生成 500 年的旬随机降雨长序列。当长序列参数值与实际资料参数值的偏差平方和达到最小时,作为随机降雨模拟的最终结果。随机降雨序列生成步骤如图 6.1 所示。

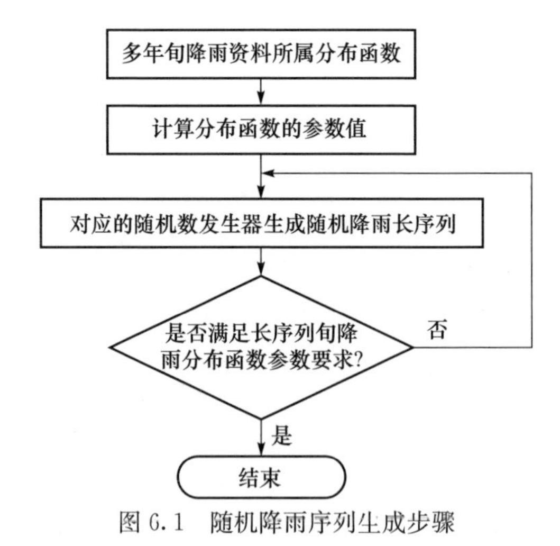

图 6.1　随机降雨序列生成步骤

2. 水库塘堰灌溉系统联合调控模型构建

为满足灌区作物的灌溉需求，先用塘堰的可用水量进行灌溉，可以减少渠系渗漏、降低灌溉成本，同时为了更好地发挥塘堰的调节作用，对塘堰采用控制运行的方式，即拟定出各时段塘堰允许的最小蓄水量，当达到此蓄水量后该时段不再使用塘堰的水，在灌溉用水高峰时，采用水库与塘堰联合灌溉。为优化塘堰的控制运行规则，建立了以单位面积产量最大为目标的水库塘堰灌溉系统联合调控模型。

1）目标函数

作物的实际产量通过水分生产函数计算，应用较为广泛的是 Jensen 模型。优化每个时段水库与塘堰的灌水量，使单位面积产量最大，目标函数为

$$F=\max\frac{Y_{\mathrm{a}}}{Y_{\mathrm{m}}}=\max\prod_{i=1}^{n}\left(\frac{\mathrm{ET}_{ai}}{\mathrm{ET}_{mi}}\right)^{\lambda_i} \tag{6.1}$$

式中，i 为作物的生育阶段，$i=1,2,\cdots,n$；Y_{a} 为作物实际产量，kg/hm^2；Y_{m} 为作物潜在产量，kg/hm^2；ET_{ai}为第 i 阶段的实际蒸发蒸腾量，mm；ET_{mi}为第 i 阶段的潜在蒸发蒸腾量，mm；λ_i 为作物第 i 阶段水分敏感指数。

作物的实际蒸发蒸腾量 ET_{ai}的计算公式为

$$\mathrm{ET}_{ai}=\sum_{j=1}^{J}\frac{\mathrm{ET}_{aj}}{\mathrm{DA}_j}T_{i,j} \tag{6.2}$$

式中，ET_{aj}为作物在第 j 时段的实际蒸发蒸腾量，为参考作物蒸发蒸腾量（由彭曼公式求得）与作物系数的乘积，mm；DA_j 为第 j 时段天数，d；$T_{i,j}$为作物第 i 生育阶段第 j 时段的生长天数，d。

2）约束条件

（1）田间水量平衡约束。

$$H_{j+1}=H_j+M_j+P_j-\mathrm{ET}_{aj}-D_j-S_j \tag{6.3}$$

式中，H_j、H_{j+1}分别为时段初、末的田间水层深度，mm；M_j 为第 j 时段灌水量，mm；P_j 为第 j 时段降雨量，mm；D_j 为 j 时段排水量，mm；S_j 为第 j 时段渗漏量，mm，可通过试验等方式确定。

（2）塘堰水量平衡约束。

拟定出各时段塘堰允许的最小蓄水量，当达到此蓄水量后该时段不再使用塘堰的水。

$$V_t(j+1)=V_t(j)+W_t(j)-M_t(j)-E_t(j)-S_t(j)-W_q(j) \tag{6.4}$$

式中，$V_t(j)$、$V_t(j+1)$分别为时段初、末塘堰蓄水量，万 m^3；$W_t(j)$为第 j 时段塘堰来水量，万 m^3，包括水田的排水量、旱地及非耕地的地表径流量以及塘面集水；$M_t(j)$为第 j 时段塘堰供水量，万 m^3；$E_t(j)$为第 j 时段塘堰蒸发量，万 m^3；$S_t(j)$为第 j 时段塘堰渗漏量，万 m^3；$W_q(j)$为第 j 时段塘堰弃水量，万 m^3。

(3) 水库水量平衡约束。

$$V_k(j+1)=V_k(j)+W_k(j)-Q_k(j)-S_k(j) \tag{6.5}$$

式中,$V_k(j)$、$V_k(j+1)$分别为时段初、末水库蓄水量,万 m^3;$W_k(j)$为第 j 时段水库来水量,万 m^3;$Q_k(j)$为第 j 时段水库下泄水量,万 m^3,包括对灌区的供水量、水库弃水量;$S_k(j)$为第 j 时段水库蒸发、渗漏损失水量,万 m^3。

(4) 水库蓄水量约束。

水库环境用水包括库区环境需水与下游环境需水,水库的环境库容就是为了保证环境用水所需要的库容。各时段水库库容应不小于环境库容,本次研究主要考虑水库净化排入水体的需水量来计算环境库容,计算公式为

$$x_i=\frac{C_i-C_{标i}}{C_{标i}} \tag{6.6}$$

$$W_l=\max(x_i)Q_i \tag{6.7}$$

$$V_e=V_死+W_l \tag{6.8}$$

式中,C_i 为第 i 种监测指标的排放浓度,可通过水质检测等方式确定,mg/L;$C_{标i}$为第 i 种监测指标的达标浓度,mg/L;$\max(x_i)$为污染物排放监测指标的控制系数;Q_i 为污水排放量,万 m^3;W_l 为水库净化排入水体的需水量,万 m^3;$V_死$ 为水库死库容,万 m^3;V_e 为水库环境库容,万 m^3。

(5) 渠道引水量约束。

$$0\leqslant WD_j\leqslant (WD_{max})_j \tag{6.9}$$

式中,WD_j 为第 j 时段渠道引水量,万 m^3;$(WD_{max})_j$ 为第 j 时段渠道最大引水量,取决于渠道的引水能力和第 j 时段水库的可供水量,万 m^3。

3. 正交试验法

根据灌区内的塘堰状况、作物组成和灌溉用水特点等具体情况,因地制宜地制定塘堰的控制运行方式。拟定出各时段塘堰允许的最小蓄水量,用塘堰预留百分比表示,即塘堰最小有效蓄水量占塘堰总库容的百分比。将塘堰控制运行时期以旬为单位分为 $J-1$ 个控制时段,各时段塘堰预留百分比作为调控因素,每个因素取 p 个水平。如果采用全面试验选优法,需要进行 $n=p^{J-1}$ 次试验,工作量太大。因此,采用正交试验法,可以高效处理多因素优化问题,即按照正交表设计试验方案,并对试验结果进行统计分析,从而迅速获得优化方案。

6.1.2 模型应用

1. 研究区概况

以漳河水库灌区的子灌区——杨树垱水库灌区为研究实例。该区域是典型的

丘陵地带，属亚热带季风气候，近30年(1981～2010年)平均降雨量为862.8mm，属于半湿润地区。灌区内年降雨虽然丰富，但是降雨时空差异较大，干旱导致的灾害经常发生。年内降雨主要集中在5～9月，占全年降雨的60%左右。研究区域的主要灌溉水源为杨树垱水库，杨树垱水库拦截长湖流域鲍河支流，控制流域面积44.2km^2，总库容2410万m^3，兴利库容1350万m^3，死库容140万m^3，水库以灌溉为主，设计灌溉面积5.44万亩，由灌溉渠道将水输送到灌区的各个地方。

除骨干水库外，灌区内分布着众多塘堰，共计有3483口，其总调蓄能力可以达到372.95万m^3。塘堰是灌区灌溉工程必不可少的重要组成部分，既能广积水资源，减少外水的补给量，又能进行反调节以减少枢纽和骨干渠道工程的使用时间。灌区内水库、塘堰主要通过排水沟渠被动连通。有调查分析显示，目前，大多数塘堰没有可行的用水规则，不仅导致水资源浪费、灌溉不及时，还常常引发水事纠纷。实行税费改革后，村民更多地依赖塘堰水进行灌溉，塘堰在灌溉中发挥着越来越重要的作用。

研究区域内主要种植中稻，根据灌区多年运行管理经验，灌溉高峰期一般出现在水稻泡田期和生育期。在用水高峰之前，应尽量增加塘堰存储水量，在用水高峰时期，由塘堰和渠首联合供水，减小渠道输水压力。不同时段保持塘堰一定的最小有效蓄水量，当水库缺水或渠道输水能力不足时，可以逐步放空塘堰，以保证作物关键时期的灌溉。

2. 数据来源与模拟方案

气象资料为研究区域附近团林灌溉试验站1981～2010年监测的逐日大气压力、最高气温、最低气温、降雨量、相对湿度、风速、日照时速的数据。采用湖北省漳河工程管理局提供的历史资料确定分月作物系数、中稻生育期划分及敏感指数。土壤以黏壤土为主，田间渗漏量为2mm/d，泡田定额约135mm，当地村民普遍采用浅灌适蓄的灌溉制度。

由于研究区域塘堰灌溉主要发生在水稻泡田期和生育期，结合当地灌溉管理部门调查数据，本节研究假设塘堰初始蓄水量为塘堰总容量的70%。塘堰的控制运行方式要根据灌区的特点因地制宜拟定，拟定的水平过高则不利于行洪排涝，过低又不能充分发挥调节灌溉的作用。通过对研究区域内塘堰水位的逐日监测，发现多数塘堰主要用于灌溉，当地村民尽量先用塘堰的水，致使各时段塘堰蓄水量的期末最小值往往低于总容积的40%，干枯现象不同时段均有可能发生。因此，本节研究选定了0、10%、20%、30%这四个塘堰预留百分比水平，以旬为时段对塘堰进行控制运行。考虑到9月水稻开始收割，作物需水量骤然减少，8月下旬末塘堰水量可以全部用完，故从5月下旬至8月中旬共计9个调控时段。采用SPSS软件设计生成9因素4水平的正交表，共计32个试验方案。对比各试验方案下的目标函数值，取最大值对应的试验方案作为该年的最优塘堰控制运行方案。

模型假定水库在当年的 9 月上旬至次年的 5 月中旬作为蓄水时期，蓄水期的初始库容为环境库容。参考《地表水环境质量标准》(GB 3838—2002)，选择氨氮、总磷、总氮作为水质控制指标，水质控制目标为Ⅲ类。考虑水稻分蘖后期排水量最大，在该时段水库上游主要排水口取样检测，得到面源污染物排放浓度，并以该时段多年平均入库径流量作为污水排水量，采用控制系数法计算得出水库环境库容为 505 万 m^3。

6.1.3　结果分析

1. 旬降雨序列的分布特征

采用 SPSS 软件得到漳河水库灌区 1981～2010 年的 30 年长序列旬降雨 γ 分布的 Quantile-Quantile(QQ)图，如图 6.2 所示，图中观察值为实际旬降雨量，期望值为伽马分布期望旬降雨量。可以看出，30 年长序列旬降雨中绝大多数点都分布在对角线附近，由此可以认为 30 年长序列旬降雨资料近似服从伽马分布。

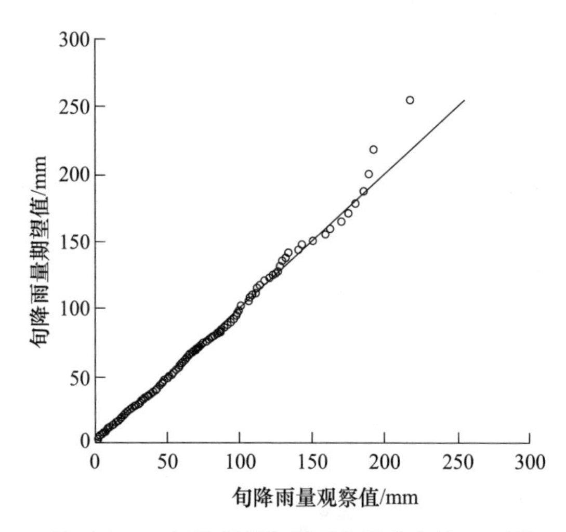

图 6.2　30 年长序列旬降雨伽马分布的 QQ 图

γ 分布的密度函数为

$$y=f(x\mid a,b)=\frac{1}{b^{a}\Gamma(a)}x^{a-1}\mathrm{e}^{-\frac{x}{b}} \tag{6.10}$$

式中，y 为函数密度；x 为随机变量；a 为形状参数；b 为尺度参数；$\Gamma(\cdot)$为伽马函数，$\Gamma(z)=\int_{0}^{\infty}v^{z-1}\mathrm{e}^{-v}\mathrm{d}v$，$z$ 为函数自变量，v 为积分变量。

经计算，实际资料伽马分布的 a、b 参数值分别为 0.5974 和 40.1428。

2. 随机降雨模拟结果

MATLAB 中的统计工具箱为人们提供了一个强有力的统计分析工具，运用伽马分布的随机数发生器编写程序，生成 10000 个 500 年的旬随机降雨序列。当长序列参数值与实际资料参数值的偏差平方和达到最小时，作为随机降雨模拟的最终结果。通过分析，模拟出的 500 年长序列旬降雨依然近似服从伽马分布，如图 6.3 所示。a、b 参数值分别为 0.5743 和 40.5095，与实际资料伽马分布的参数值(0.5974 和 40.1428)相差非常小。

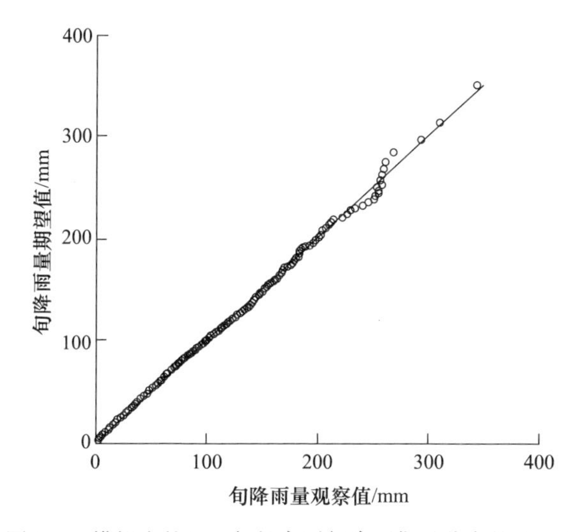

图 6.3　模拟出的 500 年长序列旬降雨伽马分布的 QQ 图

3. 塘堰优化运行规则分析

采用经验频率公式计算各年降雨频率，参考《水文基本术语和符号标准》(GB/T 50095—2014)，对 500 年随机降雨进行统计分析，得到丰水年、偏丰水年、平水年、偏枯水年和特枯水年 5 种典型年分别对应不同的降雨频率区间，即包含不同的模拟年份。在丰水年及偏丰水年下，灌区降雨基本可以满足灌溉需求，为发挥塘堰行洪排涝的功能，塘堰无须采用控制运行的方式。因此，分别考虑平水年、偏枯水年和特枯水年 3 种典型年，对属于某一典型年下的每个模拟年份进行库塘水资源系统调节计算，并采用试验选优法得到该年的最优塘堰控制运行方案。进一步对每年的最优塘堰控制运行方案进行概率统计，可以得到 3 种典型年下，塘堰控制运行时期内各旬末不同预留百分比的概率，如表 6.1 所示。将概率值最大的作为该旬塘堰最佳预留百分比，结果分别为：在平水年时 6 月中旬末预留 10%，7 月中旬末预留 20%，5 月下旬末、6 月上旬末、6 月下旬末、7 月上旬末预留 30%，其他各旬可全部用完;在偏枯水年时5月下旬末预留10%,6月上旬末、6月下旬末预留20%,6月中旬末、7月上旬末、7月中旬末预留30%,其他各旬可全部用完;在特枯水年时5月下旬末、7月中旬末预留10%,6月下旬末、7月上旬末、7月下旬末预留20%,6月上旬末、6月中旬末预留30%,其他各旬可全部用完。

表6.1　基于500年随机降雨的塘堰控制运行方案各旬预留百分比对应概率

降雨频率/%	时间	塘堰不同预留百分比的概率/%			
		0	10	20	30
37.5~62.5(平水年)	5月下旬	19.4	22.6	19.4	38.7
	6月上旬	16.1	25.8	25.8	32.3
	6月中旬	22.6	32.3	16.1	29.0
	6月下旬	32.3	6.5	25.8	35.5
	7月上旬	19.4	16.1	19.4	45.2
	7月中旬	12.9	12.9	41.9	32.3
	7月下旬	38.7	16.1	19.4	25.8
	8月上旬	54.8	22.6	6.5	16.1
	8月中旬	35.5	19.4	12.9	32.3
62.5~87.5(偏枯水年)	5月下旬	25.0	42.5	16.3	16.3
	6月上旬	21.3	16.3	33.8	28.8
	6月中旬	31.3	13.8	11.3	43.8
	6月下旬	23.8	3.8	40.0	32.5
	7月上旬	20.0	6.3	35.0	38.8
	7月中旬	23.8	25.0	20.0	31.3
	7月下旬	61.3	7.5	22.5	8.8
	8月上旬	58.8	11.3	5.0	25.0
	8月中旬	51.3	10.0	11.3	27.5
>87.5(特枯水年)	5月下旬	21.1	57.9	7.0	14.0
	6月上旬	12.3	14.0	15.8	57.9
	6月中旬	8.8	17.5	12.3	61.4
	6月下旬	22.8	5.3	45.6	26.3
	7月上旬	12.3	7.0	49.1	31.6
	7月中旬	8.8	45.6	10.5	35.1
	7月下旬	31.6	3.5	45.6	19.3
	8月上旬	71.9	3.5	5.3	19.3
	8月中旬	63.2	7.0	0.0	29.8

在每个模拟年份的调节计算中,为了确保作物的基本收成,本节研究取作物的实际产量与潜在产量的比值达到0.6以上,即目标函数$F>0.6$时表示该模拟年份达到基本产量,进而分析某一典型年下相对产量大于0.6的概率。表6.2给出了

在不同典型年时塘堰在优化控制运行前后保证基本产量的概率。可以看出，在平水年时，相对产量在 0.6 以上的概率提高了 2.38%；在偏枯水年时，相对产量在 0.6 以上的概率提高了 8.80%；在特枯水年时，相对产量在 0.6 以上的概率提高了 11.29%。说明越是干旱的年份，塘堰的调节灌溉作用体现得越为明显，对塘堰采用优化控制运行后，保证基本产量的概率也随之提高。因为在干旱缺水的条件下，需对作物进行非充分灌溉，保证作物关键时期的灌水尤为重要。利用塘堰就近取水、灌水及时的特点，在灌溉期不同时段末，有计划地对塘堰预留一定的有效蓄水量，用来承担灌水峰荷，可以减少渠首引水流量峰值，使渠道输水流量趋于均匀，增加灌溉供水量，缓解作物关键期无水可用的情况，从而实现了水资源的高效利用，提高了灌区的灌溉效益。

表 6.2　不同年型塘堰优化控制运行前后保证基本产量的概率

年型	相对产量>0.6 的概率	
	不控制运行	优化控制运行
平水年	93.65	96.03
偏枯水年	72.80	81.60
特枯水年	25.81	37.10

6.2　水库-塘堰联合供水模式水量分配计算方法

6.2.1　Copula 函数理论简介

“Copula”一词源自拉丁语，翻译为“结合”或者“联合”。Sklar 在 1959 年最先提出 Copula 函数理论，他指出任何形式的多元联合分布均可由一个 Copula 函数与相应变量的边缘分布函数构建而成，变量间的相关性（相关系数和相关结构）可以通过 Copula 函数确定（Sklar，1959）。Nelsen 在 2006 年对 Copula 函数进行了系统性阐述，他指出 Copula 函数是将变量的联合分布函数与其边缘分布函数结合起来的函数，其从本质上来讲也是一种联合分布函数（Nelsen，2006）。对于 n 维随机变量的情形，Copula 函数定义为 n 维空间（$[0,1]n$ 空间）中边缘分布为$[0,1]$区间内均匀分布的 n 维联合分布函数。

对于二维 Copula 函数的 Sklar 定理，可以表述为令 $F(x_1,x_2)$为二维联合分布函数，其边缘分布函数分别为 $F_{X_1}(x_1)$、$F_{X_2}(x_2)$，则可以通过一个 Copula 函数将联合分布函数与边缘分布函数连接起来，可以表述为

$$F(x_1,x_2)=C(F_{X_1}(x_1),F_{X_2}(x_2))=C(u_1,u_2) \tag{6.11}$$

如果 $F_{X_1}(x_1)$和 $F_{X_2}(x_2)$都是连续函数，则 $C(u_1,u_2)$是唯一确定的；反之，如

果 $F_{X_1}(x_1)$和 $F_{X_2}(x_2)$为边缘分布函数，$C(u_1,u_2)$是一个二维 Copula 函数，则 $F(x_1,x_2)$为具有边缘累积分布函数 $F_{X_1}(x_1)$和 $F_{X_2}(x_2)$的二维联合累积分布函数。也就是说，在此理论框架之下，构造二维联合分布函数只需要两个步骤，即确定变量的边缘分布函数和构造相应最优的 Copula 函数以描述变量之间的相关结构。

关于 Copula 函数相关结构的度量，一般通过函数参数来间接表征变量之间的相关性。常用的变量之间的相关性度量指标有 Pearson 线性秩相关系数、Kendall 秩相关系数、Spearman 秩相关系数、尾部相关系数等(Nelsen，2006)。在二维 Copula 函数参数计算过程中，常利用 Kendall 秩相关系数与 Copula 函数参数的关系来求解函数参数。

利用 Kendall 秩相关系数描述变量之间的非线性相关关系，其定义为

$$\tau=(C_n^2)^{-1}\sum_{i<j}\operatorname{sign}[(x_i-x_j)(y_i-y_j)],\quad i,j=1,2,\cdots,n \tag{6.12}$$

式中，(x_i,y_i)为观测点数据，sign(•)为符号函数。当$(x_i-x_j)(y_i-y_j)>0$ 时，sign=1；当$(x_i-x_j)(y_i-y_j)<0$ 时，sign=−1；当$(x_i-x_j)(y_i-y_j)=0$ 时，sign=0。

Kendall 秩相关系数与二维 Copula 函数之间的关系可以定义为

$$\tau=4\int_0^1\int_0^1 C(u_1,u_2;\theta)\mathrm{d}C(u_1,u_2;\theta)-1=\int_{-\infty}^{\infty}\int_{-\infty}^{\infty}\frac{x_1-\mu_1}{\sigma_1}\frac{x_2-\mu_2}{\sigma_2}f(x_1,x_2)\mathrm{d}x_1\mathrm{d}x_2 \tag{6.13}$$

因此，当知道变量之间的 Kendall 秩相关系数时，利用式(6.13)可以求解 Copula 函数的参数 θ。

边缘分布函数不同对实测数据的拟合效果也不同，如何选择合适的边缘分布函数是描述变量实测数据分布特征的前提。不同的 Copula 函数具有不同的相关结构，在描述变量之间相关性时具有不同的表达效果。对于实测数据，选择拟合度最优的 Copula 函数是实现精确分析的关键。识别最优边缘分布函数和 Copula 函数的方法有很多，除了传统的假设检验方法外，最常用的有均方根误差(RMSE)(Chen，1978)、AIC 信息准则(Akaike，1974)和 BIC 准则(Chen，1978)。在识别最优函数时，最小的 RMSE、AIC、BIC 值对应的函数具有最优的拟合效果。各检验参数的计算表达式为

$$\mathrm{RMSE}=\sqrt{\frac{1}{n}\sum_{i=1}^{n}[P(x_i)-P_0(x_i)]^2} \tag{6.14}$$

$$\mathrm{AIC}=n\ln\mathrm{RMSE}+2k \tag{6.15}$$

$$\mathrm{BIC}=-2\ln\mathrm{MLE}+k\ln n \tag{6.16}$$

式中，$P(x_i)$为样本经验概率值；$P_0(x_i)$为样本理论概率值；k 为函数参数个数；MLE 为极大似然估计值；n 为样本容量。

边缘分布的经验频率是将变量的取值按照从小到大的顺序进行排序，可以定义在序列中小于等于 x_k 的次数为 k，则边缘分布的经验频率可以通过 Gringorten 公式(Gringorten，1963)进行计算，其计算表达式为

$$P(K \leqslant k)=\frac{k-0.04}{n+0.12} \tag{6.17}$$

联合概率分布的经验频率与边缘分布的经验频率计算原则相同，将观测值 (y_{1i}, y_{2i}) 按照 y_{1i} 的大小进行升序排列，统计满足 $(y_{1j} \leqslant y_{1i}, y_{2j} \leqslant y_{2i})$ 的 (y_{1i}, y_{2i}) 的个数，则联合概率分布的经验频率的计算表达式为(Gringorten，1963)

$$H(y_{1i}, y_{2i})=P(Y_{1i} \leqslant y_{1i}, Y_{2i} \leqslant y_{2i})=\frac{z_i-0.04}{n+0.12} \tag{6.18}$$

式中，z_i 为升序排列中满足 $(y_{1j} \leqslant y_{1i}, y_{2j} \leqslant y_{2i})$ 的 (y_{1i}, y_{2i}) 个数；n 为样本容量。

6.2.2 水库-塘堰联合供水组合模式的数学表达

根据我国南方灌区内部灌溉系统典型的长藤结瓜分布形式(见图 6.4)，本节将千公顷作为一个灌溉单元，着重研究该灌溉单元内部水库和塘堰联合供水的水量组合计算方法。在不考虑单元内部各水库、塘堰之间水量交换的情况下，可以将水库和塘堰概化为单独的个体，因此可以得出如图 6.5 所示的灌溉单元水库-塘堰联合供水示意图。图中，A、T 分别表示区域和区域内部概化的塘堰；X_1 为通过渠道从水库取用的灌水量，即渠道供水量；X_2 为塘堰供应的灌水量，即塘堰供水量；P 为作物利用的降雨量；W 为灌溉需水量；L 为区域渗漏量；D 为区域排水量。从水量平衡的角度来看，各变量之间满足 $X_1+X_2+P=W+D+L$ 的水量平衡关系。在作物利用的降雨量、作物需水量、区域排水量和区域渗漏量已知的情况下，上述的水量平衡关系可以简化表述为 $X_1+X_2=M$，其中，$M=W+D+L-P$，可以定义为区域水量需求。根据简化的表达式，水库和塘堰联合供水的组合形式有无数种模式，下面主要从实际运行和预测的角度给出两种组合形式，即条件期望组合模式和最可能发生组合模式。

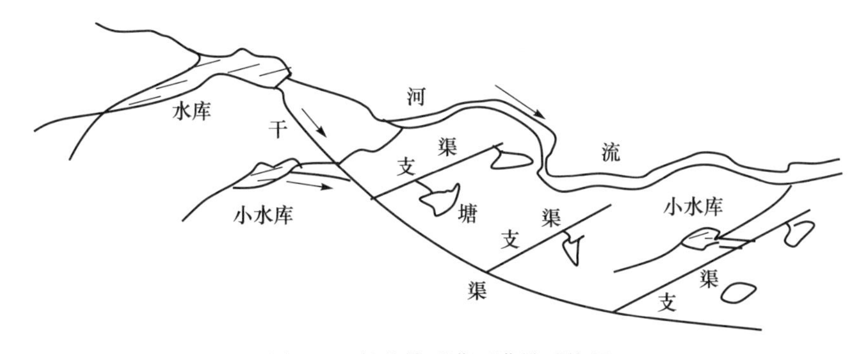

图 6.4 长藤结瓜灌区灌排系统图

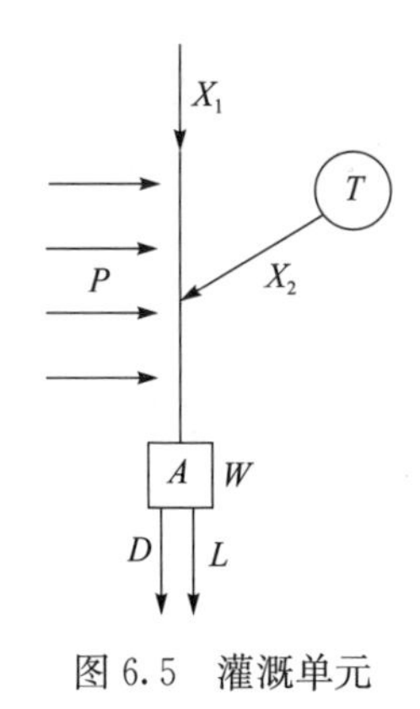

图 6.5　灌溉单元水库-塘堰联合供水示意图

1. 条件期望组合模式

当塘堰供水量为 x_{2p} 时，渠道供水量 x_1 并不是唯一确定的，而是可大可小，其取值的大小出现的概率不同，从均值的角度来看，存在一个条件期望值，其对应的条件概率分布函数为 $F_{X_1|X_2}(x_1)$。基于 Copula 函数，可以将条件概率分布函数表述为

$$F_{X_1|X_2}(x_1)=P(X_1\leqslant x_1|X_2=x_2)=\frac{\partial F(x_1,x_2)/\partial x_2}{\mathrm{d}F_{X_2}(x_2)/\mathrm{d}x_2}$$
$$=\frac{\partial C(u,v)}{\partial v}\tag{6.19}$$

当变量 X_1 和 X_2 的联合概率分布函数 $F(x_1,x_2)$ 确定时，可以推导出条件概率分布函数 $F_{X_1|X_2}(x_1)$，其中 $F(x_1,x_2)$ 可以根据 Copula 函数由 Sklar 定理得到。

在建立两者条件分布的基础上，给定塘堰净灌水量值 x_2 时，预测渠道净灌溉用水量的平均情况，可假设此条件下渠道净灌水量的期望值为 $E(x_1|x_2)$，则对应渠塘联合的组合模式为$(E(x_1|x_2),x_2)$。$E(x_1|x_2)$的计算公式为

$$E(x_1|x_2)=\int_{-\infty}^{+\infty}x_1f_{X_1|X_2}(x_1)\mathrm{d}x_1=\int_{-\infty}^{+\infty}x_1c(u,v)f_{X_1}(x_1)\mathrm{d}x_1=\int_0^1F_{X_1}^{-1}(u)c(u,v)\mathrm{d}u\tag{6.20}$$

式中，$f_{X_1|X_2}(x_1)=c(u,v)f_{X_1}(x_1)$为 $F_{X_1|X_2}(x_1)$的密度函数；$c(u,v)=\partial C(u,v)/\partial u\partial v$ 为 $C(u,v)$的密度函数；$f_{X_1}(x_1)$为 X_1 的概率密度函数；$F_{X_1}^{-1}(\cdot)$为 X_1 的反函数。

对于渠道净灌水量 x_1 给定置信区间 $1-\alpha$，则 $F_{X_1|X_2}(x_1)$在 $\alpha/2$ 和 $1-\alpha/2$ 时求得的 x_1 值分别用 x_l 和 x_u 表示，即置信区间的上下限，此时 $1-\alpha$ 的置信区间为$[x_l,x_u]$，从而可以检验条件期望值 $E(x_1|x_2)$是否合理可信。

2. 最可能发生组合模式

在区域需水量为 m_p 时，对于水库和塘堰的供水组合模式有无数种，为了得到两者最可能发生的组合模式，就要知道在满足水量平衡关系条件下联合概率分布密度函数 $f(x_1,x_2)$的最大值。根据 $x_1+x_2=m_p$，可知 $\tilde{x}_2=m_\mathrm{p}-x_1$，那么

$$f(x_1,x_2)=c(u,v)f_{X_1}(x_1)f_{X_2}(x_2)=c(f_{X_1}(x_1),f_{X_2}(m_p-x_1))f_{X_1}(x_1)f_{X_2}(m_p-x_1)\tag{6.21}$$

当式(6.21)取最大值时，即$\frac{\mathrm{d}f}{\mathrm{d}x_1}=0$，求导并整理可以得出

$$c_1 f_{X_1}(x_1) - c_2 f_{X_2}(m_p - x_1) + c\left[\frac{f'_{X_1}(x_1)}{f_{X_1}(x_1)} - \frac{f'_{X_2}(m_p - x_1)}{f_{X_2}(m_p - x_1)}\right] = 0 \quad (6.22)$$

式中，$c_1 = \frac{\partial c(u,v)}{\partial u}$，$c_2 = \frac{\partial c(u,v)}{\partial v}$。

对式(6.22)进行求解，即可得不同条件下渠道和塘堰供水最可能的组合(x_1，$m_p - x_1$)。

6.2.3　应用研究

1. 研究区简介

以漳河水库灌区二干渠第三分渠控制范围为研究实例，该区域为亚热带季风气候，多年平均降雨量为 905mm，控制灌溉面积为 540hm^2，一般灌溉用水为水稻用水，主要种植早稻、中稻和晚稻，其种植面积分别为 142hm^2、310hm^2 和 176hm^2，研究区灌排系统概化图如图 6.6 所示。气象数据使用团林灌溉试验站 1981～2010 年观测数据，渠道净灌水量数据采用 1981～2010 年实测数据。

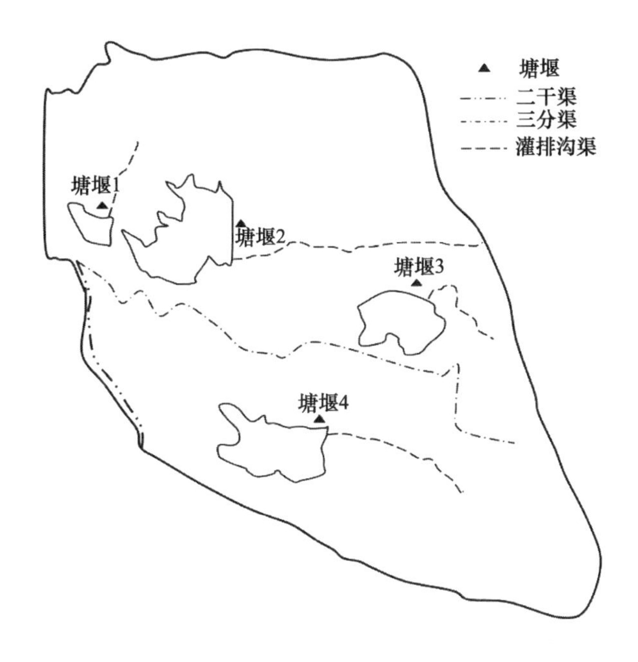

图 6.6　研究区灌排系统概化图

2. 灌溉需水量计算

对于不用年份，根据水文气候资料计算相应条件下的农业灌溉定额，结合规划水

平年的有效灌溉面积与灌溉水有效利用系数，计算灌溉需水量(杨丰顺等，2012)，即

$$W=\frac{mA}{\eta} \tag{6.23}$$

式中，W 为灌溉需水量，m^3；m 为灌溉定额，m^3/hm^2；A 为有效灌溉面积，hm^2；η 为灌溉水有效利用系数。

3. 塘堰净灌水量匡算

由于研究区属于南方丘陵灌区，区域内水转化机理错综复杂，塘堰虽然作为重要的灌溉水源，但其净灌水量数据缺乏实测资料，因此根据研究区灌溉用水先塘堰后水库的用水规则，假设当年晚稻最后一次灌溉的第二天至来年早稻泡田的前一天为塘堰蓄水期，通过逐日计算得到塘堰蓄水量。在此基础上，结合早、中、晚稻全生育期内的作物灌溉制度和气象资料，逐日计算塘堰净灌水量，最终计算确定塘堰1981～2010年逐年净灌水量。

塘堰蓄水量的计算公式为

$$V_{t+1}=V_t+W_t-D_t-E_t-S_t \tag{6.24}$$

式中，V_{t+1}、V_t 分别为第 $t+1$ 天和第 t 天塘堰蓄水量，m^3；W_t 为第 t 天塘堰来水量，m^3；D_t 为第 t 天塘堰弃水量，m^3；E_t 为塘堰水面蒸发量，m^3，由 E-601 型蒸发皿实测数据乘以宜昌站水面蒸发折算系数所得(王远明等，1999)；S_t 为塘堰渗漏量，m^3，本章假设为常数。

塘堰供水约束条件：假设第 t 天塘堰水量为 WP_t，m^3；塘堰集雨量为 P_t，m^3；区域灌水量为 W_t，m^3；田间渗漏量为 L_t，m^3，本章假设为常数。如果 $WP_t+P_t-W_t-L_t\geqslant 0$，则第 t 天塘堰净灌水量为(W_t+L_t)；如果 $WP_t+P_t-W_t-L_t<0$，则第 t 天塘堰净灌水量为(WP_t+P_t)。

将塘堰逐日净灌水量累加计算得出早、中、晚稻全生育期内塘堰净灌水量，从而得出 1981～2010 年塘堰逐年净灌水量。

4. 边缘分布的确定

水文分析中常用的几种分布线型有皮尔逊Ⅲ型分布、指数分布、正态分布、对数正态分布、Gamma 分布、广义极值分布等(郭生练，2005)，本章选取皮尔逊Ⅲ型分布、指数分布、正态分布和对数正态分布分别拟合渠道净灌水量和塘堰净灌水量实测值，以 Kolmogorov-Smirnov 检验方法检验拟合效果，通过比较 RMSE 和 AIC 值的大小优选边缘分布。

经检验，渠道净灌水量分布线型符合皮尔逊Ⅲ型分布、对数正态分布和正态分布，塘堰净灌水量分布线型符合对数正态分布和正态分布，计算得到的 RMSE 和 AIC 值如表 6.3、表 6.4 所示，因此最终选择皮尔逊Ⅲ型分布和正态分布分别作为渠道净灌水量和塘堰净灌水量的边缘分布线型，其拟合效果如图 6.7 和图 6.8 所示。

表 6.3　渠道净灌水量边缘分布函数优选指标值

渠道	RMSE	AIC
皮尔逊Ⅲ型分布	0.035	−84.81
对数正态分布	0.062	−70.96
正态分布	0.069	−68.17

表 6.4　塘堰净灌水量边缘分布函数优选指标值

塘堰	RMSE	AIC
对数正态分布	0.06	−71.14
正态分布	0.04	−83.86

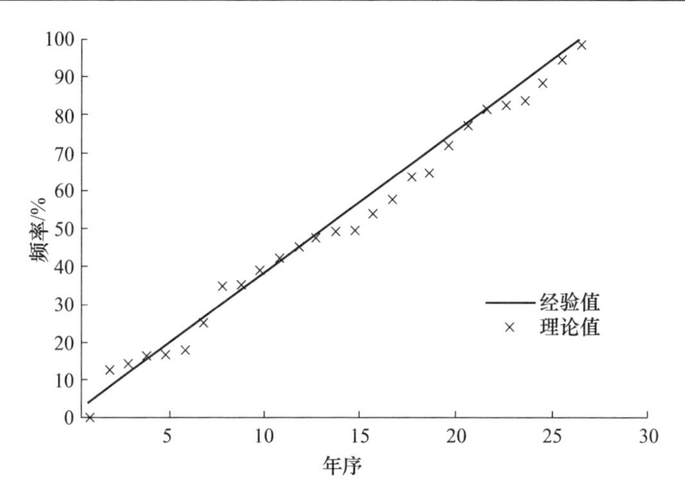

图 6.7　渠道净灌水量皮尔逊Ⅲ型分布拟合效果

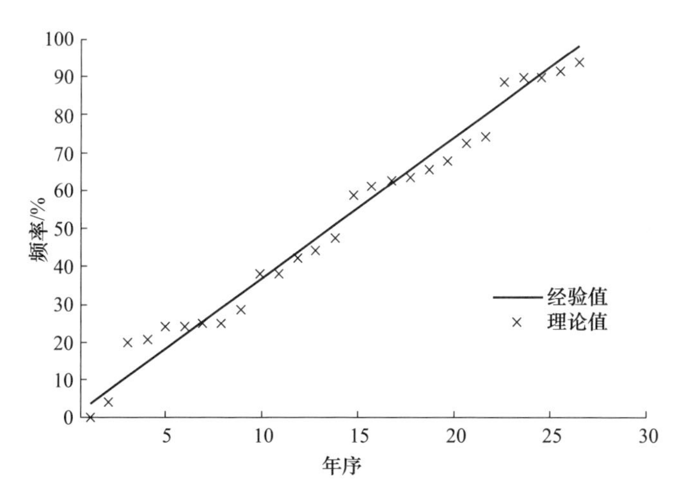

图 6.8　塘堰净灌水量正态分布拟合效果

5. Copula 函数拟合检验

本节选取椭圆族和阿基米德族的 Copula 函数为研究对象，通过 SPSS 软件分析得出渠道净灌水量与塘堰净灌水量在 0.05 双侧检验条件下相关系数为−0.305，即变量之间具有显著的负相关性，所以选择 Gaussian Copula、Frank Copula、PlackETt Copula 和 No.16 Copula 函数进行重点研究。根据前面介绍的 Copula 函数优选指标计算方法，可以计算得出各研究函数优选指标值如表 6.5 所示，从而可以确定 PlackETt Copula 函数为最优 Copula 函数，用于构建两变量概率分布模型，其表达式为

$$C(u_1,u_2)=\frac{1+(\theta-1)(u_1+u_2)-\sqrt{[1+(\theta-1)(u_1+u_2)]^2-4u_1u_2\theta(\theta-1)}}{2(\theta-1)} \tag{6.25}$$

式中，$C(u_1,u_2)$为联合概率分布函数；u_1、u_2 分别为水库净灌水量与塘堰净灌水量的边缘分布函数，$u_1=F_1(X_1)$，$u_2=F_2(X_2)$；θ 为 PlackETt Copula 函数的参数，θ 与 Kendall 秩相关系数 τ 之间没有简单的关系表达式，需根据前面的关系表达式进行求解，最终求得参数 θ 为 0.244。PlackETt Copula 函数拟合效果如图 6.9 所示。

表 6.5　各研究函数的优选指标值

Copula 函数	AIC	BIC
Gaussian	−1.34	1.25
PlackETt	−4.17	−2.87
No. 16	1.44	2.74
Frank	−3.52	−2.22

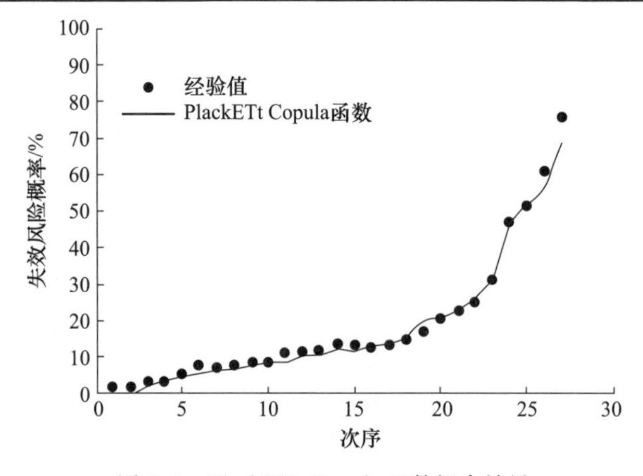

图 6.9　PlackETt Copula 函数拟合效果

6.2.4 成果分析

一般对灌区管理者来说，主要是关心灌区水库的供水决策，本节着重分析将两种方法应用于水库供水量计算的相关研究。

1. 基于条件期望组合的水库供水量计算

条件期望组合是水库和塘堰联合供水模式下的一种平均情况，在正常情况下具有一定的代表性，表示在某种情况下水库和塘堰各自供应灌水量的一般状况，该状况不是最有可能出现的状况，也不是对农业生产最不利的状况，具有一定的可信度。同时，分析的过程中充分考虑了水库和塘堰供水的相关性，因此具有一定的统计学基础，并且具有一定的说服力。

在计算过程中，将历年降雨进行排频，分析与降雨同频率情况下水库的供水情况。同时，以塘堰供水量为实际的供水状况，计算水库供水量的条件期望值，以及置信区间为 90％的相应水库供水量，各计算结果如图 6.10 所示。可以看出，同频率值波动较大，计算得出其方差明显大于条件期望值的方差，说明同频率值更加偏离期望值，用其来制定水库供水策略更容易出现供水过剩或者供水不足的现象，从而使供水决策出现偏差的可能性大大增加，图中同频率值与实测值的拟合关系也可以说明这一点。在水库供水量为 50 万～80 万 m^3 时，同频率值与条件期望值重合程度较好，与实测值的拟合度也较好，说明当前水库供水决策的设计值基本可以满足需水期望水平。同时，计算分析了 90％置信区间对应的水库供水量条件期望值，88.9％的年份能够满足置信度要求，从而证明预测值具有一定的可信度。

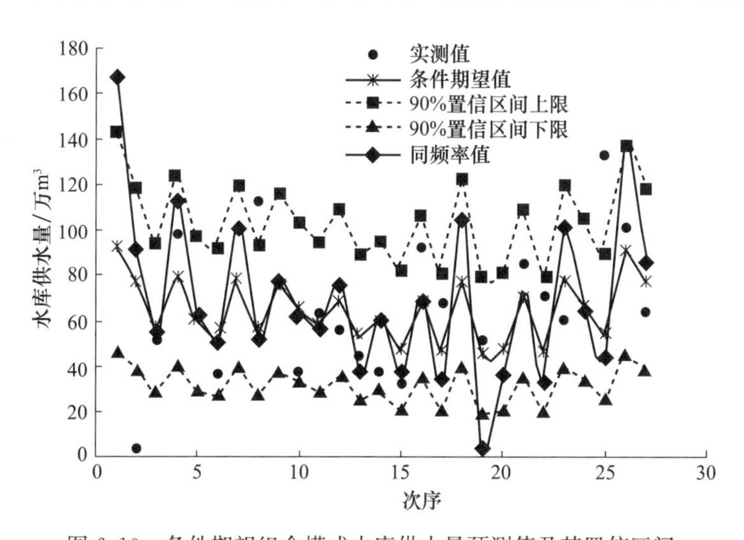

图 6.10　条件期望组合模式水库供水量预测值及其置信区间

条件期望组成模式实际上为满足需求水量提供的水量分配方案，在需水量一定的前提下，水库和塘堰中一个供水体的供水比例增大，则另一个供水体的供水比例势必减小。同频率值是人为假定的水库供水情形，认为可以通过历史降雨排频来确定水库供水量。但是通过分别对降雨和水库供水量的历史数据进行排频分析，可以发现降雨频率与水库供水频率具有非一致性，例如，当降雨频率为 50%（平水年，对应 2006 年）、75%（枯水年，对应 1990 年）、95%（极枯年，对应 2010 年）时，相应的水库供水量频率分别为 42.86%、89.29%和 53.57%，则用同频率值来制定水库供水策略会使规划值与实际值出现较大偏差。同时，同频率法没有考虑水库供水量和塘堰供水量的空间相关性，容易造成一方偏大而另一方偏小的结果，也容易导致最终供水总量偏大的情况。本章所提出的条件期望组合方法考虑了两变量之间的空间相关性，避免了采用同频率法导致结果的任意性，具有一定的统计意义。

2. 基于最可能发生组合的水库供水量计算

最可能发生组合模式是按照数学思维与步骤严格推导出来的，具有一定的代表性和可靠性，能够作为制定供水决策方案的依据。根据推导出的公式计算最可能发生组合模式中水库供水量值，如图 6.11 所示，图中最可能发生组合值与实测值拟合度较好，而同频率值与实测值拟合度相差较大。同时，分别计算误差分析指标纳什效率系数、RMSE 和 R^2 值，如表 6.6 所示，用本章提出的最可能发生组合方法预测的水库供水量值具有较高的精确度。通过计算，塘堰预测供水量多年平均值约占总灌溉需水量多年平均值的 39%，进一步论证了塘堰在南方灌区灌溉系统中的重要作用。

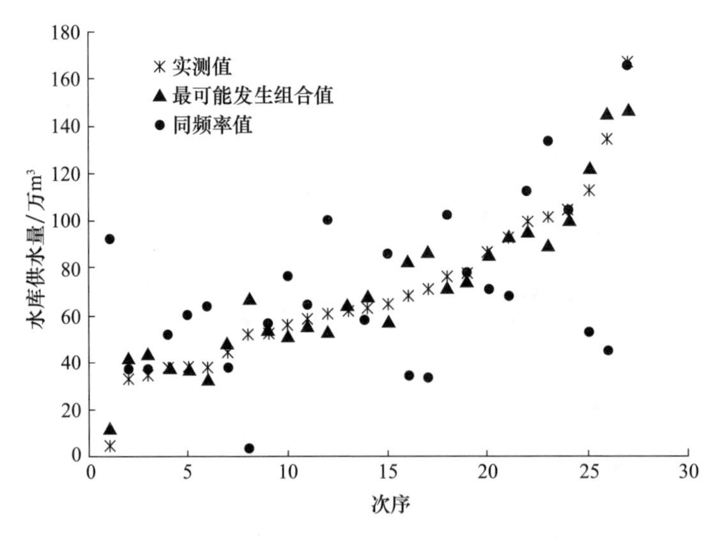

图 6.11　最可能发生组合模式水库供水量预测值、同频率值与实测值

表6.6　最可能发生组合模式水库供水量预测值与实测值误差分析

误差分析指标	纳什效率系数	RMSE/m^3	R^2
计算值	0.998	84974.5	0.939

6.3　水库-塘堰联合供水模式失效风险计算方法

6.3.1　水库-塘堰联合供水模式失效的数学表述

1. 系统失效风险描述

一般认为，系统的风险率为系统在规定的工作年限内不能完成预定功能的概率，可以概化为系统荷载效应 S 与承载能力 R 之间的关系。当 $S<R$ 时，系统正常工作，风险不会发生；反之，当 $S>R$ 时，系统将无法完成其功能，此时系统失效，风险发生。由于存在各种不确定的随机因素，S 和 R 都是随机变量，系统失效 $\{R<S\}$ 是随机事件，其出现概率即为系统的风险率(刘光文，1989；谢华等，2012)。

当 $R<S$ 时认为渠塘联合调配模式失效，风险发生，此时风险率可以表示为

$$\text{Risk}=P(R<S)=\int_r^{\infty}\int_0^r f_{RS}(r,s)\mathrm{d}r\mathrm{d}s \tag{6.26}$$

由于荷载效应与承载能力一般相互独立，风险率的计算公式可改写为

$$\text{Risk}=P(R<S)=\int_r^{\infty}\int_0^r f_R(r)f_S(s)\mathrm{d}r\mathrm{d}s \tag{6.27}$$

对于一个固定的研究区，其承载能力通常是确定的，因而通常不考虑承载能力的不确定性，则风险率与荷载效应的概率相等，即

$$\text{Risk}=P(S)=F_S(s)=\int_r^{\infty}f_S(s)\mathrm{d}s \tag{6.28}$$

2. 水库-塘堰联合供水模式风险数学表述

分析水库与塘堰联合供水情形下该模式失效的风险，其荷载由渠道供水量与塘堰供水量两个因子同时决定，因此风险率由渠道供水量与塘堰供水量的联合概率分布函数表示，即

$$\text{Risk}=P(S)=F_S(s)=P(X_1>x_1,X_2>x_2)=\iint f(x_1,x_2)\mathrm{d}x_1\mathrm{d}x_2 \tag{6.29}$$

式中，X_1 为渠道供水量，m^3；X_2 为塘堰供水量，m^3；$f(x_1,x_2)$ 为渠道供水量和塘堰供水量的联合概率密度函数。

根据灌溉保证率对工程建设的要求，本节主要研究两种情况：①当水库供水量和塘堰供水量大于某一设定标准时，水库-塘堰联合供水模式失效风险概率的大小。这种情况主要用于基于实测数据评估实际应用中水库-塘堰联合供水模式的

失效风险。②在研究区“先塘堰水后水库水”的用水前提下，当塘堰供水量大于某一设定标准时，水库供水量大于自身供水能力的水库-塘堰联合供水模式失效风险的条件概率。这种情况主要用于制定研究区的供水策略，确定水库-塘堰联合供水模式的供水规则。就上述两种研究情况，本节定义其概率表达式分别为

$$P(X_1 > x_1, X_2 > x_2) = 1 - F_{X_1}(x_1) - F_{X_2}(x_2) + C(F_{X_1}(x_1), F_{X_2}(x_2)) \tag{6.30}$$

$$P(X_1 > x_1 | X_2 > x_2) = \frac{1 - F_{X_1}(x_1) - F_{X_2}(x_2) + C(F_{X_1}(x_1), F_{X_2}(x_2))}{1 - F_{X_2}(x_2)} \tag{6.31}$$

式中，$F_{X_1}(x_1)$、$F_{X_2}(x_2)$分别为渠道供水量与塘堰供水量的分布函数，本节中即为Copula函数的边缘分布函数；$C(F_{X_1}(x_1), F_{X_2}(x_2))$为Copula函数；$P(X_1>x_1, X_2>x_2)$为渠道供水量与塘堰供水量大于某一量级时的联合概率；$P(X_1 \geqslant x_1 | X_2 \geqslant x_2)$为塘堰供水量大于某一临界值条件下灌溉渠道工程供水失效的概率。

条件分布是分析研究随机变量相依关系的有力工具，灌区实际水资源配置时，根据先塘堰后渠道的供水顺序，往往关注塘堰供水量大于某一临界值时，渠道不同供水量条件下灌区渠塘联合调配模式失效风险重现期的大小。在塘堰供水量$X_2 \geqslant x_2$、渠道供水量$X_1 \geqslant x_1$时，灌区渠塘联合调配模式失效风险重现期的大小为

$$\begin{aligned} T(X_1 > x_1, X_2 > x_2) &= \frac{1}{P(X_1 > x_1, X_2 > x_2)} \\ &= \frac{1}{1 - F_{X_1}(x_1) - F_{X_2}(x_2) + C(F_{X_1}(x_1), F_{X_2}(x_2))} \end{aligned} \tag{6.32}$$

$$\begin{aligned} T_{(X_1 \geqslant x_1 | X_2 \geqslant x_2)} &= \frac{1}{P(X_1 \geqslant x_1 | X_2 \geqslant x_2)} = \frac{P(X_2 \geqslant x_2)}{P(X_1 \geqslant x, X_2 \geqslant x_2)} \\ &= \frac{1 - F_2(x_2)}{1 - F_1(x_1) - F_2(x_2) + C(F_{X_1}(x_1), F_{X_2}(x_2))} \end{aligned} \tag{6.33}$$

6.3.2 基于预测精度的Copula函数优选

由前面的研究可知，在0.05双侧检验条件下，两个变量之间的相关系数为−0.305，即变量之间具有显著的负相关性，因此结合不同Copula函数的特性，本节选取了四种Copula函数来描述变量之间的负相关特性，这四种函数分别为Gaussian Copula函数、Frank Copula函数、PlackETt Copula函数和No. 16 Copula函数。所选的Copula函数都是常用的多元连接函数，Gaussian Copula函数是一种椭圆Copula函数，PlackETt Copula函数属于PlackETt Copula函数族，Frank Copula和No. 16 Copula函数均属于阿基米德Copula函数族，各函数的表达形式

及参数属性如表 6.7 所示。

表 6.7　所选各 Copula 函数的表达形式及参数属性

Copula 函数	Copula 函数式 $C(u_1,u_2;\theta)$	参数 θ 取值
Gaussian	$\int_{-\infty}^{\Phi^{-1}(u_1)}\int_{-\infty}^{\Phi^{-1}(u_2)}\frac{1}{2\pi\sqrt{1-\theta^2}}\exp\left[-\frac{x_1^2-2\theta x_1x_2+x_2^2}{2(1-\theta^2)}\right]\mathrm{d}x_1\mathrm{d}x_2$	$[-1,1]$
PlackETt	$\frac{S-\sqrt{S^2-4u_1u_2\theta(\theta-1)}}{2(\theta-1)}$ $S=1+(\theta-1)(u_1+u_2)$	$(0,\infty)\backslash\{1\}$
Frank	$-\frac{1}{\theta}\ln\left[1+\frac{(\mathrm{e}^{-\theta u^1}-1)(\mathrm{e}^{-\theta u^2}-1)}{\mathrm{e}^{-\theta}-1}\right]$	$(-\infty,\infty)\backslash\{0\}$
No. 16	$\frac{1}{2}(S+\sqrt{S^2+4\theta})$ $S=u_1+u_2-1-\theta\left(\frac{1}{u_1}+\frac{1}{u_2}-1\right)$	$[0,\infty)$

除了前面介绍的 Copula 函数优选方法之外，本节从预测精度的角度介绍另外一种优选 Copula 函数的方法，即选取满足水库-塘堰联合供水模式失效风险概率波动范围最小的 Copula 函数来表征变量之间的相关性。因此，对于所选的 Copula 函数，可以定义一个集合 $\Omega=\{$Gaussian Copula，PlackETt Copula，Frank Copula，No. 16 Copula$\}$，则预测精度范围的指标 ε 可以表示为（李典庆等，2015）

$$\varepsilon=\max\left\{\frac{p_{f\max}}{p_f(C)},\frac{p_f(C)}{p_{f\min}}\right\} \tag{6.34}$$

式中，$p_f(C)$ 为所选 Copula 函数中某一函数的函数值；$p_{f\max}=\max\{p_f(C),C\in\Omega\}$，$p_{f\min}=\min\{p_f(C),C\in\Omega\}$。

综上所述，在计算出所有 Copula 函数的 ε 值之后，就可以选取最小值对应的 Copula 函数来表征变量之间的相关性，本章也将此方法作为确定 Copula 函数的优选方法。利用前面 Copula 函数的求参方法可以确定四种函数的参数 θ 值，从而求出相应的 AIC、BIC 和 ε 值，各指标值如表 6.8 所示。因此，采用两种优选 Copula 函数的方法可以分别确定 PlackETt Copula 函数和 No. 16 Copula 函数为相应拟合度最优的函数，其拟合效果如图 6.12 所示。

表 6.8　各 Copula 函数优选指标值

Copula 函数	θ	AIC	BIC	ε
Gaussian	−0.461	−1.34	1.25	262504
PlackETt	0.244	−4.17	−2.87	228847
No. 16	0.04	1.44	2.74	227954
Frank	−2.974	−3.52	−2.22	228574

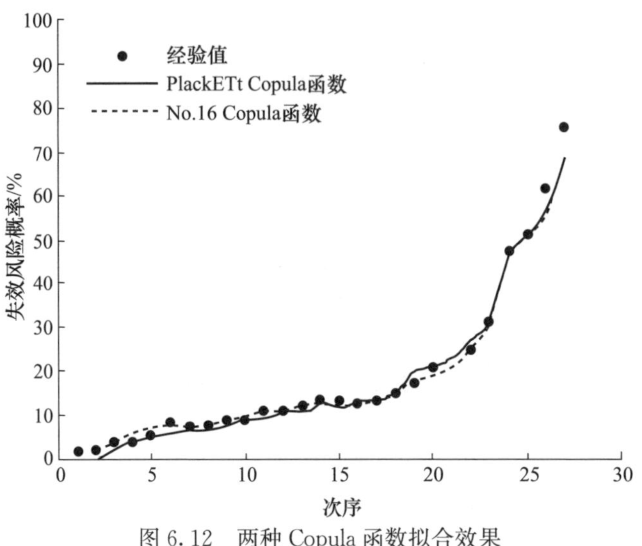

图 6.12 两种 Copula 函数拟合效果

6.3.3 应用研究

本节是针对水库-塘堰联合供水模式进行的风险分析,与 6.2 节存在一定的逻辑联系,本节的研究区和研究数据与 6.2 节相同,因此对于前期的数据处理、两个随机变量的边缘分布函数的选取均采用相同的计算流程,在此不再赘述。本节主要是利用优选出的 PlackETt Copula 函数和 No. 16 Copula 函数来定量评估水库-塘堰联合供水模式的失效风险,其目的是在考虑到实际的供水物理机制和工程运行条件下,提供更合理的失效风险概率估计。

农业灌溉风险一般考虑水分亏缺条件下的风险率,本节选取平水年、枯水年和特枯年作为三种水平年份,对应的水库和塘堰的供水频率分别为 50%、75%和 95%,因此可以得出水库-塘堰联合供水模式的 9 种情境组合来分别计算联合概率分布、条件概率分布及相应的重现期。

1. 基于 Copula 函数的联合供水模式失效风险分析

利用优选的两种 Copula 函数分别计算给定的 9 种水库和塘堰频率组合对应的联合概率分布函数值及相应的重现期,其计算结果如表 6.9 和表 6.10 所示。

表 6.9 基于 PlackETt Copula 函数水库-塘堰联合供水模式失效风险联合概率分布函数值及相应的重现期

水库供水频率/%	塘堰供水频率/%		
	50	75	95
50	[16.54,6]	[6.35,16]	[1.03,97]
75	[6.35,16]	[2.39,42]	[0.39,256]
95	[1.03,97]	[0.39,256]	[0.07,1429]

注:[]中第一个值为失效风险概率(%),第二个值为重现期(年),下同。

表 6.10　基于 No.16 Copula 函数水库-塘堰联合供水模式失效风险联合概率分布函数值及相应的重现期

水库供水频率/%	塘堰供水频率/%		
	50	75	95
50	[14.92,7]	[4.33,23]	[0.57,175]
75	[4.33,23]	[1.16,86]	[0.16,625]
95	[0.57,175]	[0.16,625]	[0.02,5000]

在给定塘堰供水频率(50%、75%、95%)条件下,水库-塘堰联合供水模式失效风险条件概率分布函数值及相应的重现期如表 6.11 和表 6.12 所示。

表 6.11　基于 PlackETt Copula 函数水库-塘堰联合供水模式失效风险条件概率分布函数值及相应的重现期

水库供水频率/%	塘堰供水频率/%		
	50	75	95
50	[33.08,3]	[25.39,4]	[20.63,5]
75	[12.69,8]	[9.54,10]	[7.87,13]
95	[2.06,49]	[1.57,64]	[1.32,76]

表 6.12　基于 No.16 Copula 函数水库-塘堰联合供水模式失效风险条件概率分布函数值及相应的重现期

水库供水频率/%	塘堰供水频率/%		
	50	75	95
50	[29.84,3]	[17.34,6]	[11.42,9]
75	[8.67,11]	[4.64,22]	[3.17,32]
95	[1.14,88]	[0.63,159]	[0.45,222]

从表 6.9 和表 6.10 可以看出,采用两种 Copula 函数计算得出的水库-塘堰联合供水模式失效风险的联合概率为 0.02%～16.54%,而研究区现有的研究概率值为 33.3%,本节研究的失效风险概率明显小于现有研究成果。由此可知,在灌区用水规划管理过程中,将塘堰供水纳入灌区灌溉用水评估对客观评价现有供水策略的失效风险是十分必要的。例如,以枯水年为例,以降雨排频来确定水库供水,则需要水库满足相应的供水频率为 97.31%,而水库实际的供水频率为 89.29%,相应的水库可以减少灌溉供水量 301937.2m^3。这部分节约的水量可以供给其他生产生活需要,也相当于农业节水所产生的效益。从表 6.11 和表 6.12 可以看出,当塘堰的供水频率为 50%～95%时,水库-塘堰联合供水模式失效风险的条件概率为 0.45%～33.08%,大于联合分布概率。也就是说,在相同的失效风险概率条件下,条件概率分布所对应的水库和塘堰的供水频率将高于联合概率分布对应的供水频率,从而用条件概率分布计算得出的水库供水量大于联合概率分

布的计算值，即通过条件概率预测的供水量在一定程度上能够提高灌溉保证率。

以水稻为主要作物的区域，灌区的灌溉保证率一般为75%～95%，因此工程设计的重现期为4～20年。通过本节提出的计算方法，在水库和塘堰以75%～95%频率供水时，其联合概率分布和条件概率分布相应的重现期分别为42～5000年和10～222年。因此，充分考虑水库和塘堰联合供水的策略能够有效地避免风险的发生，也就是说，制定合理的水库-塘堰联合供水模式将大大提高失效风险重现期。因此，在灌溉用水风险评价中，与单变量分析模型相比，本节提出的水库-塘堰联合供水模式失效风险计算方法能够更客观地评价实际应用中的农业供水策略。

根据30年的统计数据，水库供水量和塘堰供水量的年平均值分别为698004m^{3}和407796m^3；此外，在50%供水频率下，水库供水量和塘堰供水量分别为634206m^{3}和403700m^3。因此，在一般情况下，水库和塘堰都能够满足50%频率的供水需求，水库-塘堰联合供水模式联合分布的失效风险概率分别为16.54%和14.92%，处于相对较低的风险水平。同样地，从规划的角度来看，通过条件概率分布的分析，在塘堰供水频率为50%的条件下，当水库供水频率也为50%时，水库-塘堰联合供水模式的失效风险概率分别为29.84%和33.08%，相应的重现期约为3年。而在关于研究区现有的研究中，陈祖梅等(2010)认为该区域发生干旱风险的重现期为3年一遇，这与本节计算方法得出的结论也是一致的。

依据未来年份进行水文气象资料的预测，以此预测塘堰和渠道的供水能力，结合作物种植结构可以预测未来年份渠塘联合调配模式失效风险概率；同时在进行预测时，可以预设塘堰不同的供水频率，在不同条件下研究渠道不同供水频率时各渠塘联合调配模式方案风险概率的大小，从而根据不同的配水目标优选调配方案。

2. 基于不同典型年的灌溉供水策略分析

前面提出根据1981～2010年的降雨量进行排频，选取50%、75%和95%频率作为典型年(分别为2006年、1990年和2010年)，其塘堰供水量频率分别为17.86%、67.86%和28.57%，渠道供水量频率分别为42.86%、89.29%和53.57%，可以发现典型年频率与水库和塘堰供水频率之间存在非一致性。分别设计4年、10年、20年一遇为水库-塘堰联合供水模式失效风险的重现期，利用PlackETt Copula函数和No. 16 Copula函数计算相应的水库供水需求频率，结果如表6.13和表6.14所示。综合两表可以看出，预设水库-塘堰联合供水模式失效风险的重现期，在不同典型年条件下，在塘堰供水频率为50%～95%时，水库供水频率为2.46%～24.72%，而实际上从实测数据推求的水库供水频率为42.86%～89.29%。因此，在这种情况下，当塘堰供水频率确定时，所有年份水库实际的供水频率均大于计算所需的供水频率。

表6.13　基于PlackETt Copula函数的不同典型年及不同失效风险重现期条件下水库供水需求频率

重现期/年	塘堰供水频率/%		
	50%	75%	95%
4	21.88*	13.14**	20.01***
10	8.68*	5.01**	7.90***
20	4.33*	2.46**	3.93***

注：*、**、***分别表示塘堰17.86%、67.86%和28.57%的供水频率。

表6.14　基于No.16 Copula函数的不同典型年及不同失效风险重现期条件下水库供水需求频率

重现期/年	塘堰供水频率/%		
	50%	75%	95%
4	24.72*	15.88**	22.81***
10	11.36*	8.29**	10.75***
20	6.67*	5.34**	6.43***

注：*、**、***分别表示塘堰17.86%、67.86%和28.57%的供水频率。

同时，合理、全面地评估塘堰的供水能力可以在很大程度上节约水库的灌溉供水量，例如，对于75%的典型年，塘堰的供水频率为67.86%，计算所需的水库灌溉供水量为957029m^3，而实际的监测数据为1132046m^3，水库水量供给可以减少175035m^3。因此，水库-塘堰联合供水模式在一定程度上可以达到节水的效果。而且，当典型年型可以确定时，通过确定合理的塘堰供水能力可以制定可靠的水库灌溉供水管理规则。

除了在针对不同典型年计算不同塘堰供水水平条件下的水库供水需求之外，还可以利用Copula函数制定合理的灌溉供水策略。对于给定的水库-塘堰联合供水模式失效风险概率，可以制定如图6.13和图6.14所示的灌溉供水策略图，图中每一条曲线为模式失效风险等概率线，水库的供水频率可以从图中查询得到。同时，供水策略图表明，随着水库和塘堰供水频率的降低，模式失效风险概率增加。而对于给定的模式失效风险概率，塘堰不同供水频率下水库的供水频率一般不超过60%，因此充分利用塘堰供水对减少塘堰供水是尤为必要的，塘堰在南方灌区农业灌溉供水中具有极其重要的作用。

3. 两种优选Copula函数的分析研究

所选的PlackETt Copula函数和No.16 Copula函数均可以用来描述水库供水和塘堰供水两变量之间的相关关系，它们分别适用于不同的优选准则。然而，不同的函数会引起计算结果和预测精度的差别,因此在工程实践中,需要针对不同的管理需求选择合适的函数。

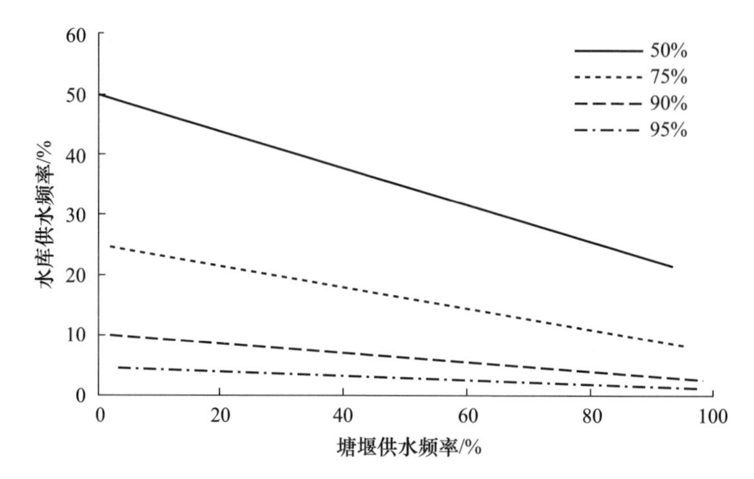

图 6.13 基于 PlackETt Copula 函数的供水模式不同失效风险概率条件下塘堰不同供水频率对应的供水策略图

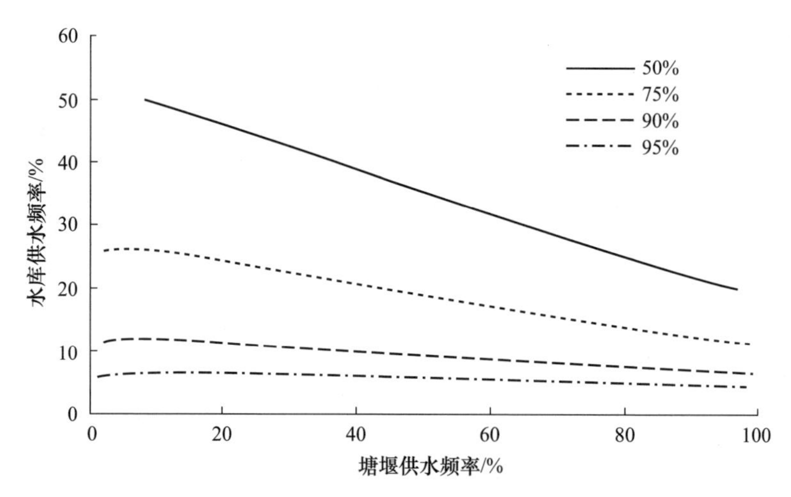

图 6.14 基于 No. 16 Copula 函数的供水模式不同失效风险概率条件下塘堰不同供水频率对应的供水策略图

6.4 基于粒子群-人工蜂群算法的渠-塘-田优化调配耦合模型

6.4.1 优化调配耦合模型的构建

考虑塘堰的调节作用,进行渠-塘优化调控,在需水较少时引渠水入塘,在用水紧张时引塘堰水灌溉；并与田间多种作物优化配水相结合，以各时段渠道引水量、作物灌水量为决策变量，以灌溉区域效益最大为目标，建立渠-塘-田地优化调配耦合模型。

1. 目标函数

优化每个时段渠道引水量和灌溉区域内各种作物的灌水量，使灌溉区域在整个规划期内经济效益最大，目标函数 F 为

$$F=\max\left(\sum_{i=1}^{I}Y_iC_iA_i-\sum_{t=1}^{T}\beta \mathrm{WD}_t\right) \tag{6.35}$$

式中，C_i 为第 i 种作物的价格，元/kg；A_i 为第 i 种作物的种植面积，hm^2；Y_i 为第 i 种作物的实际产量，$\mathrm{kg/hm}^2$；WD_t 为第 t 计算时段的渠道引水量，该变量为决策变量，m^3；β 为渠道灌溉水价格，元/m^3。

作物的实际产量 Y_i 计算式为

$$Y_i=Y_{i,\mathrm{m}}\prod_{n=1}^{N}\left[\frac{\mathrm{ET}_{i,n}}{(\mathrm{ET_m})_{i,n}}\right]^{\lambda_{i,n}} \tag{6.36}$$

式中，n 为作物的生育阶段，$n=1,2,\cdots,N$；$Y_{i,\mathrm{m}}$为第 i 种作物的潜在产量，$\mathrm{kg/hm}^2$；$(\mathrm{ET_m})_{i,n}$为第 i 种作物第 n 生育阶段的潜在蒸发蒸腾量，mm；$\mathrm{ET}_{i,n}$为第 i 种作物第 n 生育阶段的实际蒸发蒸腾量，mm；$\lambda_{i,n}$ 为第 i 种作物第 n 生育阶段的敏感指数。

作物的实际蒸发蒸腾量 $\mathrm{ET}_{i,n}$计算式为

$$\mathrm{ET}_{i,n}=\sum_{t=1}^{T}\frac{\mathrm{ET}_{i,t}}{\mathrm{DA}_t}T_{i,n,t} \tag{6.37}$$

式中，$\mathrm{ET}_{i,t}$为第 i 种作物在第 t 时段的实际蒸发蒸腾量，mm；DA_t 为第 t 时段天数，d；$T_{i,n,t}$为第 i 种作物第 n 生育阶段在第 t 时段的生长天数，d。

2. 约束条件

1）田间水量平衡约束

水稻：

$$h_{i,t+1}=h_{i,t}+m_{i,t}+p_t-\mathrm{ET}_{i,t}-d_{i,t}-\mathrm{Sep}_{i,t} \tag{6.38}$$

旱作物：

$$s_{i,t+1}=s_{i,t}+m_{i,t}+p_t'-\mathrm{ET}_{i,t}+\mathrm{GR}_{i,t}+\mathrm{WR}_{i,t} \tag{6.39}$$

式中，$h_{i,t+1}$、$h_{i,t}$分别为第 i 种作物第 $t+1$ 时段初和第 t 时段初的田间水层深度，mm；$s_{i,t+1}$、$s_{i,t}$分别为第 i 种作物第 $t+1$ 时段初和第 t 时段初的田间储水量，mm；p_t、p_t'分别为第 t 时段降雨量和有效降雨量，mm；$m_{i,t}$为第 i 种作物第 t 时段灌水量，该变量为决策变量，mm；$d_{i,t}$为第 i 种作物第 t 时段排水量，mm；$\mathrm{Sep}_{i,t}$为第 i 种

作物第 t 时段田间渗漏量，可通过试验等方式确定，mm；$GR_{i,t}$ 为第 i 种作物第 t 时段地下水补给量，可通过试验等方式确定，mm；$WR_{i,t}$ 为第 i 种作物第 t 时段由于计划湿润层增加而增加的水量，mm。

有效降雨量 p_t' 的计算公式为

$$p_t' = \alpha p_t \tag{6.40}$$

式中，α 为降雨入渗系数，其值与一次降雨量、降雨强度、降雨延续时间、土壤性质、地面覆盖及地形等因素有关。

田间储水量 $s_{i,t}$ 的计算公式为

$$s_{i,t} = H_{i,t}\theta_{i,t} \tag{6.41}$$

式中，$\theta_{i,t}$ 为第 i 种作物第 t 时段初土壤体积含水率；$H_{i,t}$ 为第 i 种作物第 t 时段初土壤计划湿润层深度，mm。

由于计划湿润层增加而增加的水量 $WR_{i,t}$ 的计算公式为

$$WR_{i,t} = (H_{i,t+1} - H_{i,t})\theta_{i,av} \tag{6.42}$$

式中，$\theta_{i,av}$ 为第 i 种作物 $(H_{i,t+1} - H_{i,t})$ 土层中的平均体积含水率。

2）塘堰水量平衡约束

塘堰水量平衡方程为

$$V_{t+1} = V_t + W_t - WS_t - D_t - WC_t \tag{6.43}$$

$$S_t = \sum_{i=1}^{I} \frac{10m_{i,t}A_i}{\eta} - WD_t \tag{6.44}$$

$$V_{min} \leqslant V_t \leqslant V_{max} \tag{6.45}$$

式中，V_{t+1}、V_t 分别为第 $t+1$ 时段初和第 t 时段初塘堰蓄水量，m^3；W_t 为第 t 时段塘堰来水量，m^3；D_t 为第 t 时段塘堰弃水量，m^3；WC_t 为第 t 时段塘堰耗水量，m^3；WD_t 为第 t 时段渠道引水量，m^3；若 $WS_t > 0$，则 WS_t 表示第 t 时段塘堰供水量，m^3，若 $WS_t \leqslant 0$，则 WS_t 表示第 t 时段渠道引入塘堰的水量，m^3；V_{min} 为塘堰死库容，m^3；V_{max} 为塘堰最大蓄水量，m^3；η 为灌溉水有效利用系数，由灌区的实际情况而定。

3）渠道引水量约束

$$0 \leqslant WD_t \leqslant (WD_{max})_t \tag{6.46}$$

式中，$(WD_{max})_t$ 为第 t 时段渠道最大引水量，由渠道的引水能力和上游水库第 t 时段可供水量确定，m^3。

4）作物正常生长的蒸发蒸腾量约束

$$(ET_{min})_{i,t} \leqslant ET_{i,t} \leqslant (ET_m)_{i,t} \tag{6.47}$$

式中，$(ET_{min})_{i,t}$ 为第 i 种作物第 t 时段正常生长所需的最小蒸发蒸腾量，mm；$(ET_m)_{i,t}$ 为第 i 种作物第 t 时段潜在蒸发蒸腾量，mm。

5）田间水深及土壤体积含水率约束

$$(h_{min})_{i,t} \leqslant h_{i,t} \leqslant (h_{max})_{t,t} \tag{6.48}$$

$$(\theta_{\mathrm{w}})_{i,t} \leqslant \theta_{i,t} \leqslant (\theta_{\mathrm{f}})_{i,t} \tag{6.49}$$

式中，$(h_{\min})_{i,t}$为第 i 种作物第 t 时段正常生长允许的最小田间水深，mm；$(h_{\max})_{i,t}$为第 i 种作物第 t 时段正常生长允许的最大田间水深，mm；$(\theta_{\mathrm{w}})_{i,t}$为第 i 种作物第 t 时段正常生长允许的最小土壤体积含水率；$(\theta_{\mathrm{f}})_{i,t}$为第 i 种作物第 t 时段正常生长允许的最大土壤体积含水率，为田间持水量。

6.4.2 优化调配耦合模型求解

人工蜂群算法是一种新的人工智能算法，它是一种基于模拟蜂群的采蜜机制而进行全局寻优的随机搜索优化算法，具有操作简单、设置参数少、鲁棒性高、收敛速度快等优点。但人工蜂群算法在求解高维复杂单目标优化问题时易早熟，而粒子群则具有很强的跳出局部极值的能力。因此，本书采用粒子群-人工蜂群混合算法对优化模型进行求解。

1. 约束条件处理

本模型中有 3 个等式约束，需要将其进行转化。将田间水深上、下限和土壤体积含水率上、下限通过田间水量平衡方程转换为灌水量的上、下限约束。塘堰水量平衡方程约束采用罚函数方式处理，对于不满足约束的个体给予一定的惩罚，使其适应度大大降低。

2. 求解思路

将由各时段的渠道引水量和作物的灌水量组成的一个决策序列看成一个个体（一个蜜源），将决策序列得到的目标函数值看成蜜源的品质。在满足一定的约束条件下，随机生成 NP 个个体组成初始种群，且每一个个体上有一个蜜蜂与之一一对应，并用目标函数值来评价个体的适应度。通过雇佣蜂搜索、跟随蜂搜索、雇佣蜂转为侦察蜂进行粒子群搜索，择优保留形成新的种群，如此反复，直到满足算法的终止条件。粒子群-人工蜂群混合算法结构如图 6.15 所示。

3. 求解步骤

运用粒子群-人工蜂群混合算法求解优化调控模型，算法主要步骤如下。

1）初始化种群并计算目标函数值

在满足约束条件下，按式(6.50)产生 NP 个个体构成初始种群：

$$\boldsymbol{X}_0^j = \boldsymbol{X}^{\mathrm{L}} + (\boldsymbol{X}^{\mathrm{U}} - \boldsymbol{X}^{\mathrm{L}})\mathrm{rand}, \quad j = 1,2,\cdots,\mathrm{NP} \tag{6.50}$$

式中，$X_0^j = (X_0^{j,1}, X_0^{j,2}, \cdots, X_0^{j,\mathrm{NU}})$为初始群中的第 j 个个体，NU 为变量的维数；$\boldsymbol{X}^{\mathrm{U}} = (x_1^{\mathrm{U}}, x_2^{\mathrm{U}}, \cdots, x_{\mathrm{NU}}^{\mathrm{U}})$为变量的上限；$\boldsymbol{X}^{\mathrm{L}} = (x_1^{\mathrm{L}}, x_2^{\mathrm{L}}, \cdots, x_{\mathrm{NU}}^{\mathrm{L}})$为变量的下限；rand 为[0,1]上的随机数。

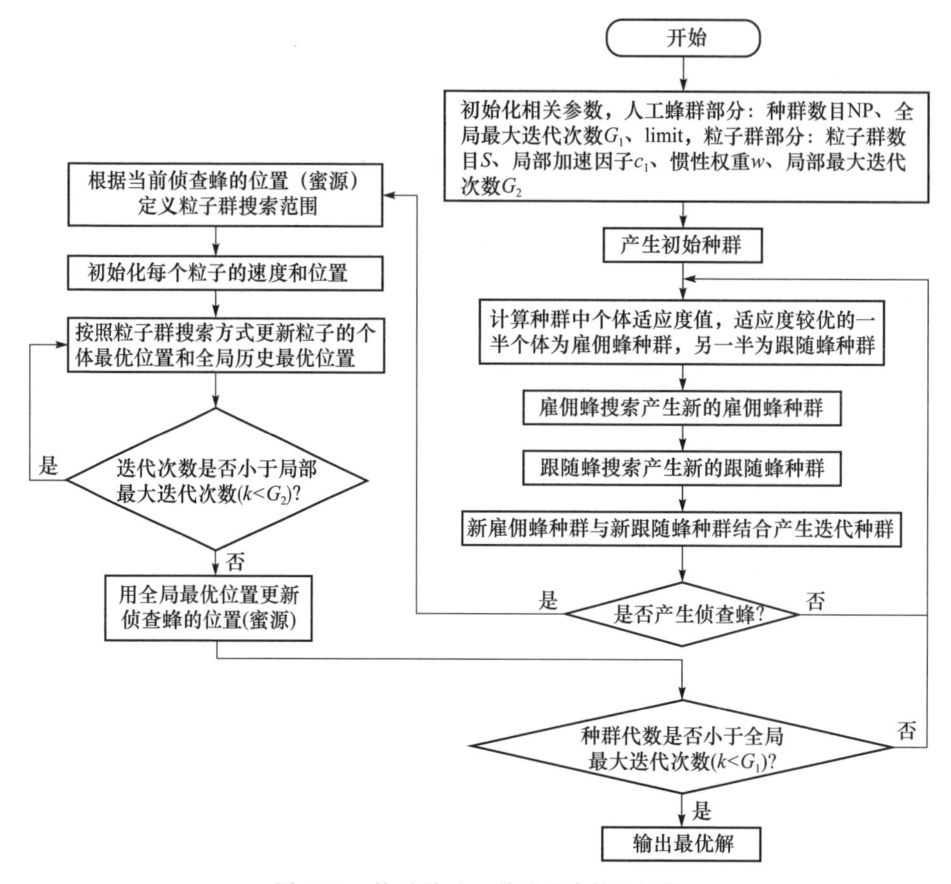

图 6.15　粒子群-人工蜂群混合算法结构

计算初始种群的目标函数值，将目标函数值较大的一半个体(蜜源)上的蜜蜂当成雇佣蜂，相应个体(蜜源)构成的种群为雇佣蜂种群；另一半个体上的蜜蜂当成跟随蜂，相应个体构成的群体为跟随蜂种群。

2) 雇佣蜂搜索

对雇佣蜂种群中的每一个个体按式(6.51)产生新的个体：

$$(X_k^{j,\mathrm{NU}})' = X_k^{j,\mathrm{NU}} + (2\mathrm{rand} - 1)(X_k^{j,\mathrm{NU}} - X_k^{r,\mathrm{NU}}),\quad j = 1,2,\cdots,\frac{\mathrm{NP}}{2} \tag{6.51}$$

式中，$X_k^{j,\mathrm{NU}}$ 表示第 k 代雇佣蜂种群中第 j 个个体的第 NU 个变量；$X_k^{r,\mathrm{NU}}$ 表示第 k 代雇佣蜂种群中第 r 个个体的第 NU 个变量，$r\in[1,\mathrm{NP}/2]$且 $r\neq j$，NU、r 均为随机生成；$(X_k^{j,\mathrm{NU}})'$表示产生的新个体的第 NU 个变量。若新个体的函数值比原个体的函数值大，则用新个体代替原个体，进入下一代，构成新的(第 $k+1$ 代)雇佣蜂种群；反之，则保留原个体进入下一代。

3) 跟随蜂搜索

跟随蜂按照式(6.52)在新的雇佣蜂种群中选择一个较优个体，依照步骤 2)的方式迭代，形成新的跟随蜂种群：

$$\mathrm{Pr}_{k+1}^{j}=\frac{Z_{k+1}^{j}}{\sum\limits_{j=1}^{\mathrm{NP}/2} Z_{k+1}^{j}}, \quad j=1,2,\cdots,\frac{\mathrm{NP}}{2} \tag{6.52}$$

式中，Pr_{k+1}^{j} 表示第 $k+1$ 代雇佣蜂种群中的第 j 个个体被选中的概率；Z_{k+1}^{j} 表示第 $k+1$ 代雇佣蜂种群中的第 j 个个体的函数值。

4）侦察蜂搜索

若种群中某一个个体连续"limit"代不变，则相应个体上的蜜蜂转换为侦察蜂，按照粒子群的方式进行搜索。

首先，根据侦察蜂的位置（蜜源）定义粒子群的搜索范围，并随机初始化每个粒子的速度和位置。

其次，按照式（6.53）和式（6.54）更新粒子群的个体速度和位置：

$$\mathrm{Ve}_{l}(k+1)=w\mathrm{Ve}_{l}(k)+c_{1}\mathrm{rand}[\mathrm{Lo}_{l\mathrm{best}}-\mathrm{Lo}_{l}(k)]+c_{2}\mathrm{rand}[\mathrm{Lo}_{\mathrm{best}}-\mathrm{Lo}_{l}(k)] \tag{6.53}$$

$$\mathrm{Lo}_{l}(k+1)=\mathrm{Lo}_{l}(k)+\mathrm{Ve}_{l}(k+1) \tag{6.54}$$

式中，$\mathrm{Ve}_{l}(k)$、$\mathrm{Ve}_{l}(k+1)$ 分别表示第 l 个粒子第 k 次迭代和第 $k+1$ 次迭代的速度；$\mathrm{Lo}_{l}(k)$、$\mathrm{Lo}_{l}(k+1)$ 分别表示第 l 个粒子第 k 次迭代和第 $k+1$ 次迭代的位置；$\mathrm{Lo}_{l\mathrm{best}}$ 表示第 l 个粒子所经历的最优位置；$\mathrm{Lo}_{\mathrm{best}}$ 表示整个粒子群所经历的最优位置；w 为惯性权重；c_1、c_2 分别为局部加速因子和全局加速因子；k 为迭代次数。

最后，用全局最优位置更新侦察蜂的位置（蜜源）。

6.4.3　模型应用

1. 研究区概况

以漳河水库灌区二干渠第三分渠控制范围为研究实例，该区域为亚热带季风气候，多年平均降雨量为 905mm，其中 60%分布在 5～9 月；控制灌溉面积 540hm²，主要种植早、中、晚稻和冬小麦，种植面积分别为 142hm²、310hm²、176hm²、256hm²；区域内无小型水库，有大小塘堰 96 口，最大蓄水容量 26.6 万 m³。

2. 模型计算

采用 1981～2010 年的历史资料，从 11 月下旬开始，以旬为计算时段，运用以下 3 种模型分别进行计算：①模型 1，供水时先塘堰后渠道，作物间按需水量所占比例配水；②模型 2，供水时先塘堰后渠道，作物间进行优化配水；③模型 3，供水时考虑渠-塘优化调控，作物间进行优化配水，即本章提出的优化调配耦合模型。计算中用到的历史资料来源于湖北省漳河工程管理局，作物生育阶段划分及敏感指数如表 6.15 所示。

表 6.15　作物生育时段划分及敏感指数

作物种类	生育期	日期/月-日	敏感指数
早稻	返青期	04-26～05-05	—
	分蘖期	05-06～06-12	0.144
	孕穗期	06-13～06-25	0.382
	抽穗期	06-26～07-04	0.722
	乳熟期	07-05～07-13	0.483
	黄熟期	07-14～07-21	—
中稻	返青期	05-25～06-03	—
	分蘖期	06-04～07-11	0.297
	孕穗期	07-12～07-26	0.642
	抽穗期	07-27～08-05	0.961
	乳熟期	08-06～08-15	0.243
	黄熟期	08-16～08-23	—
晚稻	返青期	08-01～08-08	—
	分蘖期	08-09～09-05	0.151
	孕穗期	09-06～09-20	0.761
	抽穗期	09-21～10-01	0.691
	乳熟期	10-02～10-15	0.398
	黄熟期	10-16～10-29	—
冬小麦	越冬期	12-06～02-01	0.047
	返青期	02-02～02-10	0.191
	拔节孕穗期	02-11～03-08	0.196
	扬花灌浆期	03-09～04-04	0.297
	结实成熟期	04-05～05-06	0.171

3. 指标计算

优化调配耦合模型相比其他模型的效益增加率用式(6.55)计算：

$$\gamma=\frac{F_3-F_i}{F_i}\times 100\% \tag{6.55}$$

式中，γ 为优化调配耦合模型相比其他模型的效益增加率，%；F_3 为采用优化调配耦合模型计算得到的效益，万元；F_i 为采用第 i 种模型计算得到的效益，万元，$i=1,2$。

6.4.4　结果分析

1. 缺水时段比较

三个模型缺水时段比较如表 6.16 所示。可以看出,在特枯水年、枯水年、平水年优化调配耦合模型(模型 3)的缺水时段数均比模型 1 大幅度减少,总缺水时段数减少 91.4%。这是因为优化调配耦合模型采用渠-塘优化调控,在需水较少时引渠水入塘,在用水紧张时引塘堰水灌溉,能减少用水高峰时期渠道供水不足造成的缺水。

表 6.16　三个模型缺水时段比较

典型年	缺水时段			与模型 3 差值	
	模型 1	模型 2	模型 3	模型 1	模型 2
特枯水年(P=95%)	4	4	1	−3	−3
枯水年(P=75%)	2	2	0	−2	−2
平水年(P=50%)	2	2	0	−2	−2
总和(1981~2010 年)	35	35	3	−32	−32

注:差值为负值表示模型 3 较优,下同;P 为降雨频率。

2. 经济效益比较

三个模型效益比较如表 6.17 所示。可以看出,在三种典型年下,与其他两种模型相比,优化调配耦合模型净效益有所增加,其中在特枯水年有大幅度增长,比模型 1 和模型 2 分别增加了 20.7%和 6.9%。这是因为模型 1 既没有考虑塘堰的调节作用,也没有考虑作物间的优化分配;模型 2 只考虑了不同作物同一时期对水分亏缺的不同反应,而没有考虑塘堰的调节作用;优化调配耦合模型在模型 2 的基础上,既考虑了不同作物在同一时期对水分亏缺的不同反应及同一作物在不同时期对水分亏缺的不同反应,也考虑了塘堰的调节作用,能及时有效地供给灌溉水。

表 6.17　三个模型效益比较

典型年	效益/万元			效益增加率/%	
	模型 1	模型 2	模型 3	模型 1	模型 2
特枯水年(P=95%)	1201	1356	1450	20.7	6.9
枯水年(P=75%)	1322	1413	1458	10.3	3.2
平水年(P=50%)	1431	1439	1459	2.0	1.4
多年平均	1383	1418	1458	5.4	2.8

注:计算所用到作物价格来源于湖北省粮食局,灌溉水价格来源于湖北省漳河工程管理局。

6.5 本章小结

本章研究了灌区多水源水量调配机制，可以得出以下结论：

(1) 结合南方丘陵灌区塘堰分布广、数量多、群体容量大的特点，建立了库塘水资源系统优化调控模型，以5月下旬至8月中旬作为控制运行时期，得到不同典型年下塘堰的优化蓄水方案：在平水年时6月中旬末预留10%，7月中旬末预留20%，5月底、6月上旬末、6月下旬末、7月上旬末预留30%，其他各旬可全部用完；在偏枯水年时5月底预留10%，6月上旬末、6月下旬末预留20%，6月中旬末、7月上旬末、7月中旬末预留30%，其他各旬可全部用完；在特枯水年时5月底、7月中旬末预留10%，6月下旬末、7月上旬末、7月下旬末预留20%，6月上旬末、6月中旬末预留30%，其他各旬可全部用完。比较塘堰在不控制运行与优化控制运行下保证基本产量的概率，结果表明，在平水年时，相对产量在0.6以上的概率提高了2.38%；在偏枯水年时，相对产量在0.6以上的概率提高了8.80%；在特枯水年时，相对产量在0.6以上的概率提高了11.29%。

(2) 构建了千公顷尺度单元水库和塘堰联合供水模式的水量分配计算模型，并针对该模式提出了风险评估计算方法。提出的条件期望组合模式用于预测水库灌溉供水量的计算方法融合了均值的概念，具有一定的统计学基础，可以为决策人员提供决策思路，易于理解和掌握。预测值与实测值拟合较好，88.9%的年份可以满足90%置信度的要求。提出的最可能发生组合模式用于预测水库灌溉供水量的计算方法按照严格的数学推理而来，有一定的可靠性，能够为水库供水决策提供依据。其预测值和实测值纳什效率系数、RMSE和R^2值分别为0.998、84974.5m^3和0.939，表明该方法精度较高，可以满足预测需求。

(3) 采用优选出的PlackETt Copula函数和No.16 Copula函数构建模式风险评估计算方法，分析了9种不同频率组合和确定塘堰供水概率下水库-堰联合调配模式的失效风险概率。得出在满足研究区灌溉保证率的条件下，综合考虑水库和塘堰联合供水，可以将工程失效的风险重现期由原先的4～20年提高到10～222年；从平水年、枯水年、特枯年3种典型年的角度分析，在塘堰实际供水能力下，以4年、10年、20年一遇作为水库-塘堰联合调配模式失效风险的重现期进行预测，现有的渠道供水能力基本可以满足用水需求，甚至在一定程度上可以减少供水量，从而缓解用水矛盾。

(4) 结合南方灌区渠、塘、田地复杂的水量转化关系，建立了以灌溉区域效益最大为目标的渠-塘优化调控与田间多种作物优化配水相结合的耦合模型；根据该模型的特点，提出了模型求解的粒子群-人工蜂群混合算法。将模型应用于漳河水库灌区，并与常规的渠 塘调控和作物配水模型、只考虑作物优化配水模型相比较。结果表明,渠-塘-田地协同调配效果显著,耦合模型计算所得特枯水年(降雨频率 $P=95\%$)下灌溉用水效益比采用其他两种模型分别提高了 20.7%和 6.9%。粒子群-人工蜂群混合算法能快速求解该优化调配耦合模型,有利于解决多水源、长距离输配水、库塘共同调控等复杂情况下的高效用水模型的求解问题。

第7章　灌区水资源高效利用调控模型

7.1　不确定条件下作物不同生育期间水量优化分配模型

7.1.1　研究方法

1. 区间多阶段水量分配模型

为了提高农业水资源的利用效率，必须优化作物不同生育期间的水量分配。然而，作物不同生育期间的水量分配是一个复杂的动态过程，因为每个生育期的区域入流量和作物灌溉需水量都是不确定的。为解决这一问题，提出了一种用于解决水库灌溉系统中单一作物优化灌溉问题的区间多阶段水量分配(interval multi-stage water allocation，IMWA)模型。考虑到灌溉需水目标与降雨量密切相关，不能简单地表示为区间值，在目标函数中各生育期的生长需水目标作为第一阶段决策变量。在约束条件中，引入水库水量平衡方程来描述水库灌溉系统的特点。通过将多阶段随机规划和区间参数规划结合在一起，可以同时反映以区间参数和概率分布表示的不确定性，从而实现对每个生育期的动态灌溉。该模型可以表示为

$$\max f^{\pm}=\sum_{t=1}^{T}B_{t}^{\pm}\mathrm{WD}_{t}^{\pm}-\sum_{t=1}^{T}\sum_{k=1}^{K_t}P_{tk}C_{t}^{\pm}\mathrm{WS}_{tk}^{\pm} \tag{7.1a}$$

满足

$$\mathrm{WD}_{t}^{\pm}-\mathrm{WS}_{tk}^{\pm}\geqslant W_{t}^{\pm},\quad \forall t,k \tag{7.1b}$$

$$\mathrm{SR}_{t+1}^{\pm}=\mathrm{SR}_{t}^{\pm}+\mathrm{WR}_{tk}^{\pm}-\mathrm{WI}_{tk}^{\pm}-\mathrm{WL}_{t}^{\pm},\quad \forall t,k \tag{7.1c}$$

$$\mathrm{WI}_{tk}^{\pm}=\begin{cases}\dfrac{\mathrm{WD}_{t}^{\pm}-\mathrm{WS}_{tk}^{\pm}-p_{tk}^{\prime\pm}}{\eta}, & \mathrm{WD}_{t}^{\pm}-\mathrm{WS}_{tk}^{\pm}\geqslant p_{tk}^{\prime\pm},\quad \forall t,k\\ 0, & \text{其他}\end{cases} \tag{7.1d}$$

$$0\leqslant \mathrm{SR}_{t}^{\pm}\leqslant \mathrm{SR}_{\max} \tag{7.1e}$$

$$0\leqslant \mathrm{WS}_{tk}^{\pm} \tag{7.1f}$$

式中，“−”和“+”分别为一个区间参数或变量的下限和上限；$f^{\pm}$ 为系统预期的净效益，元；t 为不同的生育期；T 为作物生育期总数；$B_{t}^{\pm}$ 为单方水净效益，元/m³；$\mathrm{WD}_{t}^{\pm}$ 第 t 生育期作物生长需水量，m³；k 为不同的降雨水平；K_t 为第 t 生育期的降雨水平总数；P_{tk} 为在第 t 生育期降雨水平 k 发生的概率，且 $P_{tk}>0$，$\sum_{k=1}^{K_t}P_{tk}=1$；$C_{t}^{\pm}$ 为单方水的损失，元/m³；$\mathrm{WS}_{tk}^{\pm}$ 为在第 t 生育期降雨水平 k 下的作物缺水量，m³；$W_{t}^{\pm}$ 为第

t 生育期作物最小需水量，m^3；$SR_t^{\pm}$ 为水库在第 t 生育期初的有效蓄水量，m^3；$WR_{tk}^{\pm}$ 为水库在第 t 生育期降雨水平 k 下的入流量，m^3；$WI_{tk}^{\pm}$ 为第 t 生育期降雨水平 k 下的作物灌水量，m^3；$WL_t^{\pm}$ 为水库第 t 生育期的损失水量，m^3；$p_{tk}'^{\pm}$ 为第 t 生育期降雨水平 k 下作物种植区域有效降雨量，m^3；η 为灌溉水有效利用系数；SR_{max} 为水库有效库容，m^3。

在 IMWA 模型中，有两组决策变量：第一组必须在随机变量实现之前确定（如 $WD_t^{\pm}$），而第二组需要在随机变量实现后确定（如 $WS_{tk}^{\pm}$）。

2. 模型求解

根据 Huang 等（2000）的理论，如果将 $WD_t^{\pm}$ 考虑为不确定性参数输入，用现有的方法求解 IMWA 模型是困难的。因此，将差分系数（Z_t）引入模型中，使得 $WD_t^{\pm}=WD_t^-+\Delta WD_t Z_t$，其中 $\Delta WD_t=WD_t^+-WD_t^-$，$Z_t\in[0,1]$。然后将 IMWA 模型转换为两个确定性子模型，分别对应目标函数值的下界和上界。由于目标函数是寻求系统效益的最大化，先求解与目标函数值上界对应的子模型，表示为

$$\max f^+=\sum_{t=1}^{T}B_t^+(WD_t^-+\Delta WD_t Z_t)-\sum_{t=1}^{T}\sum_{k=1}^{K_t}P_{tk}C_t^-WS_{tk}^- \tag{7.2a}$$

满足

$$(WD_t^-+\Delta WD_t Z_t)-WS_{tk}^-\geqslant W_t^-,\quad \forall t,k \tag{7.2b}$$

$$SR_{t+1}^+=SR_t^++WR_{tk}^+-WI_{tk}^--WC_t^-,\quad \forall t,k \tag{7.2c}$$

$$WI_{tk}^-=\begin{cases}\dfrac{WD_t^-+\Delta WD_t Z_t-WS_{tk}^--p_{tk}'^+}{\eta}, & WD_t^-+\Delta WD_t Z_t-WS_{tk}^-\geqslant p_{tk}'^+,\quad \forall t,k\\ 0, & 其他\end{cases} \tag{7.2d}$$

$$0\leqslant SR_t^+\leqslant SR_{max} \tag{7.2e}$$

$$0\leqslant WS_{tk}^-,\quad \forall t,k \tag{7.2f}$$

$$0\leqslant Z_t\leqslant 1,\quad \forall t \tag{7.2g}$$

式中，WS_{tk}^- 和 Z_t 为决策变量。

假设 $WS_{tk\,opt}^-$、$Z_{t\,opt}$ 和 f_{opt}^+ 是子模型(7.2)的解，作物生长需水量最优化目标是 $WD_t^{\pm}=WD_t^-+\Delta WD_t Z_{t\,opt}$。然后，求解对应于目标函数下界的子模型，表示为

$$\min f^-=\sum_{t=1}^{T}B_t^-(WD_t^-+\Delta WD_t Z_{t\,opt})-\sum_{t=1}^{T}\sum_{k=1}^{K}P_{tk}C_t^+WS_{tk}^+ \tag{7.3a}$$

满足

$$(WD_t^-+\Delta WD_t Z_{t\,opt})-WS_{tk}^+\geqslant W_t^+,\quad \forall t,k \tag{7.3b}$$

$$SR_{t+1}^-=SR_t^-+WR_{tk}^--WI_{tk}^+-WC_t^+,\quad \forall t,k \tag{7.3c}$$

$$\mathrm{WI}_{tk}^{+}=\begin{cases}\dfrac{\mathrm{WD}_t^{-}+\Delta \mathrm{WD}_t Z_{topt}-\mathrm{WS}_{tk}^{+}-p_{tk}^{-}}{\eta}, & \mathrm{WD}_t^{-}+\Delta \mathrm{WD}_t Z_{topt}-\mathrm{WS}_{tk}^{+}\geqslant p_{tk}^{-}\\ 0, & \text{其他}\end{cases}, \quad \forall t,k \tag{7.3d}$$

$$0\leqslant \mathrm{SR}_t^{-}\leqslant \mathrm{SR}_{\max} \tag{7.3e}$$

$$0\leqslant \mathrm{WS}_{tk}^{-}\leqslant \mathrm{WS}_{tk}^{+}, \quad \forall t,k \tag{7.3f}$$

式中，WS_{tk}^{+}为决策变量。

假设$\mathrm{WS}_{tk\mathrm{opt}}^{+}$和$f_{\mathrm{opt}}^{-}$是子模型(7.3)的解。因此，可以获得IMWA模型的解，即

$$f_{\mathrm{opt}}^{\pm}=[f_{\mathrm{opt}}^{-}, f_{\mathrm{opt}}^{+}] \tag{7.4a}$$

$$\mathrm{WD}_{t\mathrm{opt}}^{\pm}=\mathrm{WD}_t^{-}+\Delta \mathrm{WD}_t Z_{topt}, \quad \forall t \tag{7.4b}$$

$$\mathrm{WS}_{tk\mathrm{opt}}^{\pm}=[\mathrm{WS}_{tk\mathrm{opt}}^{-}, \mathrm{WS}_{tk\mathrm{opt}}^{+}], \quad \forall t,k \tag{7.4c}$$

最优灌水量($\mathrm{WI}_{tk\mathrm{opt}}^{\pm}$)的计算公式为

$$\mathrm{WI}_{tk\mathrm{opt}}^{+}=\begin{cases}\dfrac{\mathrm{WD}_t^{-}+\Delta \mathrm{WD}_t Z_{topt}-\mathrm{WS}_{tk}^{+}-p_{tk}^{-}}{\eta}, & \mathrm{WD}_t^{-}+\Delta \mathrm{WD}_t Z_{topt}-\mathrm{WS}_{tk}^{+}\geqslant p_{tk}^{-}\\ 0, & \text{其他}\end{cases}, \quad \forall t,k \tag{7.4d}$$

3. 估计模型输入

IMWA模型的输入主要包括有效降雨、作物生长需水目标、净效益、缺水损失、水库入流量和水库损失水量，不同输入参数的描述如下。

1) 作物生长需水目标

作物生长需水量可由Allen等(1998)推荐的方法计算。首先通过彭曼公式估计参考作物蒸发蒸腾量。由于气象资料的不确定性，每个生育期的参考作物蒸发蒸腾量都是不确定的，可以表示为$(\mathrm{ET}_0)_t^{\pm}$(mm)。

由参考作物蒸发蒸腾量，利用适当的作物系数可计算出每个生育期的潜在蒸发蒸腾量。

$$(\mathrm{ET_m})_t^{\pm}=(\mathrm{ET}_0)_t^{\pm}(K_c)_t \tag{7.5a}$$

式中，$(\mathrm{ET_m})_t^{\pm}$为第t生育期作物潜在蒸发蒸腾量；$(K_c)_t$为第t时期作物系数。

然后由以下方程确定作物生长需水量目标：

$$\mathrm{WD}_t^{\pm}=10A(\mathrm{ET}_{\max})_t^{\pm} \tag{7.5b}$$

式中，A为作物种植面积，hm^2。

2) 缺水损失

单位缺水损失可根据Stewart等(1976)提出的作物水分生产函数计算，该函数可表示为

$$Y^{\pm}=Y_{\max}^{\pm}\left[1-\sum_{t=1}^{T} b_t \frac{(\mathrm{ET}_{\max})_t^{\pm}-\mathrm{ET}_t^{\pm}}{(\mathrm{ET}_{\max})_t^{\pm}}\right] \tag{7.6a}$$

式中，$Y^{\pm}$ 为作物实际产量，kg/hm²；$Y^{\pm}_{\max}$ 为作物潜在产量，kg/hm²；$ET^{\pm}_{t}$ 为第 t 生育期作物实际蒸发蒸腾量，mm；b_t 为第 t 生育期 Stewart 模型的水分敏感指数。

然后，可计算因缺水造成的系统总效益损失：

$$\begin{aligned}\sum_{t=1}^{T}\sum_{k=1}^{K}P_{tk}C^{\pm}_{t}WS^{\pm}_{tk}&=YP^{\pm}Y^{\pm}_{\max}A-YP^{\pm}Y^{\pm}_{\max}A\left[1-\sum_{t=1}^{T}b_t\frac{(ET_{\max})^{\pm}_{t}-ET^{\pm}_{t}}{(ET_{\max})^{\pm}_{t}}\right]\\&=YP^{\pm}Y^{\pm}_{\max}A\sum_{t=1}^{T}b_t\frac{(ET_{\max})^{\pm}_{t}-ET^{\pm}_{t}}{(ET_{\max})^{\pm}_{t}}\\&=YP^{\pm}Y^{\pm}_{\max}A\sum_{t=1}^{T}b_t\frac{\sum_{k=1}^{K}P_{tk}WS^{\pm}_{tk}}{10A(ET_{\max})^{\pm}_{t}}\\&=YP^{\pm}Y^{\pm}_{\max}\sum_{t=1}^{T}\sum_{k=1}^{K}b_tP_{tk}\frac{WS^{\pm}_{tk}}{10(ET_{\max})^{\pm}_{t}}\\&=\sum_{t=1}^{T}\sum_{k=1}^{K}P_{tk}\frac{b_tYP^{\pm}Y^{\pm}_{\max}}{10(ET_{\max})^{\pm}_{t}}WS^{\pm}_{tk}\end{aligned}\tag{7.6b}$$

因此，每个生育期的单位缺水损失可以表示为

$$C^{\pm}_{t}=\frac{YP^{\pm}Y^{\pm}_{\max}b_t}{10(ET_{\max})^{\pm}_{t}}\tag{7.6c}$$

式中，$YP^{\pm}$ 为农作物的市场价格，元/kg。

3）净效益

首先，通过对水分敏感指数进行归一化得到权重系数，即

$$c_t=\frac{b_t}{\sum_{t=1}^{T}b_t}\tag{7.7a}$$

式中，c_t 为第 t 时期农作物的权重系数。

假设每个时期对总净效益的贡献与权重系数成正比，因此总的净效益可由以下方程计算：

$$\sum_{t=1}^{T}B^{\pm}_{t}WD^{\pm}_{t}=YP^{\pm}Y^{\pm}_{\max}A-E^{\pm}A=\sum_{t=1}^{T}c_t(YP^{\pm}Y^{\pm}_{\max}A-E^{\pm}A)\tag{7.7b}$$

式中，$E^{\pm}$ 为种植的总成本，元/hm²。

然后，各生育期的单位供水净效益为

$$B^{\pm}_{t}=\frac{c_t(YP^{\pm}Y^{\pm}_{\max}A-E^{\pm}A)}{WD^{\pm}_{t}}\tag{7.7c}$$

4）有效降雨

作物种植区域内各生育期的有效降雨量可根据世界粮农组织提供的方法

(Dastane,1978)进行估计,可表示为

$$p'^{\pm}_{tk}=10(1-\beta)p^{\pm}_{tk}A \tag{7.8}$$

式中,$p^{\pm}_{tk}$为第t时期降雨水平k的降雨量,mm;β为降雨损失系数。

5) 水库入流量

各生育期的水库入流量可由 Pandey 等(2011)所提供的方法进行计算:

$$\mathrm{WR}^{\pm}_{tk}=10R^{\pm}_{tk}\,\mathrm{CA} \tag{7.9}$$

式中,$R^{\pm}_{tk}$为第t时期径流量,mm,可由降雨-径流关系曲线得到;CA 为水库集水面积,hm^2。

6) 水库损失水量

水库损失水量包括渗漏损失和蒸发损失。根据 Loucks 等(1981)所推荐的方法,可以估算出水库的蒸发损失和渗漏损失。根据该方法,水库损失水量可表示为

$$\mathrm{WL}^{\pm}_{t}=\mathrm{EL}^{\pm}_{t}+\mathrm{SL}^{\pm}_{t}=5\mathrm{AR}\,e^{\pm}_{t}(\mathrm{SR}^{\pm}_{t}+\mathrm{SR}^{\pm}_{t})+10\mathrm{ARO}\,e^{\pm}_{t}+\frac{1}{2}\lambda(\mathrm{SR}^{\pm}_{t}+\mathrm{SR}^{\pm}_{t}) \tag{7.10a}$$

式中,$\mathrm{EL}^{\pm}_{t}$为第t时期水库蒸发损失,m^3;$\mathrm{SL}^{\pm}_{t}$为第t时期水库渗漏损失,m^3;AR 为单位有效蓄水量的扩散面积,$\mathrm{hm}^2/\mathrm{m}^3$;$e^{\pm}_{t}$为第$t$时期蒸发速率,mm;ARO 为与死库容对应的水表面积,hm^2;λ为水库渗漏系数。当地下水水位较高时,渗漏系数很小,与蒸发损失相比,渗漏损失可忽略不计,因此水分损失近似等于蒸发损失。水库损失水量可以表示为

$$\mathrm{WL}^{\pm}_{t}=\mathrm{EL}^{\pm}_{t}=5\mathrm{AR}\,e^{\pm}_{t}(\mathrm{SR}^{\pm}_{t}+\mathrm{SR}^{\pm}_{t})+10\mathrm{ARO}\,e^{\pm}_{t} \tag{7.10b}$$

IMWA 模型的使用需要满足以下条件:①水库是作物灌溉用水的唯一来源;②整个区域(集水区和灌区)的降雨量认为是均匀的,水库应为小型或中型水库;③在规划期间,每年只有一种作物需要灌溉;④生育期的数量不应超过 6 个,否则模型不容易解决,每个生育期的持续时间应超过 15 天;⑤不应采用持续性漫灌或其他可能导致大量渗漏的方法灌溉;⑥假设每个生育期的降雨都是一致性的,并且可以通过一个概率分布模式来很好地拟合。

7.1.2 实例研究

1. 基础信息

杨树垱灌区是湖北省漳河水库灌区的一个子区。这个地区吸引了国际社会的关注,因为它在大量农业灌溉用水转移到城市、工业和水力发电的条件下维持了水稻产量。杨树垱灌区属于亚热带季风气候和半湿润环境,平均年降雨量为 862.8mm(1981～2012 年)。虽然杨树垱灌区年平均降雨量很高,但由于不同月份和年份的降雨量不同,经常发生干旱。大约 60%的年降雨量发

生在5～9月，最干旱和最湿润年份分别是1981年和1983年，它们的年降雨量分别为644.2mm和1306.4mm。

杨树垱水库有效库容为1350万m^3，是杨树垱灌区的主要灌溉水源，广泛分布的灌溉渠系把水输送到每个地区。此外，该地区还有3825个塘堰，可蓄水600万m^3。所有的塘堰和杨树垱水库被整合成一个集成水库，集水区面积8752hm^2，有效库容1950万m^3。1981～2012年，集成水库的平均年入流量为1965万m^3，最大年入流量为3903万m^3，最小年入流量为1174万m^3。

杨树垱灌区的总种植面积为6829hm^2。土壤主要为黏土和壤土，适宜水稻种植。该地区的主要农业模式是冬季油菜和水稻轮作。然而，由于降雨量和地下水的补给超过了冬季油菜的耗水量，冬季油菜一般不需要灌溉。因此，水稻被认为是唯一的农业用水消耗者。在冬季油菜收割后，通常在5月初开始种植水稻，在9月初收割稻谷。整个生长过程可分为六个阶段：泡田和返青期（5月6日至5月20日）、分蘖期（5月21日至7月1日）、孕穗期（7月2日至7月21日）、抽穗期（7月22日至8月8日）、乳熟期（8月9日至8月24日）、黄熟期（8月25日至9月1日）。其中，在黄熟期，用水需求可以忽略不计。然而在泡田和返青期，用水需求必须得到满足，否则水稻不能被移植，该时期的生长需水量可通过用水稻种植面积乘以灌溉定额计算得到。其他四个时期的生长需水量可由式（7.5）确定。在泡田和返青期采用连续漫灌，在其他时期采用间歇灌溉。考虑到该农业水管理系统中存在的区间参数和随机参数等的不确定性，IMWA模型是一个合适的解决方法。

2. 参数确定

根据水稻生育期，将一年分为5个时段。表7.1给出了时段划分情况及水稻相关参数。第5个时段包含了四个时期：水稻黄熟期、非种植期、冬季油菜生长期、水稻泡田和返青期。最后一个时期的生长需水量必须得到满足，而前三个时期不需要灌溉，因此对时段5进行灌溉水优化配置是没有意义的，只需对时段1到时段4进行优化分配研究。表7.2显示了根据式（7.5）～式（7.7）计算得到的各时段水稻生长需水目标、净效益、缺水损失和作物权重系数。如果每个时段的生长需水目标都得到满足，就会获得最大产量。另外，当目标需水量没有满足时，由于缺水导致作物产量减少。因为每个时段的降雨都是随机的，而且在不同年份之间存在很大的差异，所以为了简化计算，根据概率分布将降雨划分为5个水平。各时段的降雨概率分布（P-Ⅲ分布）可通过分析历史资料（1981～2012年）得到，对每个降雨水平，种植区域的有效降雨可用一个区间数表示，并利用式（7.8）和式（7.9）计算出集成水库入流量。在不同降雨水平下，各时段的降雨量、有效降雨量和集成水库入流量如表7.3所示。

表 7.1 时段划分和基本参数

时段	日期/月-日	生育期	敏感指数	价格 /(元/kg)	潜在产量 /(kg/hm^2)	种植成本 /(元/hm^2)
1	05-21～07-01	分蘖期	0.1786			
2	07-02～07-21	孕穗期	0.4504			
3	07-22～08-08	抽穗期	0.6740	[2.60,2.82]	[8400,10500]	[7500,9000]
4	08-09～08-24	黄熟期	0.0973			
5	08-25～05-20	其他	—			

注:以上参数均来自于田间试验和湖北省漳河工程管理局。

表 7.2 水稻生长需水目标、净效益、缺水损失和作物权重系数

时段	生长需水目标/万 m^3	缺水损失/(元/m^3)	作物权重系数	
1	[1098,1473.5]	[1.08,1.29]	[2.39,2.48]	0.13
2	[594.9,798.3]	[5.04,6.01]	[11.13,11.54]	0.32
3	[380.4,510.4]	[11.79,14.08]	[26.05,27.01]	0.48
4	[403.2,541.1]	[1.61,1.92]	[3.55,3.68]	0.07

表 7.3 不同降雨水平下各时段降雨量、有效降雨量和集成水库入流量

降雨水平	概率	时段 1	时段 2	时段 3	时段 4
		降雨量/万 m^3			
VL	0.125	[53.0,105.3]	[0,33.5]	[0,11.9]	[0,10.1]
L	0.250	[105.3,151.8]	[33.5,67.8]	[11.9,32.3]	[10.1,28.3]
M	0.250	[151.8,195.8]	[67.8,105.4]	[32.3,59.5]	[28.3,53.1]
H	0.250	[195.8,264.7]	[105.4,171.3]	[59.5,113.4]	[53.1,102.6]
VH	0.125	[264.7,338.4]	[171.3,247]	[113.4,185.9]	[102.6,169.5]
		有效降雨量/万 m^3			
VL	0.125	[253.4,503.4]	[0,160.1]	[0,56.9]	[0,48.3]
L	0.250	[503.4,725.6]	[160.1,324.1]	[56.9,154.4]	[48.3,135.3]
M	0.250	[725.6,936]	[324.1,503.8]	[154.4,284.4]	[135.3,253.8]
H	0.250	[936,1265.3]	[503.8,818.9]	[284.4,542.1]	[253.8,490.5]
VH	0.125	[1265.3,1617.7]	[818.9,1180.7]	[542.1,888.7]	[490.5,810.3]
		集成水库入流量/万 m^3			
VL	0.125	[86.6,284.4]	[0,77.0]	[0,16.6]	[0,11.4]
L	0.250	[284.4,426.1]	[77,174.1]	[16.6,73.5]	[11.4,62.1]
M	0.250	[426.1,570.5]	[174.1,284.4]	[73.5,150.5]	[62.1,132.1]
H	0.250	[570.5,819]	[284.4,489.1]	[150.5,308]	[132.1,276.5]
VH	0.125	[819,1127.9]	[489.1,751.6]	[308,537.3]	[276.5,483]

注:VL、L、M、H、VH 分别表示极低、低、中等、高和极高水平。

在研究中,管理者需要将集成水库的灌水量在 4 个时段间优化分配,构成了一个在 1～5 阶段的规划问题。由于降雨的随机性,集成水库在时段 5 的入流量也是随机的,也可以用与降雨量相同的方法将其划分为 5 个水平。在时段 1 开始时的蓄水量(初始蓄水量)可根据集成水库水量平衡方程计算得到,如表 7.4 所示。对于每个情景,都可建立一个区间 5 阶段的水量分配模型。

表 7.4　各情景下的初始蓄水量

情景	初始蓄水量水平	初始蓄水量/万 m^3
S1	VL	[0,237.3]
S2	L	[237.3,519.8]
S3	M	[519.8,745.4]
S4	H	[745.4,1117.4]
S5	VH	[1117.4,1381.6]

7.1.3　结果分析

1. 最优目标

在本节研究中,管理者需要设定每个情景下水稻在每个时段的生长需水目标。生长需水目标可以通过引入差分系数(Z_t)作为决策变量来确定。表 7.5 给出了最优生长需水目标的结果。可以看出,Z_{topt}与初始蓄水量有相当大的关系,表明了 Z_t 的确定是预定义策略与相关自适应调整之间的权衡。在情景 S1 下,由于初始蓄水量很少,分蘖阶段(时段 1)缺水概率很大,为了减少因缺水造成的损失,Z_{1opt}只有 0.7。然而,在情景 S4 和情景 S5 下,由于初始蓄水量很大,生长需水目标基本能得到满足,为了获得更高的效益,Z_{1opt}达到 1.0。Z_t 的确定也显示了不同生育期间的竞争,当 Z_t 接近 1 时,该时段的生长需水量容易得到满足。可以看到,孕穗期和抽穗期(分别为时段 2 和时段 3)的最优生长需水目标在所有情景下都设定为其上界,乳熟期(时段 4)的最优生长需水目标在情景 S2 到情景 S5 下设定为其上限,而分蘖期最优生长需水目标只有在情景 S4 和情景 S5 下才设定为其上限。结果表明,孕穗期和抽穗期因为有较高的净效益和损失而具有竞争性,其次是乳熟期和分蘖期。从水分敏感指数考虑,这个结果是合理的。另外,研究结果间接表明了 IMWA 模型的有效性,在此模型中引入了水分生产函数计算净效益和缺水损失。

表 7.5　最优生长需水目标

情景	最优差分系数 Z_{topt}				最优生长需水目标/万 m^3			
	时段 1	时段 2	时段 3	时段 4	时段 1	时段 2	时段 3	时段 4
S1	0.7	1.0	1.0	0.9	1360.9	798.3	510.4	527.3
S2	0.7	1.0	1.0	1.0	1360.9	798.3	510.4	541.1
S3	0.9	1.0	1.0	1.0	1436.0	798.3	510.4	541.1
S4	1.0	1.0	1.0	1.0	1473.5	798.3	510.4	541.1
S5	1.0	1.0	1.0	1.0	1473.5	798.3	510.4	541.1

2. 最优缺水量

图 7.1 为不同情景和降雨水平下各时段单位面积缺水量,结果用区间值给出,反映了该农业用水管理问题存在的不确定性。在不同初始蓄水量和降雨水平下,分蘖期的缺水量如图 7.1(a)所示。结果表明,除 VH 降雨水平外,其他降雨水平下均出现了缺水。对于每种情景,缺水量随着降雨量的增加而减少。例如,在 VL 降雨水平下,缺水量接近于生长需水目标,而在 VH 降雨水平下,缺水量为零。对于每种降雨水平,缺水量应该随着初始蓄水量的增加而减少。然而,在 VL 和 L 降雨水平下,缺水量随着初始蓄水量的增加而增加。这是因为在分蘖期,不同情景下生长需水目标被设定为不同的值。

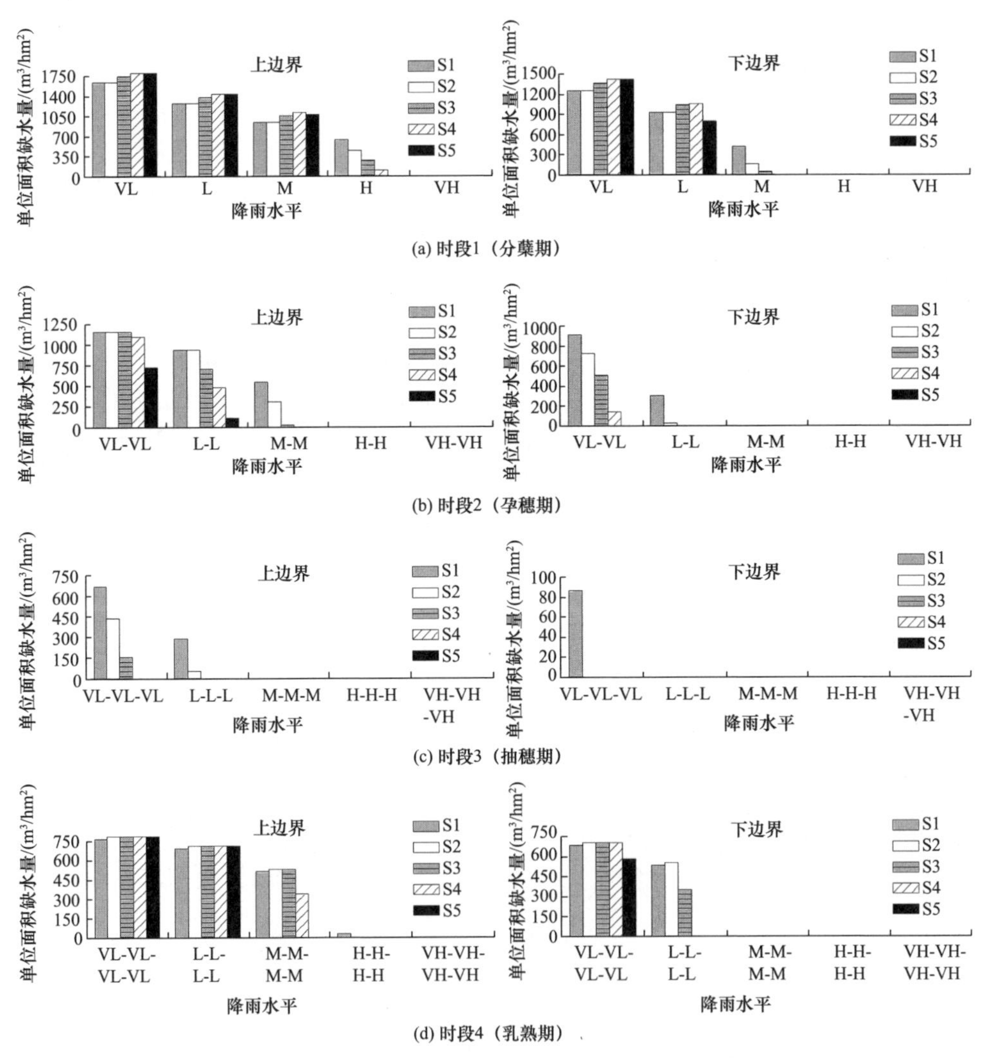

图 7.1　不同情景和降雨水平下各时段单位面积缺水量

在孕穗期，可得到25个不同降雨水平下的缺水量。图7.1(b)只显示了5个典型降雨水平下的缺水量。结果表明，需水目标在M-M(在时段1和时段2，降雨都处于中等水平，下同)、H-H和VH-VH降雨水平下通常能被满足。在VL-VL和L-L降雨水平下，随着初始蓄水量的增加，缺水量也随之减少。

在抽穗期，可得到125个不同降雨水平下的缺水量。不同初始蓄水量和5个典型降雨水平下的缺水情况如图7.1(c)所示。可以看出，缺水现象只在VL-VL-VL(在时段1、时段2和时段3，降雨都处于极低的水平，下同)和L-L-L降雨水平下发生。在VL-VL-VL降雨水平下，需水目标只有在情景S1到情景S3下未被满足。在L-L-L降雨水平下，需水目标只有在情景S1和情景S2下未被满足。

在乳熟期，可以得到625个降雨水平下的缺水情况。图7.1(d)展示了不同情景和5个典型降雨水平下的缺水量。结果表明，除VH-VH-VH-VH降雨水平(在所有时段，降雨均处于极高的水平，下同)外，缺水现象均有发生。和分蘖期一样，在每种情景下，缺水量随着降雨量的增加而减少。在每种降雨水平下，缺水量通常随着初始蓄水量的增加而减少。

可以看出，在每种场景和降雨水平下，分蘖期的缺水量最大，其次是乳熟期。然而，生长需水目标在抽穗期和孕穗期基本能被满足。这表明，与抽穗期和孕穗期相比，分蘖期和乳熟期的缺水造成的影响较小，这与考虑水稻敏感指数分布的预期结果一致。研究结果表明，利用IMWA模型，水库的灌溉用水可以在水稻不同生育期间进行优化配置。

3. 最优灌水量

每个时段的实际灌水量由生长需水目标、缺水量和有效降雨量共同决定，可以用式(7.4d)计算。图7.2给出了不同情景和不同降雨水平下每个时段的灌水量，结果同样以区间值和确定值表示。图7.2(a)为不同情景和5个降雨水平下分蘖期的灌水量。在每种情景下，灌水量在VL降雨水平下为零，并随降雨量的增加而增加，在M降雨水平下达到最大，然后随着降雨量的增加开始减少。然而，在每种降雨水平下，灌水量总是随着初始蓄水量的增加而增加。

图7.2b描述了孕穗期在不同情景和5个典型降水水平下的灌水量。可以看出，初始蓄水量对VL-VL、L-L和M-M降雨水平下的灌水量有很大的影响，而在H-H降雨水平下，灌水量随着初始蓄水量的增加而保持不变。此外，在VH-VH降雨水平下，由于降雨足以满足水生长需求目标而不需要灌溉。对于情景S1、S2和S3，灌水量一开始会随降雨量增加，然后开始减少。然而，对于情景S4和S5，灌水量总是随着降雨量的增加而减少。

图7.2(c)给出了不同情景和5个典型的降雨水平下抽穗期的灌水量。结果表明，初始蓄水量对VL-VL-VL和L-L-L降雨水平下的灌水量有很大的影响，然而

在 M-M-M 和 H-H-H 降雨水平下，随着初始蓄水量的增加，灌水量保持不变。和时段 2 一样，灌水量在 VH-VH-VH 降雨水平下等于零。对于所有的情景，灌水量随着降雨量的增加而减少。

不同情景和 5 个典型的降雨水平下乳熟期的灌水量如图 7.2(d)所示。在 L-L-L-L 和 M-M-M-M 降雨水平下，灌水量与初始蓄水量有较强的关系。然而，在其他 3 个降雨水平下，初始蓄水量对灌水量的优化影响较小。和分蘖期一样，在每种情景下，灌水量随着降雨的增加而增加，然后随着降雨量的增加而减少。

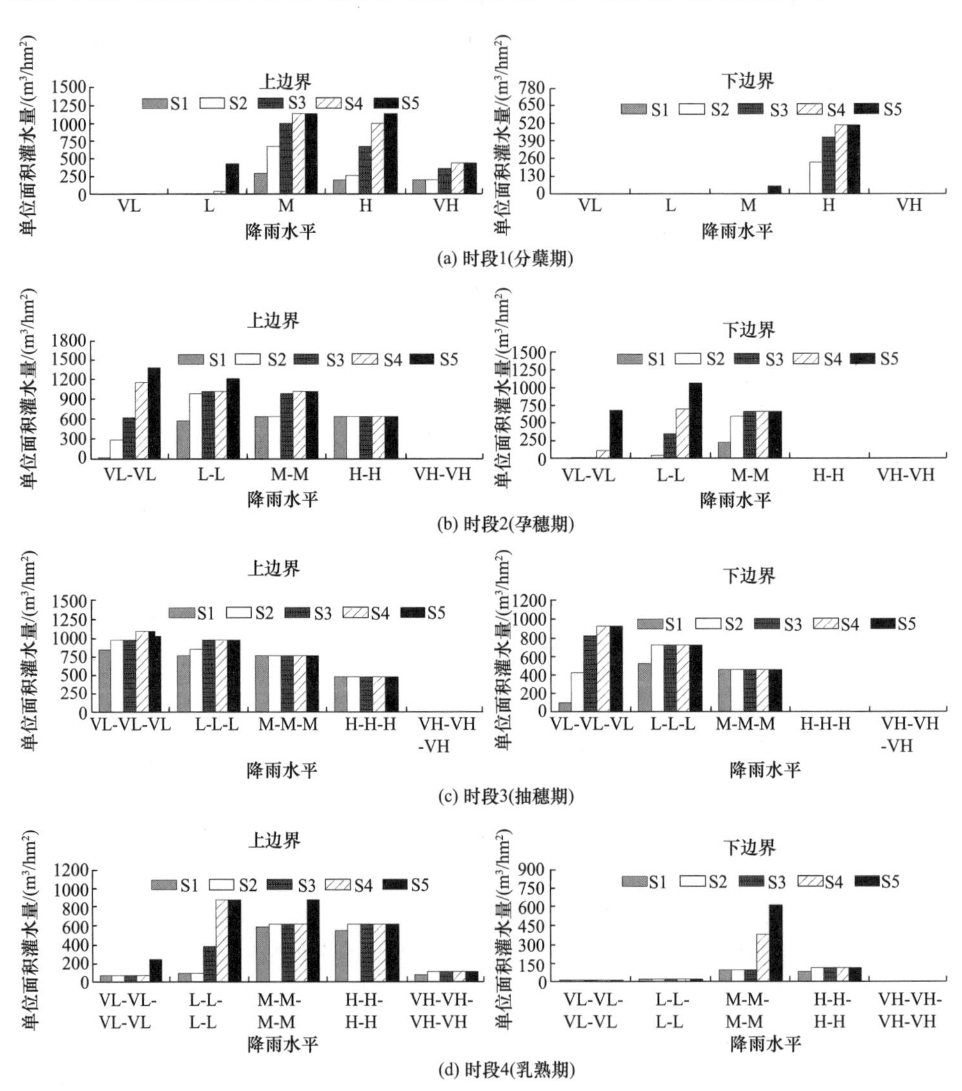

图 7.2　不同情景和降雨水平下各时段单位面积灌水量

研究结果还表明，当降雨在4个时段都处于极低水平时，分蘖期获得的灌水量最少，即使它的生长需水目标最大，其次是乳熟期、孕穗期和抽穗期。然而，当降雨在4个时段均处于极高水平时，孕穗期和抽穗期的实际灌水量都很少，大约为零，而分蘖期分配到的灌水量却很多。这是因为在降雨水平都很低的情况下，为了获得较大的系统净效益，应该将更多的灌溉水分配到孕穗期和抽穗期。然而，在降雨都处于极高的水平时，降雨量能满足除分蘖期外的其他三个时期的生长需水目标。这个结果表明，灌水量与降雨水平有很大关系，因此不应该作为第一阶段的决策变量。另外，研究结果间接表明了IMWA模型的有效性，在此模型中，生长需水目标被当成第一阶段的决策变量。此外，初始蓄水量对实际灌水量有一定的影响，这表明计算不同情景下的最优灌水量有助于政府管理农业水资源。

4. 系统净效益

通过求解IMWA模型，可以得到系统的净效益。图7.3给出了不同情景下的系统净效益。由于系统存在不确定性，图中给出了区间值的解。可以看出，从情景S1到情景S5，净效益上边界和下边界均存在上升的趋势。主要原因是，初始蓄水量越大，灌溉可用水量越多，进而使粮食产量越大。然而，相邻两种情景下，净效益的差异逐渐变小。此外，下边界间的差异要大于上边界间的差异。这是因为初始蓄水量的边际效益是变化的，它可能先增加，然后开始减少。该系统在情景1和情景5下获得最低和最高的效益分别为[49.36、134.51]百万元和[105.87,147.32]百万元。这两个值之间的巨大差异表明在不同情景下解决这个水管理问题是有意义的。

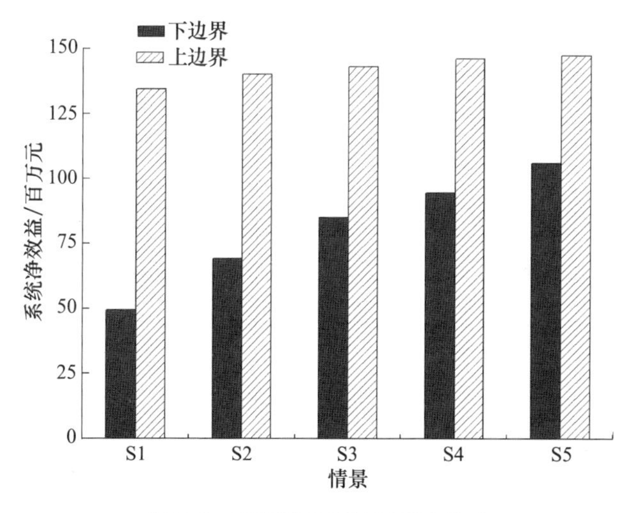

图7.3　不同情景下的系统净效益

5. 与 MIWA 模型的比较

为了证明 IMWA 模型的效果，MIWA 模型也被用于解决该问题。MIWA 模型由 Dai 等(2013)提出，它将作物的灌溉需水目标作为第一阶段决策变量。因此，在本案例研究中，每个时段的灌溉需水目标可以用生长需水目标减去平均降雨量得到。分蘖期、孕穗期、抽穗期和乳熟期的灌溉需水目标分别为[361.3，463.9]万 m^3、[200.8，233.5]万 m^3、[125.1，172.8]万 m^3、[193.5，217.4]万 m^3。表 7.6 给出了 MIWA 模型计算得到的最优目标。在每个情景下，所有生育期的最优目标都设置为它们的上边界，这与 IMWA 模型得到的结果不同。主要原因是，在极低和低的降雨水平下，每个生育期的灌溉需水量都被低估了。如果采用这种策略，在极低和低降雨水平下，分蘖期会出现意外的缺水，这可能会导致巨大的损失。因此，在不确定条件下，将作物生长需水目标作为第一阶段决策变量，对不同生育期间的水量优化分配具有一定的意义。

表 7.6　MIWA 模型求解得到的最优目标

情景	最优差分系数 Z_{topt}				最优灌溉目标/万 m^3			
	时段 1	时段 2	时段 3	时段 4	时段 1	时段 2	时段 3	时段 4
S1	1.0	1.0	1.0	1.0	463.9	233.5	172.8	217.4
S2	1.0	1.0	1.0	1.0	463.9	233.5	172.8	217.4
S3	1.0	1.0	1.0	1.0	463.9	233.5	172.8	217.4
S4	1.0	1.0	1.0	1.0	463.9	233.5	172.8	217.4
S5	1.0	1.0	1.0	1.0	463.9	233.5	172.8	217.4

6. 输入参数的影响

为了研究输入参数对结果的影响，本次研究设置了 15 种假设情况：①5 种有效库容，分别为 $0.4SR_{max}$、$0.8SR_{max}$、$1.2SR_{max}$、$1.6SR_{max}$ 和 $2.0SR_{max}$，SR_{max} 是集成水库的实际有效库容；②5 种集水面积，分别为 0.4CA、0.8CA、1.2CA、1.6CA 和 2.0CA，CA 是集成水库的实际集水面积；③5 种种植面积，分别为 $0.4A$、$0.8A$、$1.2A$、$1.6A$ 和 $2.0A$，A 是杨树垱灌区的实际种植面积。在情景 3(初始蓄水量为中等水平)下，用 IMWA 模型对上述 15 种假设情况分别进行计算。每种假设情况下的最优生长需水目标如表 7.7 所示。可以看出，水库有效库容对最优目标的影响很小，而集水面积和种植区面积对最优目标的影响较大，特别是在时段 1 和时段 4。时段 1 和时段 4 的最优目标随着集水面积的增加而增加，并在集水区增加到一定程度时达到峰值。虽然时段 1 和时段 4 的最优差分系数随着种植面积的增加而减少，但四个时段的最优生长需水目标总是随着种植面积的增加而增加。

表 7.7　不同假设情况下的最优目标

参数	假设情况	最优差分系数 Z_{topt}				最优生长需水目标/(万 m^3)			
		时段1	时段2	时段3	时段4	时段1	时段2	时段3	时段4
有效库容	0.4SR_{max}	0.9	1.0	1.0	1.0	1436.0	798.3	510.4	541.1
	0.8SR_{max}	0.9	1.0	1.0	1.0	1436.0	798.3	510.4	541.1
	1.2SR_{max}	1.0	1.0	1.0	1.0	1473.5	798.3	510.4	541.1
	1.6SR_{max}	1.0	1.0	1.0	1.0	1473.5	798.3	510.4	541.1
	2.0SR_{max}	1.0	1.0	1.0	1.0	1473.5	798.3	510.4	541.1
集水面积	0.4CA	0.0	1.0	1.0	0.7	1098.1	798.3	510.4	499.5
	0.8CA	0.5	1.0	1.0	1.0	1285.9	798.3	510.4	541.1
	1.2CA	1.0	1.0	1.0	1.0	1473.5	798.3	510.4	541.1
	1.6CA	1.0	1.0	1.0	1.0	1473.5	798.3	510.4	541.1
	2.0CA	1.0	1.0	1.0	1.0	1473.5	798.3	510.4	541.1
种植面积	0.4A	1.0	1.0	1.0	1.0	589.5	319.3	204.1	216.3
	0.8A	1.0	1.0	1.0	1.0	1179.0	638.6	408.1	432.7
	1.2A	0.6	1.0	1.0	1.0	1588.2	958.0	612.2	649.0
	1.6A	0.2	1.0	1.0	0.9	1877.2	1277.3	816.2	843.3
	2.0A	0.0	1.0	1.0	0.8	2196.2	1596.6	1020.8	1026.5

图7.4给出了不同假设情况下的系统净效益，说明了这三个参数对系统净效益的影响。系统净效益随着有效库容的增加而增加，并在有效库容为1.2SR_{max}时取得最大值，而它总是随着集水面积的增加而增加。这表明，系统净效益对集水面积的敏感性比有效库容高。主要原因是与集成水库实际有效库容相比，集成水库的实际集水面积可能较小。尽管系统净效益的上边界随着种植面积的增加一直在增加，但是其边际效益在超过1.2A后开始下降。此外，系统净效益的下限值在种植面积为1.2A时达到峰值，然后开始下降。这一结果表明，当种植面积大于1.2A时，只增加种植面积并不是提高杨树垱灌区粮食产量的合理方法。

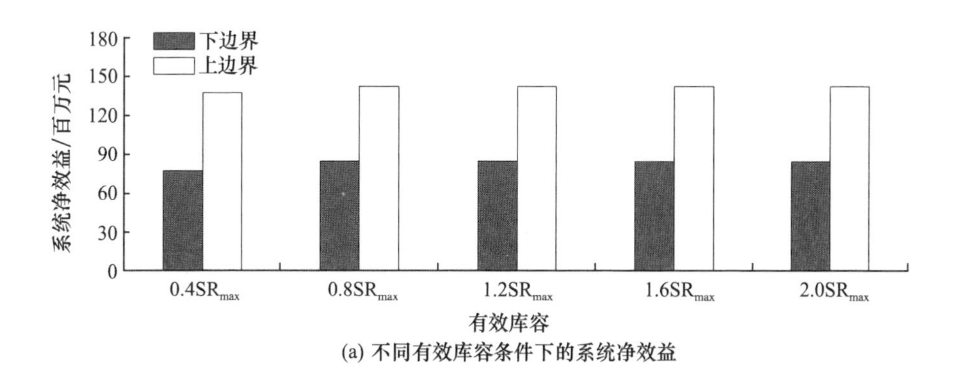

(a) 不同有效库容条件下的系统净效益

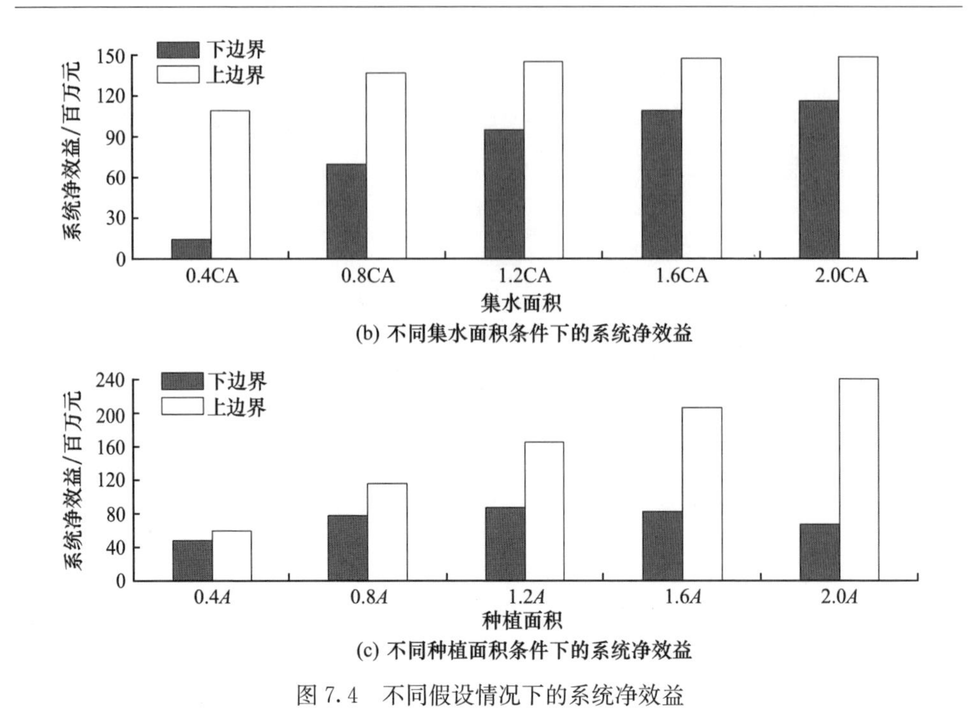

图 7.4　不同假设情况下的系统净效益

7.2　变化条件下灌区水资源季节间不确定分配模型

7.2.1　研究方法

1. 非一致性概率分布分析

对于非一致性水文系列，其概率分布参数通常是变化的，可以表示为一些解释变量的函数，如时间、气候指数和社会经济指数。为了拟合合适的概率分布，本节研究引入可以分析位置、尺度和形状参数的广义加性模型(GAMLSS)，并且只选取时间作为解释变量。GAMLSS 模型提供了一个非常灵活的框架，涵括了各种各样的概率分布，可用于拟合任何的一致性或非一致性随机变量观测序列。特别地，GAMLSS 模型对于过离散、高偏度和高峰度的随机变量序列也有很好的拟合效果。

在 GAMLSS 模型中，假设 i 时刻独立观测值 $y_i(i=1,2,\cdots,I)$ 服从概率密度函数 $f(y_i|\boldsymbol{\theta}_i)$，其中 $\boldsymbol{\theta}_i=[\theta_{i1},\theta_{i2},\cdots,\theta_{ip}]$ 是概率密度函数的统计参数向量，用于描述概率密度曲线的位置、尺度和形状，p 是分布参数的个数。一般来说，$p\leqslant 4$，因为具有 4 个分布参数的分布函数足以描述任何随机变量。令 $g_m(\cdot)(m=1,\cdots,p)$ 表示第 m 个分布参数与解释变量及随机效应间的单调连接函数，可以表示为

$$g_m(\boldsymbol{\theta}_m)=\boldsymbol{\eta}_m=\boldsymbol{X}_m\boldsymbol{\beta}_m+\sum_{j=1}^{J_m}\boldsymbol{V}_{jm}\boldsymbol{\lambda}_{jm} \tag{7.11}$$

式中，$\boldsymbol{\theta}_m$ 和 $\boldsymbol{\eta}_m$ 为长度为 I 的向量，如 $\boldsymbol{\theta}_m=[\theta_{1m},\theta_{2m},\cdots,\theta_{Im}]$；$\boldsymbol{\beta}_m=[\beta_{1m},\beta_{2m},\cdots,\beta_{Im}]$ 为回归参数向量；$\boldsymbol{X}_m$ 为解释变量矩阵；$\boldsymbol{V}_{jm}$ 为已知的固定设计矩阵；$\boldsymbol{\lambda}_{jm}$ 为随机变量向量。

GAMLSS 模型中包含了许多可供使用的概率分布。Tan 等(2015)发现伽马分布或对数正态分布最适合拟合加拿大的年最大径流值。Jiang 等(2012)选择 5 个 3 参数概率分布用于拟合长江流域的径流序列，发现 Box-Cox 正态分布和广义伽马分布的拟合效果比较好。因此，本节选取两个常用的 2 参数概率分布(伽马分布和对数正态分布)和两个 3 参数概率分布(Box-Cox 正态分布和广义伽马分布)进行频率分析。四种概率分布的具体描述如表 7.8 所示。通过以下三种方法选择最优拟合概率分布：Akaike 信息标准(AIC)、似然比检验(LRT)和诊断图。首先选择具有最小 AIC 值的概率分布和函数形式；然后应用 LRT 来测试所选形式是否比其他分布更合适；最后用诊断图来检验所选形式的有效性。

表 7.8　四种概率分布

类型	概率密度函数	分布时刻
伽马分布	$f_Y(y\mid\mu,\sigma)=\dfrac{1}{\sigma^2\mu}\dfrac{y^{1/\sigma^2-1}\exp\left(-\dfrac{y}{\sigma^2\mu}\right)}{\Gamma\left(\dfrac{1}{\sigma^2}\right)}$ $y>0,\quad \mu>0,\quad \sigma>0$	$E[Y]=\mu$ $\mathrm{Var}[Y]=\mu^2\sigma^2$
对数正态分布	$f_Y(y\mid\mu,\sigma)=\dfrac{1}{\sqrt{2\pi\sigma^2}}\dfrac{1}{y}\exp\left[-\dfrac{(\lg y-\mu)^2}{2\sigma^2}\right]$ $y>0,\quad \mu>0,\quad \sigma>0$	$E[Y]=\mathrm{e}^{\mu}\sqrt{\exp(\sigma^2)}$ $\mathrm{Var}[Y]=\exp(\sigma^2)[\exp(\sigma^2)-1]\mathrm{e}^{2\mu}$
Box-Cox 正态分布	$f_Y(y\mid\mu,\sigma,\nu)=\dfrac{y^{\nu-1}\exp(-0.5z^2)}{\mu^{\nu}\sigma\sqrt{2\pi}\Phi\left(\dfrac{1}{\sigma\mid\nu\mid}\right)}$ $z=\begin{cases}\dfrac{1}{\sigma}\lg\dfrac{y}{\mu}, & \nu=0\\ \dfrac{1}{\sigma\nu}\left[\left(\dfrac{y}{\mu}\right)^{\nu}-1\right], & \text{其他}\end{cases}$ $y>0,\quad \mu>0,\quad \sigma>0,\quad \infty>\nu>-\infty$	$E[Y]=\mu$ $\mathrm{Var}[Y]=\mu^2\sigma^2$
广义伽马分布	$f_Y(y\mid\mu,\sigma,\nu)=\dfrac{\mid\nu\mid\alpha^{\alpha}z^{\alpha}\exp(-\alpha z)}{\Gamma(\alpha)y}$ $z=\left(\dfrac{y}{\mu}\right)^{\nu},\quad a=\dfrac{1}{\sigma^2\nu^2}$ $y>0,\quad \mu>0,\quad \sigma>0,\quad \infty>\nu>-\infty,\quad \nu\neq0$	$E[Y]=\mu$ $\mathrm{Var}[Y]=\mu^2\sigma^2$

2. 区间阶段水量分类分配模型

为了提高区域水资源的利用效率，需要对多用户的季节间水资源分配进行优化。然而，不同季节的水量分配是一个复杂的动态过程，因为每个季节的来水量和需水量都不确定。为了解决动态变化和不确定性，多阶段随机规划可能是一个很好的解决方案。在多阶段随机规划中，随机变量发生前，需要做出第一阶段的决策以确定各用水户的配水目标。然而，农业用水户的灌溉需水量很难提前用一个确定值或区间值表示。为解决该问题，本节将用水户分为农业用水户和非农业用水户。灌溉面积目标被当成农业用水户的第一阶段决策变量，然后通过将其乘以灌溉定额转化为灌溉需水量。考虑到水资源系统存在的各种不确定性，本节通过融合多阶段随机规划、区间参数规划和分类思想提出了区间多阶段水量分类分配模型，用于解决水库供水区域的季节内和季节间最优分配问题。该模型可表示为

$$\max f^{\pm}=\sum_{t=1}^{T}\sum_{n=1}^{N}T_{\mathrm{NA}tn}^{\pm}B_{\mathrm{NA}tn}^{\pm}+\sum_{t=1}^{T}\sum_{l=1}^{L}T_{\mathrm{A}tl}^{\pm}B_{\mathrm{A}tl}^{\pm}-\sum_{t=1}^{T}\sum_{n=1}^{N}\sum_{k=1}^{K_t}P_{tk}S_{\mathrm{NA}tnk}^{\pm}C_{\mathrm{NA}tn}^{\pm}$$
$$-\sum_{t=1}^{T}\sum_{l=1}^{L}\sum_{k=1}^{K_t}P_{tk}S_{\mathrm{A}tlk}^{\pm}C_{\mathrm{A}tl}^{\pm} \tag{7.12a}$$

满足

$$\mathrm{SR}_{t+1}^{\pm}=\mathrm{SR}_{t}^{\pm}+\mathrm{WR}_{tk}^{\pm}-\mathrm{WS}_{tk}^{\pm},\quad \forall t,k \tag{7.12b}$$

$$\mathrm{WS}_{tk}^{\pm}=\sum_{n=1}^{N}(T_{\mathrm{NA}tn}^{\pm}-S_{\mathrm{NA}tnk}^{\pm})+\sum_{l=1}^{L}(T_{\mathrm{A}tl}^{\pm}-S_{\mathrm{A}tlk}^{\pm})Q_{tlk}^{\pm},\quad \forall t,k \tag{7.12c}$$

$$T_{\mathrm{NA}tn}^{\pm}\geqslant S_{\mathrm{NA}tnk}^{\pm}\geqslant 0,\quad \forall t,n,k \tag{7.12d}$$

$$T_{\mathrm{A}tl}^{\pm}\geqslant S_{\mathrm{A}tlk}^{\pm}\geqslant 0,\quad \forall t,l,k \tag{7.12e}$$

$$\mathrm{SR}_{\max}\geqslant \mathrm{SR}_{t}^{\pm}\geqslant 0,\quad \forall t \tag{7.12f}$$

式中，“－”和“＋”分别为区间参数或变量的上限和下限；$f^{\pm}$ 为系统的预期净效益，元；t 为不同的时期；T 为时期总数；n 为不同的非农业用水户；N 为非农业用水户的总数；$T_{\mathrm{NA}tn}^{\pm}$ 为非农业用水户 n 在第 t 时期的配水目标范围，m^3；$B_{\mathrm{NA}tn}^{\pm}$ 为非农业用水户 n 在第 t 时期的单方水净效益，元/m^3；l 为不同的农业用水户；L 为农业用水户的总数；$T_{\mathrm{A}tl}^{\pm}$ 为农业用水户 l 在第 t 时期的灌溉面积目标范围，hm^2；$B_{\mathrm{A}tl}^{\pm}$ 为农业用水户 l 在第 t 时期的单位灌溉面积净效益，元/hm^2；k 为不同的水文情景；K_t 为第 t 时期的情景总数；P_{tk} 为在第 t 时期情景 k 发生的概率，其中 $P_{tk}>0$ 且 $\sum_{k=1}^{K_t}P_{tk}=1$；$S_{\mathrm{NA}tnk}^{\pm}$ 为非农业用水户 n 在第 t 时期情景 k 下的缺水量，m^3；$C_{\mathrm{NA}tn}^{\pm}$ 为非农业用水户 n 在第 t 时期单方缺水的损失，元/m^3；$S_{\mathrm{A}tlk}^{\pm}$ 为农业用水户 l 在第 t 时期情景 k 下的未灌溉面积，hm^2；$C_{\mathrm{A}tl}^{\pm}$ 为农业用水户 l 在第 t 时期单位未灌溉面积造成的损失，

元/hm²；$SR_t^{\pm}$ 为第 t 时期开始时水库的有效蓄水量，m³；$WR_{tk}^{\pm}$ 为第 t 时期情景 k 下水库可用来水量，m³；$WS_{tk}^{\pm}$ 为 t 时期情景 k 下水库供水量，m³；$Q_{tlk}^{\pm}$ 为在 t 时期情景 k 下农业用水户 l 的灌溉定额，m³/hm²；SR_{max} 为水库的有效库容，m³。

采用 Huang 等(2000)提出的交互算法，通过引入两个决策变量，将 IMWCA 模型转换为两个确定的子模型。由于该模型的目标是求系统的最大净效益，应先求上界子模型，表示为

$$\max f^{+}=\sum_{t=1}^{T}\sum_{n=1}^{N}(T_{NAtn}^{-}+\Delta T_{NAtn}Z_{NAtn})B_{NAj}^{+}+\sum_{t=1}^{T}\sum_{l=1}^{L}(T_{Atl}^{-}+\Delta T_{Atl}Z_{Atl})B_{Atl}^{+}$$
$$-\sum_{t=1}^{T}\sum_{n=1}^{N}\sum_{k=1}^{K}P_kS_{NAtnk}^{-}C_{NAtn}^{-}-\sum_{t=1}^{T}\sum_{l=1}^{L}\sum_{k=1}^{K}P_kS_{Atlk}^{-}C_{Atl}^{-} \tag{7.13a}$$

满足

$$SR_{t+1}^{-}=SR_t^{-}+WR_{tk}^{-}-WS_{tk}^{-},\quad \forall t,k \tag{7.13b}$$

$$WS_{tk}^{+}=\sum_{n=1}^{N}(T_{NAtn}^{-}+\Delta T_{NAtn}Z_{NAtn}-S_{NAtnk}^{-})+\sum_{l=1}^{L}(T_{Atl}^{-}+\Delta T_{Atl}Z_{Atl}-S_{Atlk}^{-})Q_{tlk}^{+},\quad \forall t,k \tag{7.13c}$$

$$T_{NAtn}^{-}+\Delta T_{NAtn}Z_{NAtn}\geqslant S_{NAtnk}^{-}\geqslant 0,\quad \forall t,n,k \tag{7.13d}$$

$$T_{Atl}^{-}+\Delta T_{Atl}Z_{Atl}\geqslant S_{Atlk}^{-}\geqslant 0,\quad \forall t,l,k \tag{7.13e}$$

$$SR_{max}\geqslant SR_t^{+}\geqslant 0,\quad \forall t \tag{7.13f}$$

$$0\leqslant Z_{NAtn}\leqslant 1,\quad \forall t,n \tag{7.13g}$$

$$0\leqslant Z_{Atl}\leqslant 1,\quad \forall t,l \tag{7.13h}$$

式中，$\Delta T_{NAtn}=T_{NAtn}^{+}-T_{NAtn}^{-}$，$\Delta T_{Atl}=T_{Atl}^{+}-T_{NAtl}^{-}$；$S_{NAtnk}^{-}$、$S_{Atlk}^{-}$、$Z_{NAtn}$ 和 Z_{Atl} 为决策变量。

假设 $S_{NAtnk\,opt}^{-}$、$S_{Atlk\,opt}^{-}$、$Z_{NAtn\,opt}$、$Z_{Atl\,opt}$ 和 f_{opt}^{+} 是子模型(7.13)的解，那么对应的下界子模型可表示为

$$\max f^{-}=\sum_{t=1}^{T}\sum_{n=1}^{N}(T_{NAtn}^{-}+\Delta T_{NAtn}Z_{NAtn})B_{NAj}^{-}+\sum_{t=1}^{T}\sum_{l=1}^{L}(T_{Atl}^{-}+\Delta T_{Atl}Z_{Atl})B_{Atl}^{-}$$
$$-\sum_{t=1}^{T}\sum_{n=1}^{N}\sum_{k=1}^{K}P_kS_{NAtnk}^{+}C_{NAtn}^{+}-\sum_{t=1}^{T}\sum_{l=1}^{L}\sum_{k=1}^{K}P_kS_{Atlk}^{+}C_{Atl}^{+} \tag{7.14a}$$

满足

$$SR_{t+1}^{-}=SR_t^{-}+WR_{tk}^{-}-WS_{tk}^{-},\quad \forall t,k \tag{7.14b}$$

$$WA_k^{-}=\sum_{n=1}^{N}(T_{NAtn}^{-}+\Delta T_{NAtn}Z_{NAtn}-S_{NAtnk}^{+})+\sum_{l=1}^{L}(T_{Atl}^{-}+\Delta T_{Atl}Z_{Atl}-S_{Atlk}^{+})Q_{tlk}^{-},\quad \forall t,k \tag{7.14c}$$

$$T_{NAtn}^{-}+\Delta T_{NAtn}Z_{NAtn}\geqslant S_{NAtnk}^{+}\geqslant 0,\quad \forall t,n,k \tag{7.14d}$$

$$T_{Atl}^{-}+\Delta T_{Atl}Z_{Atl}\geqslant S_{Atlk}^{+}\geqslant 0,\quad \forall t,l,k \tag{7.14e}$$

$$SR_{max} \geqslant SR_t^- \geqslant 0, \quad \forall t \tag{7.14f}$$

式中，S_{NAtnk}^+和S_{Atlk}^+为决策变量。

假设$S_{NAtnkopt}^+$、$S_{Atlkopt}^+$和f_{opt}^-是子模型(7.14)的解，可得出IMWCA模型的解为

$$f_{opt}^{\pm} = [f_{opt}^-, f_{opt}^+] \tag{7.15a}$$

$$T_{NAtnopt} = T_{NAtn}^- + \Delta T_{NAtn} Z_{NAtnopt}, \quad \forall t, n \tag{7.15b}$$

$$T_{Atlopt} = T_{Atl}^- + \Delta T_{Atl} Z_{Atlopt}, \quad \forall t, l \tag{7.15c}$$

$$S_{NAtnkopt}^{\pm} = [S_{NAtnkopt}^-, S_{NAtnkopt}^+], \quad \forall t, n, k \tag{7.15d}$$

$$S_{Atlkopt}^{\pm} = [S_{Atlkopt}^-, S_{Atlkopt}^+], \quad \forall t, l, k \tag{7.15e}$$

7.2.2 实例研究

本节以湖北省漳河水库灌区为研究区域。漳河水库灌区位于中国长江流域中游(见图7.5)，由2200km^{2}的集水区和约为16万hm^{2}的灌溉区组成。它属于亚热带季风气候，集水区和灌溉区的多年平均降雨量分别为970.9mm和882.9mm(1964～2014年)。漳河水库作为这两个区域的分界线，可以通过沮漳河收集集水区的径流，然后用于灌溉、市政、工业和水力发电。灌溉区可以进一步分为多个子区(见图7.5)，且每个子区都有一些用于灌溉的中小型水库。灌溉区内种植了水稻、小麦、油菜和棉花等多种作物。

由于存在多种挑战性问题，如何将漳河水库的可用水量最优地分配给市政、工业、水电和农业用户一直困扰着水资源管理者。尽管漳河水库灌区的多年平均降雨量很高，但由于不同季节的降雨量变化很大，约60%的年降雨量发生在5～9月，干旱经常发生。由于漳河水库各季入流量具有随机性，优化分配方案不能通过确定性方法得到。而在过去的50年里，由于流域的气候变化和人类活动，漳河水库各季的入流量在波动中有所下降。因此，入流量的概率分布参数将会随时间变化，这对水资源管理者来说是一个巨大的挑战。灌溉定额随降雨量的变化很大，使问题变得更加复杂。此外，该问题中还存在很多其他不确定的影响因素。考虑以上所有因素，基于非一致性分析的IMWCA模型可用于解决该水资源管理问题。

为了解决季节间的水量调配，将一年分为4个季节：冬季(12～2月)、春季(3～5月)、夏季(6～8月)和秋季(9～11月)。在研究中，管理人员需要将变化条件下不同季节的漳河水库可用水量分配给3个非农业用水户和7个农业用水户，使之成为一个五阶段规划问题。考虑到漳河水库各季入流量的概率分布可能随时间变化，以2015年为规划年，通过两个步骤完成目标。首先，对于规划年的每个季节，以1964～2014年的历史季入流量数据进行GAMLSS建模，求得漳河水库各季入流量最合适的概率分布，然后根据相应的概率将其离散为5个区间(入流量水

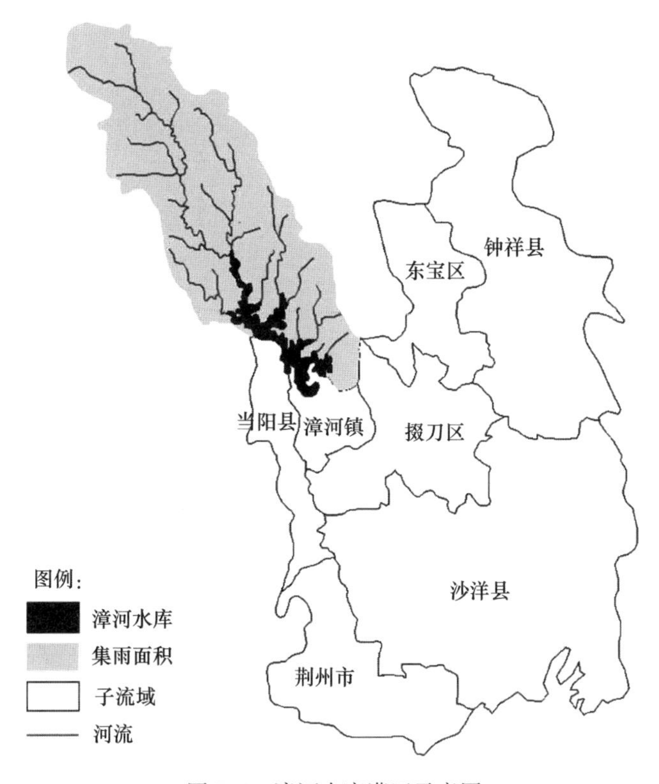

图 7.5　漳河水库灌区示意图

平):极低、低、中、高、极高,研究结果将在结果分析部分给出。然后,考虑到每个分区都可以使用中小型水库进行灌溉,合理地构建了以下区间五阶段水量分类分配模型:

$$\max f^{\pm}=\sum_{t=1}^{4}\sum_{n=1}^{3}T_{\mathrm{NA}tn}^{\pm}B_{\mathrm{NA}tn}^{\pm}+\sum_{t=1}^{4}\sum_{l=1}^{7}T_{\mathrm{A}tl}^{\pm}B_{\mathrm{A}tl}^{\pm}-\sum_{t=1}^{4}\sum_{n=1}^{3}\sum_{k=1}^{5}P_{tk}S_{\mathrm{NA}tnk}^{\pm}C_{\mathrm{NA}tn}^{\pm}$$
$$-\sum_{t=1}^{4}\sum_{l=1}^{7}\sum_{k=1}^{5}P_{tk}S_{\mathrm{A}tlk}^{\pm}C_{\mathrm{A}tl}^{\pm} \quad (7.16\mathrm{a})$$

满足

$$\mathrm{SR}_{t+1}^{\pm}=\mathrm{SR}_{t}^{\pm}+\mathrm{WR}_{tk}^{\pm}-\mathrm{WS}_{tk}^{\pm},\quad \forall t,k \quad (7.16\mathrm{b})$$

$$\mathrm{WS}_{tk}^{\pm}=\sum_{n=1}^{3}(T_{\mathrm{NA}tn}^{\pm}-S_{\mathrm{NA}tnk}^{\pm})+\sum_{l=1}^{7}I_{tlk}^{\pm},\quad \forall t,k \quad (7.16\mathrm{c})$$

$$I_{tlk}^{\pm}=\begin{cases}0, & (q_{tlk}^{\pm}+\gamma_{(t-1)lk}^{\pm})\eta_l>(T_{\mathrm{A}tl}^{\pm}-S_{\mathrm{A}tlk}^{\pm})Q_{tk}\\ \dfrac{(T_{\mathrm{A}tl}^{\pm}-S_{\mathrm{A}tlk}^{\pm})Q_{tk}-(q_{tlk}^{\pm}+\gamma_{(t-1)lk}^{\pm})\eta_l}{\eta_l\eta r_l}, & \text{其他}\end{cases},\forall t,k \quad (7.16\mathrm{d})$$

$$\gamma_{tl}^{\pm}=\begin{cases}0, & q_{tlk}^{\pm}+\gamma_{(t-1)l}^{\pm}<\dfrac{(T_{\mathrm{A}tl}^{\pm}-S_{\mathrm{A}tlk}^{\pm})Q_{tk}}{\eta_l} \\ q_{tlk}^{\pm}+\gamma_{(t-1)l}^{\pm}-\dfrac{(T_{\mathrm{A}tl}^{\pm}-S_{\mathrm{A}tlk}^{\pm})Q_{tk}}{\eta_l}, & \text{其他}\end{cases}, \quad \forall t,l,k \tag{7.16e}$$

$$T_{\mathrm{NA}tn}^{\pm}\geqslant S_{\mathrm{NA}tnk}^{\pm}\geqslant 0, \quad \forall t,n,k \tag{7.16f}$$

$$T_{\mathrm{A}tl}^{\pm}\geqslant S_{\mathrm{A}tlk}^{\pm}\geqslant 0, \quad \forall t,l,k \tag{7.16g}$$

$$\mathrm{SR}_{\max}\geqslant \mathrm{SR}_t^{\pm}\geqslant 0, \quad \forall t \tag{7.16h}$$

$$\gamma_{l\max}\geqslant \gamma_{tl}^{\pm}\geqslant 0, \quad \forall t,l \tag{7.16i}$$

式中，$I_{tlk}^{\pm}$为第t时期情景k下分配给子区l的灌水量，m^3；$q_{tlk}^{\pm}$为第t时期情景k下子区l的中小型水库的可用灌水量，m^3；η_l为子区l的灌溉水有效利用系数；Q_{nk}为第t时期情景k下的灌溉定额，$\mathrm{m}^3/\mathrm{hm}^2$；$\gamma_{tl}$为第$t$时期末子区$l$的中小型水库的可用水量，$\mathrm{m}^3$；$\eta r_l$为漳河水库到子区$l$间的渠系水利用系数；$\gamma_{l\max}$为子区$l$的中小型水库的有效库容，$\mathrm{m}^3$。

表7.9给出了每一个非农业用水户在每个季度的配水目标、收益和损失。如果需水量得到满足，就会产生效益；另外，当目标水量没有得到满足时，就会产生损失。表7.10为每个季节农业用水户的灌溉面积目标、收益和损失。对某一季节，子区的灌溉面积目标是所有需要灌溉作物的面积目标总和。如果目标灌溉面积没有得到满足，由于没有可代替的灌溉水源，未灌溉面积损失等于种植成本，因此不同子区在同一季节的损失是相同的。另外，灌溉面积的目标单位是公顷，通过乘以相应的灌溉定额，可以将其转化为需水量。市政、工业和农业用水户的上述目标由2010～2014年历史数据统计分析得到的。下限是用均值减去标准差计算得到，上限是用均值加上标准差计算得到。对于水力发电，目标的下限是下游河流的最低环境需水量，而上限是水电站最大发电需水量。收益和损失由社会经济参数估算得到，如万元工业增加值用水量、电价和非农业用水户的人均用水量，农作物价格、潜在产量和单位面积种植费用估算。灌溉区各季降雨量也是一个随机变量，同样可划分为几个水平。根据漳河水库灌区的灌溉试验数据，可以得到各季每个降雨水平下的作物灌溉定额。假设各季漳河水库的入流量与灌溉区的降雨量是完全一致的，即当季入流量为中等水平时，季降雨量也处于中等水平。因此，不同季节某入流水平下的灌溉定额可用该降雨水平下所有作物的灌溉定额通过面积加权平均计算得到，如表7.11所示。由于各子区作物种植比例相似，以上灌溉定额适用于各子区。在冬季，由于没有作物需要灌溉，灌溉定额和灌溉面积目标为零。表7.12给出了每个子区的中小型水库的可供水量。除灌溉定额外，所有参数均为区间值，反映了社会经济参数的不精确性。

表 7.9 非农业用水户的配水目标、收益和损失

用水户	冬季	春季	夏季	秋季
配水目标/万 m^3				
市政	[906.0,1013.6]	[1087.2,1216.3]	[1359.0,1520.4]	[1177.8,1317.7]
工业	[451.9,497.3]	[433.1,476.7]	[527.3,580.2]	[470.8,518.0]
水电	[4388.2,18835.2]	[4388.2,18835.2]	[4388.2,18835.2]	[4388.2,18835.2]
收益/(元/m^3)				
市政	[30.7,34.3]	[30.7,34.3]	[30.7,34.3]	[30.7,34.3]
工业	[5.63,7.04]	[5.63,7.04]	[5.63,7.04]	[5.63,7.04]
水电	[0.029,0.034]	[0.029,0.034]	[0.029,0.034]	[0.029,0.034]
损失/(元/m^3)				
市政	[46.0,51.4]	[46.0,51.4]	[46.0,51.4]	[46.0,51.4]
工业	[8.45,10.56]	[8.45,10.56]	[8.45,10.56]	[8.45,10.56]
水电	[0.044,0.051]	[0.044,0.051]	[0.044,0.051]	[0.044,0.051]

表 7.10 农业用水户的灌溉面积指标、收益和损失

分区	冬季	春季	夏季	秋季
灌溉面积指标/hm^2				
DB	—	[3826.6,8526.6]	[3553.3,7793.3]	[3080.0,7500.8]
DD	—	[13800.0,19599.8]	[13020.0,17906.5]	[13086.7,17240.6]
DY	—	[7393.4,14293.6]	[6233.3,12013.6]	[4546.7,11846.7]
JZ	—	[5626.6,13227.1]	[5093.3,12020.4]	[4406.7,12286.7]
SY	—	[56873.3,82966.7]	[52760.0,75766.7]	[52346.7,73460.0]
ZH	—	[1420.0,5646.6]	[1280.0,5160.0]	[900.0,4966.7]
ZX	—	[7653.4,19133.3]	[7106.7,17479.9]	[6166.7,16813.3]
收益/(元/hm^2)				
DB	—	[1137.5,1421.9]	[2952.9,3494.0]	[1270.4,1883.7]
DD	—	[1079.6,1349.6]	[2802.8,3316.3]	[1205.8,1787.9]
DY	—	[1156.7,1446.0]	[3003.0,3553.2]	[1292.0,1915.7]
JZ	—	[1002.5,1253.2]	[2602.6,3079.4]	[1119.7,1660.2]
SY	—	[963.9,1205.0]	[2502.5,2961.0]	[1076.6,1596.4]
ZH	—	[1253.1,1566.5]	[3253.2,3849.3]	[1399.6,2075.3]
ZX	—	[1021.8,1277.3]	[2652.6,3138.7]	[1141.2,1692.2]
损失/(元/hm^2)				
DB	—	[1927.9,2410.0]	[5171.8,6119.4]	[2225.0,3243.4]
DD	—	[1927.9,2410.0]	[5171.8,6119.4]	[2225.0,3243.4]
DY	—	[1927.9,2410.0]	[5171.8,6119.4]	[2225.0,3243.4]
JZ	—	[1927.9,2410.0]	[5171.8,6119.4]	[2225.0,3243.4]
SY	—	[1927.9,2410.0]	[5171.8,6119.4]	[2225.0,3243.4]
ZH	—	[1927.9,2410.0]	[5171.8,6119.4]	[2225.0,3243.4]
ZX	—	[1927.9,2410.0]	[5171.8,6119.4]	[2225.0,3243.4]

表 7.11　各入流水平下的灌溉定额

入流水平	灌溉定额/(m³/hm²)			
	冬季	春季	夏季	秋季
极低	—	1019.7	3299.5	436.5
低	—	778.0	2721.5	383.8
中等	—	591.4	1979.4	322.1
高	—	314.9	1401.9	186.3
极高	—	34.4	613.5	53.8

表 7.12　各入流水平下中小型水库的可供水量

分区	中小型水库的可供水量/万 m³				
	极低	低	中等	高	极高
			冬季		
DB	0	[0,35.5]	[35.5,49.3]	[49.3,66.2]	[66.2,85.2]
DD	0	[0,19.8]	[19.8,32.7]	[32.7,48.6]	[48.6,66.5]
DY	0	[0,5.2]	[5.2,10.2]	[10.2,16.4]	[16.4,23.4]
JZ	0	[0,7.5]	[7.5,13.7]	[13.7,21.3]	[21.3,29.8]
SY	0	[0,6.2]	[6.2,26.1]	[26.1,50.5]	[50.5,78.0]
ZH	0	[0,15.4]	[15.4,21.6]	[21.6,29.3]	[29.3,38.0]
ZX	0	[0,49.4]	[49.4,69.6]	[69.6,94.5]	[94.5,122.5]
			春季		
DB	[118.9,199.2]	[199.2,356.6]	[356.6,475.9]	[475.9,922.6]	[922.6,1494]
DD	[77.9,153.4]	[153.4,301.5]	[301.5,413.7]	[413.7,834.0]	[834.0,1371.6]
DY	[23.9,53.4]	[53.4,111.1]	[111.1,154.8]	[154.8,318.6]	[318.6,528.1]
JZ	[32.3,68.4]	[68.4,139.1]	[139.1,192.8]	[192.8,393.7]	[393.7,650.6]
SY	[59.1,175.2]	[175.2,403.0]	[403.0,575.7]	[575.7,1222.3]	[1222.3,2049.3]
ZH	[52.2,88.8]	[88.8,160.6]	[160.6,215.1]	[215.1,419.0]	[419.0,679.9]
ZX	[167.9,286]	[286.0,517.4]	[517.4,693.0]	[693.0,1350.1]	[1350.1,2190.6]
			夏季		
DB	[48.1,219.2]	[219.2,498.0]	[498.0,1043.0]	[1043.0,1717.8]	[1717.8,2464.5]
DD	[0,151.9]	[151.9,414.2]	[414.2,926.9]	[926.9,1561.8]	[1561.8,2264.3]
DY	[0,48.9]	[48.9,151.1]	[151.1,350.9]	[350.9,598.4]	[598.4,872.1]
JZ	[0,64.6]	[64.6,190.0]	[190.0,435.0]	[435.0,738.5]	[738.5,1074.3]
SY	[0,136.4]	[136.4,540.0]	[540.0,1328.7]	[1328.7,2305.5]	[2305.5,3386.2]
ZH	[18.6,96.7]	[96.7,223.9]	[223.9,472.7]	[472.7,780.8]	[780.8,1121.6]
ZX	[59.5,311.2]	[311.2,721.3]	[721.3,1522.9]	[1522.9,2515.6]	[2515.6,3613.9]
			秋季		
DB	[20.7,92.5]	[92.5,161.2]	[161.2,327.0]	[327.0,469.6]	[469.6,1014.5]
DD	[0,53.1]	[53.1,117.6]	[117.6,273.6]	[273.6,407.8]	[407.8,920.5]
DY	[0,14.3]	[14.3,39.4]	[39.4,100.2]	[100.2,152.5]	[152.5,352.3]
JZ	[0,20.4]	[20.4,51.3]	[51.3,125.8]	[125.8,189.9]	[189.9,435.0]
SY	[0,20.9]	[20.9,120.2]	[120.2,360.2]	[360.2,566.6]	[566.6,1355.3]
ZH	[7.3,40.1]	[40.1,71.4]	[71.4,147.1]	[147.1,212.2]	[212.2,461.0]
ZX	[23.4,129.1]	[129.1,230.0]	[230.0,473.9]	[473.9,683.7]	[683.7,1485.3]

7.2.3　结果分析

1. ZRSI分布的GAMLSS建模

为了得到每个季入流量序列的最佳概率分布，考虑用以下几种GAMLSS形式来模拟各季节入流量的分布：①概率分布的参数都是固定不变的；②概率分布的位置参数、形状参数和尺度参数或是三个参数都是时间的线性函数；③概率分布的位置参数、形状参数和尺度参数或是三个参数都是时间的非线性函数。本节采用一个三次多项式作为非线性函数的形式。在用GAMLSS模型模拟之前，对四个漳河水库季入流量序列(1964～2014年)进行了自相关测试，其中冬季、春季、夏季和秋季的一阶自相关系数分别为0.19、0.16、0.05和−0.19。由于4个系数的绝对值都接近于零，每个漳河水库季入流量序列可认为是随机的，满足了GAMLSS模型的独立性要求。在上述几个GAMLSS形式下，每个季入流量序列都用2个两参数概率分布(伽马分布和对数正态分布)和2个三参数概率分布(Box-Cox正态分布和广义伽马分布)进行拟合。但是在位置参数、尺度参数和形状参数均线性变化以及位置参数、尺度参数和形状参数均非线性变化下，都没有用伽马分布和对数正态分布进行模拟，因为它们只有两个参数。所有组合模式均在表7.13中给出，在R中使用GAMLSS程序可以实现拟合过程。

所有组合模式的拟合效果首先由AIC值来评估。对于冬季、春季、夏季和秋季的入流量序列，具有最小AIC值的模式分别为：①三个参数均非线性变化的广义伽马分布；②只有位置参数非线性变化的对数正态分布；③只有位置参数非线性变化的伽马分布；④只有位置参数线性变化的对数正态分布。然后，应用LRT检验以上模式是否显著优于其他简单的模式。零假设是简单的模式更优，备则假设是具有最小AIC值的模式更优。如果p值小于置信水平，则拒绝零假设，即具有最小AIC值模式的拟合效果比简单模式更好；反之，用更简单的模式作为最佳拟合模式。

本节研究的置信水平设置为0.05。从表7.13可以看出，冬季和夏季p值均小于0.05。因此，采用具有最小AIC值的模式作为冬季和夏季入流量序列的最佳拟合模式。然而，在春季，与模式6相比的p值为0.86；在秋季，与模式1相比的p值为0.094。因此，将上述较为简单的模式作为春季和秋季入流量序列的最佳拟合模式。冬季、春季、夏季和秋季的入流量序列的最佳拟合模式为：①三个参数均非线性变化的广义伽马分布；②只有位置参数线性变化的对数正态分布；③只有位置参数非线性变化的伽马分布；④参数都固定不变的伽马分布。上述四种最佳匹配模式的分布参数如表7.14所示。可以看出，对于冬季的入流量序列，这三个参数都是时间的非线性函数；对于春季和夏季的入流量序列，位置参数随时间变化很大。结果表明，除秋季外，其他三个季节入流量序列都是非一致性的。

表 7.13　采用 LRT 比较最小 AIC 值模式和简单模式得到的 p 值

模式	GAMLSS 形式	概率分布类型	p 值			
			冬季	春季	夏季	秋季
1	平稳	伽马分布	<0.001	0.025	0.044	0.094
2		对数正态分布	—	—	—	—
3		Box-Cox 正态分布	<0.001	0.035	0.015	0
4		广义伽马分布	<0.001	0.036	0.021	0
5	只有位置参数线性变化	伽马分布	<0.001	0.021	0.022	0
6		对数正态分布	<0.001	0.086	0.014	**
7		Box-Cox 正态分布	<0.001	0.027	0.012	*
8		广义伽马分布	<0.001	0.031	0.012	*
9	位置参数和尺度参数都线性变化	伽马分布	<0.001	0.006	0.014	*
10		对数正态分布	<0.001	0.034	0.004	*
11		Box-Cox 正态分布	<0.001	0	0	*
12		广义伽马分布	<0.001	0	0	*
13	位置参数、尺度参数和形状参数均线性变化	Box-Cox 正态分布	0.005	*	*	*
14		广义伽马分布	<0.001	*	*	*
15	只有位置参数非线性变化	伽马分布	0.002	0	**	*
16		对数正态分布	<0.001	**	*	*
17		Box-Cox 正态分布	0.001	*	*	*
18		广义伽马分布	0.002	*	*	*
19	位置参数和尺度参数都非线性变化	伽马分布	0.003	*	*	*
20		对数正态分布	0.004	*	*	*
21		Box-Cox 正态分布	0.003	*	*	*
22		广义伽马分布	<0.001	*	*	*
23	位置参数、尺度参数和形状参数均非线性变化	Box-Cox 正态分布	0	*	*	*
24		广义伽马分布	**	*	—	*

注：—表示该模式由于数值问题不适用于本系列；** 表示该模式有最小的 AIC 值；* 表示该模式比最小 AIC 模式更复杂。

表 7.14　四个季入流量序列最佳拟合模式的分布参数

季节	冬季	春季	夏季	秋季
分布类型	广义伽马分布	对数正态分布	伽马分布	伽马分布
位置参数	$\mu=\exp(8.76-9.47\times10^{-2}t+3.98\times10^{-3}t^2-4.61\times10^{-5}t^3)$	$\mu=9.57-7.46\times10^{-3}t$	$\mu=\exp(11.2-1.27\times10^{-1}t+6.29\times10^{-3}t^2-8.21\times10^{-5}t^3)$	$\mu=1.57\times10^4$
尺度参数	$\sigma=\exp(-2.11+5.89\times10^{-2}t+7.9\times10^{-3}t^2-4.66\times10^{-5}t^3)$	$\sigma=0.57$	$\sigma=0.55$	$\sigma=0.66$
形状参数	$\upsilon=38.47-4.85\times10^{-2}t+2.05\times10^{-1}t^2-2.83\times10^{-3}t^3$	—	—	—

注：t 代表的是从 1964 年算起的年数。

为了进一步检验上述四种模式的有效性，在图7.6中绘出了四种模式的残差图。可以看出，最佳拟合模式与季入流量序列非常一致。数据点主要分布在拟合曲线上，这些曲线也都在零点偏移线附近上下波动，且在95%置信区间内（两个椭圆虚线）。这表明最佳拟合模式可以用来模拟季入流量序列的概率分布。对于规划年的每一个季节，季入流量序列的概率密度函数的参数可以根据表7.14来确定。将概率密度函数离散为5个入流水平。表7.15反映了不同入流水平下各季节漳河水库的可用水量，由入流量减去水库损失计算求得，并可作为IMWCA模型的输入参数。

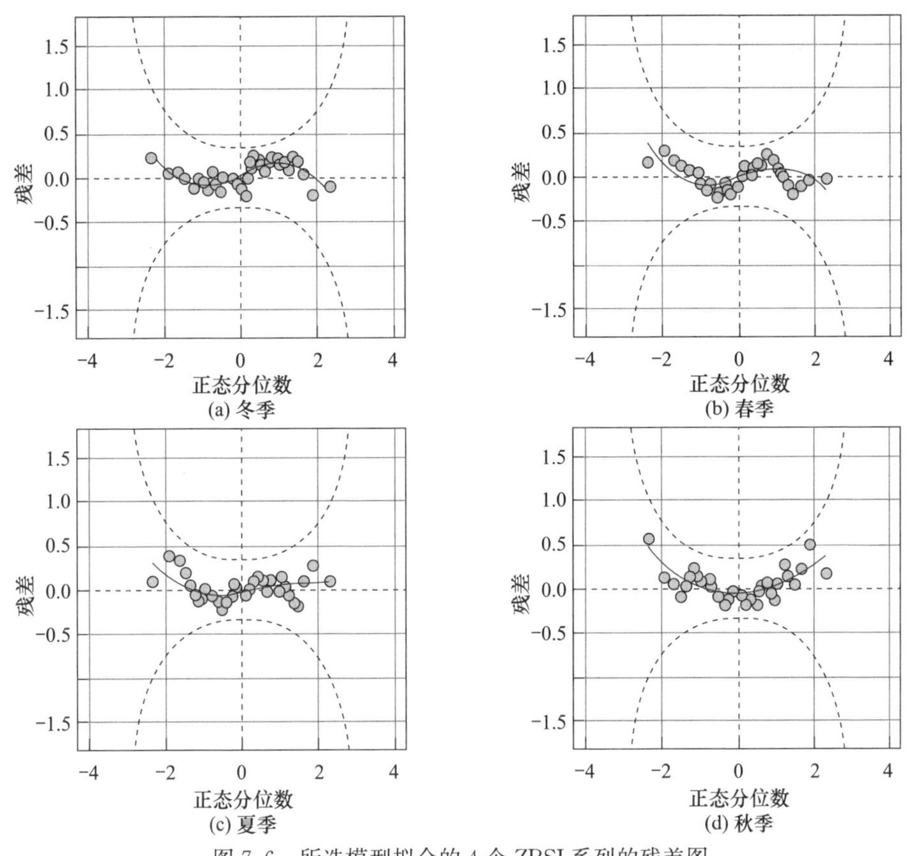

图7.6　所选模型拟合的4个ZRSI系列的残差图

表7.15　各入流水平下漳河水库的可供水量

入流水平	概率	可供水量/万 m³			
		冬季	春季	夏季	秋季
极低	0.125	[1592.9,1940.1]	[1523.8,3459.5]	[1830.0,5799.5]	[1286,3164.8]
低	0.25	[1940.1,2432.4]	[3459.5,6700.3]	[5799.5,12319.1]	[3164.8,7693.5]
中等	0.25	[2432.4,2772.3]	[6700.3,10769.1]	[12319.1,19616.8]	[7693.5,13334]
高	0.25	[2772.3,3202.1]	[10769.1,18615.2]	[19616.8,32196.7]	[13334.0,25111.5]
极高	0.125	[3202.1,3876.2]	[18615.2,37689.4]	[32196.7,55238.4]	[25111.5,43428.3]

2. IMWCA 模型结果

在本节研究中，每个非农业用水户的最优配水目标和每个农业用水户的最优灌溉面积目标需要首先被确定。管理人员可以通过引入决策变量 Z_{NAtn} 和 Z_{Atl} 来求得最优配水目标和最优灌溉面积目标。当 Z_{NAtn}(Z_{Atl})接近 0 时，若配水目标(灌溉面积目标)可以达到，则获得的效益较低；若配水目标(目标灌溉面积)未被满足，则只需支付较低的补偿费用。当 Z_{NAtn}(Z_{Atl})接近 1 时，若配水目标(目标灌溉面积)得到满足，则可以获得较高的收益；如果配水目标(目标灌溉面积)未达到，则需要支付较高的补偿费用。表 7.16 给出了由 IMWCA 模型计算得到的计划年的最优目标。在所有的季节里，市政和工业的最优配水目标都为其上限。然而，在冬季、春季、夏季和秋季，水力发电的 Z_{opt} 分别为 0、0.1、0.5 和 0.7。这主要是因为水电的单方水收益和损失都比较低。在春秋两季，所有子区的最优灌溉面积目标等于它们的上限。然而在夏季，许多子区的最优灌溉面积目标都小于它们的上限。结果表明，春季和秋季在用水方面比夏季更具竞争力。此外，不同子区间也存在竞争。在夏季，DB 和 ZH 的 Z_{opt} 是最大的，接近 1，其次是 DY 和 DD，而 JZ、ZX 和 SY 只有 0.6、0.6 和 0.3。最优目标的结果表明，IMWCA 模型可以在不同的用水户和不同季节之间进行优化分配。

表 7.16 计划年最优目标

用水户		Z_{opt}				T_{opt}/hm^2(或万 m^3)			
		冬季	春季	夏季	秋季	冬季	春季	夏季	秋季
非农业用水户	市政	1.0	1.0	1.0	1.0	1013.6	1216.3	1520.4	1317.7
	工业	1.0	1.0	1.0	1.0	497.3	476.6	580.2	518.0
	水电	0	0.1	0.5	0.7	4388.2	5832.9	11611.7	14501.1
农业用水户	DB	—	1.0	1.0	1.0	—	8526.6	7793.3	7500.8
	DD	—	1.0	0.8	1.0	—	19599.8	16929.2	17240.6
	DY	—	1.0	0.9	1.0	—	14293.6	11435.6	11846.7
	JZ	—	1.0	0.6	1.0	—	13227.1	9249.6	12286.7
	SY	—	1.0	0.3	1.0	—	82966.7	59662.0	73460.0
	ZH	—	1.0	1.0	1.0	—	5646.6	5160.0	4966.7
	ZX	—	1.0	0.6	1.0	—	19133.3	13330.6	16813.3

注：对于农业用水户，T_{opt} 的单位为 hm^2；对于非农业用水户，T_{opt} 的单位为万 m^3。

如果可用水量不能满足最优目标，非农业用水户就会出现缺水，某些子区的部分面积也得不到灌溉。由 IMWCA 模型可分别得到冬季、春季、夏季和秋季的 5 种、25 种、125 种和 625 种情景下的缺水情况。图 7.7 给出了各季不同入流量水平下非农业用水户的缺水率。可以看出，在各季节的每个流量水平下，市政用水缺水量是零，这意味着市政用水总是能得到保障。这是因为其需水量得到满足时收益最高，没有满足时损失也最大。工业用水只有在春季 VL-VL、夏季 VL-VL-VL 和秋季 VL-VL-VL-VL 入流量水平才会出现缺水。然而，除了春季 VH-VH、夏季 VH-VH-VH 和秋季 VH-VH-VH-VH 入流量水平之外的其他情景下，水电的缺水率都非常大。

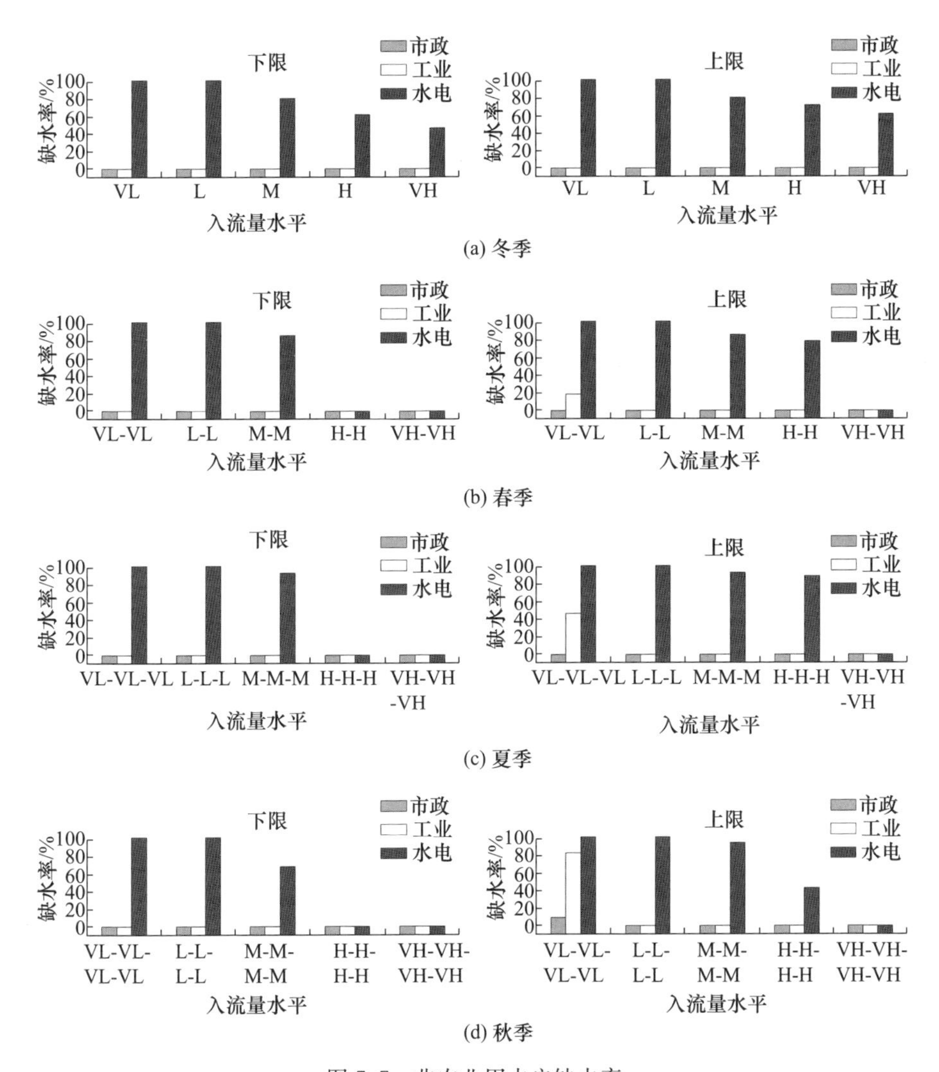

图 7.7　非农业用水户缺水率

VL 代表冬季的入流量处于极低的水平；VL-VL 代表冬季和春季的入流量都处于极低的水平；VL-VL-VL 代表冬季、春季和夏季的入流量都处于极低的水平；VL-VL-VL-VL 代表四个季节的入流量都处于极低的水平

图 7.8 为不同入流量水平下农业用水户的面积缺水率。在春季的 H-H 和 VH-VH 入流量水平下所有子区的目标面积都可以得到灌溉；但在其他三个入流量水平下，大多数子区的未灌溉面积比例都非常高，其中 SY 的未灌溉面积比例最高，其次是 JZ、ZX 和 DD，而 ZH 最低。在夏季，所有子区的目标面积在除了 VH-VH-VH 外的其他入流量水平下都不能完全被灌溉。与春季类似，SY 的未灌溉面积比例最高，ZH 最低。在秋季，尽管在 M-M-M-M 入流量水平下 SY 的未灌溉面积比例很大，但大部分子区只在 VL-VL-VL-VL 和 L-L-L-L 入流量水平下缺水。由上述结果可知，在各季节各入流量水平下，ZH 的灌溉面积目标基本可以达到，这说明 ZH 因其需水得到满足时效益最大，而竞争力较高；而 SY 在各季节的需求基本不能被满足，这表明 SY 因其效益最低而竞争力最小。此外，在秋季大多数子区的灌溉面积目标均可得到满足，而在春夏季许多子区的未灌溉面积比例非常高，这说明秋季比春夏季更具竞争力。

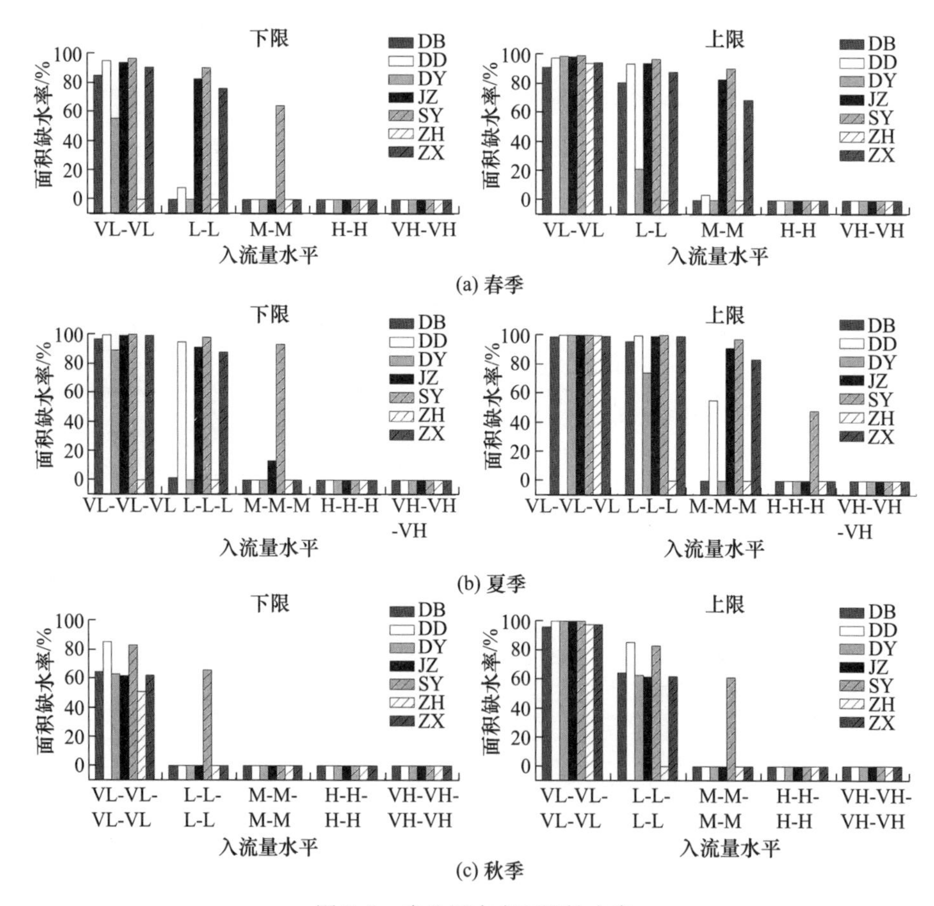

图 7.8 农业用水户面积缺水率

VL 代表冬季的入流量处于极低的水平；VL-VL 代表冬季和春季的入流量都处于极低的水平；VL-VL-VL 代表冬季、春季和夏季的入流量都处于极低的水平；VL-VL-VL-VL 代表四个季节的入流量都处于极低的水平各子区在各季节的实际配水量由最优灌溉面积目标、未灌溉面积比和中小型水库的可供水量共同决定。图7.9为三个季节不同入流量水平下各子区的最优配水量。在每个季节，各子区的实际配水量随着入流量的增加先增大然后减少。这是因为在入流量水平较低的情况下，没有足够的水资源分配给农业用水户；而在高入流量水平的情况下，灌溉用水需求很低。例如，SY的实际配水量在春季H-H、夏季H-H-H和秋季M-M-M-M入流水平下达到峰值。当春季和夏季入流量水平较低时，水优先分配给DY和ZH，这表明这些子区更具竞争力。另外，在秋季入流量水平较低时，也有较多的子区可分配到灌溉水，这也表明秋季比春季和夏季更具竞争力。

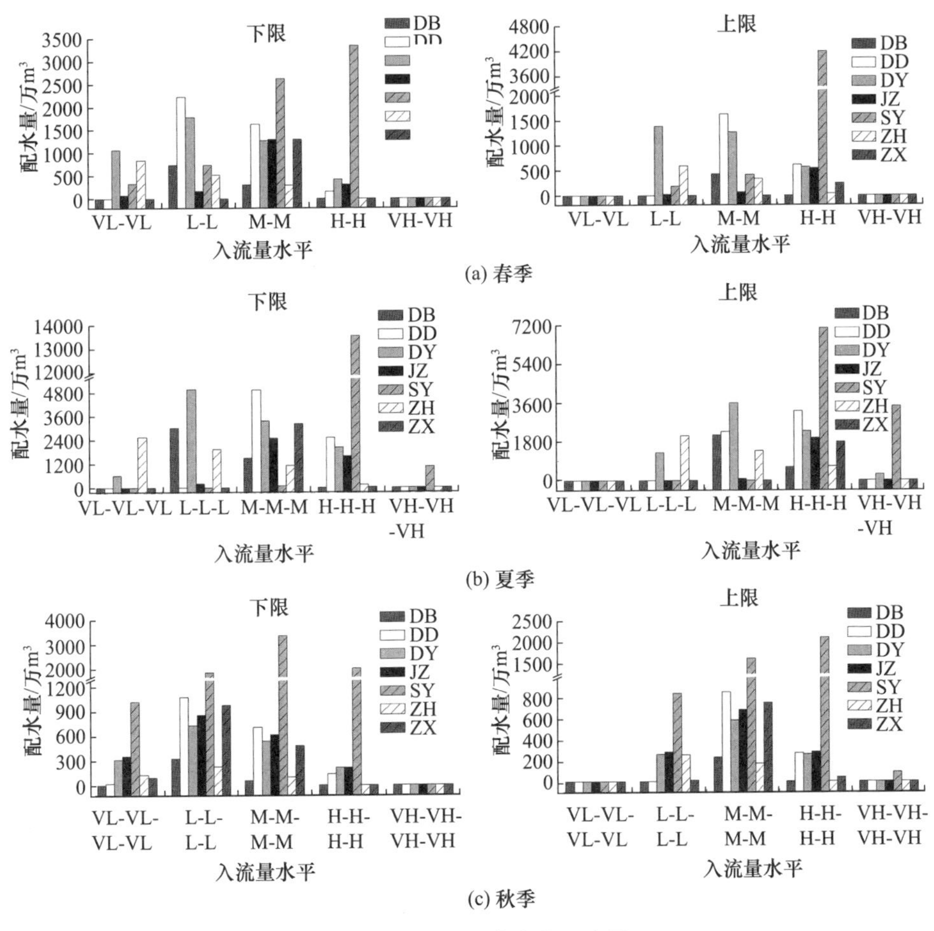

(a) 春季

(b) 夏季

(c) 秋季

图7.9 各农业用水户的配水量

VL代表入流量在冬季很低；VL-VL代表入流量在冬季和春季都很低；VL-VL-VL代表入流量在冬季、春季和夏季都很低；VL-VL-VL-VL代表入流量在四季中都很低

3. 与 IMSLP 模型比较

IMWCA 模型是在 Li 等(2006)提出的区间多阶段随机线性规划(IMSLP)模型上进行的改进。在 IMSLP 模型中就像非农业用水户一样,农业用水户需水目标被作为第一阶段决策变量。当本节研究中的问题用 IMSLP 模型解决时,灌溉定额在每个季节都是一定的,在春季、夏季和秋季分别为 547.7m^3/hm^2、2003.2m^3/hm^2 和 276.5m^3/hm^2。用 IMSLP 模型计算得到的最优目标如表 7.17 所示。从表中可知,水电在夏季和秋季的最优目标是 4388.2 万 m^3 和 10167.0 万 m^3,低于 IMWCA 模型的计算结果。这是因为 IMSLP 模型采用恒定的灌溉定额,在入流量较高时,农业用水需求被高估。因此,如果采用该策略,就不能充分利用可用水量。此外,除了 JZ 和 SY,其他子区在夏季的最优灌溉面积目标都被设定为它们的上限,高于 IMWCA 模型的计算结果。主要原因是在入流量较低时,农业用水需求被低估。因此,根据该方案,在夏季 VL-VL-VL 和 V-V-V 入流量水平下,许多目标农田不能被灌溉。总之,IMWCA 模型比 IMSLP 模型更适合指导漳河水库灌区的水资源分配。

表 7.17　IMSLP 模型求得的最优目标

用水户		Z_{opt}				T_{opt}/hm²(或万 m³)			
		冬季	春季	夏季	秋季	冬季	春季	夏季	秋季
非农业用水户	市政	1.0	1.0	1.0	1.0	1013.6	1216.3	1520.4	1317.7
	工业	1.0	1.0	1.0	1.0	497.3	476.6	580.2	518.0
	水电	0	0	0	0.4	4388.2	4388.2	4388.2	10167.0
农业用水户	DB	—	1.0	1.0	1.0	—	8526.6	7793.3	7500.8
	DD	—	1.0	1.0	1.0	—	19599.8	17906.5	17240.6
	DY	—	1.0	1.0	1.0	—	14293.6	12013.6	11846.7
	JZ	—	1.0	0.6	1.0	—	13227.1	9249.6	12286.7
	SY	—	1.0	0.4	1.0	—	82966.7	61962.7	73460.0
	ZH	—	1.0	1.0	1.0	—	5646.6	5160.0	4966.7
	ZX	—	1.0	1.0	1.0	—	19133.3	17479.9	16813.3

注:对于农业用水户,T_{opt}的单位为 hm^2;对于非农业用水户,T_{opt}的单位为万 m^3。

7.2.4　讨论

图 7.10 给出了漳河水库各季入流量的分位图(1964～2014 年)。冬季入流量在 20 世纪 70 年代至 2000 年之间增加,并在 2002 年达到顶峰,然后在接下来的 12 年里急剧下降。夏季入流量在 20 世纪 70 年代前下降,在接下来的 30 年里增加,然后在接下来的 12 年里开始下降。春季入流量自 1964 年以来呈下降趋势,与其

他分位数曲线相比，第 5 百分位数曲线和第 25 百分位数曲线下降得更快。此外，冬季和夏季的极端季节性入流量(第 5 百分位数下)在 2000 年之后显著下降，速度比其他分位下的入流量快。然而，秋季的入流量基本保持稳定。除了秋季，分位数曲线随时间的不同变化再次表明了漳河水库季入流量序列的非一致性。因此，事先分析非平稳的流量分布是有意义的，特别是在受气候变化和人类活动影响较大的盆地中，因为在不确定的情况下，恰当地描述入流量的概率分布对水资源管理是很重要的。

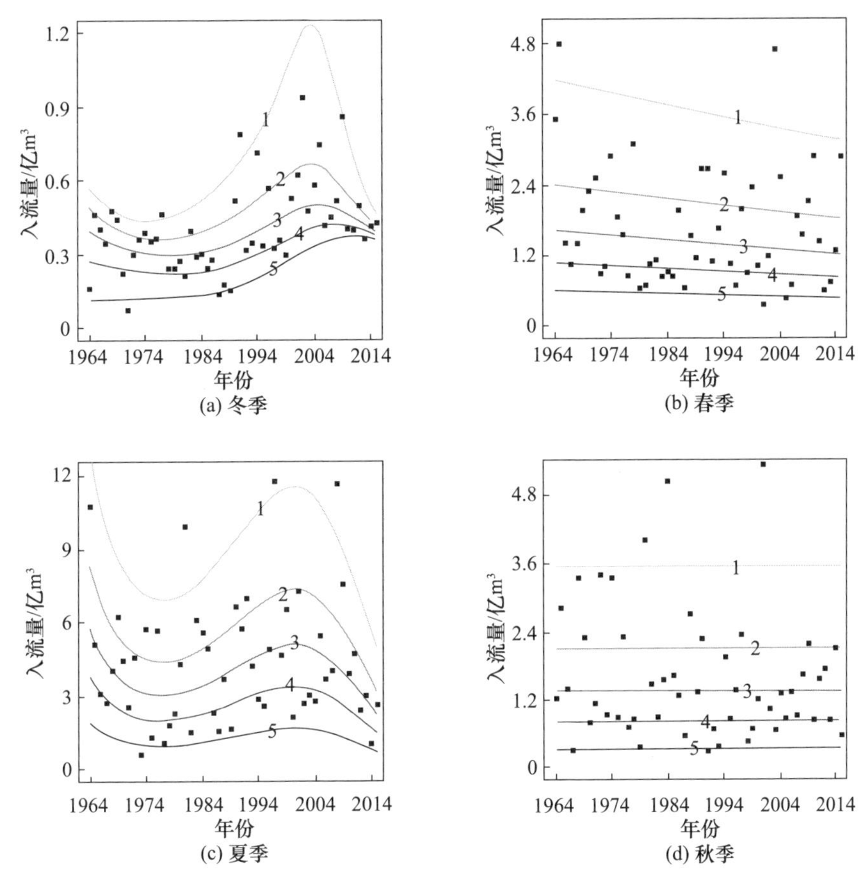

图 7.10　漳河水库各季入流量分位图(1964～2014 年)

实心点表示漳河水库季入流量的测量值，分布在 5 个分位数曲线之间

1. 第 95 百分位数曲线；2. 第 75 百分位数曲线；3. 第 50 百分位数曲线；4. 第 25 百分位数曲线；5. 第 5 百分位数曲线

为了研究 GAMLSS 模型模拟得到的规划年的漳河水库季入流量概率分布的可靠性，选取了 3 组不同长度的漳河水库季入流量序列：①从 1964 到 2014 年，用于预测 2015 年和 2016 年的概率分布；②从 1964 年到 2015 年，用于获得 2015 年的观测概率分布，并预测 2016 年的观测概率分布；③从 1964 年到 2016 年，用于获

得 2016 年的观测概率分布。表 7.18 比较了 GAMLSS 模型模拟得到的各季入流量概率分布参数的预测值和观测值。可以看出,各季期望和方差的一年预测误差都小于 10%。选取 1964～2014 年季入流量序列预测 2015 年漳河水库季入流量概率分布时,期望和方差最小的预测误差为 0.7%(秋季)和 1.3%(秋季)。用 1964～2015 年季入流量序列预测 2016 年漳河水库季入流量的概率分布时,最小预测误差分别为 0.2%(春季)和 2.2%(秋季)。当选取 1964～2014 年季入流量序列预测 2016 年漳河水库季入流量的概率分布时,期望和方差的最大预测误差分别为 16.8%和 18.7%,两年预测的预测精度不太好。因此,可以用 GAMLSS 模型预测一年后的漳河水库季入流量概率分布。

表 7.18　概率分布参数的观测值和预测值比较

季节	概率分布类型	2015 年的参数		2016 年的参数		
		1964～2015 年(观测值)	1964～2014 年(预测值)	1964～2016 年(观测值)	1964～2015 年(预测值)	1964～2014 年(预测值)
			期望			
冬季	广义伽马分布	3737	3388(−9.3)	3842	3614(−5.9)	3197(−16.8)
春季	对数正态分布	14435	13414(−7.1)	14327	14356(0.2)	13314(−7.1)
夏季	伽马分布	24135	23266(−3.6)	23152	20986(−9.4)	20115(−13.1)
秋季	伽马分布	15876	15984(0.7)	15633	15786(1.0)	15984(2.2)
			方差			
冬季	广义伽马分布	12457	11236(−9.8)	12831	13911(8.4)	10433(−18.7)
春季	对数正态分布	76302129	69705801(−8.6)	80245733	82391929(2.7)	68674369(−14.4)
夏季	伽马分布	175297600	165842884(−5.4)	147130694	132549169(−9.9)	123965956(−16.9)
秋季	伽马分布	107889769	109286116(1.3)	105610333	107889769(2.2)	109286116(3.5)

注:括号内的值为预测误差,由预测值和观测值的差值除以观测值求得,%。

7.3　基于供求关系和生产函数的灌区水量使用权交易模型

7.3.1　水量使用权交易模型

1. 水资源估价模型与方法

1) 模型假定

水权出售方(水库灌区)将多余水量使用权有偿转让给水权购买方(城市),在

交易过程中,双方出于自身利益会考虑对交易价格进行博弈,以获得自身效益最大化。因此,构造模型基于如下假设:

(1) 多余水权是指以农业节水潜力为基础,当年节约出来的水量使用权,而长期持有的所有权不变。

(2) 由于水资源边际效益能够体现水资源稀缺价值和对国民经济的贡献程度,可用它反映城市水权购买方自身水资源利用的真实价值 C。水权购买方根据自身水资源利用的真实价值 C 来报价,其报价策略为 $P_b=C(1+k_b)$。考虑在价格博弈中,买方倾向于压低价格以实现利益最大化,为描述其基于水资源真实价值报价的浮动范围,使价格博弈更符合实际过程,可假设 $k_b=\in[-1,0]$,且服从均匀分布。

(3) 水库灌区水权出售方的水资源价值 V 主要与其供水成本有关,而供水成本既包括向城市输供水的建设运行管理成本,又包括水库灌区自身节水投入和发电灌溉供水量减少产生的损失。考虑现行灌区节水投入主要来源于各级政府,灌溉水费收入很少,故供水成本简化为仅考虑发电效益损失,用发电效益代替交易水权的边际成本,并且单纯根据供求关系计算水权出售方的水资源价值 V。水权出售方根据自身估价 V 进行报价,报价策略为 $P_s=V(1+k_s)$。出售方在价格博弈中倾向于抬高价格使其收益最大,为描述其基于水资源真实价值报价的浮动范围,使价格博弈更符合实际过程,可假设 $k_s=\in[0,10]$,且服从均匀分布(陈洪转等,2006)。

(4) 根据公平与效率原则,交易双方成交价格 P 由双方的出价共同决定,交易双方围绕初步估价进行博弈,即 $P=\lambda P_b+(1-\lambda)P_s$,其中 $\lambda\in[0,1]$。λ 表示双方的议价能力,双方就彼此的出价最终达成一个成交价格。

2) 数学模型

考虑到交易双方存在不同利益需求,交易双方都要先根据各自效益最大原则初步估算出自身水资源价值。

对水权出售方(水库灌区),利用供求理论推导其效益最大时水资源价值与边际成本的关系,并利用发电效益求其边际成本,从而求得卖方水资源价值,计算公式如下。

水资源需求价格弹性系数:

$$E=-\frac{V}{Q}\frac{\partial Q}{\partial V} \tag{7.17}$$

水库灌区水费收入的边际效益:

$$\mathrm{MR}=\frac{\partial(VQ)}{\partial Q}=Q\frac{\partial V}{\partial Q}+V=V\left(1+\frac{Q}{V}\frac{\partial V}{\partial Q}\right)=V\left(1-\frac{1}{E}\right) \tag{7.18}$$

当利润最大时

$$\mathrm{MR}=\mathrm{MC} \tag{7.19}$$

由式(7.17)～式(7.19)可得

$$V=\mathrm{MC}\left(1+\frac{1}{E-1}\right) \tag{7.20}$$

式中，V 为水权出售方水资源价值，是边际成本的函数；Q 为水库灌区供水量；MC为边际成本。由于供水部门在正常生产及销售条件下，$E>1$。

本节根据水库发电量效益 $B_e=eT_d(9.81\eta Q_e H)$ 来计算边际成本，即

$$\mathrm{MC}=\frac{B_e}{Q_e}$$

式中，e 为电价，元/度；T_d 为计算时段的小时数，h；Q_e 为每时段可交易水量转化成的流量，$\mathrm{m^3/s}$；H 为上下游水头差，m；η 为发电机组的总效率，一般取0.85。

对水权购买方(城市)，从合理利用有限的水资源而达到用水效益最优的角度确定水资源的边际效益，以此作为买方水资源的真实价值，体现水资源的稀缺与宝贵。而在多种生产函数中，Cobb-Dauglas函数(简称C-D函数)因其计算简单而广泛应用于较为发达的地区，以此来衡量供水量对经济、社会整体发展的作用，由于GDP仅是社会经济发展的宏观反应，社会经济发展水平仅用本区GDP来表示具有一定的局限性。利用水资源生产函数求解其边际效益，原理如下：

水的生产函数：

$$f(Q')=AK^{\alpha}L^{\beta}Q'^{\gamma} \tag{7.21}$$

生产净效益：

$$U=f(Q')-CQ' \tag{7.22}$$

当其净效益最大时，

$$\frac{\partial U}{\partial Q'}=f'(Q')-C=0 \tag{7.23}$$

水资源价值等于水资源的边际效益，即

$$C=f'(Q') \tag{7.24}$$

式中，C 为水权购买方水资源价值；$f(Q')$ 为水权购买方的产出值，用本区GDP来表示；$f'(Q')$ 为水资源的边际效益；A 为技术进步对产值增长的贡献率；K、L、Q' 分别为水权购买方对资金、劳动力、水资源的投入量(可从统计年鉴、水资源公报、发展规划查得)；α、β、γ 分别为资金、劳动力、水资源投入的产出弹性。

将式(7.21)两边取对数，利用SPSS19对实际数据 K、L、Q' 进行多元线性回归分析求得参数 α、β、γ、A，从而求得城市水资源真实价值 C。

2. 水量使用权交易模型与方法

1) 水库灌区水资源供需分析模型与方法

依据水库水量平衡方程及相关约束计算水库灌区可交易水量。

水库水量平衡方程为

$$S_{t+1}=S_t+Q_t-D_t-L_t=S_t+Q_t-W_t-\mathrm{SU}_t-\mathrm{EC}_t-x_t-L_t \quad (7.25)$$

依据上述方程，计算水库灌区的可交易水量 x_t 为

$$x_t=S_t-S_{t+1}+Q_t-W_t-\mathrm{SU}_t-\mathrm{EC}_t-L_t \quad (7.26)$$

由非负约束得

$$x_t=\max\{0,S_t-S_{t+1}+Q_t-W_t-\mathrm{SU}_t-\mathrm{EC}_t-L_t\} \quad (7.27)$$

式中，S_{t+1}为 t 时段末蓄水量，万 m^3；S_t 为 t 时段初蓄水量，万 m^3，其中，$S_{\min}\leqslant S_t\leqslant S_{\max}$，$S_{\max}$、$S_{\min}$分别为水库蓄水能力的上、下限；$Q_t$ 为 t 时段入库径流量，万 m^3；D_t 为 t 时段水库泄水量(包括对灌区的供水量 W_t、水库发电水量与下游生态环境最小需水量 EC_t、水库弃水量 SU_t、可交易水量 x_t)，万 m^3；L_t 为 t 时段水库蒸发和渗漏损失量，万 m^3。

2) 城市水资源供需分析模型与方法

根据城市内各类工程的可供水能力和社会经济用水需求预测，分区计算城市不同发展水平的水资源供求状态，确定城市 50%、75%、85%、90%等不同典型年的水资源余缺程度，计算方法为

$$\begin{aligned}x'_t&=\sum_{j=1}^{m}(S'_{jt}+P'_{jt}+G'_{jt}+Q'_{jt}-W'_{jt}-\mathrm{SU}'_{jt}-L'_{jt})\\&=\sum_{j=1}^{m}(S'_{jt1}+S'_{jt2}+S'_{jt3}+S'_{jt4}+P'_{jt}+G'_{jt}+Q'_{jt}-W'_{jt}-\mathrm{SU}'_{jt}-L'_{jt})\end{aligned} \quad (7.28)$$

式中，S'_{jt}为城市 j 区 t 时段地表水可供水量(包括城市内水库蓄水 S'_{jt1}、塘堰蓄水 S'_{jt2}、河流水 S'_{jt3}和湖泊水 S'_{jt4})，万 m^3；P'_t为城市 j 区 t 时段降雨量，万 m^3；G'_t为城市 j 区 t 时段地下水开采量和地下水溢出量，万 m^3；Q'_{jt}为城市 j 区 t 时段外引水量，万 m^3；W'_{jt}为城市 j 区 t 时段总需水量(包括生活、生产、生态等全部用水)，万 m^3；SU'_{jt}为城市 j 区 t 时段弃水量，万 m^3；L'_{jt}为城市 j 区 t 时段蒸发和渗漏损失量，万 m^3；j 为城市的计算分区，$j=1,2\cdots,m$。对于城市买方来说，$x'_t<0$ 时，为缺水量，即在交易中水量使用权最大买入量。

3) 水量使用权交易模型与方法

以交易双方效益最大为目标，以价格、水量为约束建立以下优化模型，以求取交易水量和交易效益。

水权购买方目标函数：

$$\begin{aligned}\max U_{\mathrm{b}}&=(C-P)x\mathrm{Prob}(P_{\mathrm{b}}\geqslant P_{\mathrm{s}})\\&=[C-\lambda C(1+k_{\mathrm{b}})-(1-\lambda)V(1+k_{\mathrm{s}})]\left[\frac{C(1+k_{\mathrm{b}})}{V}-1\right]\frac{x}{10}\end{aligned} \quad (7.29)$$

水权出售方目标函数：

$$\begin{aligned}\max U_{\mathrm{s}}&=(P-V)x\mathrm{Prob}(P_{\mathrm{b}}\geqslant P_{\mathrm{s}})\\&=\lambda C(1+k_{\mathrm{b}})+(1-\lambda)V(1+k_{\mathrm{s}})-V\left[1-\frac{C(1+k_{\mathrm{b}})}{V}\right]x\end{aligned} \quad (7.30)$$

约束条件：

$$\frac{\partial U_{\mathrm{b}}}{\partial k_{\mathrm{b}}}=-\lambda C\left[\frac{C(1+k_{\mathrm{b}})}{V}-1\right]\frac{x}{10}+\frac{C}{V}[C-\lambda C(1+k_{\mathrm{b}})-(1-\lambda)V(1+k_{\mathrm{s}})]\frac{x}{10}=0 \tag{7.31}$$

$$\frac{\partial U_{\mathrm{s}}}{\partial k_{\mathrm{s}}}=(1-\lambda)V\left[1-\frac{V(1+k_{\mathrm{s}})}{C}\right]x-\frac{V}{C}[\lambda C(1+k_{\mathrm{b}})+(1-\lambda)V(1+k_{\mathrm{s}})-V]x=0 \tag{7.32}$$

$$0\leqslant x\leqslant x_{\mathrm{k}},\quad 0\leqslant x\leqslant x_{\mathrm{q}},\quad -1\leqslant k_{\mathrm{b}}\leqslant 0,\quad 0\leqslant k_{\mathrm{s}}\leqslant 10,\quad 0\leqslant\lambda\leqslant 1 \tag{7.33}$$

式中，$\mathrm{Prob}(P_{\mathrm{b}}\geqslant P_{\mathrm{s}})$为水权购买方出价大于水权出售方出价的概率；$P$ 为交易价格；x 为实际交易水量；x_{k} 为水权出售方可交易水量；x_{q} 为水权购买方最大买入量。当双方交易效益最优时，必然对应一个最优均衡解(k_{b}^{*}、k_{s}^{*}、λ^{*}、x^{*})，以此可求得交易价格、交易水量和交易双方净收益。

7.3.2 水量使用权交易计算结果分析

1. 研究区概况

湖北省是我国 7 个加快实施最严格水资源管理制度试点省份之一，高关水库灌区与应城市水量使用权交易作为试点建设的重要内容之一，2014 年启动。高关水库灌区位于湖北省京山县以北大富水流域，区内灌溉水源有大型水库 1 座、中型水库 1 座、小型水库 58 座以及塘堰 13893 处，设计灌溉面积 38.40 万亩，其中高关水库是以防洪、灌溉、发电、供水等为主的灌区骨干调节水库，控制面积 303km^2，总库容 20108 万 m^3，兴利库容 15432 万 m^3，多年平均降雨量 1001mm。该灌区多年平均需水量为 3124.56 万 m^3，多年平均可供水量为 4075.63 万 m^3，具有一定的交易条件。

应城市位于湖北省江汉平原中部应城市当地径流主要来源于降水，多年平均降雨量 1109.4mm，年径流深 336.8mm，年径流系数 0.324，多年平均水资源量 5.5 亿 m^3。但人均日占有量为 0.24m^3/(人·日)，亩均日占有量为 0.26m^3/(亩·日)，均低于湖北省平均水平。应城市多年平均需水量为 67546.66 万 m^3，多年平均可供水量为 54021.79 万 m^3，水资源短缺已成为应城市发展的瓶颈。

2. 模型参数的确定

1) 应城市缺水量的确定

依据水量原理(7.28)计算应城市 2013 年、2020 年和 2030 年 50%平水年、75%和 85%干旱年及 90%特旱年条件下的需水量和缺水量。经水资源供需分析发现，在应城市的 11 个分区中，短港片区、大富水片区、漳府河片区缺水严重，其他计算区基本不缺水，并且高关水库灌区与应城市北部之间建有输供水工程(见图 7.11 和图 7.12)，为双方水量使用权交易提供了便利条件。

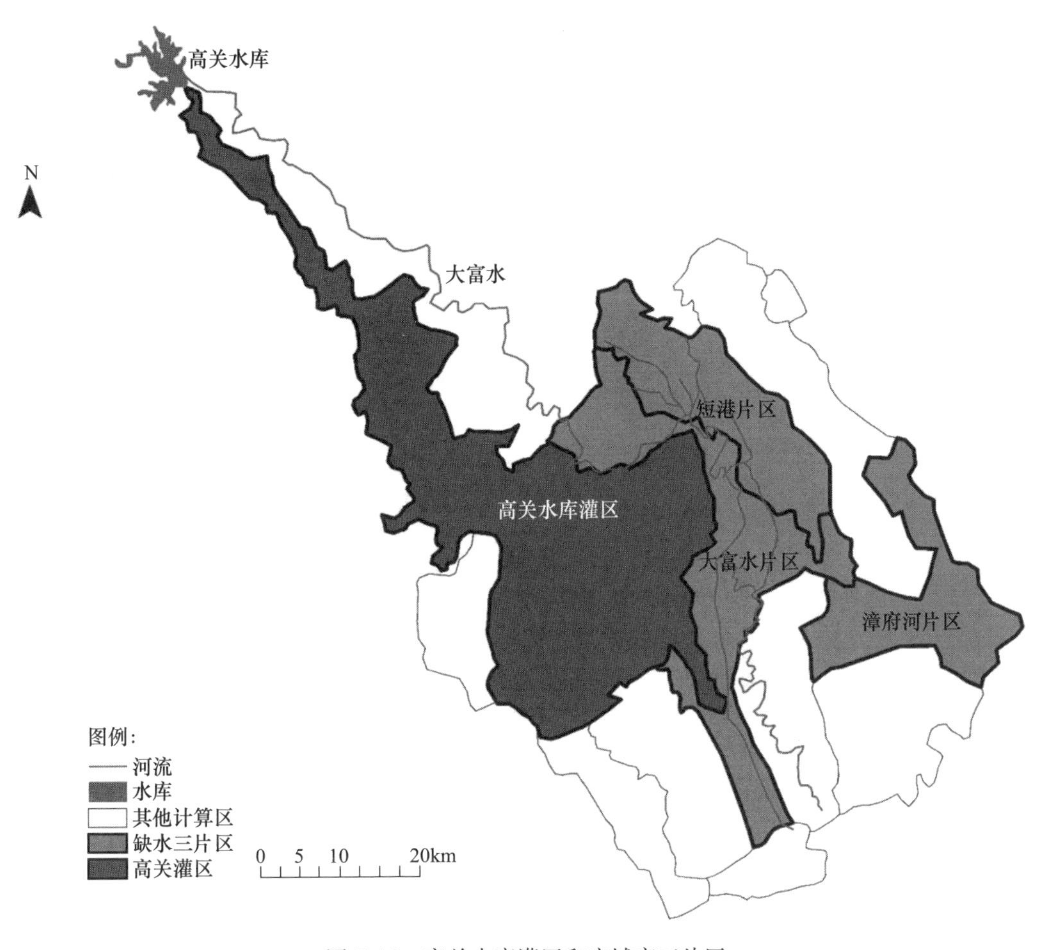

图 7.11　高关水库灌区和应城市三片区

2) 高关水库灌区可交易水量的确定

在调水时机与调水量未知的情况下，确定水库各时段向外最大可交易水量(即不影响其自身灌区供水保证率时的最大调水量)是水权交易的关键问题之一。因为每个时段的交易水量都会影响到下一时段的供水效果。因此，需在保证自身灌区需水要求(水库自身灌区需要由水库提供的需水量，即扣除了当地塘堰、小水库和中型水库等供水的需水量)的条件下，通过水量平衡原理及水库自身特征参数约束，分析本时段的可交易水量。

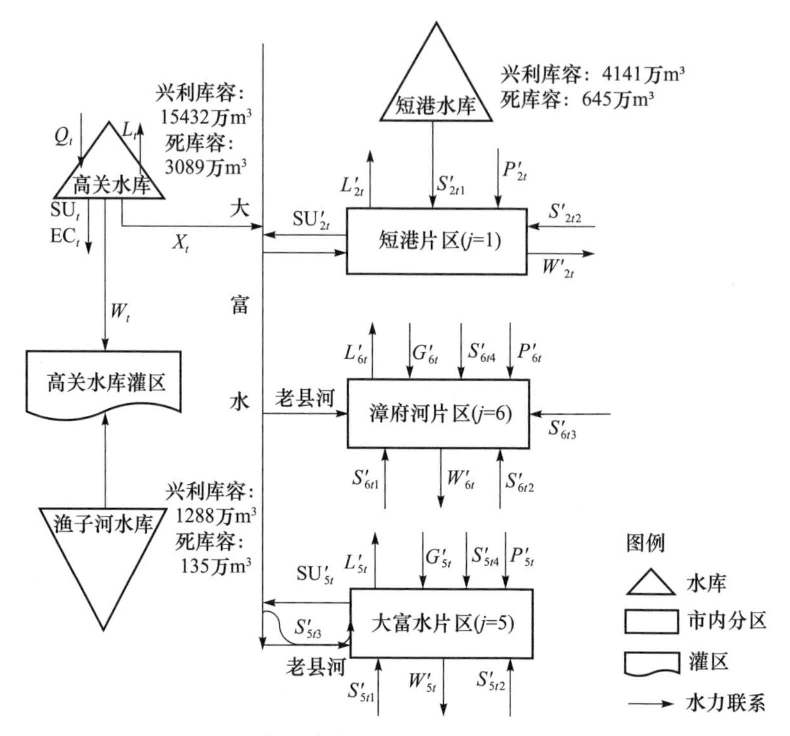

图 7.12　高关水库灌区和应城市三片区概化图

本节研究以高关水库灌区本区缺水量最小及水库弃水量最小为目标，以式(7.25)和式(7.26)为依据，优化得到的结果作为各时段最大可交易量，以此为约束进而确定各时段实际交易水量。高关水库灌区（包括应城市内外两部分）2013 年、2020 年和 2030 年不同水平年的可交易水量如表 7.19 所示。

表 7.19　交易价格、交易水量以及交易双方净效益

年份	典型年	高关水库灌区可交易水量 x_k/万 m³	应城市三片区水资源价值 C/(元/m³)	高关水库灌区水资源价值 V/(元/m³)	实际交易水量 x^*/万 m³	成交价格 p/(元/m³)	应城市三片区交易净收益/万元	高关水库灌区交易净收益/万元
2013（现状）	50%	10290.47	3.17	0.72	3744.78	1.95	1547.87	3535.78
	75%	6713.97	3.17	0.72	1225.28	1.95	506.79	1156.89
	85%	570.14	3.17	0.72	213.65	1.95	88.37	201.73
	90%	0	3.17	0.72	0	0	0	0
2020（近期）	50%	11061.99	7.68	0.97	4827.42	4.32	11273.52	14168.68
	75%	7777.40	7.68	0.97	2805.02	4.32	6550.60	8232.85
	85%	1793.39	7.68	0.97	686.95	4.32	1604.23	2016.22
	90%	0	7.68	0.97	0	0	0	0

续表

年份	典型年	高关水库灌区可交易水量 x_k/万 m³	应城市三片区水资源价值 C/(元/m³)	高关水库灌区水资源价值 V/(元/m³)	实际交易水量 x^*/万 m³	成交价格 p/(元/m³)	应城市三片区交易净收益/万元	高关水库灌区交易净收益/万元
2030(远景)	50%	12155.11	27.02	1.45	5829.13	14.23	131669.00	70541.97
	75%	9484.87	27.02	1.45	4180.79	14.23	94435.97	50594.29
	85%	3697.77	27.02	1.45	1570.17	14.23	35467.07	19001.56
	90%	0	27.02	1.45	0	0	0	0

3）水资源真实价值的确定

依据当地调研与水利普查数据、应城市统计年鉴、孝感市水资源公报和发展规划等资料，应城市水资源相关经济数据如表 7.20 所示。

表 7.20　应城市生产要素及产出值

年份	产出值 $f(Q')$/亿元	K/亿元	L/万人	Q'/万 m³
2009	100.80	70.83	32.84	34859.86
2010	120.00	85.00	34.80	35836.97
2011	153.34	104.00	36.90	47961.71
2012	174.81	138.80	39.13	47969.45
2013	201.52	175.00	41.98	54021.79
2015	262.00	273.00	47.17	55010.31
2020	504.00	833.00	63.12	55788.26
2030	1870.00	5158.00	113.04	58824.66

注：表中字母符号含义同式(7.21)。

对于应城市，将式(7.21)两边取对数，利用 SPSS19 对表 7.20 中的数据进行多元线性回归分析求得参数 $\alpha=-0.092$、$\beta=2.495$、$\gamma=0.24$、$A=0.00208$，γ 的折算系数为 0.085。

2013 现状年，对于高关水库灌区，电价 $e=1.5$ 元/度，旬时段的小时数 T_d 取 240h，上下游水头差 H 为 125m，计算得边际成本为 0.43 元/m³；利用式(7.20)求得自身水资源价值(取 $E=2.5$)为 0.72 元/m³；对于应城市三片区，利用式(7.20)和式(7.21)以及表 7.20 中数据，求得水资源的真实价值 C 为 3.17 元/m³。2020 近期年，对于高关水库灌区，电价 $e=2$ 元/度，旬时段的小时数 T_d 取 240h；上下游水头差 H 为 125m，计算得边际成本为 0.579 元/m³；利用式(7.20)求得自身水资源价值(取 $E=2.5$)为 0.97 元/m³；对于应城市三片区，利用式(7.20)和式(7.21)以及表 7.20 中的数据，求得水资源的真实价值 C 为 7.68 元/m³。2030 远景年，对于高关水库灌区，电价 $e=3$ 元/度，旬时段的小时数 T_d 取 240h；上下游水头差 H 为 125m，计算得边际成本为 0.869 元/m³；利用式(7.20)求得自身水资源价值(取

E=2.5)为 1.448 元/m^3；对于应城市三片区，利用式(7.20)和式(7.21)以及表 7.20 中数据，求得水资源的真实价值 C 为 27.02 元/m^3。

3. 交易水量、交易价格和交易净收益的确定

以 2013 年平水年为例，由式(7.30)～式(7.32)求得(k_b^*，k_s^*，λ^*)为(0，0，0.5)，2013 年平水年交易水量 x^* 为 3744.78 万 m^3，交易价格 p 为 1.95 元/m^3，最后由式(7.28)和式(7.29)求得高关水库灌区和应城市三片区的净效益，按以上计算过程可得出其他方案下的参数值和计算成果，见表 7.19。

从表 7.19 和表 7.20 可以看出，2011 年以来，应城市 GDP 总产值一直以 12.5%的速度增长，水资源的使用优化率明显提升，用水边际效益增进较快，2013 年、2020 年和 2030 年应城市水资源真实价值分别为 3.17 元/m^3、7.68 元/m^3 和 27.02 元/m^3(见表 7.19)，高于该市现行水价 1.50 元/m^3。而高关水库灌区经济结构相对单一，农业比重大，经济落后，2013 年、2020 年和 2030 年的水资源真实价值分别仅为 0.72 元/m^3、0.97 元/m^3 和 1.45 元/m^3，高关水库灌区的用水边际效益明显低于应城市。

2013 年 50%平水年双方交易价格为 1.95 元/m^3，交易水量为 3744.78 万 m^3，应城市三片区净收益 1547.87 万元，高关水库灌区净收益 3535.78 万元，市场总增加值为 5083.65 万元，实现了交易系统收益最优。2020 年 50%平水年双方交易价格为 4.32 元/m^3，交易水量为 4827.42 万 m^3，应城市三片区净收益为 11273.52 万元，高关水库灌区净收益为 14168.68 万元，市场总增加值为 25442.20 万元。2030 年 50%平水年双方交易价格为 14.23 元/m^3，交易水量为 5829.13 万 m^3，应城市三片区净收益为 131669.00 万元，高关水库灌区净收益为 70541.97 万元，市场总增加值为 202210.97 万元。

相同典型年下，2030 年的交易水量远高于 2013 年。说明应城市三片区经济发展需水量增加，尤其工业需水量快速增加，区域供水不能满足自身需求，缺水严重；而高关水库灌区节水农业的推广和灌溉水有效利用系数的提高，灌溉需水量减少，高关水库可交易水量增加。

应城市三片区交易前后缺水量和缺水率对比如表 7.21 所示。可以看出，2013 年、2020 年和 2030 年 50%平水年进行的水量使用权交易可以有效缓解应城市三片区的缺水情况，交易后缺水量大幅度减少，交易后缺水量为 0，实现了供需平衡，说明每个旬时段高关水库可交易水量充足，能够解决应城市缺水问题。75%干旱年交易后缺水量为 5406.85～5915.20 万 m^3，缺水率从 23.18%～25.23%降为 14.23%～19.20%。虽然高关水库灌区可交易水量富余，但是应城市三片区缺水率降低并不明显，这是因为在某些时段高关水库可交易水量远小于应城市三片区在该时段的缺水量，从而使应城市三片区缺水量没有得到充分满足。85%干旱年

交易后缺水量为14787.53～16624.38万m^3，缺水率从45.46%～45.53%降为41.60%～44.82%。应城市三片区缺水率降低很不明显，因为高关水库灌区可交易水量基本来自于本时段水库的弃水，可交易水量并不富裕。并且在某些时段高关水库可交易水量远小于应城市三片区在该时段的缺水量，从而使应城市三片区缺水量没有得到充分满足。90%特旱年高关水库灌区已不能满足自身用水要求，不具备交易条件。若要全面解决应城市干旱年供水问题，则需要解决应城市自身供水工程中的薄弱环节，加大后备水源建设与节水力度，充分挖掘当地节水潜力。

表7.21　应城市三片区交易前后缺水量和缺水率对比

年份	典型年	交易前需水量/万m^3	交易前缺水量/万m^3	交易前缺水率/%	交易量/万m^3	交易后缺水量/万m^3	交易后缺水率/%
2013（现状）	50%	29136.24	3744.78	12.85	3744.78	0	0
	75%	30809.17	7140.47	23.18	1225.28	5915.20	19.20
	85%	32994.60	15001.18	45.47	213.65	14787.53	44.82
	90%	32880.79	16646.09	50.63	0	16646.09	50.63
2020（近期）	50%	32383.17	4827.42	14.91	4827.42	0	0
	75%	33983.18	8350.87	24.57	2805.02	5545.85	16.32
	85%	36128.05	16423.09	45.46	686.95	15736.14	43.56
	90%	35989.71	18739.37	52.07	0	18739.37	52.07
2030（远景）	50%	36216.44	5829.13	16.10	5829.13	0	0
	75%	37999.41	9587.64	25.23	4180.79	5406.85	14.23
	85%	39957.74	18194.55	45.53	1570.17	16624.38	41.60
	90%	40002.86	21529.95	53.82	0	21529.95	53.82

7.4　本章小结

本章研究了灌区水资源高效调控模型，可以得到以下结论：

(1) 通过将区间参数规划和多阶段随机规划相结合，提出了一种新的区间多阶段水量分配(IMWA)模型，以优化不确定条件下水库供水系统中单一作物各生育期间的水量分配，该模型可以同时处理随机和区间不确定性以及动态性。通过IMWA模型优化，水库灌溉用水可在水稻各生育期间优化分配。另外，5个不同初始蓄水量下得到的杨树垱水库灌区水稻各个生育期的最优生长需水目标，可以帮助管理者在不确定的情况下制定合理的分配计划。

(2) 提出了一种能解决水资源管理中的非一致性、不确定性、动态性和复杂性问题的新方法，其目标分为两步：非一致性分析和模型优化。通过GAMLSS模型采用双参数和三参数分布模型，对最优水资源配置中水文特征的概率分布进行模拟。通过耦合多阶段随机规划、区间参数规划和分类的思想，提出了区间多阶段水量分类分配(IMWCA)模型，它能处理区间参数和概率分布等形式的不确定性问题，实现季节间、季节内的动态分配，并通过将用水户分为农业用水户和非农业用水户解决第一阶段决策变量的复杂性问题。将该方法用于漳河水库灌区，解决漳河水库可用水在各季间以及市政、工业、水电和 7 个子灌区间的优化分配问题。分析结果表明，漳河水库季入流量能被相应的分布较好拟合，而且除了秋季外，其他三个季节的入流量都是非一致性的。从优化的结果来看，IMWCA 模型可以处理不确定性、动态性和复杂性，可以实现不同用户和季节之间的最优配水。一般来说，市政和工业用水比水电用水更有竞争力；DB、DY 和 ZH 比 JZ 和 SY 对灌溉水有更高的优先级；而在秋季，用水需求更有可能得到满足。管理人员应将各季节市政和工业用水的最优目标设置为其上限，将春季和秋季各子区的灌溉面积目标设置上限分配指标。与此同时，当入流量较低时应优先考虑 DY 和 ZH，且应优先满足秋季的用水需求。

(3) 基于保障灌区粮食生产用水与城乡供水安全条件，考虑买卖双方效益最大化需求，根据供求关系和 C-D 生产函数来估算交易双方水资源真实价值，建立了以交易双方各自收益最大化为目标，以纳什均衡价格和供需水量为约束的水量使用权交易模型，提出了水资源分区供需分析与买卖双方最优均衡结合的求解方法。针对湖北省高关水库灌区与应城市水量使用权交易，分析确定了交易范围，计算了 2013 年、2020 年、2030 年 50%平水年、75%和 85%干旱年及 90%特旱年条件下的交易价格、交易水量以及交易收益，为建立水权交易机制试点提供了科学依据。

第 8 章　灌溉用水效率评价及其考核指标

8.1　基于仿 C-D 函数的农业用水影响因子识别方法

8.1.1　理论基础与指标选取

1. 模型理论基础

将影响农业用水量的相关因子分开单独来分析，如自然条件、耕地面积、农作物种植结构等几个方面，这样的分析过程可以从理论上直接或间接地说明农业用水量变化的原因，但是从定量分析的角度，就显得不足。社会经济各领域用水量影响因素的定量分析已经从几十年前开始就得到了广泛重视。本节将从统计的角度探寻农业用水变化的规律，找寻农业用水变化的影响因素，建立农业用水模型，并拟合表示农业用水的函数。本节将农业用水和一些统计指标相结合，以此来分析农业用水的变化规律和农业用水变化影响因素。

基于 2000～2011 年湖北省 32 个大型灌区农业用水相关数据组成的面板数据，构建湖北省农业用水模型。生产函数是一种在建立多因素关系模型时经常使用的分析手段，最常用的形式是 C-D 函数，其最初的基本函数形式为

$$X_i = A_i K_i^{\alpha} L_i^{\beta} W_i^{\tau} \tag{8.1}$$

式中，X_i 为某一行业的产出；A_i 为反映技术条件和生产规模的常数；K_i、L_i 和 W_i 分别为不同的投入要素，在基本函数形式中一般为资金和劳动力等其他要素；α、β 和 τ 为要素的弹性系数，函数严格可分且要素间的边际替代率连续。

在经济领域中，C-D 函数已被广泛运用于拟合多个影响要素与变量之间的关系。典型形式是双对数线性形式，其易于估计且能给出固定弹性系数，便于比较分析。对变量取对数可以无量纲化，可以减少异方差，同时具有明确的经济含义。同时 C-D 函数适合于拟合面板数据，可以减少多重共线性。对式(8.1)两边取对数进行转换，可以得到如下线性函数：

$$\ln X_i = \ln A_i + \alpha \ln K_i + \beta \ln L_i + \tau \ln W_i \tag{8.2}$$

对式(8.2)中某一要素的自然对数求偏导(如 $\ln K_i$)，可得

$$\frac{\partial \ln X_i}{\partial \ln K_i} = \alpha \tag{8.3}$$

弹性系数 α、β 和 τ 指的是当自变量变动时，因变量相应变动的灵敏度，说明当

投入要素 K_i、L_i 和 W_i 增加 1%时，产出平均增长分别为 α%、β%和 γ%。

由于 C-D 函数可以反映多因素之间的关系，常被用于其他各个领域的研究中。通常为了某些特殊的研究目的，结合实际研究需求选择变量和影响因素指标，对生产函数等式左右两边的指标加以改动。

本节仿照常用的 C-D 函数，考虑农业用水可以量化的一些影响因素，建立农业用水函数。线性函数形式可用于估计农业用水量对某一影响因素的弹性、敏感或不敏感，直观易懂。因此，借用 C-D 函数的基本概念，以典型的双对数形式描述农业用水函数，进而分析农业用水的影响因素。

由于大型灌区的农业用水量与耕地规模、自然条件、粮食产量等因素密切相关，这些因素均起到最为主要的作用。因此，本节仿照 C-D 函数，建立农业用水量与多种影响因素之间的函数关系模型：

$$W = AX_1^{\alpha_1} \cdots X_i^{\alpha_i} \cdots X_n^{\alpha_n} \tag{8.4}$$

式中，W 为农业用水量；$X_i(i=1,2,\cdots,n)$为第 i 项影响因素；A 为综合因子常数；$\alpha_i(i=1,2,\cdots,n)$为第 i 项影响因素对农业用水的弹性系数。

对式(8.4)两边取对数，并加入系统随机误差项 u，便可以得到农业用水与其影响因素构成的回归模型：

$$\ln W = \ln A + \alpha_1 \ln X_1 + \cdots + \alpha_i \ln X_i \cdots + \alpha_n \ln X_n + u \tag{8.5}$$

弹性系数 α_i 反映不同因素对农业用水的影响程度。通过分析弹性系数研究各影响因素对农业用水量的影响。

2. 指标选取

影响农业用水的因素有很多，影响因素主要分为土地面积、自然条件、种植结构与粮食产量、灌溉水价，同时灌区的渠系建设与田间水利用情况也显著影响农业用水。

1）土地面积

农业灌溉用水量占农业用水量的 90%，部分灌区甚至高于 90%，因此分析有效灌溉面积更为合理。在一定条件下，农业用水量与有效灌溉面积存在明显的正相关关系。

2）自然条件

降雨是影响农业用水量的重要因素。湖北省大型灌区的灌溉用水以地表水为主，井灌用水所占比例较小。一般来说，随着降雨量的增大，农业用水量减少，降雨量充足则补给地表水较多，在一定程度上满足作物需水要求，所以农业用水量小。相反，降雨量小则农业用水量大。此外，作物需水也是影响农业用水量的直接因素，作物需水越多，农业用水量越多。作物的蒸发蒸腾与灌区的日照、气温、风速等自然条件息息相关，而参考作物的蒸发蒸腾量相对来说反映了一个地区作物需水的多少。因此，降雨量和参考作物年蒸发蒸腾量是影响农业用水量的重要因素。

3）种植结构与粮食产量

作物种植结构是影响农业用水量的显著因素。农业种植结构是指各种农作物种植面积比例，因不同作物需水定额不同，需水定额越大的作物种植面积越大，农业用水量就增多。若将其定量化，作物种植结构是各种作物播种比例，难以将其全都作为指标变量。

4）灌溉水价

目前，大型灌区已经开展水费制度改革，灌溉用水方式已由从前的低价用、免费用变为现在的计量收费。对农民来说，为了取得农业最佳经济效益，他们有节水的积极性。减少灌溉用水量也就意味着减少灌溉水费和减少用水的能耗费用等。灌溉水价的高低也是对农业用水的一种激励，灌溉水价越高，农民更倾向于少用水以获取最佳经济效益；反之，则倾向于多用水来提高粮食产量。因此，灌溉水价也是影响农业用水量的因素之一。

5）灌溉水有效利用系数

渠系水利用系数反映了灌区渠道建设情况，表示输水过程的效率，田间水有效利用系数反映了灌溉用水被作物吸收利用的效率，而二者的乘积就是灌溉水有效利用系数。灌溉水有效利用系数指实际灌入农田的有效水量和毛灌水量（渠首引水、地下抽水、塘堰供水）的比值，它是评价灌溉技术水平与渠系工程状况和灌区管理水平的综合指标。灌溉水有效利用系数代表了水从水源到形成作物产量的两个环节，即通过渠道或管道把水从水源输送至田间（渠系水利用系数）和将灌溉水分配到所指定的面积再转化为土壤水（田间水有效利用系数）。因此，灌溉水有效利用系数是影响农业用水较为重要的指标。

此外，灌溉制度、灌溉方式及节水灌溉技术的应用也对灌区农业用水量有不同程度的影响，而这些影响因素较难被具体量化或数据较难收集，因此本节不作详细阐述。

考虑到降雨量、参考作物年蒸发蒸腾量都是单位面积的指标，于是需要将用水量、粮食产量等平均到面积上，同时也消除具有显著正相关关系的有效灌溉面积这一指标。这样因变量农业用水量就变成了单位面积上的农业用水量。

综上，本节选取灌区的亩均农业用水量作为因变量，考虑年降雨量、参考作物年蒸发蒸腾量、粮食作物播种比例、粮食亩产、灌溉水价、灌溉水有效利用系数作为影响因素，分析湖北省的农业用水量。为了方便面板数据库的表达，采用表 8.1 所示的农业用水模型指标。

表 8.1　农业用水模型指标

指标名称	指标符号	单位
亩均农业用水量	W	m^3/亩
年降雨量	P	mm
参考作物年蒸发蒸腾量	E	mm

续表

指标名称	指标符号	单位
粮食亩产	G	kg/亩
粮食作物播种比例	X	%
灌溉水价	C	元/m^3
灌溉水有效利用系数	N	—

8.1.2　面板数据模型检验与选择

本节基于 EViews6.1 软件，构建湖北省 32 个大型灌区 2000～2011 年农业用水量与 6 个影响因素的面板数据库。相关指标统计学特征如表 8.2 所示。

表 8.2　相关指标统计学特征

指标	观察量	均值	标准差	最小值	最大值
W/(m^3/亩)	384	413.96	173.65	113.05	1154.33
P/mm	384	1117.43	249.70	477.50	1783.30
E/mm	384	1259.62	182.00	719.05	1686.30
G/(kg/亩)	384	569.10	229.59	35.64	1192.67
X/%	384	73.16	16.27	31.46	99.34
C/(元/m^3)	384	17.42	12.05	0.01	58.34
N	384	0.44	0.47	0.35	0.58

农业用水模型可表达为

$$W_{it}=A_{it}P_{it}^{\alpha_1}E_{it}^{\alpha_2}G_{it}^{\alpha_3}X_{it}^{\alpha_4}C_{it}^{\alpha_5}N_{it}^{\alpha_6}\mathrm{e}^{u_{it}} \tag{8.6}$$

式中，$i(i=1,2,\cdots,M)$为湖北省 32 个大型灌区编号；$t(t=1,2,\cdots,T)$为 2000～2011 年时间编号；u 为系统随机误差项。

对式(8.6)两边取对数可得基于面板数据的农业用水模型：

$$\ln W_{it}=\ln A_{it}+\alpha_1\ln P_{it}+\alpha_2\ln E_{it}+\alpha_3\ln G_{it}+\alpha_4\ln X_{it}+\alpha_5\ln C_{it}+\alpha_6\ln N_{it}+u_{it} \tag{8.7}$$

式中，A_{it}为综合因子常数，$\ln A_{it}$的数学含义为截距项。

面板数据(panel data)不同于截面数据(cross-section data)和时间序列数据(time-series data)，它涉及时间、个体两个维度，基于多变量的面板数据的分析常常需要根据实际情况，通过不同的检验方法来选择模型形式。不同模型之间的截距项 $\ln A_{it}$不同。通过选择合适的模型，可以克服拟合结果的多重共线性和异方差等问题。面板数据模型有混合模型、固定效应模型、随机效应模型三种形式：

(1) 混合模型(pooled regression model)。

在时间上，个体之间无显著性差异；在截面上，不同截面无显著性差异，就可以用普通最小二乘法(OLS)来估计参数，在数学含义上，截距项 $\ln A_{it}$与个体、时间无关，即可以表达为 $\ln A$。对于任何个体和截面，常数项 $\ln A$ 与弹性系数 α 都相同。

(2) 固定效应模型(fixed effects regression model)。

如果不同截面或不同时间序列的模型截距不同,即 $\ln A_{it}$ 不同,则在模型中添加虚拟变量来估计回归参数,固定效应模型又细分为个体固定效应模型、时点固定效应模型和个体时点双固定效应模型。常用的为个体固定效应模型,本节亦采用此模型,截距项为 $\ln A_i$,对于不同个体有不同截距项,表示随个体变化且不随时间变化的其他影响。在 EViews6.1 输出结果中,$\ln A_i$ 是由一个共同的不变的常数部分和随个体变化的部分相加而成的。

(3) 随机效应模型(random effects regression model)。

如果固定效应模型中的截距项即 $\ln A_{it}$ 为随机变量,与变量(P_{it}、E_{it}、…)无关。可以细分为个体随机效应和时点随机效应,两个分项也为随机变量,即为随机效应模型。常用的为个体随机效应模型,即 $\ln A_i$ 为随机变量,与变量(P_{it}、E_{it}、…)无关,对于不同个体,弹性系数 α 仍相同。

在面板数据模型形式的选择方法上,通常采用 F 检验(fixed random effects testing)、H 检验(Hausman 检验)确定应该建立三种模型中的哪一种。具体步骤如下:

(1) F 检验。

构造 F 统计量进行协方差分析,F 检验可判别模型中是否存在个体固定效应,判定面板数据模型形式选用混合模型还是固定效应模型。

EViews6.1 中,F 检验首先基于个体固定效应模型估算,然后再进行检验,建立如下假设:

H_0: $\ln A_i = \ln A$,即不同个体截距项相同(混合模型)。

H_1: 不同个体截距项不同(个体固定效应模型)。

若 F 检验结果中的 P 值远小于 0.05(5%显著性水平或更高),则推翻原假设 H_0,服从假设 H_1,建立个体固定效应模型是正确的。

(2) H 检验。

H 检验是对同一参数两个估计量之间差异的显著性检验。假定误差项满足通常假设,若模型为随机效应模型,则离差变换 OLS 法估计量 α' 和可行 GLS 法估计量 α'' 具有一致性;若模型为个体固定效应模型,则只有离差变换 OLS 法估计量 α' 为一致估计量,可行 GLS 法估计量 α'' 不是一致估计量。

若两种估计方法的回归系数值差别小,则认为建立随机效应模型是合适的;若两种估计方法的回归系数值差别大,则应建立个体固定效应模型。如表 8.3 所示,可以通过 H 统计量检验 $\alpha'-\alpha''$ 的非零显著性,从而选择正确的模型。

表 8.3　估计方法一致性表

模型	离差变换 OLS 法估计	可行 GLS 法估计	估计量之差
个体随机效应模型	具有一致性	具有一致性	小
个体固定效应模型	具有一致性	不具有一致性	大

EViews6.1 中,H 检验基于个体随机效应模型估计计算,建立如下假设:

H_0:个体效应和回归变量无关(个体随机效应模型)。

H_1:个体效应和回归变量相关(个体固定效应模型)。

若 H 检验结果中的 P 值远小于 0.05(5%显著性水平或更高),说明 $\alpha'-\alpha''$的非零显著性水平很高,则推翻原假设 H_0,建立个体固定效应模型是正确的。

面板数据模型中弹性系数 α 的性质随面板模型类型的变化而变化。弹性系数 α 的求解要根据模型类型来选取,模型类型与参数估计方法如表 8.4 所示。

表 8.4 模型类型与参数估计方法

模型类型	估计方法
混合模型	混合最小二乘法估计 平均数 OLS 法估计
个体固定效应模型	离差变换 OLS 法估计 一阶差分 OLS 法估计
个体随机效应模型	平均数 OLS 法估计 可行 GLS 法估计

在 EViews6.1 中,建立面板数据数据库。EViews6.1 软件可以通过试算比较实现选择三种模型的最优参数估计方法并输出结果。

下面进行对农业用水模型的检验与选择。首先基于个体固定效应模型估计计算后再进行 F 检验,检验结果如表 8.5 所示。

表 8.5 F 检验结果

效果检测	统计量	自由度	P 值
横截面 F	79.851605	(31,346)	0

F 检验 P 值远小于 0.05,所以推翻原假设,模型存在个体固定效应,应建立个体固定效应模型。

然后,基于个体随机效应模型估计计算再进行 H 验,检验结果如表 8.6 所示。

表 8.6 H 检验结果

效果检测	统计量	自由度	P 值
横截面随机	14.961468	6	0.0206

H 检验 P 值=0.0206<0.05,所以推翻原假设,模型存在个体固定效应,也应该建立个体固定效应模型。

综合 F 检验和 H 检验的结果来看,都应该建立个体固定效应模型。

8.1.3 农业用水影响因素分析

为了更直观地比较三种模型计算结果的优劣,三种模型的计算结果如表 8.7

所示。从结果来看,混合模型和个体随机效应模型显著性检验 R^2 值较低,部分变量系数也没有通过显著性水平检验,模型参数估计结果较差。同时也验证了选择个体固定效应模型是合适的。

表 8.7 三种模型计算结果

个体固定效应模型(FE)			混合模型(OLS)			个体随机效应模型(RE)		
变量	系数	t 值	变量	系数	t 值	变量	系数	t 值
cons	2.8584	2.2307**	cons	—	—	cons	6.2284	5.4450***
ln$P$	−0.079	−3.3141***	ln$P$	—	−0.6222	ln$P$	−0.167	3.5817***
ln$E$	0.2702	3.3482***	ln$E$	0.1700	3.4591***	ln$E$	0.3612	3.2140***
ln$G$	0.1637	2.7781***	ln$G$	0.2157	7.3842***	ln$G$	0.1879	2.8013***
ln$X$	0.7616	2.9596***	lnX	0.6031	11.7300***	ln$X$	−0.066	−0.4059
ln$C$	−0.011	−3.9305***	ln$C$	—	−1.7830*	ln$C$	−0.008	−1.4245
ln$N$	−0.670	−7.1293***	ln$N$	0.2686	3.5491***	ln$N$	−0.677	4.3584***
R^2 值	0.9144		R^2 值	0.5120		R^2 值	0.1353	

注:***、**、*分别表示1%、5%、10%显著性水平。

最终基于面板数据而建立的模型为

$$\ln W = 2.8584 - 0.0793\ln P + 0.2702\ln E + 0.1637\ln G + 0.7616\ln X - 0.0115\ln C - 0.6702\ln N \quad (8.8)$$

个体固定效应值如表 8.8 所示,灌区编号为Ⅰ1～Ⅰ32。

表 8.8 个体固定效应值

编号	个体固定效应值	编号	个体固定效应值	编号	个体固定效应值	编号	个体固定效应值
Ⅰ1	−0.7470	Ⅰ9	−0.4039	Ⅰ17	0.7384	Ⅰ25	0.2462
Ⅰ2	0.0581	Ⅰ10	0.0426	Ⅰ18	0.4632	Ⅰ26	0.3966
Ⅰ3	0.0114	Ⅰ11	−0.2050	Ⅰ19	0.1764	Ⅰ27	−0.1969
Ⅰ4	0.2052	Ⅰ12	−0.4424	Ⅰ20	0.3656	Ⅰ28	−0.1136
Ⅰ5	−0.2312	Ⅰ13	0.2560	Ⅰ21	0.2109	Ⅰ29	−0.3240
Ⅰ6	0.4552	Ⅰ14	−0.6368	Ⅰ22	−0.5771	Ⅰ30	−0.0780
Ⅰ7	−0.4456	Ⅰ15	−0.2239	Ⅰ23	−0.0823	Ⅰ31	0.3783
Ⅰ8	−0.0468	Ⅰ16	0.5510	Ⅰ24	0.0916	Ⅰ32	0.1080

从最终建立的农业用水尺度转换模型可以进行弹性系数 α 的分析:

(1) 降雨量在0.1%的显著性水平下通过检验,弹性系数为−0.0793,表明年降雨量提高1%,亩均农业用水量则降低0.0793%,即降雨越多,农业用水越少,符合一般规律。

(2) 参考作物年蒸发蒸腾量在1%的显著性水平下通过检验,弹性系数为0.2702,表明参考作物年蒸发蒸腾量提高1%,亩均农业用水量提高0.2702%,即作物需水耗水越高,需要的农业用水越多。气候条件是决定作物需水耗水的主要因素，是影响农业用水的重要因素。

(3) 粮食亩产在1%的显著性水平下通过检验，弹性系数为0.1637，表明粮食总产量要提高1%，农业用水量就要提高0.1637%来满足需求。本节中的粮食亩产旨在反映粮食作物种植量的大小，粮食作物相较于经济作物而言是高耗水作物，粮食作物种植量是影响农业用水的重要因素。

(4) 粮食作物播种比例在1%的显著性水平下通过检验，弹性系数为0.7616，表明粮食作物播种比例提高1%，亩均农业用水量提高0.7616%。作物种植结构是影响农业用水的显著因素。粮食作物包括水稻、小麦、玉米等，比其他豆类作物、油料作物的需水定额大。而同样条件下，粮食作物播种比例越大，则需要的灌溉用水就越多，农业用水也就越多。

(5) 灌溉水价在1%的显著性水平下通过检验，弹性系数为−0.0115，表明灌溉水价每提高1%，亩均农业用水量就要降低0.0115%。灌溉水价关系到农民用水的成本，甚至影响最终的经济效益。提高水价，势必对农民带来促进减少用水的激励，从而促进节水灌溉的发展。但是从实际情况分析，以2011年漳河水库灌区为例，整个灌区全年应收水费299.25万元，实际收取水费86.03万元，仅占应收水费的29%。由于政府的水费补贴、灌区的水费减免等政策，农民应交的水费大幅度削减。灌溉水价应起到的激励被减少，这也是模型估计的灌溉水价弹性系数最小的原因，也反映了目前灌区的水价制度还需进一步改进和完善。

(6) 灌溉水有效利用系数在1%的显著性水平下通过检验，弹性系数为−0.6702，表明灌溉水有效利用系数提高1%，亩均农业用水量就要降低0.6702%。本节收集到的各灌区统计的灌溉用水量均为毛灌溉用水量。渠系水利用系数、田间水有效利用系数的乘积就是灌溉水有效利用系数。灌溉水有效利用系数是影响农业用水较为重要的指标，反映了输配水过程和田间灌水过程水的利用效率。进行灌区工程建设、改进节水灌溉技术，目前仍是提高灌溉水有效利用系数进而减少农业用水量的最有效方法。

8.2 农业用水效率测算及其影响因子分析

8.2.1 农业用水效率测算分析方法

1. 生产前沿面与效率测算

随机前沿分析(SFA)方法和数据包络分析(DEA)方法都是基于生产前沿面理论。

生产可能性集指的是既定的技术条件下所有可能的投入、产出向量的集合，作为投入、产出及技术关系的基本描述。生产函数描述投入与产出之间的数量关系，反映生产过程中的技术水平。在给定的生产要素和产出品价格条件下，最优化投入要素组合，使得生产单元能够在适度规模经济，充分利用现有生产技术水平和管理技术水平，以求产出最大化。最优状态只是一种生产中的理想状态，在实际生产实践中难以达到。因此，在对生产函数进行测算时，若用实际的投入、产出拟合分析生产函数，得到的是反映平均状态的投入与产出关系。

基于生产前沿面概念的提出为进一步的研究扩宽了思路。生产前沿面的定义是：一定技术条件下，有效率的投入、产出向量所组成的集合。从投入导向看，即表示一定投入要素条件下有最大产出的单元组合，从产出角度看，即表示一定产出条件下有最小投入要素的单元组合。

生产前沿面具体内涵是，将一定生产技术水平下的投入产出组合点标到坐标中，尽可能地画出包络线，使最外的点都落在这条线上，其余点都在线之内，这条线就表示生产前沿面。生产力水平的提高由生产要素使用效率提高和技术进步所决定，即生产前沿面向外移动。

如图 8.1 所示，曲线 A 代表生产前沿面，曲线 B 代表均值生产函数，X 表示投入，Y 表示产出，每一个点表示生产决策单元(decision making units，DMU)的投入产出组合。生产前沿面理论的基本假定有一定的合理性，但实际生产中并不可能完全达到有效生产状态，即使达到最优状态，也只是短期动态概念。因此，所有投入产出组合点可能的情况是，在生产前沿面的下方以及面上不能超越它。如图中所示，生产决策单元可以分散于曲线 B 的上方或下方，但只能分布于曲线 A 的下方，不能分布在其上方。

生产投入要素和产出价格不变时，理性经济人的生产者追求产出最大化或投入最小化，即有效生产状态。曲线 A、B 是从产出导向考虑给定投入时的产出状况。有效生产活动点(x,y)构成的前沿，图中即为曲线 A，称为生产前沿面。若有多个生产投入要素，则生产前沿面为超曲面。

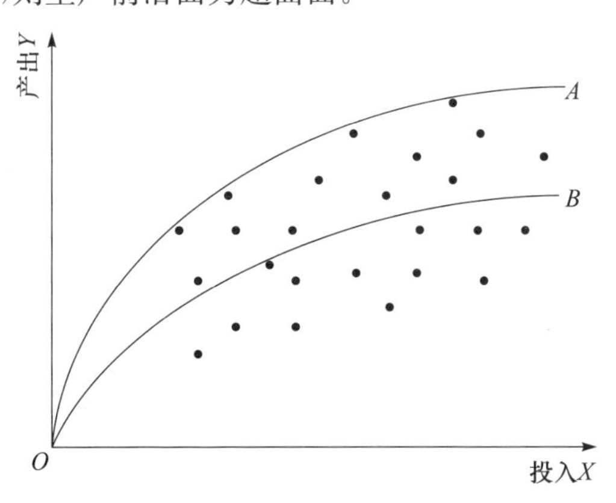

图 8.1　前沿生产函数和均值生产函数

从投入导向考虑,生产前沿面的另一种表示方式为生产前沿面等产量线。如图 8.2 所示,假设 X_1、X_2 为生产决策单元的投入要素,Y 为产出。$Y=f(X_1,X_2)$ 表示前沿生产函数。曲线 Y_0、Y_1 表示在生产前沿面上的两条不同的等产量线,即表示投入组合在不同技术水平下能达到的最高产出水平。在曲线 Y_0、Y_1 各自的左下方的投入组合来生产出 Y_0、Y_1 是不可能的,在曲线右上方的投入组合来生产出 Y_0、Y_1 是无效率的。若多维投入,等产量线则为超曲面。等产量线从投入导向来反映生产前沿面。

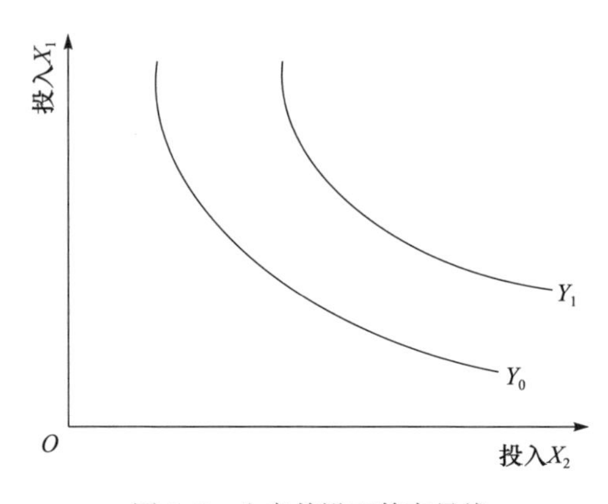

图 8.2　生产前沿面等产量线

1) 生产技术效率

技术效率的定义起源于技术有效性的定义,Debreu(1951)将其发展引入距离函数,将多投入多产出的生产技术效率模型化,认为生产技术效率就是生产决策单元的生产状态和生产前沿面的距离,技术效率沿着产出增大的方向或者投入减少的方向提高。

在前沿生产函数规模报酬不变的假设前提下,经济效率(economic efficiency,EE)分为技术效率(technical efficiency,TE)和配置效率(allocation efficiency,AE),可以从投入导向对各效率值进行度量。如图 8.3 所示,假设 X_1、X_2 为生产决策单元的投入要素,Y 为产出,$Y=f(X_1,X_2)$ 即为前沿生产函数,PP' 为等产量线,QQ' 为等成本线,在各投入要素价格既定的情况下,QQ' 的斜率也可相应地确定。A、B、C(切点)分别表示不同的生产决策单元,A 为非经济有效,B 为技术有效、配置无效,C 为经济有效(技术有效、配置有效),各生产决策单元的技术效率可通过等产量线 PP' 进行测算,BA/OA 可表示 A 点的技术非效率,表示为了达到技术有效状态的产出水平而需要减少的要素投入比例。A 点的技术效率可表示为

$$\mathrm{TE}=\frac{OB}{OA}=1-\frac{BA}{OA} \tag{8.9}$$

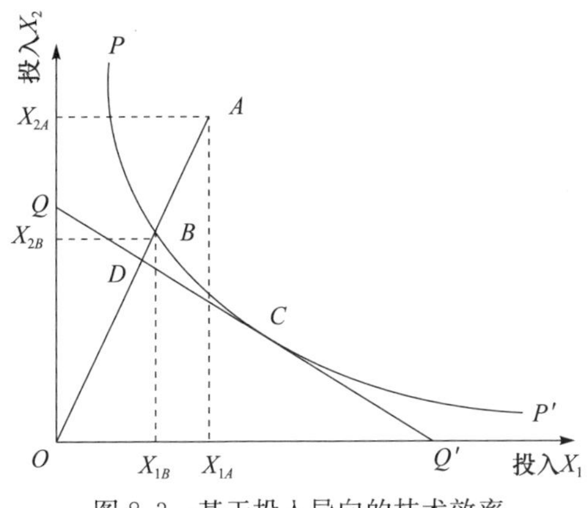

图 8.3　基于投入导向的技术效率

投入要素从 B 点移动到 C 点所减少的成本可以用 BD 表示，所以 A 点的配置效率可表示为

$$\mathrm{AE}=\frac{OD}{OB} \tag{8.10}$$

A 点要同时达到技术有效和配置有效（经济有效）可减少的投入要素成本可以用 AD 表示，所以 A 点总的经济效率可表示为

$$\mathrm{EE}=\frac{OD}{OA}=\mathrm{TE}\cdot\mathrm{AE} \tag{8.11}$$

基于投入导向分析，生产技术效率是指在相同产出水平条件下生产决策单元最小可能投入与实际投入的比值。同理，可以基于产出角度分析，生产技术效率指的是生产决策单元在相同投入条件下实际产出和最大可能产出之间的比值。所有生产决策单元中的最佳生产决策单元的产出组成了生产前沿面，生产前沿面反映的是一个生产行业中最好的硬件条件和管理技术水平下所能达到的最大产出。生产技术效率衡量的是生产决策单元在投入要素条件确定的情况下，其实际产出距生产前沿面的距离，距离越大意味着离最佳生产状态的差距越大，生产技术效率也就越低。技术效率衡量现有技术水平下获得最大产出或者最小投入的能力，反映了现有技术的发挥程度。

2）农业用水效率

基于生产前沿面理论，还可以测算某一种投入要素的效率。

假设生产单位，本节为大型灌区 $i(i=0,1,2,\cdots,N)$，利用生产要素水资源 W 与除了水资源以外的生产要素 X（土地、资金、劳动力、化肥、机械等）生产了产品 Y，生产集合满足 $T(Y,X,W)\geqslant 0$，生产函数的表达式为

$$Y=f(X,W) \tag{8.12}$$

农业生产技术效率的基本原理可以用图 8.4 来表示，Y_0、Y_1 为生产前沿面等产量线，在 A 点，第 i 个生产单位水资源投入为 OW_1，其他投入为 OX_1，实际产出

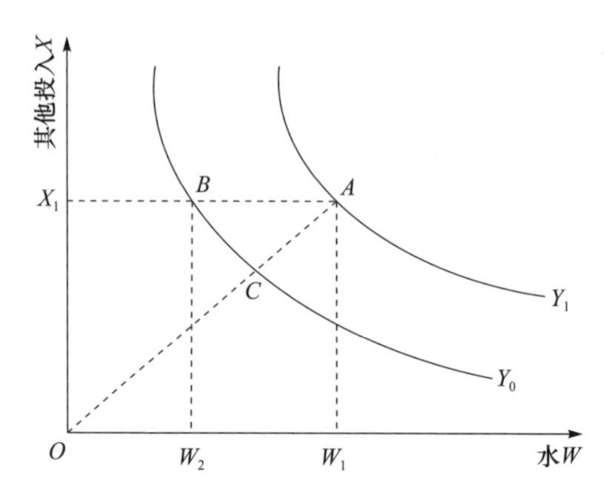

图 8.4 基于投入导向的农业生产技术效率与农业用水效率

水平为 Y_0，投入组合最大可能产出在 Y_1 线上，表明该生产决策单元农业生产无效率。那么基于产出导向，第 i 个生产单位的农业生产技术效率表示为

$$\mathrm{TE}_i = \frac{OC}{OA} \tag{8.13}$$

农业用水效率测定的标准定义为

$$\mathrm{WE}_R = \min\{\mu: f(X_R, \mu W_R) \geqslant Y_R(W)\} = \frac{W}{W_R} \tag{8.14}$$

式中，W_R 为实际用水量；W 为技术上可行的最小用水量；μ 为水资源利用无效的规模参数；WE_R 为农业用水效率，$\mathrm{WE}_R \in [0,1]$。$\mathrm{WE}_R = 1$ 时，$W_R = W$，表示的是水资源得到有效利用；而 $0 < \mathrm{WE}_R < 1$ 则表示农业用水没达到有效状态，还可以进一步减少水资源的使用量。图中，假设其他投入保持不变，生产 Y_0 的最小水资源投入为 OW_2，此时农业用水效率表示为

$$\mathrm{WE}_i = \frac{OW_2}{OW_1} \tag{8.15}$$

2. 随机前沿分析方法

在参数方法中，生产函数可以给出特定的形式，如 C-D 函数、超越对数函数形式等。也就是说，生产前沿面是已知的。参数方法根据是否考虑随机误差的影响又分为两种：一种是确定性前沿分析方法；另一种是随机性前沿分析方法。本节选择第二种，即随机前沿分析（SFA）方法。SFA 方法作为一种生产前沿面测算的参数方法，提出影响生产决策单元与生产前沿面偏差的因素有两种，即随机误差和管理误差。

以面板数据形式为例，为了测定大型灌区层面的农业生产技术效率和农业用水效率，首先要对随机前沿生产函数的形式进行设定。假设有 N 个大型灌区，T

个时间，包括水资源在内共 K 种投入要素，Y_{it} 为第 i 个大型灌区在时间 t 的农业产出，$i=0,1,2,\cdots,N$，$t=0,1,2,\cdots,T$。随机前沿生产函数则表示为

$$Y_{it}=f(X_{ijt},W_{it},\beta)\exp(v_{it}-u_{it}) \tag{8.16}$$

式中，W_{it} 为第 i 个大型灌区在 t 时间的农业用水量；X_{ijt} 为第 i 个大型灌区 t 时间除了水之外的第 j 种投入要素，$j=0,1,2,\cdots,K-1$；β 为模型待估参数；$v_{it}\sim N(0,\sigma_v^2)$ 是服从正态分布假设的随机误差项，通常被假定为独立同分布，具体含义是指包括测量误差以及经济波动和气候变化等在农业生产中不可控制的因素；$u_{it}\sim N^+(0,\sigma_u^2)$ 是假定服从非负半正态分布的管理误差项，反映生产技术非效率损失，通常被假定为独立同分布。v_{it} 和 u_{it} 是相互独立的变量，独立于投入变量 X_{ijt}。

对随机前沿生产函数的形式进行设定，生产函数一般采用 C-D 函数和超越对数函数两种形式。出于对函数分布形式的不确定性，为了得到切实有效的估计结果，本节将用 C-D 生产函数和超越对数生产函数两种生产函数形式的随机前沿模型分别进行测算，再进行比较。两种随机前沿生产函数可分别表示为

$$\ln Y_{it}=\beta_0+\sum_j\beta_j\ln X_{ijt}+\beta_w\ln W_{it}+(v_{it}-u_{it}) \tag{8.17}$$

$$\begin{aligned}\ln Y_{it}=&\beta_0+\sum_j\beta_j\ln X_{ijt}+\beta_w\ln W_{it}+\frac{1}{2}\sum_j\sum_k\beta_{jk}\ln X_{ijt}\ln X_{ikt}\\&+\frac{1}{2}\beta_{ww}\ln W_{it}^2+\frac{1}{2}\sum_j\beta_{jw}\ln X_{ijt}\ln W_{it}+(v_{it}-u_{it})\end{aligned} \tag{8.18}$$

模型中的参数 β 估计是采用极大似然估计方法得到的，为研究误差 v_{it} 和 u_{it} 之间的关系，需假设 $\sigma^2=\sigma_v^2+\sigma_u^2$，定义 $\gamma=\sigma_u^2/\sigma^2$，那么 $\gamma\in[0,1]$。若 γ 越接近于 1，则实际产出与生产前沿面之间的差距主要是由生产技术非效率引起的，这时需要运用极大似然估计进行分析。若 γ 越接近于 0，则实际产出与生产前沿面之间的差距主要是由于随机误差，即生产点都位于生产前沿面上，这时便不再需要使用 SFA，只需要使用最小二乘法进行估计就可以了。

1) SFA 农业生产技术效率

设定生产技术有效的产出水平为 $\hat{Y}_{it}$，从式(8.16)可知，随机前沿生产函数中随机误差项 v_{it} 不可能消除，那么 $\hat{Y}_{it}$ 可以通过设定 $u_{it}=0$ 来实现。灌区 i 在 t 时间的农业生产技术效率可以表示为

$$\mathrm{TE}_{it}=\frac{Y_{it}}{\hat{Y}_{it}}=\frac{f(X_{ijt},W_{it},\beta)\exp(v_{it}-u_{it})}{f(X_{ijt},W_{it},\beta)\exp(v_{it})}=\exp(-u_{it}) \tag{8.19}$$

这里农业生产技术效率表示的是农业的实际产出与可能实现的最大产出之间的偏离，可以衡量个体农户能够在现有技术水平下实现最大产出的能力。显然，当 $u_{it}=0$ 时，$\mathrm{TE}_{it}=1$，表示农业生产处于技术效率状态。当 $u_{it}>0$ 时，$0<\mathrm{TE}_{it}<1$，表

示农业生产处于技术非效率状态。

2）SFA 农业用水效率

基于生产技术效率理论，可以进一步推导农业用水效率。假设灌区在一定技术条件下，除了水资源以外其他投入不变，最小农业用水投入量为 $\hat{W}_{it}$，产出水平为 $\hat{Y}_{it}^{W}$保持不变，那么有效状态下模型 C-D 生产函数和超越对数生产函数的等式分别为

$$\ln\hat{Y}_{it}^{W}=\beta_0+\sum_j\beta_j\ln X_{ijt}+\beta_w\ln\hat{W}_{it}+v_{it} \tag{8.20}$$

$$\ln\hat{Y}_{it}^{W}=\beta_0+\sum_j\beta_j\ln X_{ijt}+\beta_w\ln\hat{W}_{it}+\frac{1}{2}\sum_j\sum_k\beta_{jk}\ln X_{ijt}\ln X_{ikt}+\frac{1}{2}\sum_j\beta_{jw}\ln X_{ijt}\ln\hat{W}_{it}+v_{it} \tag{8.21}$$

假设式(8.17)和式(8.20)相等，可以得到

$$\beta_w\ln\frac{\hat{W}_{it}}{W_{it}}+u_{it}=0 \tag{8.22}$$

假设式(8.18)和式(8.21)相等，可以得到

$$\beta_w\ln\frac{\hat{W}_{it}}{W_{it}}+\frac{1}{2}\beta_{ww}\ln\frac{\hat{W}_{it}}{W_{it}}+\frac{1}{2}\sum_j\beta_{jw}\ln X_{ijt}\ln\frac{\hat{W}_{it}}{W_{it}}+u_{it}=0 \tag{8.23}$$

于是基于 C-D 生产函数和超越对数生产函数的农业用水效率可以表示为

$$\mathrm{WTE}_{it}=\min\{\beta: f(X_{ijt},W_{it},\beta)\geqslant Y_{it}(\hat{W}_{it})\}=\frac{\hat{W}_{it}}{W_{it}}=\exp\left(\frac{-u_{it}}{\beta_w}\right) \tag{8.24}$$

$$\mathrm{WTE}_{it}=\min\{\beta: f(X_{ijt},W_{it},\beta)\geqslant Y_{it}(\hat{W}_{it})\}=\frac{\hat{W}_{it}}{W_{it}}=\exp\left(\frac{-u_{it}}{\beta_w+\frac{1}{2}\beta_{ww}+\frac{1}{2}\sum_j\beta_{jw}\ln X_{ijt}}\right) \tag{8.25}$$

这里农业用水效率的含义是保持产出水平不变以及其他投入要素不变，技术有效状态下最小用水量与实际投入用水量的比值，取值范围为0～1。

3. 数据包络分析

数据包络分析(DEA)方法是非参数方法的主要代表。DEA 采用线性规划的方式构建生产前沿面，来反映所有投入要素和产出水平的有效集合点。DEA 原理是在选取了投入产出指标后，借助线性规划和凸分析来确定相对有效的生产前沿面，把各个生产决策单元投影至 DEA 的生产前沿面上，比较生产决策单元相对于生产前沿面的偏离程度，以此评价相对效率。通俗来说，就是用数学规划确定最优点，折线连接最优点形成包络线，将生产决策单元投入产出映射到空间中，从而寻

找其边界点。

DEA 具有如下优势：①不用事先设定函数形式和误差项分布，避免了由于函数设定偏差所带来的问题，不需要区别面板数据与截面数据和时间序列数据；②不假定投入与产出之间的关系，仅仅依靠分析实测数据，进行相对效率的评价；③可以指出无效的生产决策单元投入及产出的改进目标，即为了达到相对有效状态，投入的减少程度或产出的增加程度；④便于处理多产出问题，且不受样本规模限制。

DEA 可分为基于投入导向或产出导向两种不同的方法。基于投入导向，DEA 可得出生产决策单元实际投入与最小投入的距离。本节侧重于研究水资源的效率，即最小可能水资源投入与实际水资源投入的比值，因此采用基于投入导向的 DEA 方法。

1）规模报酬不变模型

DEA 拥有多个模型，其中规模报酬不变（CRS）模型和规模报酬可变（VRS）模型是最基本的模型。DEA 方法在测算时，需要对规模报酬是否可变进行假定。规模报酬不变的含义是指产出随着投入的增加而等比例增大。CRS 模型假设规模报酬不变，即得到的生产技术效率 TE_{CRS} 是考虑了规模效率在内的技术效率，又称为综合技术效率；当假设规模报酬可变时（递增或递减），即 VRS 模型，DEA 方法测算出的是技术效率 TE_{VRS} 和规模效率 SE，TE_{VRS} 又称为纯技术效率 PTE。

首先介绍 CRS 模型。CRS 模型是 Charnes 等（1978）提出来的最基本的 DEA 模型。为与前面一致，这里仍采用面板数据的表现方式。假设有 N 个大型灌区，T 个时间，利用 K 种生产投入要素（包含水资源）生产出 M 种产出，故共有 $N\times T$ 个生产决策单元。对于第 i 个灌区第 t 时间生产决策单元 DMU_{it}（$i=0,1,2,\cdots,N$；$t=0,1,2,\cdots,T$）。K 种投入和 M 种产出分别用向量 $\boldsymbol{x}_{it}$ 和 $\boldsymbol{y}_{it}$ 表示：

$$\boldsymbol{x}_{it}=[x_{1it},x_{2it},\cdots,x_{Kit}]^{\mathrm{T}},\quad \boldsymbol{y}_{it}=[y_{1it},y_{2it},\cdots,x_{Mit}]^{\mathrm{T}} \tag{8.26}$$

目标是对于生产决策单元 DMU_{it}，所有产出和所有投入的比例最大，即 $\boldsymbol{u}^{\mathrm{T}}\boldsymbol{y}_{it}/\boldsymbol{v}^{\mathrm{T}}\boldsymbol{x}_{it}$ 最大，$\boldsymbol{u}$ 是 $M\times 1$ 的产出权重向量，$\boldsymbol{v}$ 是 $K\times 1$ 的投入权重向量。在规模报酬不变的假设下，求下列数学规划得到最优权重：

$$\begin{aligned}&\max_{\boldsymbol{u},\boldsymbol{v}}\left(\frac{\boldsymbol{u}^{\mathrm{T}}\boldsymbol{y}_{it}}{\boldsymbol{v}^{\mathrm{T}}\boldsymbol{x}_{it}}\right)\\ &\text{s. t.}\quad\begin{cases}\dfrac{\boldsymbol{u}^{\mathrm{T}}\boldsymbol{y}_{js}}{\boldsymbol{v}^{\mathrm{T}}\boldsymbol{x}_{js}}\leqslant 1, & j=1,2,\cdots,N;s=1,2,\cdots,T\\ \boldsymbol{u}\geqslant 0, \quad \boldsymbol{v}\geqslant 0\end{cases}\end{aligned} \tag{8.27}$$

约束条件是对所有生产决策单元而言。以上线性规划的目标函数实质上就是第 it 个生产决策单元 DMU_{it} 产出与投入的加权平均。为了避免得到无穷多 $\max_{\boldsymbol{u},\boldsymbol{v}}$

($\boldsymbol{u}^{\mathrm{T}}\boldsymbol{y}_{it}$)的解，可以增加约束条件 $\boldsymbol{u}^{\mathrm{T}}\boldsymbol{x}_{it}=1$，故式(8.27)的规划问题可以表示为

$$\max_{\boldsymbol{u},\boldsymbol{v}}\left(\frac{\boldsymbol{u}^{\mathrm{T}}\boldsymbol{y}_{it}}{\boldsymbol{v}^{\mathrm{T}}\boldsymbol{x}_{it}}\right)$$

$$\text{s.t.}\quad\begin{cases}\boldsymbol{v}^{\mathrm{T}}\boldsymbol{x}_{it}=1\\ \boldsymbol{u}^{\mathrm{T}}\boldsymbol{y}_{js}-\boldsymbol{v}^{\mathrm{T}}\boldsymbol{x}_{js}\leqslant 0\\ \boldsymbol{u}\geqslant 0,\quad \boldsymbol{v}\geqslant 0\end{cases}\tag{8.28}$$

式(8.28)为多元线性规划问题。根据线性规划的对偶原理，建立对偶模型，可得到等价包络形式：

$$\min_{\theta,\boldsymbol{\lambda}}\theta_{it}$$

$$\text{s.t.}\quad\begin{cases}-\boldsymbol{y}_{it}+\boldsymbol{Y\lambda}\geqslant 0\\ \theta_{it}\boldsymbol{x}_{it}-\boldsymbol{X\lambda}\geqslant 0\\ \boldsymbol{\lambda}\geqslant 0\end{cases}\tag{8.29}$$

式中，θ_{it} 为标量，表示第 i 灌区 t 时间的生产决策单元 DMU_{it} 的农业生产技术效率，即综合技术效率 $\mathrm{TE_{CRS}}$；$\boldsymbol{\lambda}$ 是 NT×1 常数向量；$\boldsymbol{X}$、$\boldsymbol{Y}$ 分别为 $K\times \mathrm{NT}$ 投入矩阵和 $M\times \mathrm{NT}$ 产出矩阵。第一项 $-\boldsymbol{y}_{it}+\boldsymbol{Y\lambda}\geqslant 0$ 表示生产决策单元 DMU_{it} 生产的产出小于或等于在前沿面上的点所生产的产出，即所有生产决策单元都被包含在生产前沿面之下。第二项 $\theta_{it}\boldsymbol{x}_{it}-\boldsymbol{X\lambda}\geqslant 0$ 表示 θ_{it} 取最小值时，在保证现有产出水平不变的前提下，比起与其对应的最佳生产点可以减少的投入量的比例。

DEA 为每一个生产决策单元计算 $\boldsymbol{\lambda}$ 和 θ_{it}，θ_{it} 值就是它的综合技术效率。θ_{it} 的取值在 0～1，$\theta_{it}=1$ 表示生产决策单元处于生产前沿面上，因而是技术有效的；$0<\theta_{it}<1$ 表示该生产决策单元位于生产前沿面下方，因而是技术非有效的。将线性规划(8.29)求解 NT 次，即可得到每一个生产决策单元的农业生产综合技术效率。CRS 模型得出的综合技术效率值 θ_{it}（即 $\mathrm{TE_{CRS}}$）的含义是产出水平不变情况下，如果以样本中投入产出最佳，即处于生产前沿面上的生产决策单元为标准，该生产决策单元所需要的投入占实际投入的比例。$1-\theta_{it}$ 是多投入的比例，即浪费的比例，也就是理论上投入可以减少的最大比例。

2）规模报酬可变模型

CRS 模型是基于规模报酬不变的假设下进行生产技术效率的测度，这一基础假设暗含的经济意义是生产决策单元随着投入的增加而等比例地扩大产出规模，换言之，生产决策单元的规模并不影响生产的效率。实质上，该假设相当严格，在实际生产情况中，很多时候并不满足这一假设。由于不完全竞争、政策变化、经济环境变动等因素都可能会导致生产决策单元难以在理想规模下（即规模报酬不变的情况下）运行，无效率可能部分是由规模报酬可变造成的，并不完全是因为生产技术无效率。在实际的农业生产中，由于普遍存在规模报酬可变规律，增加投入不一定会引起产出等比例增大，故需要考虑规模报酬可变。

综合技术效率最早分为规模效率与纯技术效率。当生产决策单元没有处于最佳生产规模时，测度出的效率值是将技术效率与规模效率混在一起的。因此，考虑规模报酬可变出现了 VRS 模型。同时可以求出规模效率 SE，VRS 模型形式如下：

$$\min_{\theta,\boldsymbol{\lambda}}\theta_{it}$$
$$\text{s.t.}\begin{cases}-\boldsymbol{y}_{it}+\boldsymbol{Y\lambda}\geqslant 0\\ \theta_{it}\boldsymbol{x}_{it}-\boldsymbol{X\lambda}\geqslant 0\\ \boldsymbol{\lambda}\geqslant 0\\ \boldsymbol{E}^{\mathrm{T}}\boldsymbol{\lambda}=1\end{cases}\tag{8.30}$$

式中，变量含义同上。仅增加一项凸性假设 $\boldsymbol{E}^{\mathrm{T}}\boldsymbol{\lambda}=1$，便可以将 CRS 模型转变为 VRS 模型，$E$ 是一个 NT×1 的单位向量，即 $\boldsymbol{E}=[1,1,\cdots,1]_{\mathrm{NT}\times 1}^{\mathrm{T}}$，该项表示规模报酬可变假设。规模报酬可变假设使得计算出的生产技术效率是去除掉规模效率影响之后的效率。CRS 模型求出的一般称为综合技术效率 $\mathrm{TE_{CRS}}$，而 VRS 模型求出的称为纯技术效率 $\mathrm{TE_{VRS}}$ 和规模效率 SE。所以存在如下关系：

$$\mathrm{TE_{CRS}}=\mathrm{TE_{VRS}}\cdot\mathrm{SE}\tag{8.31}$$

$\mathrm{SE}\leqslant 1$，$\mathrm{SE}=1$ 表示规模有效，$\mathrm{SE}<1$ 表示规模无效，可能是规模报酬递增，也可能是规模报酬递减。同时可知 $\mathrm{TE_{VRS}}\geqslant\mathrm{TE_{CRS}}$，VRS 模型得到的效率值比 CRS 模型得到的效率值大，其观察点更接近于有效率的生产前沿面。

判断一个生产决策单元 DMU_{it} 是否具有规模效率，可以先求 CRS 模型，再求 VRS 模型，然后看 $\boldsymbol{E}^{\mathrm{T}}\boldsymbol{\lambda}$ 的值：当 $\boldsymbol{E}^{\mathrm{T}}\boldsymbol{\lambda}=1$ 时，表示该生产决策单元为规模报酬不变；当 $\boldsymbol{E}^{\mathrm{T}}\boldsymbol{\lambda}<1$ 时，表示规模报酬递增；当 $\boldsymbol{E}^{\mathrm{T}}\boldsymbol{\lambda}>1$ 时，表示规模报酬递减。也可以直接观察 VRS 模型与 CRS 模型的计算结果，当计算结果不一致时，即 $\mathrm{SE}<1$，说明该决策单元规模无效。结合 CRS 模型和 VRS 模型的结果，可以分析决策单元是否规模有效，即可以分析每一个农业生产决策单元生产要素资源的投入处于规模递增还是规模递减，从而判断如何对整体生产规模进行调整。

3）DEA 农业用水效率

为了测算出水资源的效率，可以构建偏向量 DEA 模型：

$$\mathrm{WTE}_{it}=\min_{\theta,\boldsymbol{\lambda}}\theta_{it}^{w}$$
$$\text{s.t.}\begin{cases}-\boldsymbol{y}_{it}+\boldsymbol{Y\lambda}\geqslant 0\\ \theta_{it}^{w}\boldsymbol{x}_{it}^{w}-\boldsymbol{X}^{w}\boldsymbol{\lambda}\geqslant 0\\ \boldsymbol{x}_{it}^{n-w}-\boldsymbol{X}^{n-w}\boldsymbol{\lambda}\geqslant 0\\ \boldsymbol{\lambda}\geqslant 0\\ \boldsymbol{E}^{\mathrm{T}}\boldsymbol{\lambda}=1\end{cases}\tag{8.32}$$

式中，θ_{it}^{w}为生产决策单元 DMU_{it} 的农业用水效率；第二个约束条件里的矩阵 $\boldsymbol{x}_{it}^{w}$ 和 $\boldsymbol{X}^{w}$ 指农业生产中水资源的投入，第三个约束条件里的矩阵 $\boldsymbol{x}_{it}^{n-w}$ 和 $\boldsymbol{X}^{n-w}$ 指农业生产中除了水资源以外的投入，其他约束条件与前无异。

农业用水效率 θ_{it}^{w} 或 WTE_{it} 的含义是，保持产出水平不变以及其他投入要素不变，技术有效状态下的最小用水量与实际用水量的比值。

4）农业生产投入产出的调整

农业用水效率反映的是产出以及其他投入要素不变情况下，水资源理论上可以减少的程度。但是实际农业生产中，对生产投入要素的调整不太可能只进行水资源使用量的调整，更可能的情况是所有生产投入要素协同调整。DEA 不仅能测算出农业生产技术效率和农业用水效率，还可以对农业生产投入和产出的调整进行指导，低效率的生产决策单元可通过采取高效率的生产方式达到生产前沿面上的最佳，包括农业用水的调整。

要计算出投入和产出的调整方向及大小，首先需要引入剩余变量 $\boldsymbol{S}^{-}$（投入冗余）和松弛变量 $\boldsymbol{S}^{+}$（产出不足）。先从投入导向的剩余变量 $\boldsymbol{S}^{-}$ 来说明其经济含义。DEA 测度效率会遇到图 8.5 中这一类型的生产前沿面，等产量线的一部分与横纵坐标平行，A 和 B 表示生产无效率的生产点，A' 和 B' 表示在生产前沿面等产量线上有效率的生产点，A 与 B 点的技术效率分别为 OA/OA'、OB/OB'。A' 点虽然被视为有效率的生产点，但是当 A' 点的投入要素 X_2 减少 CA' 时，即 C 点，仍然视为有效率，可以达到相同的产出 Y_0，这种情况称为投入冗余，CA' 为剩余变量。如果是基于产出导向的生产前沿面，相对应的情况称为松弛变量或产出不足，这里不再赘述。

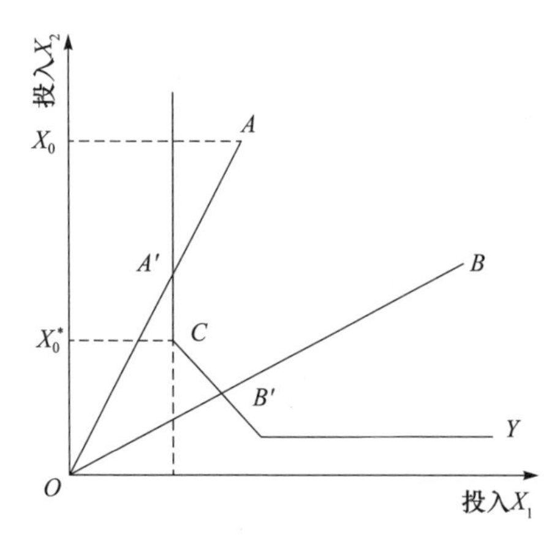

图 8.5 投入导向的剩余变量

在 DEA 模型中，可以得到如下剩余变量 $\boldsymbol{S}_{it}^{-}$ 和松弛变量 $\boldsymbol{S}_{it}^{+}$：

$$\boldsymbol{S}_{it}^{-}=\theta_{it}\boldsymbol{x}_{it}-\boldsymbol{X\lambda} \tag{8.33}$$

$$\boldsymbol{S}_{it}^{+}=-\boldsymbol{y}_{it}+\boldsymbol{Y\lambda} \tag{8.34}$$

式中，$\boldsymbol{S}_{it}^{-}$、$\boldsymbol{S}_{it}^{+}$ 分别为生产决策单元 DMU_{it} 的 $K\times 1$ 投入剩余变量和 $M\times 1$ 产出松弛变量。

将 VRS 模型的线性规划式(8.30)转变为含有 $\boldsymbol{S}_{it}^{+}$ 和 $\boldsymbol{S}_{it}^{-}$ 的 VRS 模型形式，即

$$\min_{\theta,\boldsymbol{\lambda},s_{it}^{+},s_{it}^{-}}\left[\theta_{it}-\varepsilon(\boldsymbol{E}_M^{\mathrm{T}}\boldsymbol{S}_{it}^{+}+\boldsymbol{E}_K^{\mathrm{T}}\boldsymbol{S}_{it}^{-})\right]$$

$$\text{s. t.}\begin{cases}-\boldsymbol{y}_{it}+\boldsymbol{Y\lambda}-\boldsymbol{S}_{it}^{+}=0\\ \theta_{it}\boldsymbol{x}_{it}-\boldsymbol{X\lambda}-\boldsymbol{S}_{it}^{-}=0\\ \boldsymbol{\lambda}\geqslant 0,\quad \boldsymbol{S}_{it}^{+}\geqslant 0,\quad \boldsymbol{S}_{it}^{-}\geqslant 0\\ \boldsymbol{E}^{\mathrm{T}}\boldsymbol{\lambda}=1\end{cases} \tag{8.35}$$

式中，ε 为非阿基米德无穷小量，取正的无穷小；$\boldsymbol{E}_M$ 和 $\boldsymbol{E}_K$ 分别是 $M\times 1$ 和 $K\times 1$ 单位向量；其余变量含义同上。

θ_{it}、$\boldsymbol{S}_{it}^{+}$、$\boldsymbol{S}_{it}^{-}$ 不同情况的组合有着不同的经济含义：

(1) $\theta_{it}=1$，且 $\boldsymbol{S}_{it}^{+}=0$、$\boldsymbol{S}_{it}^{-}=0$。称该 DMU_{it} 为 DEA 有效，说明该决策单元达到技术效率最佳，其所有投入产出不用调整。

(2) $\theta_{it}=1$，$\boldsymbol{S}_{it}^{+}\neq 0$ 或 $\boldsymbol{S}_{it}^{-}\neq 0$。称该 DMU_{it} 为 DEA 弱有效，$\boldsymbol{S}_{it}^{+}\neq 0$ 表示相同投入下存在产出不足，$\boldsymbol{S}_{it}^{-}\neq 0$ 表示相同产出下存在投入冗余，$\boldsymbol{S}_{it}^{+}$、$\boldsymbol{S}_{it}^{-}$ 就是产出和投入可以调整的量，$\boldsymbol{x}_{it}$、$\boldsymbol{y}_{it}$ 的调整目标分别为 $\boldsymbol{x}_{it}-\boldsymbol{S}_{it}^{-}$、$\boldsymbol{y}_{it}+\boldsymbol{S}_{it}^{+}$。

(3) $\theta_{it}<1$，$\boldsymbol{S}_{it}^{+}\neq 0$ 或 $\boldsymbol{S}_{it}^{-}\neq 0$。称该 DMU_{it} 为 DEA 无效，$\boldsymbol{x}_{it}$、$\boldsymbol{y}_{it}$ 的调整目标分别为 $\theta_{it}\boldsymbol{x}_{it}-\boldsymbol{S}_{it}^{-}$、$\boldsymbol{y}_{it}+\boldsymbol{S}_{it}^{+}$。

以上均是考虑投入和产出向量的问题。现假设某生产决策单元投入要素向量为 $\boldsymbol{x}_0$，产出向量为 $\boldsymbol{y}_0$。设投入和产出的松弛变量和剩余变量分别为 $\boldsymbol{S}^{+}$ 和 $\boldsymbol{S}^{-}$。$\Delta\boldsymbol{x}$、$\Delta\boldsymbol{y}$ 分别是投入和产出的调整方向及大小。经调整之后的投入、产出向量为 $\boldsymbol{x}_0^{*}$、$\boldsymbol{y}_0^{*}$，则有

$$\Delta\boldsymbol{x}=\boldsymbol{x}_0-\boldsymbol{x}_0^{*}=(1-\theta)\boldsymbol{x}_0+\boldsymbol{S}^{-} \tag{8.36}$$

$$\Delta\boldsymbol{y}=\boldsymbol{y}_0^{*}-\boldsymbol{y}_0=\boldsymbol{S}^{+} \tag{8.37}$$

式(8.36)和式(8.37)的含义是，若保持投入不变，则产出水平可以增加 $\Delta\boldsymbol{y}$。若保持产出水平不变，投入要素可以减小 $\Delta\boldsymbol{x}$，调整的具体方法是包含水资源在内的所有投入要素按照 θ 的比例来压缩，然后按照 $\boldsymbol{S}^{-}$ 进行调整。

8.2.2　农业用水效率测算结果分析

1. SFA 模型结果分析

1）生产函数参数估计

包括水资源在内，大型灌区农业生产共有 K 种生产要素投入。农业生产中其余投入要素分别是土地、劳动力、化肥、机械、工程投入。考虑土地是所有投入要素共同的基础，将所有投入要素平均到土地上，即采用单位面积要素投入。农业生产

的产出物种类很多，本节选取大型灌区最主要的产出——粮食作为农业生产的产出，计算出粮食产值。其中粮食产值是由灌区年粮食产量乘以当年湖北省粮食平均价格所得。此外，为了消除通货膨胀对 SFA 效率分析结果的影响，以 2000 年为基年，将粮食产值、机械投入、工程投入按照当年的物价指数进行折算，以此构建大型灌区农业生产的投入产出指标体系。其中，W 为水，单位为 m^3/亩，β_1 为该项的参数；L 为劳动力，单位为人/亩，β_2 为该项的参数；F 为化肥，单位为 kg/亩，β_3 为该项的参数；M 为机械，单位为元/亩，β_4 为该项的参数；P 为工程，单位为元/亩，β_5 为该项的参数。产出含 1 项，即 Y 为粮食产值，单位为元/亩。本节采用两种函数形式描述前沿生产函数：C-D 生产函数、超越对数生产函数。对湖北省 32 个大型灌区 2000～2011 年农业生产面板数据进行 SFA 农业生产技术效率和农业用水效率测算。

根据式(8.17)和式(8.18)分别构建 C-D 生产函数和超越对数生产函数，具体表示为

$$\ln Y_{it} = \beta_0 + \beta_1 \ln W_{it} + \beta_2 \ln L_{it} + \beta_3 \ln F_{it} + \beta_4 \ln M_{it} + \beta_5 \ln P_{it} + (v_{it} - u_{it}) \tag{8.38}$$

$$\begin{aligned}\ln Y_{it} = {} & \beta_0 + \beta_1 \ln W_{it} + \beta_2 \ln L_{it} + \beta_3 \ln F_{it} + \beta_4 \ln M_{it} + \beta_5 \ln P_{it} + \frac{1}{2}(\beta_6 \ln W_{it}^2 \\ & + \beta_7 \ln L_{it}^2 + \beta_8 \ln F_{it}^2 + \beta_9 \ln M_{it}^2 + \beta_{10} \ln P_{it}^2 + \beta_{11} \ln W_{it} \ln L_{it} + \beta_{12} \ln W_{it} \ln F_{it} \\ & + \beta_{13} \ln W_{it} \ln M_{it} + \beta_{14} \ln W_{it} \ln P_{it} + \beta_{15} \ln L_{it} \ln F_{it} + \beta_{16} \ln L_{it} \ln M_{it} \\ & + \beta_{17} \ln L_{it} \ln P_{it} + \beta_{18} \ln F_{it} \ln M_{it} + \beta_{19} \ln F_{it} \ln P_{it} + \beta_{20} \ln M_{it} \ln P_{it}) \\ & + (v_{it} - u_{it})\end{aligned} \tag{8.39}$$

式中，β_6～β_{20} 为超越项的参数。

运用 Frontier4.1 软件对湖北省 32 个大型灌区 12 年的面板数据进行 SFA 测算，C-D 生产函数和超越对数生产函数参数测算结果如表 8.9 和表 8.10 所示。

表 8.9　C-D 生产函数参数估计

变量	参数	系数	标准误差	t 值
C	β_0	6.3346	0.3038	20.8488***
$\ln W$	β_1	0.1972	0.0376	2.5835***
$\ln L$	β_2	0.2284	0.0374	−6.1120***
$\ln F$	β_3	0.1077	0.0302	3.5688***
$\ln M$	β_4	0.0695	0.0124	5.6240***
$\ln P$	β_5	0.0280	0.0149	1.8831*
σ^2	—	1.0415	0.2795	3.7259***

续表

变量	参数	系数	标准误差	t 值
γ	—	0.9842	0.0046	215.6120***
似然函数值		157.9243		
单边检验误差		8.4544		

注：***、**、* 分别表示 1%、5%、10%显著性水平。

表 8.10　超越对数生产函数参数估计

变量	参数	系数	标准误差	t 值
C	β_0	16.2763	3.8804	4.1945***
$\ln W$	β_1	0.6895	0.7417	0.9297
$\ln L$	β_2	−3.8613	1.5376	−2.5113**
$\ln F$	β_3	1.3219	0.4437	2.9792***
$\ln M$	β_4	−0.4634	0.4150	−1.1167
$\ln P$	β_5	−0.4927	0.2165	−2.2758**
$\ln W^2$	β_6	−0.0255	0.1675	−0.1520
$\ln L^2$	β_7	−0.3851	0.0942	−4.0890***
$\ln F^2$	β_8	0.8001	0.4657	1.7183*
$\ln M^2$	β_9	0.1691	0.0721	2.3464**
$\ln P^2$	β_{10}	0.0043	0.0374	0.1138
$\ln W\ln L$	β_{11}	0.0201	0.0158	1.2696
$\ln W\ln F$	β_{12}	0.0017	0.0130	0.1285
$\ln W\ln M$	β_{13}	0.9036	0.2534	3.5656***
$\ln W\ln P$	β_{14}	−0.2165	0.1294	−1.6725*
$\ln L\ln F$	β_{15}	0.1790	0.0986	1.8156*
$\ln L\ln M$	β_{16}	0.1719	0.0613	2.8040***
$\ln L\ln P$	β_{17}	0.0045	0.0443	0.1018
$\ln F\ln M$	β_{18}	−0.4574	0.2441	−1.8738*
$\ln F\ln P$	β_{19}	−0.2013	0.1710	−1.1770
$\ln M\ln P$	β_{20}	−0.2438	0.0768	−3.1741***
σ^2		1.2772	0.3665	3.4847***
γ		0.9901	0.0031	320.0783***
似然函数值		201.4583		
单边检验误差		870.9728		

注：***、**、* 分别表示 1%、5%、10%显著性水平。

从表中可以看出，两种函数形式的 σ^2 都通过了显著性检验。C-D 随机前沿生产函数的 $\gamma=0.9842$，超越对数随机前沿生产函数的 $\gamma=0.9901$，说明采用超越对数函数作为生产函数时，对技术非效率的复合误差项解释程度更佳。但是从似然函数值和单边检验误差来看，超越对数函数并没有显著地提高生产函数模型的显著性水平。从参数 β 的估计结果来看，C-D 随机前沿生产函数的各项参数均为正，同时仅有工程投入一项显著性水平较低，总体上符合生产模型的经济学假设。但是在超越对数随机前沿生产函数的参数估计结果中，劳动力、机械、工程投入的系数为负值，水资源、机械投入这两项都没有通过显著性检验，而且有较多超越项的参数估计没有通过显著性检验。因此综合来看，C-D 随机前沿生产函数的估计结果要优于超越对数随机前沿生产函数。而超越对数生产函数比 C-D 生产函数更为灵活，兼容性强，放宽要素间替代弹性不变的假设，可以有技术非中性进步存在，因此更容易产生估计过程中的多重共线性问题，这也是超越对数生产函数的局限所在。本节选取的农业生产的投入产出变量或许存在较大的相关性，从而导致超越对数形式的随机前沿生产函数设定不合理。因此，最终选定 C-D 随机前沿生产函数的估计结果进行分析讨论。

表 8.9 中，C-D 生产函数模型的 $\gamma=0.9842$，显著水平较高，说明了生产函数中的复合误差项（$v_{it}-u_{it}$）的 98.42％是由农业生产中的技术非效率导致的，只有 1.58％是统计误差等随机误差导致的，总体拟合效果较好，进一步体现了用基于极大似然估计的 SFA 对技术效率进行测算是有必要的。包括水资源投入在内的五个投入要素的参数估计值都为正，说明五种投入要素对产出有促进作用，投入要素的增加对产出的水平提高有利。对于单个投入，水资源、劳动力、化肥、机械投入都在 1％显著性水平下通过 t 检验，说明这四种投入要素的增加能有效提高农业产出粮食产值的水平。水资源、劳动力、化肥、机械四项投入要素增加 1％，分别能使粮食产值增加 0.20％、0.23％、0.11％、0.07％。对农业生产影响最显著的投入要素是劳动力，水资源仅次于劳动力，也是影响农业生产的一个重要投入。工程投入的参数估计为 0.028，在五个投入要素中对农业生产影响较小。一是因为工程投入不是农业生产的直接投入要素，不直接作用于农业生产，而是通过改善农业生产的硬件条件（如灌溉工程状况等）来提高农业生产水平；二是因为工程投入本身是一个长期的过程，工程投入对农业生产的影响往往具有滞后性。因此，工程投入对农业生产的影响较小。

2) SFA 农业用水效率分析

运用 Frontier4.1 软件可以直接计算出每一个生产决策单元的农业生产技术效率 TE_{it}，根据式(8.19)和式(8.24)可进一步推得农业用水效率为

$$WTE_{it}=\exp\left(\frac{-u_{it}}{\beta_w}\right)=(TE_{it})^{\frac{1}{\beta_w}}=(TE_{it})^{\frac{1}{\beta_1}} \tag{8.40}$$

湖北省32个大型灌区2000～2011年农业生产技术效率和农业用水效率的统计信息及频率分布如表8.11所示。

表8.11　SFA农业生产技术效率和农业用水效率统计信息及频率分布

效率	农业生产技术效率			农业用水效率		
	频数	频率/%	累积频率/%	频数	频率/%	累积频率/%
0～0.1	12	3.1	3.1	12	3.1	3.1
0.1～0.2	12	3.1	6.2	12	3.1	6.2
0.2～0.3	27	7.0	13.2	84	21.9	28.1
0.3～0.4	142	37.0	50.2	132	34.4	62.5
0.4～0.5	65	16.9	67.1	36	9.4	71.9
0.5～0.6	47	12.2	79.3	48	12.5	84.4
0.6～0.7	40	10.4	89.7	24	6.3	90.7
0.7～0.8	3	0.8	90.5	0	0	90.7
0.8～0.9	12	3.1	93.6	13	3.4	94.1
0.9～1.0	24	6.4	100	23	5.9	100
样本数		384			384	
最大值		0.9661			0.9613	
最小值		0.0368			0.0227	
平均值		0.4585			0.4154	

所有样本的农业生产技术效率和农业用水效率都小于1，即不存在任一决策单元是完全效率的，所有决策单元相对前沿面来说都处于无效率状态。农业用水效率的平均值小于农业生产技术效率，分别为0.4154和0.4585。因为SFA测算农业用水效率的含义是有效率的最小用水量与实际用水量的比值，平均农业用水效率是0.4154，也就意味着实际用水量的58.46%是可以节省掉的，换言之，这58.46%的水量是被浪费的，具有58.46%的节水潜力。

两种效率值都分布得较为分散，分布状况也相似。农业生产技术效率在0.3～0.7较为集中，有76.5%在此范围；农业用水效率在0.2～0.6较为集中，有78.1%在此范围。农业生产技术效率最大为0.9661，最小仅为0.0368，农业用水效率最大为0.9613，最小仅为0.0227。两种效率值在0.3～0.4较为集中，1/3的样本的效率值处于这一区间。

本节选取的是32个大型灌区共12年的面板数据，计算出的两种效率值也是两组面板数据。为了分析农业生产技术效率和农业用水效率随时间的变化情况，绘制出2000～2011年32个大型灌区两种效率值平均值的变化图，如图8.6所示。

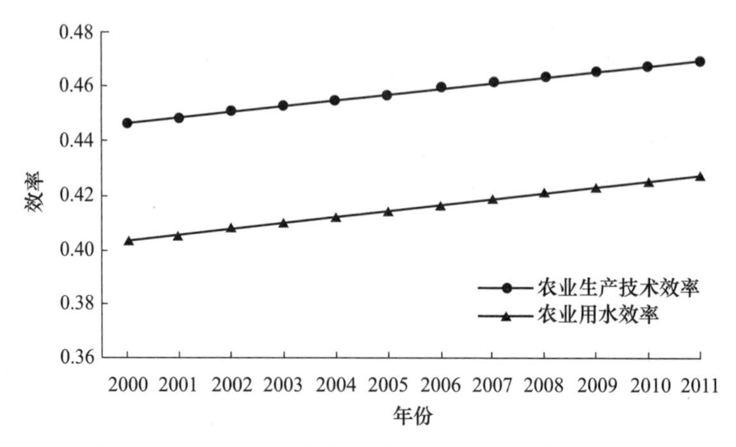

图 8.6　SFA 农业生产技术效率和农业用水效率平均值

从图中可以看出,农业用水效率整体低于农业生产技术效率,两组效率值的平均值都是呈上升趋势。表明对全部投入要素而言,决策单元的实际生产状况都是越来越接近生产前沿面;对农业水资源投入而言,越来越向效率最优靠近。从 2000 年开始,农业用水效率的逐年上升主要有以下几方面原因:一是从 2000 年以来湖北省大型灌区开展续建配套和节水改造,改善了灌溉条件,改善了灌区渠系工程状况,渠系水利用系数、灌溉水有效利用系数显著提高;二是节水灌溉技术在大型灌区的推广运用;三是灌区用水管理制度、水价制度的完善,对农业节水也有一定的促进作用。

由于篇幅所限,仅列出 32 个大型灌区 2000 年、2005 年、2011 年以及 12 年平均值的 SFA 农业用水效率,并对灌区平均用水效率由高到低进行排序,如表 8.12 所示。

表 8.12　湖北省大型灌区 SFA 农业用水效率

灌区	2000 年	2005 年	2011 年	平均值	排名
梅院泥	0.9583	0.9597	0.9613	0.9598	1
徐家河	0.8997	0.9029	0.9067	0.9032	2
黑花飞	0.8201	0.8256	0.8321	0.8261	3
王英	0.6475	0.6572	0.6686	0.6581	4
白莲河	0.6419	0.6517	0.6632	0.6526	5
观音寺	0.5739	0.5848	0.5978	0.5859	6
随中	0.5466	0.5580	0.5715	0.5591	7
明山	0.5206	0.5324	0.5463	0.5335	8
金檀	0.5096	0.5215	0.5355	0.5226	9
惠亭	0.4569	0.4693	0.4841	0.4705	10
漉水	0.4382	0.4507	0.4657	0.4520	11

续表

灌区	2000年	2005年	2011年	平均值	排名
温峡口	0.4082	0.4209	0.4360	0.4221	12
东风渠	0.3567	0.3695	0.3848	0.3708	13
熊河	0.3528	0.3655	0.3809	0.3668	14
举水	0.3465	0.3593	0.3746	0.3606	15
监利隔北	0.3414	0.3541	0.3695	0.3554	16
高关	0.3298	0.3425	0.3579	0.3438	17
泽口	0.3226	0.3353	0.3506	0.3366	18
西门渊	0.3199	0.3326	0.3479	0.3338	19
何王庙	0.3183	0.3310	0.3463	0.3322	20
三道河	0.3154	0.3281	0.3434	0.3294	21
石门	0.3108	0.3235	0.3388	0.3248	22
大岗坡	0.3051	0.3177	0.3329	0.3190	23
引丹	0.2630	0.2753	0.2902	0.2766	24
石台寺	0.2545	0.2667	0.2815	0.2680	25
兴隆	0.2520	0.2641	0.2789	0.2654	26
天门引汉	0.2501	0.2622	0.2769	0.2634	27
郑家河	0.2412	0.2532	0.2678	0.2544	28
漳河	0.2302	0.2420	0.2565	0.2432	29
陆水	0.2210	0.2327	0.2470	0.2339	30
洪湖隔北	0.1311	0.1405	0.1523	0.1416	31
三湖连江	0.0227	0.0258	0.0300	0.0262	32

为了直观反映湖北省32个大型灌区农业用水效率的空间差异，运用ARCGIS软件对SFA农业用水效率进行空间插值，如图8.7所示。

从图8.7可以看出，鄂东北丘陵地区的大型灌区SFA农业用水效率最高，以梅院泥、徐家河、黑花飞灌区为代表。鄂东丘陵地区，有王英、白莲河两处灌区农业用水效率较高。江汉平原地区，观音寺、沲水两灌区农业用水效率居中。鄂西北汉江上游，引丹、石台寺等灌区农业用水效率较低。鄂东南沿江平原一带的农业用水效率最低。SFA农业用水效率的空间差异与单方灌溉水粮食产量的空间差异较为相似，同样都是鄂东北丘陵地区的用水效率最高，鄂东南沿江平原一带用水效率最低。

2. DEA模型结果分析

1）规模效率分析

DEA模型主要有两种形式，即CRS模型和VRS模型。首先运用Onfront2.1软件对湖北省32个灌区2000～2011年的面板数据进行CRS和VRS计算，可得

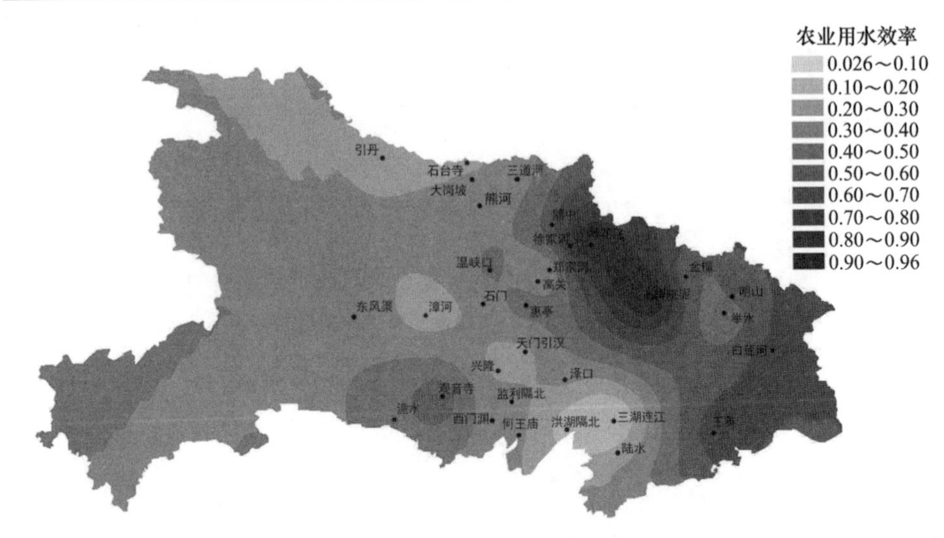

图 8.7　湖北省大型灌区 SFA 农业用水效率

出农业生产综合技术效率 TE_{CRS}和纯技术效率 TE_{VRS}，由式(8.31)可求出规模效率 SE。SE=1 表示规模有效，$TE_{CRS}=TE_{VRS}$；$SE<1$ 表示规模无效，$TE_{CRS}<TE_{VRS}$。表 8.13 仅列出 32 个大型灌区 2000 年、2005 年、2011 年的纯技术效率、综合技术效率、规模效率及规模报酬增减性。

表 8.13　湖北省大型灌区 DEA 农业生产技术效率与规模效率

灌区	2000 年				2005 年				2011 年			
	综合技术效率	纯技术效率	规模效率	规模报酬	综合技术效率	纯技术效率	规模效率	规模报酬	综合技术效率	纯技术效率	规模效率	规模报酬
漳河	0.543	0.971	0.559	DRS	0.614	0.871	0.705	DRS	1	1	1	—
引丹	0.367	0.792	0.464	DRS	0.314	0.72	0.436	DRS	0.779	0.839	0.928	DRS
东风渠	0.669	0.766	0.873	DRS	0.652	0.737	0.884	DRS	0.710	0.747	0.950	DRS
徐家河	0.656	0.664	0.989	IRS	1	1	1	—	0.725	0.809	0.896	IRS
白莲河	0.564	0.59	0.956	DRS	0.786	0.787	0.998	DRS	0.722	0.728	0.992	DRS
随中	0.908	0.921	0.986	DRS	0.911	0.969	0.94	IRS	1	1	1	—
温峡口	0.559	0.971	0.576	DRS	0.728	0.907	0.803	DRS	1	1	1	—
惠亭	0.503	0.802	0.628	DRS	0.623	0.757	0.823	DRS	0.934	0.935	0.999	IRS
高关	0.585	0.971	0.603	DRS	0.632	0.883	0.716	DRS	0.816	1	0.816	DRS
石门	0.522	0.971	0.537	DRS	0.565	0.873	0.647	DRS	1	1	1	—
黑花飞	0.838	0.889	0.942	DRS	1	1	1	—	1	1	1	—
明山	0.503	0.665	0.757	DRS	0.828	0.896	0.925	DRS	0.834	0.835	0.999	DRS
梅院泥	0.66	0.844	0.783	IRS	0.800	0.876	0.913	IRS	0.885	0.989	0.895	IRS
郑家河	0.66	0.766	0.861	DRS	0.489	1	0.489	DRS	0.497	0.605	0.821	DRS

续表

灌区	2000年				2005年				2011年			
	综合技术效率	纯技术效率	规模效率	规模报酬	综合技术效率	纯技术效率	规模效率	规模报酬	综合技术效率	纯技术效率	规模效率	规模报酬
熊河	0.605	0.793	0.762	DRS	0.582	0.743	0.782	DRS	0.967	1	0.967	DRS
三道河	0.324	0.740	0.438	DRS	0.377	0.669	0.563	DRS	0.795	1	0.795	DRS
金檀	0.357	0.632	0.565	DRS	0.482	0.590	0.817	DRS	0.985	1	0.985	IRS
泽口	1	1	1	—	0.396	0.716	0.553	DRS	0.637	0.836	0.762	DRS
天门引汉	0.461	0.914	0.504	DRS	0.423	0.825	0.513	DRS	0.409	0.903	0.454	DRS
兴隆	0.428	0.827	0.517	DRS	0.515	0.983	0.524	DRS	0.732	1	0.732	DRS
观音寺	0.527	0.687	0.768	DRS	0.935	1	0.935	DRS	1	1	1	—
洪湖隔北	0.375	1	0.375	DRS	0.458	0.960	0.477	DRS	0.582	1	0.582	DRS
何王庙	0.449	0.983	0.456	DRS	0.487	0.894	0.545	DRS	0.744	1	0.744	DRS
监利隔北	0.449	0.792	0.567	DRS	0.541	0.929	0.583	DRS	0.643	0.914	0.704	DRS
举水	0.310	0.507	0.612	DRS	0.284	0.478	0.595	DRS	0.547	0.684	0.800	DRS
西门渊	0.406	0.759	0.535	DRS	0.524	0.929	0.564	DRS	0.569	0.904	0.629	DRS
大岗坡	0.415	0.757	0.548	DRS	0.502	0.744	0.675	DRS	0.910	1	0.910	DRS
石台寺	0.359	0.765	0.470	DRS	0.579	0.880	0.658	DRS	0.719	0.940	0.765	DRS
漉水	0.505	0.683	0.738	DRS	0.727	0.969	0.749	DRS	0.827	0.894	0.925	DRS
王英	0.632	0.809	0.782	DRS	0.768	0.922	0.833	DRS	1	1	1	—
陆水	0.622	1	0.622	DRS	0.459	0.921	0.498	DRS	0.722	1	0.722	DRS
三湖连江	0.050	0.983	0.051	DRS	0.052	0.894	0.059	DRS	0.053	0.966	0.054	DRS

注：IRS、DRS、—分别表示规模报酬递增、递减、不变。

从表8.13可以看出，绝大多数决策单元规模报酬可变，仅有少部分规模报酬不变，进一步说明了使用VRS模型的必要性，最终结果即以纯技术效率为准。规模报酬递增指的是生产投入要素按某一比例扩大，产出增加比例将大于这一比例；反之，则为规模报酬递减。从表8.13还可以看出，绝大多数大型灌区的农业生产是处于规模报酬递减的，即灌区若再继续扩大生产投入规模，产出增加的比例将小于投入增加的比例。其内在原因可能是这些大型灌区农业生产规模过大，致使农业生产的各个方面难以得到有效协调，从而降低了生产技术效率，降低了包括水资源等生产投入要素的利用效率。

2) DEA农业用水效率分析

据式(8.32)可以求出农业用水效率。湖北省32个大型灌区2000～2011年农业生产技术效率(纯技术效率TE_{VRS})和农业用水效率的统计信息及频率分布如表8.14所示。

表 8.14　DEA 农业生产技术效率和农业用水效率统计信息及频率分布

效率	农业生产技术效率			农业用水效率		
	频数	频率/%	累积频率/%	频数	频率/%	累积频率/%
0～0.1	0	0	0	0	0	0
0.1～0.2	0	0	0	0	0	0
0.2～0.3	0	0	0	0	0	0
0.3～0.4	0	0	0	1	0.3	0.3
0.4～0.5	5	1.3	1.3	23	6.0	6.3
0.5～0.6	7	1.8	3.1	24	6.3	12.6
0.6～0.7	32	8.3	11.4	43	11.2	23.8
0.7～0.8	75	19.5	30.9	90	23.4	47.2
0.8～0.9	84	21.9	52.8	68	17.7	64.9
0.9～1.0	103	26.8	79.6	63	16.4	81.3
1.0	78	20.4	100	72	18.7	100
样本数	384			384		
最大值	1			1		
最小值	0.4780			0.3539		
平均值	0.8642			0.8070		

DEA 测算结果中，有 78 个单元的农业生产技术效率达到了 1，72 个单元的农业用水效率达到了 1，不存在一些决策单元是完全效率的。农业用水效率的平均值小于农业生产技术效率，分别为 0.8070 和 0.8642。农业用水效率平均值为 0.8070，表示实际用水量的 19.3%是可以被节省掉的，即有 19.3%的节水潜力。

对比表 8.14 和表 8.11，整体上，DEA 农业用水效率高于 SFA 的测算结果。DEA 农业生产技术效率和农业用水效率都明显较大，而且多集中在 0.5 以上，二者分别占了 98.7%和 93.7%。

图 8.8 为 2000～2011 年 32 个大型灌区两种效率平均值的变化情况。可以看出，农业用水效率整体低于农业生产技术效率，两组效率值的平均值总体都是呈上升趋势。

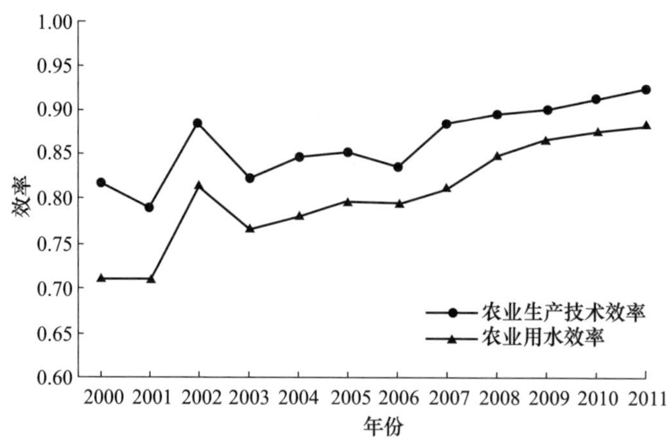

图 8.8　DEA 农业生产技术效率和农业用水效率平均值

由于篇幅所限，仅列出 32 个大型灌区 2000 年、2005 年、2011 年 DEA 农业用水效率以及 12 年的平均值，并对农业用水效率由高到低排序，如表 8.15 所示。

表 8.15　湖北省大型灌区 DEA 农业用水效率

灌区	2000 年	2005 年	2011 年	平均值	排名
黑花飞	1.0000	0.9600	1.0000	0.9873	1
徐家河	0.8309	1.0000	1.0000	0.9765	2
梅院泥	1.0000	0.9210	1.0000	0.9533	3
白莲河	0.8714	0.8710	1.0000	0.9401	4
王英	0.7016	0.8730	1.0000	0.9066	5
观音寺	0.6640	1.0000	0.8090	0.8933	6
随中	0.6830	0.9690	0.8940	0.8896	7
浠水	0.8270	0.9830	1.0000	0.8815	8
兴隆	0.7642	0.9220	1.0000	0.8811	9
金檀	0.7396	0.9070	1.0000	0.8799	10
惠亭	0.5616	0.8452	0.9890	0.8774	11
明山	0.5371	1.0000	1.0000	0.8723	12
熊河	0.8929	0.8830	0.8246	0.8525	13
东风渠	0.7650	0.8800	0.9400	0.8422	14
温峡口	0.6650	0.8960	0.8350	0.8390	15
举水	0.7570	0.7440	1.0000	0.8365	16
高关	0.7930	0.7430	1.0000	0.8352	17
三道河	0.5629	0.7200	1.0000	0.8175	18
泽口	0.7660	1.0000	0.6050	0.8056	19
西门渊	1.0000	0.7160	0.7261	0.7952	20
监利隔北	0.7273	0.7565	0.9140	0.7880	21
大岗坡	0.7660	0.7370	0.7470	0.7674	22
石台寺	0.6997	0.7174	0.9030	0.7615	23
郑家河	0.5900	0.7870	0.7280	0.7257	24
石门	0.7920	0.7200	0.6514	0.7251	25
引丹	0.7293	0.7650	0.5478	0.7077	26
天门引汉	0.5659	0.6360	0.9350	0.7023	27
漳河	0.6624	0.6152	1.0000	0.6800	28

续表

灌区	2000 年	2005 年	2011 年	平均值	排名
何王庙	0.3539	0.4814	1.0000	0.6641	29
陆水	0.4771	0.5558	0.9029	0.6373	30
洪湖隔北	0.5401	0.4994	0.6898	0.5516	31
三湖连江	0.5070	0.4780	0.6840	0.5515	32

运用 ARCGIS 软件对 DEA 农业用水效率平均值进行空间插值，如图 8.9 所示。

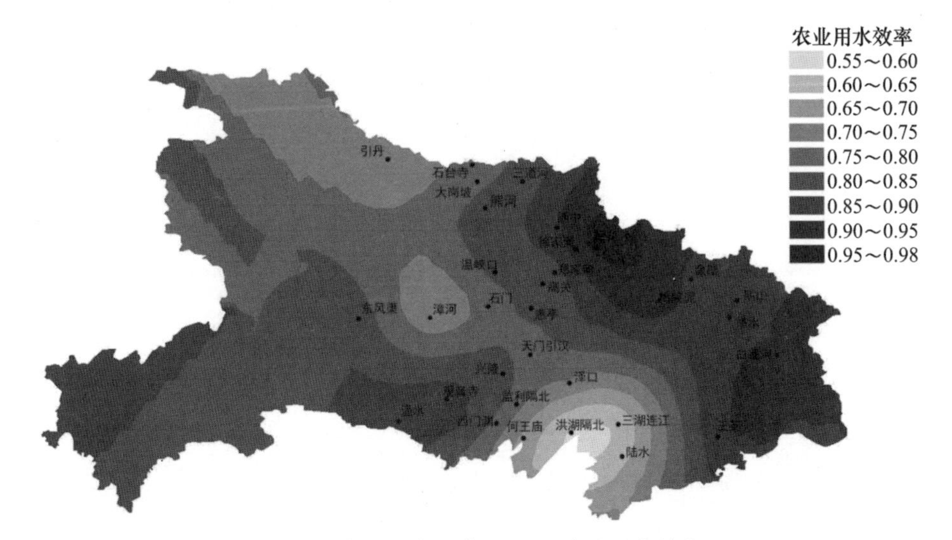

图 8.9　湖北省大型灌区 DEA 农业用水效率

从图 8.9 可以看出，鄂东北丘陵地区的大型灌区 DEA 农业用水效率最高，同样以黑花飞、徐家河、梅院泥三个灌区为代表。鄂东丘陵地区，白莲河、王英等灌区农业用水效率较高。江汉平原地区，观音寺、漉水两灌区农业用水效率居中。鄂西北汉江上游，引丹、石台寺等灌区农业用水效率较低。鄂东南沿江平原一带，如洪湖隔北、三湖连江、陆水灌区，农业用水效率最低。比较图 8.7 和图 8.9 可以看出，虽然 DEA 农业用水效率的测算结果总体上高于 SFA 农业用水效率，但是两种方法测算的农业用水效率空间差异较为相似，同样是鄂东北丘陵地区的农业用水效率最高，鄂东南沿江平原一带的农业用水效率最低。

3）生产投入要素调整

为了达到有效状态，DEA 模型可测算出生产决策单元各种生产投入要素所需调整的量。在保持产出水平不变的情况下，生产投入要素可以减小的调整量 Δx 可以由式(8.34)来确定，调整的最终目标为有效状态，即生产前沿面。

表 8.16 仅列出 32 个灌区 2000 年、2005 年、2011 年各生产投入要素调整量，表示在农业生产技术有效的状态下，理论上可以节省的量。

表 8.16　湖北省大型灌区农业生产投入要素调整量

灌区	2000 年					2005 年					2011 年				
	水/(m^3/亩)	劳动力/(人/亩)	化肥/(kg/亩)	机械/(元/亩)	工程/(元/亩)	水/(m^3/亩)	劳动力/(人/亩)	化肥/(kg/亩)	机械/(元/亩)	工程/(元/亩)	水/(m^3/亩)	劳动力/(人/亩)	化肥/(kg/亩)	机械/(元/亩)	工程/(元/亩)
漳河	171.636	0.013	3.803	137.373	0.142	312.521	0.021	1.736	42.325	0.061	0	0	0	0	0
引丹	98.059	0.003	0.629	0.47	3.838	98.209	0.017	5.587	4.009	0.973	175.037	0.005	1.904	1.139	2.777
东风渠	90.494	0.039	11.302	59.37	4.778	42.72	0.02	6.61	349.016	0.134	20.028	0.006	3.314	170.522	0.447
徐家河	0	0	0	0	0	6.141	0.007	4.21	1.513	0.11	0	0	0	0	0
白莲河	31.043	0.005	1.313	0.971	38.659	29.438	0.021	31.306	5.459	41.582	0	0	0	0	0
随中	119.449	0.076	16.047	26.674	1.293	9.208	0.005	1.238	2.013	0.114	34.821	0.014	5.596	23.104	0.592
温峡口	123.962	0.096	12.904	49.478	1.464	25.953	0.117	4.135	13.023	0.632	51.504	0.047	6.374	41.361	0.729
惠亭	334.678	0.131	8.196	13.738	0.839	93.919	0.033	4.095	9.632	0.881	5.195	0.022	83.296	3.186	28.525
高关	69.589	0.035	9.965	45.687	2.337	84.371	0.045	14.393	88.809	2.681	0	0	0	0	0
石门	72.107	0.035	9.994	59.19	1.941	124.844	0.045	15.164	151.165	2.92	241.866	0.02	7.768	416.906	4.071
黑花飞	68.419	0.257	4.351	5.005	0.202	0	0	0	0	0	0	0	0	0	0
明山	276.489	0.073	14.686	29.233	1.464	0	0	0	0	0	0	0	0	0	0
梅院泥	0	0	0	0	0	32.083	0.013	4.164	2.987	0.102	0	0	0	0	0
郑家河	172.327	0.36	13.639	464.416	2.558	77.775	0.166	5.497	17.554	3.867	100.381	0.162	7.221	856.131	2.255
熊河	33.548	0.005	1.313	0.971	2.547	33.018	0.019	30.343	4.951	0.868	47.242	0	0	0	1.393

续表

灌区	2000 年					2005 年					2011 年				
	水/（m^3/亩）	劳动力/（人/亩）	化肥/（kg/亩）	机械/（元/亩）	工程/（元/亩）	水/（m^3/亩）	劳动力/（人/亩）	化肥/（kg/亩）	机械/（元/亩）	工程/（元/亩）	水/（m^3/亩）	劳动力/（人/亩）	化肥/（kg/亩）	机械/（元/亩）	工程/（元/亩）
三道河	209. 671	0. 003	0. 629	0. 47	2. 668	110. 906	0. 017	5. 587	4. 009	1. 688	0	0	0	0	0
金檀	98. 318	0. 005	1. 313	0. 971	6. 685	29. 864	0. 015	31. 851	3. 936	3. 194	0	0	0	0	0
泽口	78. 004	0. 112	9. 882	9. 194	15. 526	0	0	0	0	0	89. 635	0. 175	126. 482	115. 118	4. 968
天门引汉	249. 207	0. 035	7. 832	29. 762	1. 21	188. 749	0. 041	14. 886	35. 996	1. 157	35. 884	0. 007	5. 504	13. 752	0. 38
兴隆	105. 19	0. 042	6. 429	7. 842	6. 854	32. 013	0. 014	3. 02	3. 133	3. 477	0	0	0	0	0
观音寺	186. 088	0. 24	13. 172	15. 151	5. 54	0	0	0	0	0	108. 105	0. 186	209. 035	69. 242	1. 918
洪湖隔北	304. 501	0. 044	12. 517	57. 384	3. 992	405. 178	0. 059	18. 537	114. 381	7. 091	204. 333	0	0	0	15. 944
何王庙	745. 822	0. 106	14. 175	48. 222	2. 02	465. 694	0. 138	16. 301	59. 851	1. 59	0	0	0	0	0
监利隔北	129. 466	0. 042	8. 729	12. 588	0. 764	102. 274	0. 011	3. 034	3. 529	1. 861	35. 044	0. 011	4. 034	17. 538	0. 557
举水	96. 075	0. 041	11. 698	53. 632	9. 319	82. 963	0. 045	14. 337	88. 464	10. 253	0	0	0	0	0
西门渊	0	0	0	0	0	120. 706	0. 058	15. 255	33. 676	1. 262	128. 627	0. 026	8. 469	43. 962	0. 307
大岗坡	59. 493	0. 056	12. 673	38. 896	13. 969	73. 111	0. 05	17. 112	41. 168	14. 992	73. 98	0. 041	18. 91	36. 756	6. 591
石台寺	146. 31	0. 017	2. 911	208. 214	0. 15	132. 767	0. 031	7. 469	44. 439	0. 458	45. 592	0. 013	4. 531	30. 695	0. 426
澴水	60. 703	0. 037	6. 986	128. 662	0. 349	4. 745	0. 003	0. 641	2. 682	0. 032	0	0	0	0	0
王英	95. 326	0. 005	1. 313	0. 971	9. 019	36. 753	0. 02	31. 244	5. 375	5. 022	0	0	0	0	0
陆水	355. 413	0. 049	10. 114	14. 585	1. 804	262. 593	0. 011	3. 034	3. 529	2. 5	48. 808	0. 012	4. 503	19. 577	0. 698
三湖连江	238. 043	0. 173	27. 277	86. 358	5. 879	324. 448	0. 173	32. 589	120. 382	3. 615	169. 106	0. 057	18. 796	76. 356	2. 437

3. SFA 模型和 DEA 模型结果比较

1）农业用水效率数值差异分析

根据表 8.11 和表 8.14，做出 SFA 和 DEA 测算出的两种效率值的累积分布图，如图 8.10 所示。可以看出，DEA 测算出的两种效率值明显大于 SFA 测算结果，且无论是 SFA 还是 DEA，农业生产技术效率都大于农业用水效率。

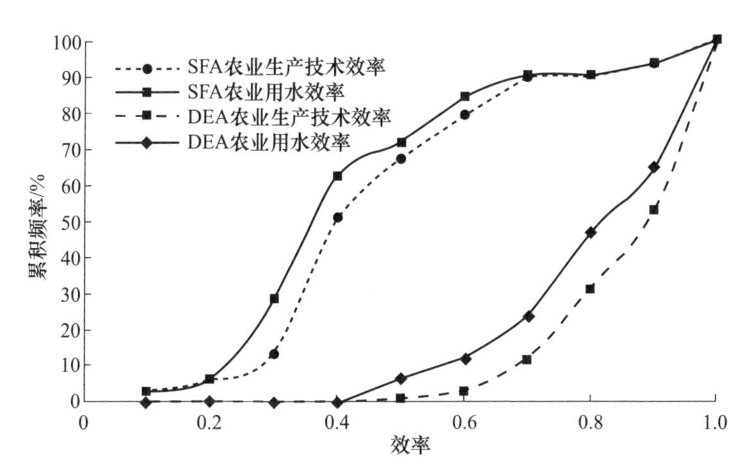

图 8.10　农业生产技术效率和农业用水效率累积分布图

为了更准确地反映两种模型测算的效率值的差异，运用 SPSS19.0 软件分别对两种模型的农业生产技术效率和农业用水效率进行配对样本 t 检验，结果如表 8.17 所示。可以看出，无论是农业生产技术效率还是农业用水效率，两种模型计算的结果都有显著差异，DEA 测算的两种效率值都大于 SFA 测算结果。

表 8.17　配对样本 t 检验结果

指标名称	评价方法	均值	标准差	标准误差	t 值
农业生产技术效率	SFA-DEA	−0.4057	0.2306	0.1118	−34.475***
农业用水效率	SFA-DEA	−0.3917	0.2472	0.0126	−31.046***

注：*** 表示 1%显著性水平。

2）农业用水效率排名差异分析

通过 SFA 和 DEA 测算出两组农业用水效率，将两组效率值和排名结果进行比较，如表 8.18 所示。可以看出，除了兴隆灌区的排名差距达到了 17 位，何王庙灌区排名差距达到了 9 位，其余灌区两种农业用水效率排名差距均在 5 位以内，说明农业用水效率的排序结果还是比较相似的。

表 8.18　SFA 和 DEA 农业用水效率排名比较

灌区	SFA 效率	SFA 效率值排名	DEA 效率	DEA 效率值排名	SFA 效率值与 DEA 效率值的排名差值
漳河	0.2432	29	0.6800	28	1
引丹	0.2766	24	0.7077	26	−2
东风渠	0.3708	13	0.8422	14	−1
徐家河	0.9032	2	0.9873	1	1
白莲河	0.6581	4	0.9401	4	0
随中	0.5591	7	0.8896	7	0
温峡口	0.4221	12	0.8390	15	−3
惠亭	0.4705	10	0.8774	11	−1
高关	0.3438	17	0.8352	17	0
石门	0.3248	22	0.7251	25	−3
黑花飞	0.8261	3	0.9765	2	1
明山	0.5335	8	0.8723	12	−4
梅院泥	0.9598	1	0.9533	3	−2
郑家河	0.2544	28	0.7257	24	4
熊河	0.3668	14	0.8525	13	1
三道河	0.3294	21	0.8175	18	3
金檀	0.5226	9	0.8799	10	−1
泽口	0.3366	18	0.8056	19	−1
天门引汉	0.2634	27	0.7023	27	0
兴隆	0.2654	26	0.8811	9	17
观音寺	0.5859	6	0.8933	6	0
洪湖隔北	0.1416	31	0.5516	31	0
何王庙	0.3322	20	0.6641	29	−9
监利隔北	0.3554	16	0.7880	21	−5
举水	0.3606	15	0.8365	16	−1
西门渊	0.3338	19	0.7952	20	−1
大岗坡	0.3190	23	0.7674	22	1
石台寺	0.2680	25	0.7615	23	2
澴水	0.4520	11	0.8815	8	3
王英	0.6581	4	0.9066	5	−1
陆水	0.2339	30	0.6373	30	0
三湖连江	0.0262	32	0.5515	32	0

为了客观地比较 SFA 效率值和 DEA 效率值排序结果的差异性，使用 SPSS19.0 软件对全样本 SFA 和 DEA 农业生产技术效率和农业用水效率做 Spearman 相关系数排序一致检验，结果如表 8.19 所示。可以看出，相关系数都大于零，而且都在 1%水平下显著。SFA 测算的农业生产技术效率和农业用水效率

相关系数为 1,这是因为二者为底和幂的关系,排序自然就一致。DEA 测算农业生产技术效率和农业用水效率的相关系数为 0.873,这表明两种效率值的排名具有很高的一致性。不同模型测算结果之间,SFA 和 DEA 的农业生产技术效率相关系数为 0.815,SFA 和 DEA 的农业用水效率相关系数为 0.775,表明两种模型测算的农业用水效率排序一致性较高。

表 8.19　Spearman 相关系数排序一致检验结果

指标名称	评价方法	农业生产技术效率		农业用水效率	
		SFA	DEA	SFA	DEA
农业生产技术效率	SFA	1			
	DEA	0.815***	1		
农业用水效率	SFA	1***	0.815***	1	
	DEA	0.775***	0.873***	0.775***	1

注：*** 表示 1%显著性水平。

结合之前的 t 检验结果,可以得知虽然 SFA 和 DEA 所测得的农业用水效率数值上存在显著差异,但是同样作为基于生产前沿面理论的两种模型测算出来的农业用水效率的相对排名具有较高一致性,也验证了 SFA 和 DEA 在农业用水效率评价中的协同运用是合理的。

3) SFA 和 DEA 模型差异分析

SFA 和 DEA 都是基于生产前沿面理论的效率测算方法,虽然它们的估计结果数值差异较大,但是两组效率值之间表现出很强的排序一致性。两者侧重点不同,SFA 主要考虑影响效率的随机因素,DEA 则分析决策单元间的相对效率水平,两种效率测算模型的差异如下：

(1) 生产前沿面。

SFA 需假设生产函数具体形式及误差项的概率分布形式,以此来确定生产前沿面。SFA 的关键是确定生产函数的形式,也是参数估计的基本前提。已有农业生产技术效率和农业用水效率的 SFA 研究大多选用 C-D 生产函数和超越对数生产函数,前者模型简单、参数少、便于计算,但是假设性过强,特别是假设固定不变的投入产出弹性(即规模报酬不变)与实际农业生产不符;后者允许投入产出弹性可变(即规模报酬可变),可为任何生产函数的近似,有更广泛的适用性,但是有复杂的函数形式,多投入要素时易发生严重的多重共线性问题。在实际农业生产情况中,并不是所有决策单元都符合 SFA 的假设,难免会掺入主观因素。

DEA 不用事先设定生产函数的形式,基于凸分析与线性规划确定出相对有效的生产前沿面,避免主观因素的影响。DEA 不指定任何的生产函数形式,应用较灵活,只是通过分析所有决策单元的投入产出值来建立生产前沿面。DEA 不假定投入和产出之间的关系,通过分析实测数据,进行相对效率评价。

(2) 误差影响。

在实际农业生产中,生产环境、经济环境、气候变化、测量误差等都会对农业生产效率造成一定的影响,导致在一定的技术条件下,生产决策单元达不到最大产出水平或者最小投入水平。在构建生产函数时,SFA 考虑误差对技术效率的影响,将误差分为随机误差和反映技术非效率的管理误差,两种误差的分离保证了估计的有效性和一致性。SFA 使用的是将随机误差考虑在内的计量方法,测算结果不会被个别极端样本严重影响。

DEA 是一种非参数技术,不涉及各种误差项的存在,不能将生产环境、气候、测量误差等随机误差对效率值的影响与实际效率值分开。DEA 方法在计算时将决策单元和处于最佳生产状态的决策单元相比较,因此受个别极端决策单元的影响较大。随机误差可能对 DEA 的测算结果造成相当大的影响。同时最佳生产状态的决策单元形成 DEA 的生产前沿面,不稳定性较大,一旦有较大的随机误差,就会严重影响测算结果。

(3) 效率测算结果。

SFA 可以通过对生产函数模型参数估计的显著性检验来判断结果的可靠性,而 DEA 测算的效率难以进行统计上的检验,不能直接检验结果的显著性。SFA 测算的效率值由生产函数最终形式决定,DEA 测算的是相对效率,结果由样本决定,样本不同结果不同,不同样本数据的分布特性会影响其结果。

SFA 和 DEA 效率测算值也有差异。本节 SFA 最终采取的是投入产出弹性不变(即规模报酬不变)的 C-D 生产函数形式,而投入产出弹性自由调整(即规模报酬可变)会对效率的提高产生促进作用,因此基于规模报酬可变条件下的 DEA 效率测算值也就显著大于 SFA 效率测算值。

除了以上这些差异外,DEA 有 SFA 所不具备的一项特点。DEA 不考虑随机误差,把决策单元投入产出对生产前沿面的偏离全部归因于技术无效率。其隐含的假设是:低效率的生产决策单元可以通过采用高效率的生产方式达到生产前沿面上的最佳。DEA 通过测算出每种投入的剩余变量 $\boldsymbol{S}^{-}$(投入冗余),据此可知决策单元在哪些投入要素的使用上是冗余而低效的。对于无效生产决策单元,可以给出投入(或产出)的改进目标,即为了到达有效状态,投入的减少程度或产出的增加程度,从而指出决策单元提高效率的最佳途径,以供决策者参考。这一特点是 SFA 不能实现的。

8.2.3 农业用水效率影响因素分析

由于因变量农业用水效率 $\mathrm{WTE}_{it} \in (0,1]$是一组截尾数据,属于受限因变量,普通最小二乘法回归分析不适合于受限因变量,得到的是偏和不一致估计结果。而利用基于最大似然估计的 Tobit 法,将会得到有效、一致且符合渐近正态分布的

结果。Tobit 模型的基本形式为

$$y_{it} = \delta_0 + \delta_1 x_{1it} + \delta_2 x_{2it} + \cdots + \delta_k x_{kit} + \cdots + \delta_N x_{Nit} + \varepsilon_i \tag{8.41}$$

式中，δ 为待估参数，$k=1,2,\cdots,N$；ε_i 为一组服从正态分布的随机误差。

由于农业用水效率处于(0,1]，左右删失的 Tobit 模型为

$$\mathrm{WTE}_{it} = \begin{cases} 0, & \delta_0 + \sum\limits_N \delta_k x_{kit} + \varepsilon_i \leqslant 0 \\ \mathrm{WTE}_{it}^*, & \delta_0 + \sum\limits_N \delta_k x_{kit} + \varepsilon_i < 1 \\ 1, & \delta_0 + \sum\limits_N \delta_k x_{kit} + \varepsilon_i > 1 \end{cases} \tag{8.42}$$

农业用水效率影响因素有很多，如地区经济状况、作物种植结构、灌溉工程建设、灌溉水价、灌区管理制度等。根据所得资料，选取几个主要的指标，定量分析农业用水效率的影响因素。若 x_1、x_2、x_3、x_4 分别代表农民人均纯收入、粮食作物播种比例、渠系水利用系数、灌溉水价，则 $k=1,2,3,4$。Tobit 模型为

$$\mathrm{WTE}_{it} = \delta_0 + \delta_1 x_{1it} + \delta_2 x_{2it} + \delta_3 x_{3it} + \delta_4 x_{4it} + \varepsilon_i \tag{8.43}$$

运用 EViews6.1，对全部样本的 SFA 和 DEA 农业用水效率影响因素进行 Tobit 回归分析，结果如表 8.20 所示。

表 8.20　SFA 和 DEA 农业用水效率影响因素回归分析

指标	SFA			DEA		
	系数	标准误差	z 值	系数	标准误差	z 值
常量	−0.120	0.117	−1.720*	0.48	0.087	5.510***
农民人均纯收入	1.57×10^{-5}	0.000	−2.456**	1.40×10^{-5}	0.000	2.958***
粮食作物播种比例	0.202	0.064	3.134***	0.135	0.048	−2.830***
渠系水利用系数	0.846	0.239	4.224***	0.791	0.177	4.474***
灌溉水价	0.263	0.426	1.813*	0.54	0.316	1.709*
对数似然函数值	173.445			134.062		
R^2	0.762			0.785		
调整 R^2	0.743			0.751		

注：***、**、* 分别表示 1%、5%、10%显著性水平。

从 R^2 和对数似然函数值可以看出，整个模型的估计效果较好，SFA 和 DEA 农业用水效率的回归方程都可以通过显著性检验，四个影响因素也都通过了显著性检验。在两种方法中，粮食作物播种比例和渠系水利用系数都在 1%显著性水平以上，说明这两种影响因素与农业用水效率有非常强的相关性。农民人均纯收入在 SFA 和 DEA 的回归分析中分别是 5%和 1%显著性水平，灌溉水价在两种回归分析中都在 10%显著性水平。

各影响因素分析如下：

(1) 农民人均纯收入与农业用水效率呈显著的正相关关系。农民人均纯收入水平越高,在实行节水灌溉技术方面较少受到资金缺乏的限制,并且节水技术推广的阻力也就越小。同时农民人均纯收入可以反映一个地区的经济状况,经济越好的地区,对渠道等农业用水工程建设维修的投入也就越多。此外,技术进步、设备改进也是经济发展带来的好处,这些都是农业用水效率提高的关键因素。随着经济的发展,农业水资源需求量逐渐增大,在水资源总量不变的情况下,必然需要提高用水效率来解决缺水状况。

(2) 粮食作物播种比例与农业用水效率呈正相关关系,这说明虽然粮食作物的需水定额大,但是用水效率比经济作物要高。推测可能的原因是,因为经济作物产值要比粮食作物产值高,所以灌区农户将大量的灌溉水用于灌溉经济作物,导致用水超过了经济作物实际的需水量和不必要的浪费。而粮食作物的种植模式和灌水技术一直较为成熟稳定,已经形成了较为固定和高效的灌溉方式,也间接说明了经济作物的农业用水效率较低。随着灌区种植结构的优化,在灌区种植规划中,并不是粮食作物播种比例越高越好,还是应根据灌区实际情况,选择最适合当地的种植结构。

(3) 渠系水利用系数与农业用水效率呈显著正相关关系。渠系水利用系数是反映灌区渠道等工程建设最为重要的指标之一,渠系水利用系数越高,输水过程中水的利用程度也就越高,农业用水效率自然也就越高。这说明了灌区渠系工程建设仍然是发展节水灌溉、提高用水效率的重要措施。

(4) 灌溉水价的系数在10%显著性水平,与农业用水效率呈正相关关系。灌溉水价反映的是农户用水的成本,用水成本的提高对农户产生节水产生激励,从而对提高农业用水效率有促进作用。而显著性水平不高的原因可能是,从2004年湖北省才开始实施"基本水费+计量水费"的两部制水价制度,但是从实际来看,以2011年漳河水库灌区为例,整个灌区全年应收水费299.25万元,实际收取水费86.03万元,仅占应收水费的29%。由于政府的水费补贴、灌区的水费减免等政策,农民应交的水费被大幅度削减。灌溉水价应起到的节水激励被削减。随着灌区水价制度的改进和完善,灌溉水价对节水灌溉将会有更加显著的作用。

8.2.4 农业用水效率与灌区规模分析

由于农业用水效率尺度效应的存在,不同尺度区域的农业用水效率或许存在某种规律,现对农业用水效率与灌区规模的关系进行考察。

大型灌区是设计灌溉面积大于30万亩的灌区,但是湖北省32个大型灌区面积差异较大,最小的如郑家河、三湖连江灌区设计灌溉面积约34万亩,最大的漳河灌区设计灌溉面积约260万亩。有效灌溉面积差距也较大,最小的郑家河、黑花飞灌区约22万亩,最大漳河灌区约233万亩。有效灌溉面积能反映灌区实际用水规模,本节选取有效灌溉面积作为表示灌区规模的指标。

根据大型灌区有效灌溉面积大小进行分类，求出平均农业用水效率，如表 8.21 所示。农业用水效率与有效灌溉面积的关系如图 8.11 所示。

表 8.21　农业用水效率与有效灌溉面积的关系

有效灌溉面积/万亩	灌区数目	SFA 农业用水效率	DEA 农业用水效率
0～30	10	0.395	0.779
30～50	12	0.502	0.842
50～100	6	0.449	0.839
>100	4	0.280	0.724

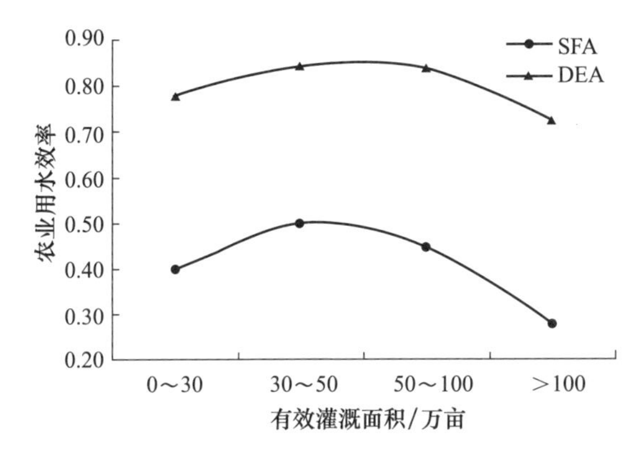

图 8.11　农业用水效率与有效灌溉面积的关系

无论 SFA 还是 DEA 测算的农业用水效率，与有效灌溉面积即灌区规模都呈现出倒 U 形的趋势，中间较高，两头较低。中等灌区规模的农业用水效率最高，较大或较小灌区规模的农业用水效率都较小。

有效灌溉面积小于 30 万亩的大型灌区相对来说规模较小，可能由于灌区工程建设不如较大的灌区完备，所以导致农业用水效率较低。当有效灌溉面积大于 100 万亩时，灌区的农业用水效率下降特别快，可能的原因是当面积太大时，灌溉渠系工程庞杂，输配水各环节水浪费更多。灌区规模太大导致用水管理上的疏漏造成更多水的浪费也是可能的原因之一。

8.3　灌溉用水效率考核指标及计算方法

8.3.1　农业用水效率评价指标研究现状

回归水的重复利用是导致农业用水效率尺度效应的主要原因。例如，Molden 等(1999)在埃及发现田间尺度灌溉水利用率为 40%～50%，但整个灌区灌溉水利用效率接近 80%。李远华等(2005)发现,漳河水库灌区传统的灌溉水利用系数仅为 0.43,但在水稻灌溉季节只有 12%的降雨及灌水流出灌区边界,传统观念认为的灌溉水 57%的损失水量大部分以回归水的形式再利用。随着尺度的增大,回归水的重复利用率提高。

由于回归水的重复利用,中等尺度区域得以区别于田间尺度。传统农业用水效率指标体系在水资源管理方面存在局限性。国内外学者提出了众多考虑回归水与尺度效应的农业用水效率评价指标与方法。Keller 等(1996)提出了一个称为有效效率的指标(即作物蒸发蒸腾量与田间净灌水量之比)。雷波等(2012)建立灌溉用水效用评价指标体系,并分析了不同尺度上计算方法的差异。陈伟等(2005)认为计算灌溉节水量应扣除区域内可重复利用水量,提出考虑回归水重复利用的节水灌溉水资源利用系数的概念。IWMI 的 Molden(1997)总结新旧指标,统一于水量平衡框架中。该框架充分考虑回归水的利用,严格界定水平衡要素。但由于灌区实际管理中水量监测不足,难以精确评估上述指标中的某些水平衡要素,导致上述考虑回归水重复利用的农业用水效率评价指标缺少实际应用可操作性,很难适用于灌区取用水管理。

传统的单位面积灌水量(如亩均灌水量)在田间尺度虽然能有效地指导农户取水灌溉,但其本身忽视回归水的利用,只关心最终灌入田间的水量。而在更大尺度的区域上,灌区管理部门侧重于干支渠灌溉系统的取用水管理,既要及时适量地满足作物丰产优质对取用水的需求,又要合理利用灌溉系统内的降雨、地表水、地下水及回归水等符合灌溉水质标准要求的各种水源,最大限度地提高灌溉用水效率。这便需要设定新的控制指标。

一条支渠所控制的面积可以认为是中等尺度区域,其控制灌溉面积规模约为一万亩(约 666.7hm^2)。从水文角度来看,万亩灌区包含了水库、塘堰、灌排沟渠一整套工程体系,有着内部复杂的水量交换与上下游回归水再利用关系,形成了自己特有的小流域,可基本反映不同类型地区的水资源利用状态。因此,本节提出以万亩灌溉取水量作为渠系取用水的主要控制指标和农业用水效率的考核指标,既充分考虑中等尺度的万亩区域回归水的利用情况,又为灌区渠系取用水的管理提供可靠的依据和建议,进而对农业用水效率进行考核评价。

8.3.2　万亩灌溉取水量的计算方法

万亩区域内部真实的水转换关系是相当复杂的,要进行万亩灌溉取水量的计算,必须梳理清楚其内部水转换关系。从支渠渠首进入区域的灌溉引水,从上游田间流出,经地表及排水沟汇聚于中下游的塘堰,这部分回归水通过塘堰供水灌溉被中下游稻田利用,最后从区域下游的出口排出;区域内的降雨部分被田间水稻拦蓄用于作物需水消耗,部分形成地表径流被塘堰蓄积,并又作为回归水灌溉下游稻田。如此反复，直至消耗完毕或最终流出区域边界。

南方灌区塘堰、中小型水库众多，回归水重复利用率高。以湖北漳河水库灌区为例，灌区中下游地区塘堰、中小型水库供水量占毛灌水量的比例已超过 60%。塘堰、中小型水库等蓄水设施发挥“闲时灌塘，忙时灌田”的作用，是回归水重复利用的主体。因此，南方灌区回归水重复利用主要体现为塘堰等蓄水设施对降雨及灌溉退水的拦蓄及利用。本节把塘堰、中小型水库作为蓄水设施统一处理，结合区域内部排水沟网，将回归水重复利用过程进行整合概化。南方灌区主要以水稻田为主，万亩的区域类似于小型流域，研究区域为地表、塘堰等蓄水设施、地下水层（第一层隔水层以上部分），选取由支渠支沟作为控制边界的封闭区域。万亩区域水分转化与利用示意图如图 8.12 所示。

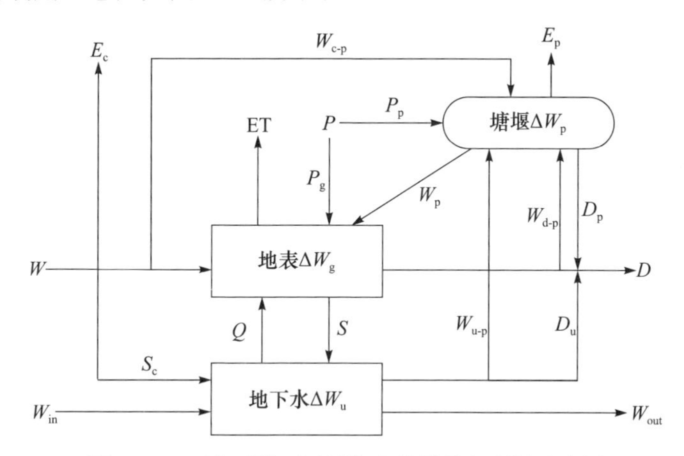

图 8.12　万亩区域（有塘堰）水分转化与利用示意图

D. 区域边界总排水量；D_p. 塘堰退水弃水量；D_u. 地下水由排水沟排出的水量；E_c. 渠道蒸发量；E_p. 塘堰蒸发量；ET. 作物腾发蒸腾量；P. 降雨量；P_g. 地表拦蓄降雨量；P_p. 塘堰蓄积降雨量；Q. 地下水蒸发与补给量；S. 田间渗漏量；S_c. 渠道渗漏量；W. 渠道引水量；$W_{c\text{-}p}$. 渠道直接进入塘堰的水量；$W_{d\text{-}p}$. 排水沟补给塘堰的水量；$W_{u\text{-}p}$. 地下水补给塘堰的水量；W_{in}. 地下水入流量；W_{out}. 地下水出流量；W_p. 塘堰供水量；ΔW_g. 地表水储量变化；ΔW_p. 塘堰水储量变化；ΔW_u. 地下水储量变化

地下水水平衡方程为

$$W_{in} + S_c + S = \Delta W_u + Q + W_{out} + W_{u\text{-}p} + D_u \tag{8.44}$$

塘堰水平衡方程为

$$P_p + W_{c\text{-}p} + W_{u\text{-}p} + W_{d\text{-}p} = \Delta W_p + D_p + E_p \tag{8.45}$$

地表水水平衡方程为

$$W - E_c - S_c - W_{c\text{-}p} + P_g + W_p + Q = \Delta W_g + \text{ET} + S + (D + W_{d\text{-}p} - D_u - D_p) \tag{8.46}$$

由此可得中等尺度区域整体水平衡方程为：

$$W+P+W_{in}=\Delta W_g+\Delta W_u+\Delta W_p+W_{out}+ET+E_c+E_p+D \quad (8.47)$$

从泡田期到黄熟，可以认为地表水储量变化 $\Delta W_g=0$，灌溉季节，假定塘堰经过蓄满放空周期，即塘堰水储量变化 $\Delta W_p=0$。塘堰蒸发相对来说较小，可以忽略不计。渠道蒸发损失一般不足渠道渗漏损失的5%，因此在渠道流量计算中常可以忽略不计。对于中等尺度的万亩区域，若地形变化较为均匀，则地下水位可以认为是均匀变化的，地下水运动缓慢且处于较为稳定的状态。因此，可以认为区域外边界地下水的流入和流出近似相等，即 $W_{in}=W_{out}$。可将式(8.44)简化为

$$W+P=\Delta W_u+ET+D \quad (8.48)$$

对于没有塘堰或塘堰很少的区域，水分转化与利用示意图如图 8.13 所示。

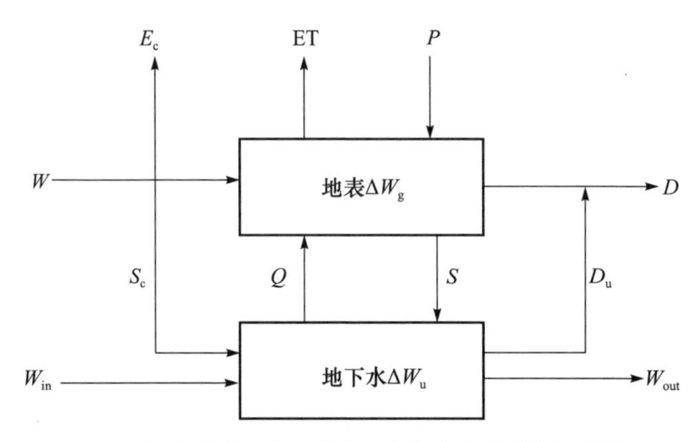

图 8.13　万亩区域(无塘堰)水分转化与利用示意图

虽然同样可以得到区域整体水平衡方程：$W+P=\Delta W_u+ET+D$，但从图中可以看出明显的不同，区域内部缺少塘堰蓄积回归水再重复利用这一重要环节，灌溉水和降雨回归利用率低，渠首需要引入更多的水来满足灌溉需求。图 8.12 与图 8.13相比较，即可看出回归水重复利用在灌区节水灌溉中的重要性。万亩灌溉取水量(单位为万 m^3/万亩)可表示为

$$M=\frac{W}{A} \quad (8.49)$$

因此，以万亩区域(支渠控制面积)为管理范围，提出万亩灌溉取水量这一控制指标。

8.3.3　模型应用

1. 研究区域和试验方法

在湖北省漳河水库灌区选取研究区域。该灌区年均气温 17℃，年平均蒸发量 1414mm，年平均降雨量 970mm。灌区地形主要为丘陵与平原结合区，灌区中小

型水库300多座，塘堰约8.16万座，星罗棋布，形成了典型的水稻种植为主的长藤结瓜灌溉系统。在我国南方水库自流灌区中，漳河水库灌区具有一定的代表性。

在灌区内选取的封闭区域位于漳河水库西南边的荆门市十里铺镇，该区域位于漳河水库灌区的下游，地势狭长，为典型的长藤结瓜灌溉系统。区域作物面积1.59万亩（1060hm^2），中稻灌溉面积1.194万亩。农民普遍采用间歇灌溉技术，对塘堰灌溉较为依赖。区域内部有大小塘堰369座，边界还有4座小型水库，分别是三界水库、黄金港水库、鞠湾水库、吴垱水库，但水库规模较小，据调查实际运行主要供给生活用水，不参与灌溉供水。该区域由二干渠的二支渠供水，供水由农民用水者协会管理，实行计量供水、放水到田，是较为理想的研究区域。

在水稻灌溉季节（一季中稻5～9月）区域内，进行水量平衡观测。

（1）土地面积及种植结构：土地利用数据根据灌区管理处及村组调查的资料确定。5～9月该区域主要种植中稻、夏玉米、棉花。

（2）地表入流量和出流量：二支渠灌溉引水量由二支渠农民用水者协会给出。边界出水点上修建不同的量水建筑物实测水量。在整个水稻灌溉季节（一季中稻5～9月）进行观测。

（3）作物蒸发蒸腾量：利用气象站2011～2013年气象资料，通过彭曼公式计算作物需水量。

（4）地下水储量变化：在试验区布设多口地下水观测井，根据地下水位平均变化计算地下水储量变化量。

2. 结果分析

二支渠控制万亩区域水量平衡试验结果如表8.22所示。

表8.22　二支渠控制万亩区域水量平衡试验结果

年份	年降雨量/mm	年降雨率/%	面积/万亩				入流量/mm		
			总面积	中稻面积	玉米面积	棉花面积	试验期降雨	灌溉引水	总入流量
2011	657	90	1.491	1.194	0.189	0.108	407	238	645
2012	906	50	1.491	1.194	0.189	0.108	567	139	706
2013	1034	20	1.491	1.194	0.189	0.108	856	55	911

年份	地下水储水变化量/mm	出流量排水量/mm	蒸发蒸腾量/mm				所需灌溉引水量/mm	万亩灌溉引水量M/(万m^3/万亩)	闭合误差/%
			中稻	夏玉米	棉花	平均			
2011	−11	94	608	416	296	551	227	151.3	2
2012	−19	122	643	438	338	589	125	83.3	2
2013	2	316	644	441	341	591	53	35.3	1

注：水量以总面积为基础计算，闭合误差以总入流量为基础计算。

根据研究区域长系列降雨资料排频，2011 年为 90%干旱年，2012 年为 50%平水年，2013 年为 20%丰水年。2011 年 5～9 月特别干旱，为了满足需水要求，保证粮食安全，从二支渠的实际灌溉引水远远大于 2012 年和 2013 年。2013 年降雨丰沛，实际灌溉引水仅为 2012 平水年的 40%。蒸发蒸腾量三年基本持平。三年中稻生育期前后地下水储量变化不大。

出流量的变化符合一般规律。2011 年试验期的降雨量最少，仅为 407mm，出流量也最少。2013 年雨水丰沛，试验期降雨量为 856mm，出流量达到 2012 年的 2 倍。这是因为干旱年区域用水更加注重渠道和塘堰供水的有效联合利用，丰水年过多的水分不能被塘堰蓄积而流出区域。该区域三年排水率(出流量各占入流量的比例)为 15%、20%、35%，由于地下水储量变化较小，也就是说降雨和灌溉引水总量近 85%、80%、65%留在了区域内部，降雨和灌溉引水有相当一部分以回归水的形式在区域内被重复利用。

据调查，研究区域 5～9 月旱作物一般不进行灌溉，只对水稻田进行灌溉。研究区域 90%干旱年中稻的灌溉定额约为 225m^3/亩，漳河水库灌区二干渠灌溉水有效利用系数为 0.518，由此计算出需要毛灌水量 519 万 m^3。从表 8.22 可以看出，2011 年二支渠实际灌溉引水量为 238 万 m^3，仅占毛灌水量的 46%，即有 54%的毛灌水量通过区域内部的塘堰和排水沟网以回归水的形式供给。由此可见，回归水的重复利用发挥了很大的作用。

根据水平衡方程(8.48)，可以得出区域所需灌溉引水量，均小于区域实际灌溉引水量。因此，该中等尺度的区域万亩灌溉取水量，2011 年 90%枯水年为 151.3 万 m^3/万亩，2012 年 50%平水年为 83.3 万 m^3/万亩，2012 年 20%丰水年为 35.3 万 m^3/万亩。不同降雨年份的万亩灌溉取水量能反映不同程度回归水利用情况下区域的需水情况，可以作为渠系取用水管理的控制指标，同时作为我国灌区特别是南方长藤结瓜灌溉系统农业用水效率辅助考核指标，是必要且合理可行的。

8.4 灌溉用水效率综合评价方法

8.4.1 灌溉用水效率评价指标体系

通常，灌溉用水效率主要指灌溉用水的配置效率和经济效率，可以用水资源消耗量、投入产出比率等衡量。考虑到灌溉用水效率高低受渠系输配水过程、田间用水过程与作物水分生产过程的综合影响，结合灌溉用水经渠系输配水，从水源到田间并最终转化为作物产量的用水过程，遵循指标选取的科学性、代表性、独立性、层次性等原则，兼顾灌区数据来源的客观性，建立包含目标层、准则层、指标层的灌溉用水效率评价指标体系，如图 8.14 所示。

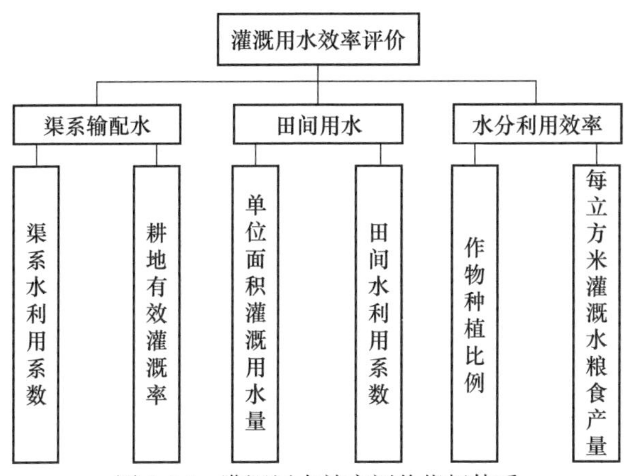

图 8.14　灌溉用水效率评价指标体系

从图 8.14 可以看出，灌溉用水效率评价体系由目标层（灌溉用水效率）、准则层（渠系输配水、田间用水、水分利用效率）和指标层（渠系水利用系数、耕地有效灌溉率、单位面积灌溉用水量、田间水有效利用系数、作物种植比例、每立方米灌溉水粮食产量）构成，各指标含义如表 8.23 所示。

表 8.23　灌溉用水效率评价指标含义

指标	单位	指标含义
渠系水利用系数	—	灌溉渠系的净流量与毛流量的比值
耕地有效灌溉率	%	有效灌溉面积与耕地面积的比值
单位面积灌溉用水量	mm	单位面积农田的灌水量
田间水有效利用系数	—	实际灌入田间的有效水量与末级固定渠道放出水量的比值
作物种植比例	%	某种作物播种面积与总的作物播种面积的比值
每立方米灌溉水粮食产量	kg/m^3	粮食产量/灌溉用水量

8.4.2　灌溉用水效率评价循环修正方法

1. 基本思路

通过有效地组合可以减小单一评价方法的评价方差，从而减小不同评价方法之间的差异。因此，根据同一对象不同评价方法的评价结果应该具有一致性这一基本条件，以 Spearman 等级相关系数作为检验手段，利用平均值法、Board 法、Copeland 法、模糊 Borda 法四种方法对不同的评价结果进行组合排序，直到标准差收敛到零。

2. 求解步骤

（1）利用单一的评价方法，即层次分析法、熵值法、突变理论评价法得到不同的评价结果和排序。

(2) 对不同方法得到的结果进行 Spearman 等级相关系数检验，若通过检验，则结果为最终结果；若不能通过检验，则转入第(3)步。

(3) 分别用平均值法、Board 法、Copeland 法、模糊 Borda 法对单一评价结果进行综合评价，得到评价结果及排序。

(4) 对综合评价结果进行 Spearman 等级相关系数检验，若通过检验，则结果为最终结果；若不能通过检验，则转入第(3)步，直至评价结果通过 Spearman 检验，且四种组合评价的标准差小于给定的某一充分小的正数。

3. Spearman 等级相关系数

利用 Spearman 等级相关系数检验法来检验几种评价方法的密切程度。H_{0ij}：i、j 两种方法不相关，H_{1ij}：i、j 两种方法正相关。Spearman 等级相关系数 ρ 的计算公式为

$$\rho=1-\frac{6\sum_{h=1}^{z}d_h^2}{z(z^2-1)} \tag{8.50}$$

式中，d_h 为两种排序的等级差；z 为等级差的个数。

在给定显著性水平 α 的情况下，可以查出临界值 C_α，当 $r>C_\alpha$ 时，拒绝 H_{0ij}，即两种方法正相关。若几种评价方法均正相关，则称这几种评价方法具有一致性。

4. 组合评价方法

1) 平均值法

平均值法将每种方法的排序名次转换成分数 $R_{kt}=n-r_{kt}+1$，R_{kt} 表示第 k 个地区在第 t 种方法下的得分，r_{kt} 表示第 k 个地区在第 t 种方法下的排序，$k=1,2,\cdots,n$；$t=1,2,\cdots,m$。

组合评价均值法：

$$\overline{R}_k=\frac{1}{m}\sum_{t=1}^{m}R_{kt} \tag{8.51}$$

式中，$\overline{R}_k$ 为组合评价值，按组合评价值的大小重新进行排序，若两个地区评价值相等，则标准差小者为优，即排名靠前。标准差的计算公式为

$$\sigma_k=\sqrt{\frac{1}{m}\sum_{t=1}^{m}(R_{kt}-\overline{R}_k)^2},\quad k=1,2,\cdots,n \tag{8.52}$$

2) Board 法

Board 法是一种少数服从多数的方法。若评价认为地区 a 优于地区 b 的方法的个数大于地区 b 优于地区 a 的方法的个数，即为 x_aSx_b。定义 Board 矩阵 $\boldsymbol{B}=$

$\{q_{ab}\}_{n\times n}$，其中，

$$q_{ab}=\begin{cases}1, & x_aSx_b\\ 0, & \text{其他}\end{cases} \tag{8.53}$$

地区 a 的得分为 $q_a=\sum_{b=1}^{h}q_{ab}$，按得分 q_a 重新排序，若两个地区得分相等，则标准差小者为优。

3）Copeland 法

Copeland 法在 Board 法的基础上为区分“相等”和“劣”，以期得到更好的比较结果，定义 Copeland 矩阵 $\boldsymbol{C}=\{c_{ab}\}_{n\times n}$，其中，

$$c_{ab}=\begin{cases}1, & x_aSx_b\\ 0, & \text{其他}\\ -1, & x_bSx_a\end{cases} \tag{8.54}$$

地区 a 的得分 $c_a=\sum_{b=1}^{n}c_{ab}$，按得分 c_a 重新排序，若两个地区得分相等，则标准差小者为优。

4）模糊 Borda 法

模糊 Borda 法在组合时既考虑到得分的差异，又考虑到排序的差异。具体步骤如下：

（1）计算隶属度。

$$\mu_{kt}=\frac{R_{kt}-\min\limits_{k}\{R_{kt}\}}{\max\limits_{k}\{R_{kt}\}-\min\limits_{k}\{R_{kt}\}}\times 0.9+0.1 \tag{8.55}$$

式中，R_{kt} 为第 k 个地区在第 t 种方法下的得分；μ_{kt} 为第 k 个地区在第 t 种方法下属于“优”的隶属度，$k=1,2,\cdots,n$；$t=1,2,\cdots,m$。

（2）计算模糊频率。

定义模糊频数为

$$p_k=\sum_{t=1}^{m}\delta_{kl}\mu_{kt}$$

其中，

$$\delta_{kl}=\begin{cases}1, & \text{第 } k \text{ 个地区排在 } l \text{ 位}\\ 0, & \text{其他}\end{cases} \tag{8.56}$$

模糊频率为

$$W_k=\frac{p_k}{F_k}$$

其中，

$$F_k=\sum_{l}p_k$$

模糊频率反映了得分的差异。

(3) 将排序转化为得分。

$$Q_l = \frac{1}{2}(n-l)(n-l+1) \tag{8.57}$$

式中,Q_l 为第 k 个地区排名为 l 的得分。

(4) 计算模糊 Borda 数得分。

$$B_k = \sum W_{lk} Q_{lk} \tag{8.58}$$

按得分 B_k 大小重新进行排序。

8.4.3 灌溉用水效率评价 PCA-Copula 方法

1. 基本思路

采用主成分分析(PCA)法将评价指标体系中复杂的多变量组合成一组新的互相无关的综合变量,使新变量尽可能多地保留原始变量信息;再基于 Copula 函数构建 PCA-Copula 评价模型,对灌溉用水效率进行综合评价。

2. 标准化处理

采用均值化法和标准差标准化法对指标进行标准化处理。首先,对于正向型指标,采用均值化法将原始数据无量纲化,其计算公式为

$$y_{ij} = \frac{x_{ij}}{\bar{x}_j} \tag{8.59}$$

式中,y_{ij} 为经过无量纲化处理的某一灌区第 i 个指标第 j 年的指标值;x_{ij} 为某一灌区第 i 个指标第 j 年的指标原始数据值;$\bar{x}_j$ 为 x_{ij} 的均值;对于逆向型指标,则取 y_{ij} 的倒数作为无量纲化的结果。

标准差标准化法是在均值化法的基础上进行二次标准化处理,其计算公式为

$$y'_{ij} = \frac{y_{ij} - \bar{y}_j}{\sigma_j} \tag{8.60}$$

式中,y'_{ij} 为二次标准化处理后的指标值;$\bar{y}_j$ 为 y'_{ij} 的均值;σ_j 为样本标准差。

3. 主成分分析

对标准化处理后的指标值进行主成分分析,根据计算得出的矩阵特征值和相应的方差贡献率,利用因子荷载量的相应计算法计算特征向量,从而得到主成分线性表达式为

$$Z_{rj} = \sum_{r=1}^{n} \lambda_{rj} y'_{ij} \tag{8.61}$$

式中,Z_{rj} 为某一灌区第 r 个主成分第 j 年的因子值;λ_{rj} 为第 r 个主成分第 j 年的指

标特征向量值；n 为第 r 个主成分的因子个数。

4. PCA-Copula 综合评价模型的构建

关于 Copula 函数和边缘分布函数的介绍、优选、求解等相关说明在前面均已进行了详细阐述，在此不再赘述。本节采用 PCA 法构建评价主成分因子，各因子之间无相关性，即主成分因子所构成的新变量之间相互独立，则相应的 Copula 函数可表述为

$$C(u_1, u_2, \cdots, u_n) = u_1 u_2 \cdots u_n \tag{8.62}$$

式中，u_1、u_2、…、u_n 为各变量的边缘分布函数。

8.4.4　应用研究

1. 研究区概况

通过对长江流域典型灌区的实地调研，并结合现有的统计数据，本节以都江堰灌区、漳河灌区、东风渠灌区、泽口灌区、鸭河口灌区、赣抚平原灌区和石门灌区为样本，各灌区的基本资料如表 8.24 所示。

表 8.24　各灌区基本资料

灌区	地形地貌	供水类型	设计灌溉面积/hm^2	有效灌溉面积/hm^2	多年平均降雨量/mm	主要粮食作物	灌溉成本水价/(元/m^3)
都江堰	山区/丘陵/平原	农业灌溉/工业/生活/生态环境	75.63	68.87	828.7	水稻/小麦	0.21
漳河	丘陵/平原	农业灌溉/工业/生活/生态环境	17.37	15.57	921.6	水稻	0.18
东风渠	丘陵	农业灌溉/工业/生活/生态环境	7.75	6.47	991.1	水稻/小麦	0.14
泽口	平原	农业灌溉/工业/生活/生态环境	13.67	10.67	1275.2	水稻/小麦	0.04
鸭河口	平原	农业灌溉/工业/生活	15.87	8.84	804	水稻/小麦/玉米	0.24
赣抚平原	平原	农业灌溉/工业/生活/生态环境	7.95	6.42	1562	水稻	0.06
石门	丘陵/平原	农业灌溉	2.32	1.65	1023	水稻/小麦/玉米	0.16

2. 数据来源

统计 2000～2012 年灌溉用水效率指标值，各指标依次对应变量为渠系水利用系数(X_1)、耕地有效灌溉率(X_2)、单位面积灌溉用水量(X_3)、田间水有效利用系数(X_4)、粮食作物种植比例(X_5)、每立方米灌溉水粮食产量(X_6)。

本次研究数据来源于"中国大型灌区网站"，并通过实地调研数据与各省市水资源公报及统计年鉴数据进行校正。渠系水利用系数、田间水有效利用系数及单位面积灌溉用水量为统计数据，耕地有效灌溉率、粮食作为种植比例及每立方米灌溉水粮食产量根据现有方法由统计数据计算所得。

8.4.5　结果分析

1. 基于循环修正的灌溉用水效率综合评价

1) 单一方法评价结果分析

本节分别用层次分析法、熵值法、突变理论评价法对 7 个灌区进行评价，不同单一评价方法下各灌区灌溉用水效率综合评价值及排序如表 8.25 所示。可以看出，不同的评价方法出现不同的评价结果，如漳河灌区在三种评价方法下的排序分别为第 2 名、第 3 名和第 5 名，需对不同的评价结果进行统一。

首先，计算 Spearman 等级相关系数，得到不同方法之间的相关系数为

$$\boldsymbol{\rho}=\begin{bmatrix}1 & 0.9860 & 0.8951\\0.9860 & 1 & 0.8811\\0.8951 & 0.8811 & 1\end{bmatrix}$$

在给定显著性水平 $\alpha=0.05$ 的情况下，查得临界值 $C_\alpha=0.587$，没有理由接受原假设 H_0(单一评价方法两两不相关)，则三种方法两两相关，即不同的评价结果具有一致性，可以利用循环修正的组合评价方法对不同评价结果进行组合。

表 8.25　不同单一评价方法下各灌区灌溉用水效率综合评价值及排序

灌区	熵值法		突变理论评价法		层次分析法	
	评价值	排序	评价值	排序	评价值	排序
都江堰	0.10039	1	0.99373	1	0.9862	1
漳河	0.09380	2	0.98764	3	0.8982	5
东风渠	0.08183	4	0.97422	4	0.9299	3
泽口	0.06316	7	0.94377	7	0.5959	7
鸭河口	0.07809	6	0.97186	5	0.8338	6
赣抚平原	0.09000	3	0.98883	2	0.9470	2
石门	0.08017	5	0.96959	6	0.9247	4

2）循环修正组合评价结果分析

运用组合评价方法进行第一次组合，得分及排序如表 8.26 所示。可以看出，评价结果仍有差异，需要进行第二次迭代修正。

表 8.26　第一次循环修正方法下灌区灌溉用水效率得分及排序

灌区	平均值法		Board 法		Copeland 法		模糊 Borda 法		标准差
	得分 R_{k1}	排序 r_{k1}	得分 R_{k2}	排序 r_{k2}	得分 R_{k3}	排序 r_{k3}	得分 R_{k4}	排序 r_{k4}	
都江堰	10.7	2	9	1	7	1	52.24	1	0.5
漳河	7.3	4	7	3	3	3	24.87	3	0.5
东风渠	7.3	1	6	4	1	4	23.68	4	0.5
泽口	2	7	1	6	−9	7	1	7	0.5
鸭河口	4.3	6	3	3	−5	5	7.53	6	0
赣抚平原	8.7	3	8	2	5	2	33.63	2	0
石门	5	5	4	5	3	6	10.61	5	0

计算 Spearman 等级相关系数，得到不同方法之间的相关系数为

$$\boldsymbol{\rho}=\begin{bmatrix}1 & 0.993 & 0.993 & 0.979\\0.993 & 1 & 1 & 0.986\\0.993 & 1 & 1 & 0.986\\0.979 & 0.986 & 0.986 & 1\end{bmatrix}$$

不同方法之间两两相关，可以通过一致性检验进行第二次组合评价，评价结果如表 8.27 所示。可以看出，组合后标准差收敛到 0，不同组合评价方法的结果完全一致。

表 8.27　第二次循环修正方法下灌区灌溉用水效率得分及排序

灌区	平均值法		Board 法		Copeland 法		模糊 Borda 法		标准差
	得分 R_{k1}	排序 r_{k1}	得分 R_{k2}	排序 r_{k2}	得分 R_{k3}	排序 r_{k3}	得分 R_{k4}	排序 r_{k4}	
都江堰	10.25	1	9	1	7	1	47.48	1	0
漳河	7.75	3	7	3	3	3	26.22	3	0
东风渠	7.25	4	6	4	1	4	21	4	0
泽口	1.75	7	1	7	−9	7	0.83	7	0
鸭河口	4	6	3	6	−5	6	6	6	0
赣抚平原	9	2	8	2	5	2	36	2	0
石门	5	5	4	5	−3	5	10	5	0

3）灌溉用水效率主控因素分析

为了深入揭示灌溉用水效率的主要因素，可利用循环修正方法对渠系输配水、

田间用水、水分生产率进行排序分析，排序结果如表 8.28 所示。可以将灌区分为Ⅰ类、Ⅱ类、Ⅲ类，如表 8.29 所示。Ⅰ类灌区指灌区排序靠前，不受准则层中排序靠后的指标影响，有都江堰灌区，因此应加强输配水工程建设；Ⅱ类灌区指灌区排序直接受准则层某一指标影响，有东风渠灌区、赣抚平原灌区、石门灌区，这类灌区排序均受田间水分利用效率的影响，应注重节水技术的推广应用及种植结构的调整；Ⅲ类灌区指灌区排序受到准则层多个因素的影响，有漳河灌区、泽口灌区和鸭河口灌区，这类灌区整体建设水平还不高，在渠系输配水-田间水利用-水分生产的整体过程的各个环节均需采取相应的改进措施。

表 8.28　各灌区灌溉用水效率准则层评价排序

灌区	排序	准则层循环修正评价排序			分类
		渠系输配水	田间用水	水分生产率	
都江堰	1	6	2	1	Ⅰ
漳河	3	4	3	5	Ⅲ
东风渠	4	1	6	1	Ⅱ
泽口	7	6	4	7	Ⅲ
鸭河口	6	5	1	6	Ⅲ
赣抚平原	2	1	5	1	Ⅱ
石门	5	1	7	1	Ⅱ

表 8.29　对研究灌区的分类

灌区分类	分类依据
Ⅰ类	灌区排序靠前，不受准则层中排序靠后的指标影响，即灌区虽总体建设水平较高，但可从薄弱环节加强灌区建设以进一步提高灌溉用水效率
Ⅱ类	灌区排序直接受准则层某一指标影响，即灌区建设需从用水过程的某一环节加强以提高灌溉用水效率
Ⅲ类	灌区排序受到准则层多个指标的影响，即灌区应进一步加强全面建设以提高灌溉用水效率

2. 基于 PCA-Copula 的灌溉用水效率综合评价

1）主成分因子分析

利用 SPSS Statistic 22 对标准化处理之后的指标数据进行主成分分析，根据主成分相应的特征根大于 1 的原则，分别提取各灌区灌溉用水效率主成分因子，主成分与对应变量的相关系数组成的因子荷载矩阵如表 8.30 所示。

表 8.30 主成分因子荷载矩阵

灌区	主成分因子	渠系水利用系数 X_1	耕地有效灌溉率 X_2	单位面积灌溉用水量 X_3	田间水有效利用系数 X_4	粮食作物种植比例 X_5	每立方米灌溉水粮食产量 X_6
都江堰	1	0.456	0.374	0.378	0.406	0.450	0.378
	2	−0.290	−0.489	0.589	−0.129	−0.134	0.543
漳河	1	0.394	0.472	0.416	0.472	0.005	0.476
	2	0.261	−0.010	−0.190	0.076	0.935	−0.125
东风渠	1	0.493	0.488	0.361	−0.229	0.493	0.306
	2	0.316	0.286	−0.539	0.281	0.298	−0.600
泽口	1	0.453	0.459	0.409	0.443	−0.089	0.462
	2	−0.365	−0.119	0.460	−0.032	0.760	0.246
鸭河口	1	0.446	0.448	0.381	0.373	0.425	0.368
	2	−0.129	−0.384	0.528	−0.504	0.032	0.551
赣抚平原	1	0.465	−0.285	0.424	0.123	0.515	0.492
	2	−0.219	0.573	0.432	0.622	−0.150	0.167
石门	1	0.476	0.388	0.424	−0.417	0.463	0.235
	2	−0.165	−0.498	0.256	0.109	0.043	0.804

2）优选边缘分布函数

目前常用的几种分布线型有皮尔逊Ⅲ型分布、指数分布、正态分布、对数正态分布、伽马分布、广义极值分布等，本章选取正态分布、指数分布、极大值Ⅰ型分布、极小值Ⅰ型分布和伽马分布分别拟合各灌区主成分因子值。

经检验，正态分布、极大值Ⅰ型分布和极小值Ⅰ型分布均能通过K-S检验，同时根据RMSE值和AIC值的大小最终确定各灌区主成分因子的分布线型，RMSE值、AIC值及分布线型如表8.31所示。

表 8.31 各分布线型拟合后 RMSE 值和 AIC 值

灌区	分布	主成分因子1			主成分因子2		
		RMSE	AIC	优选分布	RMSE	AIC	优选分布
都江堰	正态分布	0.08	−23.9	正态分布	0.06	−26.4	极大值Ⅰ型分布
	极大值Ⅰ型分布	0.10	−19.7		0.04	−29.6	
	极小值Ⅰ型分布	0.15	−15.2		0.09	−20.6	
漳河	正态分布	0.06	−27.8	极大值Ⅰ型分布	0.06	−26.7	正态分布
	极大值Ⅰ型分布	0.08	−21.4		0.07	−22.8	
	极小值Ⅰ型分布	0.15	−15.2		0.12	−17.1	
东风渠	正态分布	0.12	−19.2	极大值Ⅰ型分布	0.06	−27.3	极大值Ⅰ型分布
	极大值Ⅰ型分布	0.07	−22.8		0.04	−29.7	
	极小值Ⅰ型分布	0.12	−17.7		0.10	−19.0	
泽口	正态分布	0.09	−22.0	正态分布	0.08	−23.3	极大值Ⅰ型分布
	极大值Ⅰ型分布	0.14	−16.0		0.06	−25.7	
	极小值Ⅰ型分布	0.19	−12.6		0.09	−20.1	

续表

灌区	分布	主成分因子 1			主成分因子 2		
		RMSE	AIC	优选分布	RMSE	AIC	优选分布
鸭河口	正态分布	0.08	−23.9	正态分布	0.04	−30.6	极大值Ⅰ型分布
	极大值Ⅰ型分布	0.08	−22.5		0.02	−38.0	
	极小值Ⅰ型分布	0.13	−16.9		0.09	−20.4	
赣抚平原	正态分布	0.09	−22.3	极大值Ⅰ型分布	0.03	−33.3	正态分布
	极大值Ⅰ型分布	0.07	−23.3		0.04	−28.3	
	极小值Ⅰ型分布	0.10	−19.4		0.11	−18.4	
石门	正态分布	0.05	−28.1	正态分布	0.06	−25.6	正态分布
	极大值Ⅰ型分布	0.09	−20.5		0.07	−24.2	
	极小值Ⅰ型分布	0.14	−15.3		0.12	−17.5	

3）灌溉用水效率综合评价

对各灌区来说，主成分分析法均提取 2 个因子作为主成分因子，则各灌区灌溉用水效率的综合评价值可表示为

$$C(u_1, u_2) = u_1 u_2 \tag{8.63}$$

式中，u_1、u_2 分别为 2 个主成分因子对应的边缘分布函数，值越大，说明灌溉用水效率越高。

据式(8.63)计算得出各灌区 2000 年和 2012 年灌溉用水效率的综合评价值，如图 8.15 所示。分析可知，灌区实行节水改造以来，各灌区灌溉用水效率均有了很大提高。漳河灌区灌溉用水效率综合值最高，增幅最大，都江堰灌区次之，泽口灌区与石门灌区灌溉用水效率综合值及增幅均较低，东风渠灌区、鸭河口灌区及赣抚平原灌区灌溉用水效率综合值及增幅相当。

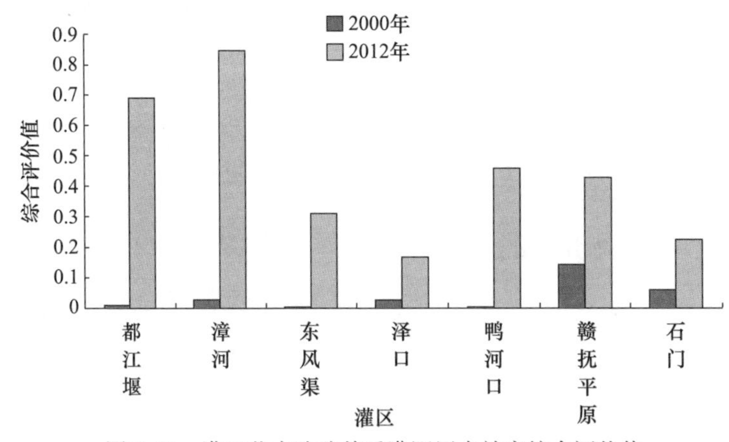

图 8.15　灌区节水改造前后灌溉用水效率综合评价值

结合灌区基本资料对评价结果进行分析可知，灌区的地形地貌、规模大小、降雨多少、作物结构和灌溉成本均对灌溉用水效率造成影响。从定性分析的角度来

说，考虑地形地貌、供水类型和作物结构的影响，一般来讲，①对于供水类型及作物结构相似的灌区（以漳河灌区和泽口灌区为例），山丘灌区灌溉用水效率高于平原灌区，主要是由于山丘灌区内部灌溉塘堰、沟渠连接形成复杂的灌排系统，灌溉水以回归水的形式进行重复利用，在灌区尺度上提高了灌溉用水效率；②对于地形地貌及作物结构相似的灌区（以泽口灌区和鸭河口灌区或者漳河灌区和石门灌区为例），供水类型丰富的灌区灌溉水利用率高于供水类型单一的灌区，主要是因为在有限的水资源总量条件下，由于各行业之间的用水竞争，减少了灌溉可用水量，促进了节水技术的推广与普及，从而提高了灌溉用水效率。

从定量分析的角度来说，利用 SPSS Statistic 22 将灌溉用水效率评价值与灌区规模、降雨量及灌溉成本的相关指标进行偏相关分析可知，灌溉用水效率与各指标之间均有显著相关性，其相关性如表 8.32 所示。

表 8.32　基于 PCA-Copula 的灌溉用水效率评价值与灌区基本情况的关系

指标	偏相关系数
设计灌溉面积	0.534*
有效灌溉面积	0.538*
多年平均降雨量	−0.409*
灌溉成本	0.539*

注：* 表示 0.05 水平显著相关。

由表 8.32 可知：①规模越大的灌区，一般灌溉用水效率越高，主要是由于灌区规模影响灌区财政拨款、相关管理部门对灌区运行管理经费投入以及节水改造推进先后顺序，从而造成灌区在工程建设、管理措施、用水水平等方面发展不一，影响灌溉用水效率；②降雨量越丰沛的灌区，一般灌溉用水效率越低，主要是由于降雨的多少影响灌区农民节水意识的高低，从而在用水习惯、灌溉方式等方面造成差异，影响灌溉用水效率；③灌溉成本水价越高的灌区，灌溉用水效率越高，主要是由于灌水成本刺激农民的用水意识。在山丘区，农民主要选择先塘堰后渠道的用水顺序，雨水及回归水的利用率较高，从而减少从渠系引水，提高灌溉用水效率；在平原区，提水成本的提高引起灌溉水价上涨，从而促进灌溉用水效率提高。

4）PCA-Copula 评价法与熵值法及突变理论评价法的比较

本节结合各灌区灌溉水有效利用系数统计资料，将 PCA-Copula 评价法与熵值法及突变理论评价法的计算结果进行对比，结果如表 8.33 所示。结果表明，本节所提方法与另外两种方法排序相差不超过 2 个名次的比例为 100%。同时，利用 Spearman 等级相关系数检验法来检验 PCA-Copula 评价法与其他两种方法的密切程度，其相关系数分别为 0.857 和 0.75（$P<0.05$），表明各方法计算结果具有一致性，即 PCA-Copula 评价法计算结果合理。

表 8.33　PCA-Copula 评价法与熵值法及突变理论评价法的计算结果对比

灌区	灌溉水有效利用系数		PCA-Copula 评价法		熵值法		突变理论评价法	
	数值	排序	综合评价值	排序	综合评价值	排序	综合评价值	排序
都江堰	0.48	2	0.686	2	0.100	1	0.994	1
漳河	0.51	1	0.845	1	0.094	2	0.988	3
东风渠	0.47	3	0.307	5	0.082	4	0.974	4
泽口	0.43	6	0.163	7	0.063	7	0.944	7
鸭河口	0.46	4	0.461	3	0.080	5	0.972	5
赣抚平原	0.46	4	0.432	4	0.090	3	0.989	2
石门	0.41	7	0.233	6	0.078	6	0.970	6

同时，灌溉水有效利用系数作为灌溉工程质量、灌溉技术水平和灌溉用水管理的一项综合指标，在很大程度上能够综合反映灌溉用水效率的高低。依据 Spearman 等级相关系数检验，PCA-Copula 评价法、熵值法和突变理论评价法的评价结果与灌溉水有效利用系数排序之间的相关性系数分别为 0.875、0.875 和 0.768，因此 PCA-Copula 评价法比突变理论评价法具有优越性，更能够与灌区工程建设、用水管理水平相适应，综合客观地反映灌溉用水效率的高低。

此外，熵值法综合评价值多集中在 0.1 附近，最大值与最小值相差 0.037；突变理论评价法综合评价值多集中在 1 附近，最大值与最小值相差 0.05。这将导致评价结果分辨水平较低，不易区分评价结果的好差，也不易对灌区灌溉用水效率进行等级划分，需对综合值进行调整计算使结果分布合理。PCA-Copula 评价法综合值在0～1分布均匀，最大值与最小值相差 0.682，而且相邻排序之间综合评价值差异明显，有利于直观地区别各灌区灌溉用水水平的等级。

8.5　本章小结

本章研究了灌溉用水效率评价及其考核指标，可以得到以下结论：

(1) 仿 C-D 生产函数拟合结果表示，农业用水量与参考作物年蒸发蒸腾量、粮食亩产及粮食作物播种比例正相关，与降雨、灌溉水价及灌溉水有效利用系数负相关。

(2) SFA 与 DEA 农业用水效率值均逐年上升。SFA 和 DEA 测算的效率数值差异较大，但排名和空间差异十分一致。规模效率分析表明，大多数灌区已处在规模报酬递减的状态。DEA 测算出为达到有效状态，各灌区所需调整的水资源投入量。

(3) Tobit 模型定量分析了农业用水效率的影响因素，结果表明地区经济越发达、粮食种植比例越高，农业用水效率越高。完善灌溉渠系工程建设是提高农业用水效率的重要措施，灌区水价的提高能激励农户节水。

（4）农业用水效率与灌区规模呈倒 U 形关系，其中，中等灌区规模的农业用水效率最高；灌区规模较小或过大，农业用水效率都较低。

（5）经万亩典型区域水平衡试验观测与模拟模型计算，论证了回归水利用在提高农业用水效率中的重要作用，表明万亩灌溉取水量作为我国中等尺度区域特别是南方长藤结瓜灌溉系统农业用水效率考核指标是必要和可行的。

（6）基于循环修正的组合评价方法弥补了单一评价方法结果不一致且说服力不强等问题。结合灌区与准则层各因素的综合排序，将灌区分为三类，根据分类依据和特点，分析各灌区影响灌溉用水效率排序的主要因素，对灌区节水改造建设提出更有针对性的建议。

第 9 章　灌区水分生产率尺度效应及转换

9.1　水分生产率尺度效应与评价指标

9.1.1　水分生产率尺度效应因素

1. *尺度及尺度效应*

尺度一般表示物体的尺寸与尺码，有时也用来表示处事或看待事物的标准。尺度是一个许多学科常用的概念，通常的理解是考察事物（或现象）特征与变化的时间和空间范围。在水文学和水资源学的研究中，尺度即由原来的单纯表示标准、度量制和记数法延伸到规模、面积上相对的大小和时间周期的长短，即空间范围的大小和时间历史的长短，与之对应的则是空间尺度和时间尺度。

尺度的概念广泛存在于诸多学科，如水文学、土壤学、生态学等。时空尺度一般称为所模拟或观测的过程的特征空间或特征时间。时间尺度变化是秒、时、天、年、百年、千年；空间尺度变化则从微观尺度、中观尺度、宏观尺度到全球尺度。

效应指的是事物在物理和化学的共同作用下所产生的效果；尺度效应可理解为由于空间范围大小和时间周期长短的变化所产生的不同效果。

灌溉尺度效应是指不同尺度上灌溉活动的差异以及这种差异之间的联系或影响，导致差异的原因是尺度不同，但不同尺度之间的效果并不是孤立的，而是在某种规律的作用下相互影响。

在农业灌溉用水效率的研究中，小尺度在宏观上可认为是田间尺度，指单块田或多块连在一起的田块；该田块上仅种植所研究的对象作物，几乎不存在其他作物。中等尺度是指灌区内一条支渠或斗渠所控制的范围，是整个灌区的一个灌溉单元，其面积可达到 100～1000hm^2 不等。但这些尺度并不是客观存在的，而是人为划分，根据研究的需要，可以将尺度进一步细化。一般来讲，大尺度是指灌区、子流域甚至是整个大流域。农业灌溉用水效率的尺度研究即是探讨灌溉用水效率的不同尺度的差异及各个尺度之间用水效率的关系。

出于实用的目的，灌溉用水效率尺度效应多侧重于幅度方面的尺度效应问题，所以多被定义为“时空尺度的变化所引起的不同效果”、“节水灌溉措施在各尺度上的节水效果以及一种尺度上的节水效果对其他尺度上的影响”等。

2. 尺度效应产生原因

尺度效应产生的原因很多，在国内外学者中也存在不同的看法。常见的观点有：①回归水及其在不同尺度间的重复利用；②不同尺度作物组成及土地利用存在差异；③不同水分利用率和水分生产率等评价指标间的差异。

上述三条原因之中，前两条在内涵上是一致的，即考虑灌溉回归水的重复利用，不同的用水者和管理者关注的水分循环过程和时空尺度各不相同，因此对水量损失的界定和计算随用水者和管理对象而发生变化，从而导致用水效率出现了尺度效应。

回归水及其在不同尺度间的重复利用是尺度效应产生的主要原因。在农田灌溉中，流经渠系和田间的地表水流、地下渗流回流到各级排水沟或天然河沟中的灌溉水、雨水称为回归水。在灌溉的过程中，从灌溉水源到形成作物产量需要经历四个环节，即输水、配水、作物吸收利用土壤水和作物形成经济产量。对于田间尺度，农田的渗漏量、地表排水和径流为损失水量，但其中可能有部分水量没有进入地下水或地表水循环系统，而是直接被相邻田块的作物利用，当放大到更大的尺度后，这部分水量则不能计入损失水量。

从灌区的灌溉水有效利用系数的角度来看，灌溉水有效利用系数为实际灌入农田的有效水量和渠首引入水量的比值。各级渠道水面蒸发损失、渠床渗漏损失、闸门漏水损失、渠道退水损失以及灌溉产生的地面径流和深层渗漏等都应计入损失水量，但严格来讲，若其中一部分渗漏量或者径流量通过地表或者地下水进入渠道或田间，这部分水量不能被认作损失。

同样，将尺度从灌区放大到流域，若一个灌区的排水或是渠道退水、弃水被相邻的灌区或非灌区农田利用，当以整个流域为研究对象时，这部分水量也不能被认作水量损失。随着地表水和地下水的循环，灌溉系统中的回归水大部分可在其他尺度被重新利用，这使不同尺度的单方灌溉水的效率存在差异。

灌溉渠系的渗漏、渠系工程的不完善、管理水平的低下、灌溉制度不合理都是灌溉回归水产生的主要原因，另外，水稻田间长期保持水层使土壤处于饱和状态而产生深层渗漏也是出现回归水的重要原因。

对于水稻灌区，田间尺度的范围既可指一块单独的农田，也可表示连在一起的若干水稻田块。田间尺度水量来源包括天然降雨、渠道灌溉水、塘堰灌溉水、排水沟的回归水或地下水。同时，田间水的出流也是多样的，如水稻蒸发蒸腾量、田间排水、深层渗漏或侧渗。详细的农田水分利用与循环示意图如图 9.1 所示。

当尺度扩大到中等尺度时，中等尺度的水量平衡问题更加复杂化，水的使用和管理也变得更加复杂，涉及降雨、地表径流的产生、渠道输水、渠道防渗控制、田间配水、塘堰和水库蓄水等。进入中等尺度土地的灌溉水，形成田间排水、深层渗漏和侧渗水量，从上游田块流出后，经排水沟汇集到位于下游的塘堰中，重新用于灌

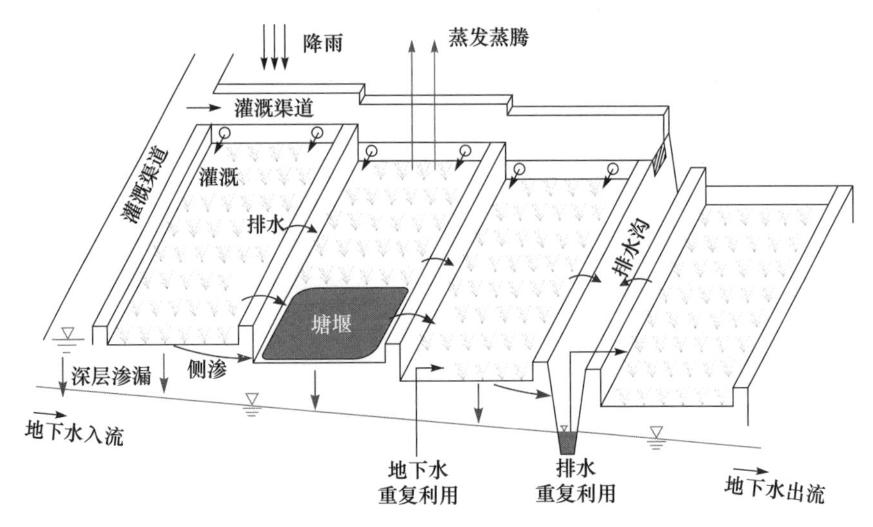

图 9.1　农田水分利用与循环示意图

溉下游农田，最后经下游水稻田排水流出中等尺度区域。中等尺度范围内的降水除去被水稻田、小塘堰和水库拦蓄之外，还会形成地表和地下径流经过排水系统被塘堰收集起来，作为灌溉水源进入位置较低的稻田。总之，在整个中等尺度区域之内，水流的大致方向是从一块田到另一块田，后经过排水沟汇集到塘堰或水库，塘堰或水库收集的水又会作为水源灌入田间。因此，中等尺度内的水量重复利用次数是很高的。

到灌区尺度时，地形的主要特点是遍布许多中小型水库，收集来自于上游集雨面积上非灌溉耕地的径流和水稻田排水，这些水库拦蓄的降水以及收集的回归水将作为水源供给下游的农业、工业和城市用水。不同尺度水量来源与出流情况如图 9.2 所示。

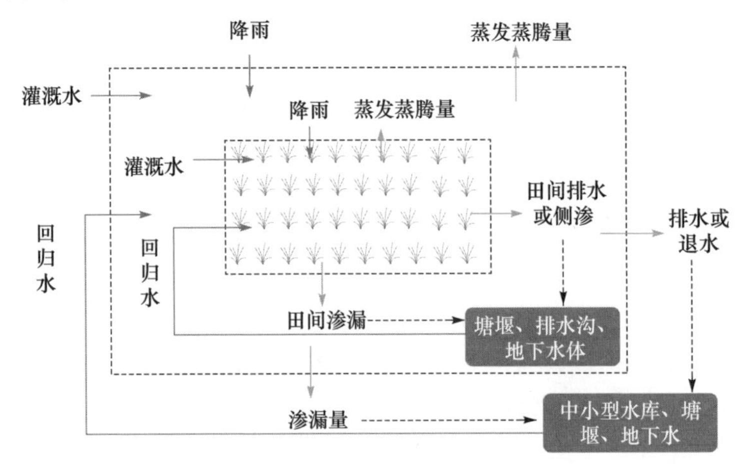

图 9.2　不同尺度水量来源与出流示意图

正是由于水在不同尺度上的重复利用，水分利用效率的尺度效应研究成为一个热门的研究领域。

田间尺度上，土地利用可认为被水稻作物 100%覆盖；从田间尺度跳跃到中等尺度，如在一块面积约为 300hm^2 的中等尺度上分布有水稻田、树林、村庄、道路、渠道、沟道、小塘堰和水库，渠道、沟道、小塘堰和水库等水体的水面蒸发以及村庄、道路空地上其他植物的蒸发蒸腾量也是中等尺度流出水分的一部分。水平衡要素组成的改变是土地利用变化导致尺度效应的根本原因。田间尺度上，一块田种植的作物是单一的；而中等尺度上，作物组成多样化，作物生理的不同使之对水分的利用效率也不同。

9.1.2　水分生产率评价指标

1. IWMI 水量平衡框架

平衡的基本原理是质量守恒定律，水量平衡是水文现象和水文过程分析研究的基础。水量平衡是指一定时期内所研究区域各项入流量等于出流量加上土壤储水量变化量，一般可用下列平衡公式表示：

$$W_{in} = W_{out} \pm \Delta S \tag{9.1}$$

式中，W_{in}、W_{out}、ΔS 分别为一定时期内研究区域的入流量、出流量和储水量变化量，m^3 或 mm。

水量平衡计算方法是研究水资源利用的基本方法之一，它可以对水资源及其在人类活动影响下的变化进行定量评估。通过对水量平衡各组成要素的计算及其在水量平衡方程中相互关系的分析，可以看出水的使用和消耗情况。结合多年灌溉水管理的经验和近年来水资源管理的新进展，IWMI 的 Molden(1997)提出了完整的水量平衡计算框架、相关术语和评价指标。IWMI 水量平衡示意图如图 9.3 所示。各组成要素的定义如下：

(1) 毛入流量(gross inflow)：进入研究区域的所有水量，包括天然降雨量(P)、地表水入流量和地下水入流量，其中灌水量属于地表水入流量的部分。

(2) 净入流量(net inflow)：毛入流量加上研究区内地下水、土壤水等储水层内储水量的变化量。如果在某一个研究时期内，研究区内储水层的储水量变少，则净入流量大于毛入流量；反之，净入流量小于毛入流量。其计算公式为

$$W_{net} = W_{gross} \pm \Delta S \tag{9.2}$$

式中，W_{net}、W_{gross}、ΔS 分别为计算时期区域内的净入流量、毛入流量和储水量的变化量，m^3 或 mm。

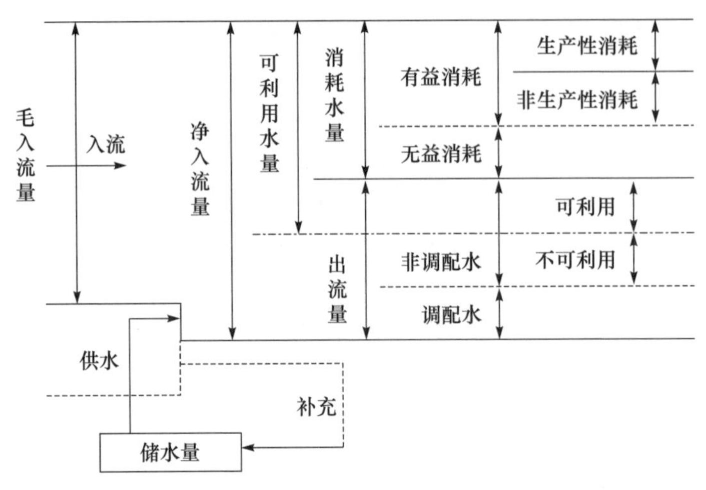

图 9.3 IWMI 水量平衡示意图(Molden,1997)

(3) 生产性消耗(process depletion):是指符合供水目的的水量消耗,如作物吸收灌溉水,并通过生理过程消耗掉这部分水量最终形成作物产量。生产性消耗水量包括作物通过蒸腾消耗的水量和作物体内最终储存的水量。

(4) 非生产性消耗(non-process depletion):不符合人类供水目的的水量消耗,如田间水层的水面蒸发、旱地的表土蒸发。为提高水分的利用效率,这部分水量在农业生产和灌溉实践中应当尽量避免。

(5) 有益消耗(beneficial depletion):是指能够产生效益的那部分水量消耗。如灌溉用水能产生粮食产量效益,环境用水能使生态环境得到修复和改善。稻田田间水面蒸发是水稻生产过程中不可避免的,同时它也有利于农田小气候的形成。虽然是不符合人类供水目的的水量消耗,它仍属于有益消耗的范畴。有益消耗包括生产性消耗和非生产性消耗两部分,计算公式为

$$W_{\text{beneficial}}=W_{\text{process}}+W_{\text{non-process}} \tag{9.3}$$

式中,$W_{\text{beneficial}}$、W_{process}、$W_{\text{non-process}}$分别为计算时期区域内的有益消耗水量、生产性消耗水量和非生产性消耗水量,m^3 或 mm。

(6) 无益消耗(non-beneficial depletion):是指没有形成效益或形成了负效益的那部分水量消耗。例如,稻田田间水层产生的深层渗漏量通过地下水循环系统进入了咸水含水层或咸水体等。

(7) 消耗水量(water depletion):是指研究区内的水被使用、排出后不可再利用的那部分水量。水的消耗不同于水的流失和水的使用,因为流失到另一个区域的水量并不一定全部被消耗。水的消耗有四种基本途径:一是作物蒸腾和水分蒸发;二是水流入海洋、沼泽、咸水体等不易利用的区域;三是水质下降后不能再利用;四是合成植物体,形成经济产量。其计算公式为

$$W_{\text{depleted}} = W_{\text{beneficial}} + W_{\text{non-beneficial}} \tag{9.4}$$

式中，W_{depleted}、$W_{\text{beneficial}}$、$W_{\text{non-beneficial}}$分别为计算时期区域内的消耗水量、有益消耗水量和无益消耗水量，m^3 或 mm。

(8) 调配水量(committed water)：是指根据用水管理计划或下游的发展或环境需水等必须预留的水量。

(9) 非调配水量(uncommitted water)：是指尺度区域的总出流量扣掉因预留的调配水量后剩余的水量。主要是由于蓄水设施不足或管理不当而未被利用，但它是可以被本区域或其他区域利用的，如下泄流量中超过了满足维持生态、渔业和其他需求的那部分水量即为非调配水量。非调配水量按其能否被利用又划分为可利用的(utilizable)与不可利用的(non-utilizable)，如防汛期间超过水库防洪库容的水量即是不可利用的。对于非调配水量中的可利用部分，可以通过提高管理水平或增加蓄水设施来使其得到有效利用。调配水量与非调配水量的总和即为出流量(outflow)，它也是净入流量中扣除消耗水量后的那部分水量。其计算公式为

$$W_{\text{outflow}} = W_{\text{committed}} + W_{\text{uncommitted}} \tag{9.5}$$

式中，W_{outflow}、$W_{\text{committed}}$、$W_{\text{uncommitted}}$分别为计算时期区域内的出流量、调配水量和非调配水量，m^3 或 mm。

(10) 可利用水量(available water)：是指研究区内可以被利用的所有水量，是净入流量扣除调配水量和非调配水量中不可利用部分所剩余的水量，也是区域内生产性消耗水量、非生产性消耗水量和非调配水量的总和。

$$W_{\text{available}} = W_{\text{net}} - W_{\text{committed}} - W_{\text{non-utilizable}} \tag{9.6}$$

式中，$W_{\text{available}}$、$W_{\text{non-utiliZable}}$分别表示计算时期区域内的可利用水量和非调配水量中的不可利用部分，m^3 或 mm。

2. 评价指标

评价灌溉系统运行状况的指标有许多，如目前灌区仍广泛使用的田间水有效利用系数、渠系水利用系数、灌溉水有效利用系数等，它们为灌溉系统的规划、设计、管理提供了科学合理的依据，但这些指标存在不能反映回归水重复利用的局限性。而由水量平衡框架衍生出来的评价指标能够进一步反映不同尺度水分利用效率。

1) 水分生产率指标

水分生产率是考虑作物产量的一类评价指标，反映的是消耗单位水量所带来的作物的产量。结合不同的水平衡要素，分别以毛入流量、灌水量、消耗水量等表示不同的水分生产流程指标，分别对应的是毛入流量水分生产率(WP_{gross})、灌溉水分生产率(WP_{I})、作物蒸发蒸腾量水分生产率(WP_{ET})，具体表示单位毛入流量、单位灌水量和单位作物蒸发蒸腾量所产生的产量。

$$WP_{gross}=\frac{Y}{W_{gross}} \tag{9.7}$$

$$WP_{I}=\frac{Y}{W_{irrigation}} \tag{9.8}$$

$$WP_{ET}=\frac{Y}{ET} \tag{9.9}$$

式中，Y 为作物产量，kg；$W_{irrigation}$为灌水量，m^3；ET 为作物蒸发蒸腾量，m^3。

灌溉水分生产率 WP_I 反映了作物对灌水量的利用效率，实际生产中的灌溉活动与降雨情况相关，因而降雨量的时空变化导致灌水量分布不均，使灌溉水分生产率变化幅度较大，以灌溉水分生产率来反映不同地区、不同年份的水分利用情况有一定难度。

毛入流量水分生产率 WP_{gross}反映了作物对农田总的供水量的利用效率，因同时考虑了作物生育期的灌水量与降雨量，能整体表征作物对农田水分的利用程度，与生产实际情况相符，对不同地区、不同年份的农田水分利用效率有很好的代表性。

作物蒸发蒸腾量水分生产率 WP_{ET}反映了作物生育期内，对吸收到作物体内并最终通过蒸发蒸腾散失的这部分水量的利用效率。

2）水量消耗比例指标

从 IWMI 水量平衡框架中水平衡要素组成的水量消耗比例指标有水稻蒸发蒸腾量占毛入流量的比例（PF_{gross}）、水稻蒸发蒸腾量占可利用水量的比例（$PF_{available}$）、水稻蒸发蒸腾量占消耗水量的比例（$PF_{depleted}$）、总消耗水量占毛入流量的比例（DF_{gross}）、总消耗水量占可利用水量的比例（$DF_{available}$）。

水分消耗百分率反映了研究区内水分被消耗的程度。水稻蒸发蒸腾量占毛入流量的比例越大，说明田间入流量用于水稻蒸发蒸腾越多，即毛入流量的有效消耗越高。

由于资料获取存在难度，本节着重对 WP_{gross}、WP_I、WP_{ET}、PF_{gross}进行分析。

$$PF_{gross}=\frac{ET}{W_{gross}} \tag{9.10}$$

式中，PF_{gross}为无量纲指标。

9.2　漳河水库灌区不同尺度水分生产率变化规律

9.2.1　研究区简介

水量平衡是水量计算的基础方法，准确把握区域内水量平衡过程及水稻生产情况是研究区域水分生产率的前提。然而，限于时间和精力，IWMI 水量平衡框架中一些指标难以准确地量测，并没有实际开展水量平衡的田间试验，而是根据已掌握的资料进行分析。

田间尺度和中等尺度均在团林灌溉试验站附近的双碑村八组选取。团林灌溉试验站位于荆门市城南 10km 的团林铺镇，于 1963 年建站并展开农田灌溉排水、节水灌溉等试验研究，主要基础设施有 2m×2m 廊道式测坑 12 个、618mm 称重式测筒 40 个、遮雨棚架 1 套、15m×20m 标准农业气象园 1 处。选取双碑村八组内一处由三干渠一支渠供水的区域作为中等尺度区域，在其中选取典型田块作为田间尺度。田间尺度面积为 0.75hm^2，全部种植水稻，水稻种植面积为 0.731hm^2；中等尺度总面积为 233hm^2，水稻种植面积为 113hm^2。

团林铺镇由漳河水库灌区三干渠灌溉，因此以三干渠控制范围为干渠尺度的研究区域。三干渠控制范围总面积为 23.32 万 hm^2，水稻种植面积为 5.54 万 hm^2。

灌区范围为最终的灌区尺度，漳河水库灌区自然面积 55.44 万 hm^2，其中水稻种植面积 9.03 万 hm^2。

9.2.2　水稻田间尺度水分生产率

1. 水稻田间尺度历年生产情况

团林灌溉试验站是漳河水库灌区以水稻灌溉试验为主的试验站，水稻灌溉期间的常规观测为灌水次数、灌水量、生育期的降雨量、排水量、耗水量(包括蒸发蒸腾量、渗漏量)和作物产量。以团林灌溉试验站观测的长系列田间尺度中稻生育期水分利用数据来分析田间尺度水分生产率特点。数据列于表 9.1，并将水分生产率、水量消耗比例等相关计算结果列于表 9.2，表中数据均为传统灌溉情况下。

表 9.1　团林灌溉试验站中稻田间灌溉试验数据表

年份	生育期降雨量/mm	灌水量/mm	毛入流量/mm	蒸发蒸腾量/mm	作物产量/(kg/hm^2)
1995	353.3	642.9	996.2	738.7	7689
1996	627.6	267.7	895.3	505.8	10808
1997	691.2	640.0	1331.2	706.1	9969
1998	620.5	390.0	1010.5	608.6	8561
1999	376.9	461.1	838.0	607.8	8332
2000	436.6	532.7	969.3	622.9	7726
2001	270.4	565.0	835.4	638.0	7533
2002	378.6	430.0	808.6	484.5	8084
2003	444.0	689.3	1133.3	503.2	10190
2004	394.6	394.6	789.2	478.7	8320
2005	359.6	806.6	1166.2	480.3	9889

续表

年份	生育期降雨量 /mm	灌水量 /mm	毛入流量 /mm	蒸发蒸腾量 /mm	作物产量 /(kg/hm²)
2006	324.3	211.6	535.9	452.2	7269
2007	546.5	340.0	886.5	454.6	10099
2008	597.1	386.4	983.5	471.2	8566
2009	502.6	462.4	965.0	464.9	8839
2010	250.7	570.9	821.6	508.5	8974
2011	307.7	414.7	722.4	432.4	10974
2012	308.4	425.3	733.7	507.2	9084

注:数据来源于漳河水库灌区团林灌溉试验站。

表 9.2　团林灌溉试验站中稻田间灌溉试验指标计算

年份	WP_I/(kg/m³)	WP_{gross}/(kg/m³)	WP_{ET}/(kg/m³)	PF_{gross}
1995	1.196	0.772	1.041	0.742
1996	4.037	1.207	2.137	0.565
1997	1.558	0.749	1.412	0.530
1998	2.195	0.847	1.407	0.602
1999	1.807	0.994	1.371	0.725
2000	1.450	0.797	1.240	0.643
2001	1.333	0.902	1.181	0.764
2002	1.880	1.000	1.669	0.599
2003	1.478	0.899	2.025	0.444
2004	2.108	1.054	1.738	0.607
2005	1.226	0.848	2.059	0.412
2006	3.435	1.356	1.608	0.844
2007	2.970	1.139	2.222	0.513
2008	2.217	0.871	1.818	0.479
2009	1.912	0.916	1.901	0.482
2010	1.572	1.092	1.765	0.619
2011	2.646	1.519	2.538	0.599
2012	2.136	1.238	1.791	0.691

图 9.4 为团林灌溉试验站中稻田间水分生产率指标。可以看出,根据 IWMI 水分生产率计算公式,且已知毛入流量为灌水量与降雨量之和,因此 WP_{gross} 比 WP_I 偏小,且平均偏小 51.02%。同时,WP_{gross}与 WP_I 的逐年变化趋势基本是一致的,WP_{gross}的逐年变化趋势比 WP_I 平缓许多,这是由于当水稻生育期降雨量偏少时,农民就会从渠道引水灌溉农田,降雨量越少,灌溉引水量就越多,也就是灌水量用于中和历年降雨量的不足,而不同年份水稻田间的需水量大致相同,因而毛入流量变化不大。而 WP_{ET}的变化趋势存在差异,因水稻蒸发蒸腾量主要是由气温、相对湿度、水气压、日照时数以及作物的生理所决定的,逐年变化较大。

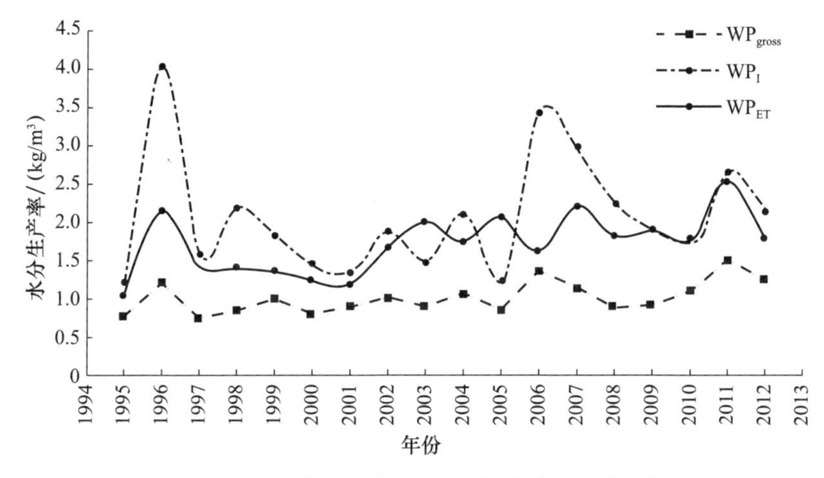

图 9.4　团林灌溉试验站中稻田间水分生产率指标

图 9.4 中显示 WP_{ET} 略大于 WP_{gross}，由水量平衡可知，田间毛入流量一部分用于作物的粮食生产消耗水量（主要是蒸发蒸腾量及植株体内增多的水分），另一部分则通过侧渗或深层渗漏流失，蒸发蒸腾量小于毛入流量。而当降雨量较充足时，灌水量较少，蒸发蒸腾量超过灌溉引水量的年份，$WP_{ET}>WP_I$；反之，$WP_{ET}<WP_I$。

因而，蒸发蒸腾量占毛入流量的比例 PF_{gross} 越大，说明田间通过蒸发蒸腾散失的毛入流量越多，而经过侧渗或深层渗漏的就越少，水稻田的水分被有效利用的程度就越高。图 9.5 中五年移动平均线显示，$PF_{gross}>0.5$，说明通过侧渗和深层渗漏的水量占毛入流量的一半左右，且有缓慢变小的趋势。

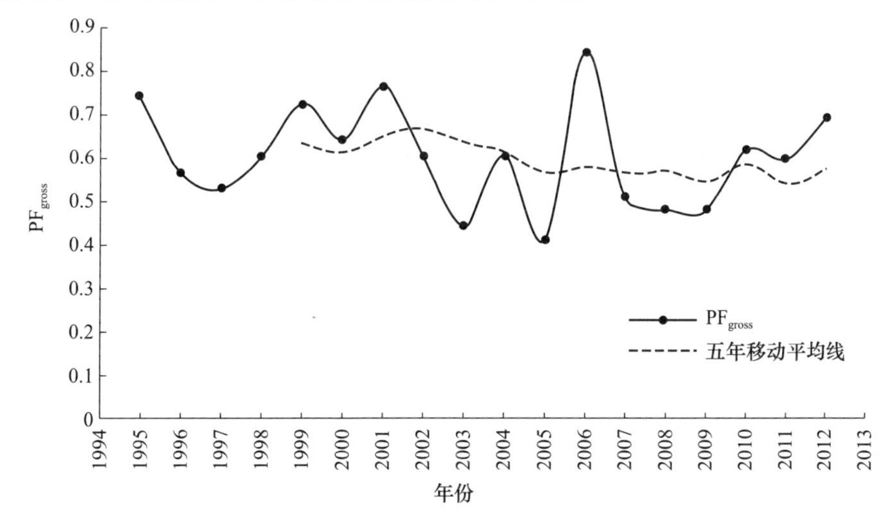

图 9.5　团林灌溉试验站中稻田间灌水量消耗比例指标

总体来说，田间水分生产率指标 WP_I、WP_{ET}、WP_{gross} 及水量消耗比例指标 PF_{gross} 1995～2012 年的长系列平均值分别为 2.064kg/m³、1.718kg/m³、1.011kg/m³、0.603。

2. 团林试验区典型水稻田块的选取

以 2007 年团林试验区的村组田块灌溉效果来说明田间水分生产率。2007 年水稻生育期为 5 月 27 日至 9 月 7 日，共计 104 天。降雨量是指生育期田块面积上的自然降雨量，并未扣除由于地表径流而未被水稻田有效利用的那部分水量。蒸发蒸腾量是由当年生育期气象资料根据彭曼公式计算的，因此各田块蒸发蒸腾量数值相同。

2007 年团林试验区田块灌溉效果统计如表 9.3 所示。可以看出，团林灌溉试验站主要有岗田、冲田和塝田三种田块。岗田指丘陵区小山岗上坡度较为平缓的可耕地，由于有一定的坡度，水土流失较为严重；塝田是指山旁、山丘的梯田；冲田是指水域冲积面形成的田块，一般是地势较为平坦的耕地。表 9.3 中岗田、冲田、塝田水稻单产分别为 8260kg/hm²、8926kg/hm²、8769kg/hm²。冲田水稻单产最高，比塝田多出 1.79%，比岗田多出 8.06%。

表 9.3　2007 年团林试验区田块灌溉效果统计表

村组	田块	灌水次数	灌水量/mm	降雨量/mm	排水量/mm	耗水量/mm			产量/(kg/hm²)
						总量	蒸发蒸腾量	渗漏量	
谭店十组	岗田	4	110	546.5	120.5	549.6	454.6	95	6244
	冲田	3	80	546.5	111.5	542.6	454.6	88	6077
	塝田	3	100	546.5	110.5	560.1	454.6	105.5	6244
张场二组	岗田	4	110	546.5	120.5	549.6	454.6	95	8741
	冲田	3	90	546.5	120.5	547.6	454.6	93	8741
	塝田	4	100	546.5	120.5	536.6	454.6	82	6244
苏场五组	岗田	4	100	546.5	120.5	529.1	454.6	74.5	8325
	冲田	4	90	546.5	110.5	539.6	454.6	85	9158
	塝田	3	100	546.5	110.5	546.6	454.6	92	407
孟港五组	岗田	4	85	546.5	117.5	522.6	454.6	68	9574
	冲田	4	75	546.5	110.9	516.6	454.6	62	10823
	塝田	3	80	546.5	108.8	524.1	454.6	69.5	25
莲花四组	岗田	3	80	546.5	120.5	527.6	454.6	73	8159
	冲田	3	80	546.5	120.5	526.6	454.6	72	9990
	塝田	4	110	546.5	120.5	543.1	454.6	88.5	9158
双碑八组	岗田	4	110	546.5	130.5	536.6	454.6	82	7493
	冲田	3	80	546.5	110.9	526.6	454.6	72	9158
	塝田	4	85	546.5	120.4	536.1	454.6	81.5	9990

续表

村组	田块	灌水次数	灌水量/mm	降雨量/mm	排水量/mm	耗水量/mm			产量/(kg/hm²)
						总量	蒸发蒸腾量	渗漏量	
马山八组	岗田	3	100	546.5	120.5	554.6	454.6	100	7493
	冲田	3	80	546.5	120.5	537.6	454.6	83	7243
	塝田	3	120	546.5	120.5	562.6	454.6	108	9990
五岭四组	岗田	4	95	546.5	120.4	535.1	454.6	80.5	9990
	冲田	4	94.6	546.5	120.9	526.6	454.6	72	9990
	塝田	5	130	546.5	120.4	563.6	454.6	109	10406
何场三组	岗田	4	80	546.5	120.4	529.1	454.6	74.5	8325
	冲田	3	80	546.5	120.9	525.6	454.6	71	9158
	塝田	4	110	546.5	120.4	550.1	454.6	95.5	9158
岗田平均		4	97	546.5	121.3	537.1	454.6	82.5	8260
冲田平均		3	83	546.5	116.3	532.2	454.6	77.6	8926
塝田平均		4	104	546.5	116.9	547.0	454.6	92.4	8769

注:数据来源于《湖北省漳河灌区现状农业灌溉水利用率测算分析与评价工作报告》。

从IWMI水量平衡框架及相关的评价指标、计算公式,计算田块水分利用的指标,如表9.4所示。可以看出,冲田平均灌水量小于岗田及塝田,比岗田约少23.97%,比塝田少27.7%。这主要是田块地形的原因,冲田对灌溉水及其面积上的降水蓄积利用的程度较高,而塝田和岗田利用程度较低。而冲田水稻单产高过岗田与塝田,因而使其WP_I及WP_{gross}都相对较高,如图9.6所示。

表9.4　2007年团林试验区田块水分生产率及水量消耗比例

村组	田块	灌水总量/mm	毛入流量/mm	WP_I/(kg/m³)	WP_{gross}/(kg/m³)	WP_{ET}/(kg/m³)	PF_{gross}
谭店十组	岗田	440	986.5	1.419	0.633	1.373	0.461
	冲田	240	786.5	2.532	0.773	1.337	0.578
	塝田	300	846.5	2.081	0.738	1.373	0.537
张场二组	岗田	440	986.5	1.987	0.886	1.923	0.461
	冲田	270	816.5	3.238	1.071	1.923	0.557
	塝田	400	946.5	1.561	0.660	1.373	0.480
苏场五组	岗田	400	946.5	2.081	0.880	1.831	0.480
	冲田	360	906.5	2.544	1.010	2.014	0.501
	塝田	300	846.5	3.136	1.111	2.069	0.537
孟港五组	岗田	340	886.5	2.816	1.080	2.106	0.513
	冲田	300	846.5	3.608	1.278	2.381	0.537
	塝田	240	786.5	3.469	1.058	1.831	0.578

续表

村组	田块	灌水总量/mm	毛入流量/mm	WP_I/(kg/m³)	WP_{gross}/(kg/m³)	WP_{ET}/(kg/m³)	PF_{gross}
莲花四组	岗田	240	786.5	3.399	1.037	1.795	0.578
	冲田	240	786.5	4.163	1.270	2.198	0.578
	塝田	440	986.5	2.081	0.928	2.014	0.461
双碑八组	岗田	440	986.5	1.703	0.760	1.648	0.461
	冲田	240	786.5	3.816	1.164	2.014	0.578
	塝田	340	886.5	2.938	1.127	2.198	0.513
马山八组	岗田	300	846.5	2.498	0.885	1.648	0.537
	冲田	240	786.5	3.018	0.921	1.593	0.578
	塝田	360	906.5	2.775	1.102	2.198	0.501
五岭四组	岗田	380	926.5	2.629	1.078	2.198	0.491
	冲田	378.4	924.9	2.640	1.080	2.198	0.492
	塝田	650	1196.5	1.601	0.870	2.289	0.380
何场三组	岗田	320	866.5	2.602	0.961	1.831	0.525
	冲田	240	786.5	3.816	1.164	2.014	0.578
	塝田	440	986.5	2.081	0.928	2.014	0.461
岗田平均		367	913.2	2.348	0.911	1.817	0.501
冲田平均		279	825.2	3.264	1.081	1.964	0.553
塝田平均		386	932.1	2.414	0.947	1.929	0.494

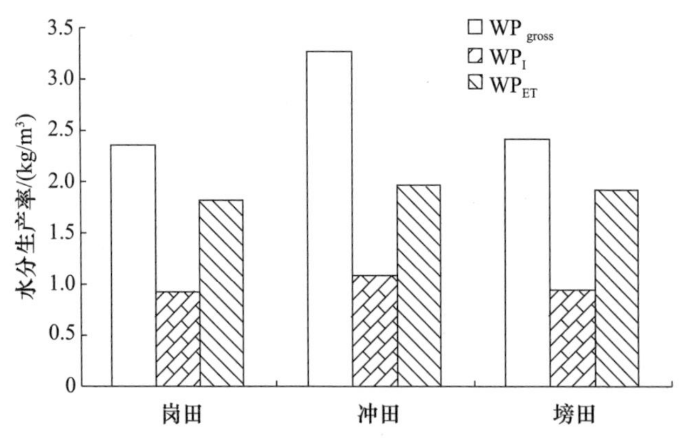

图 9.6 不同田块水分生产率指标对比

除水分生产率外，水分消耗效率指标（如蒸发蒸腾量占毛入流量的比例 PF_{gross}）在三种田块中也存在差异，冲田 PF_{gross} 最大。因此，地势较平坦的田块，通过蒸发蒸腾散失的毛入流量就越多，通过田间侧渗或深层渗漏的就越少，水量有效利用程度越高。

水分生产率及水量消耗比例指标在不同田块间存在差异，以某一种单一田块的特性来反映田间尺度水分利用未免有失偏颇，因此选取双碑村八组三种田块的平均值作为当年田间尺度水分生产率指标及水量消耗比例指标。

双碑村八组不同类型典型田基本情况如表 9.5 所示。

表 9.5　双碑村八组不同类型典型田基本情况

典型田类型	总面积/hm^2	水稻面积/hm^2
岗田	0.926	0.898
冲田	0.482	0.473
塝田	0.842	0.821
平均值	0.750	0.731

注：数据来源于双碑村村委会。

3. 代表年份水稻田间尺度水分生产率

总结 2007 年田间尺度水分生产率及水量消耗比例指标，如表 9.6 所示。

表 9.6　2007 年田间尺度水分生产率及水量消耗比例指标

年份	灌水总量/mm	毛入流量/mm	WP_I/(kg/m^3)	WP_{gross}/(kg/m^3)	WP_{ET}/(kg/m^3)	PF_{gross}
2007	340	886.5	2.819	1.017	1.953	0.517

与以上说明类似，总结 2010～2012 年水稻田间尺度水分生产率及水量消耗比例指标，如表 9.7 所示。

表 9.7　2010～2012 年水稻田间尺度水分生产率及水量消耗比例指标

指标	2010 年	2011 年	2012 年
灌水量/mm	570.9	414.7	425.3
降雨量/mm	250.7	307.7	308.4
毛入流量/mm	821.6	722.4	733.7
蒸发蒸腾量/mm	508.5	432.4	507.2
水稻单产/(kg/hm^2)	8974	10974	9084
灌溉水分生产率 WP_I/(kg/m^3)	1.572	2.646	2.136
毛入流量水分生产率 WP_{gross}/(kg/m^3)	1.092	1.519	1.238
蒸发蒸腾量水分生产率 WP_{ET}/(kg/m^3)	1.765	2.538	1.791
水稻蒸发蒸腾量占毛入流量的比例 PF_{gross}	0.619	0.599	0.691

注：降雨量为田间水稻生育期的实测降雨量数值；蒸发蒸腾量是通过彭曼公式计算得到参考作物蒸发蒸腾量乘以相应的作物系数（作物系数参考《节水理论与技术》）后的值；灌水量来源于试验站灌溉制度记录数据；其他水量平衡分量由于数据缺失，并没有列于表中，只给出用于指标计算的水量分量。

2010年团林灌溉试验站全年降雨量680.4mm，水稻生育期降雨量仅为250.7mm，这是因为水稻返青期、分蘖前期、分蘖后期的大部分时间天气干旱少雨，6月降雨量仅为30mm，使得灌水量明显多于2011年和2012年，灌溉水分生产率WP_I较小，比2011年偏小约40.6%。2011年全年降雨量656.3mm，小于2010年，但当年降雨量多分布于中稻生育期，作物生产条件较好，单产最大。2012年水稻孕穗期以及抽穗期的前期，天气干旱，降雨量小，7月降雨量仅为39.2mm，8月降雨量较多，达到126.7mm，使得整个生育期的降雨量与2011年相差不大；然而，WP_I比2011年偏小约19.3%。2007年水稻生育期降雨量达到546.4mm，灌水量仅为340mm，WP_I比2011年还大，这说明水稻生育期降雨量的多少与分布对WP_I影响极大。

2011年蒸发蒸腾量水分生产率WP_{ET}最大，主要是当年水稻单产达到10974kg/hm^2，且蒸发蒸腾量在三年中最小。2010年与2012年则相差不大，稳定性较好。

2010年降雨量的偏少使得灌水量加大，灌溉水分越多，灌溉过程中的损失也越大，因此2010年毛入流量仍是3年内最大的。而2011年与2012年灌水量与生育期降雨量差别很小，因此毛入流量基本一致，主要由于水稻单产的影响，2012年WP_{gross}略小于2011年，2010年WP_{gross}比2011年偏小28.1%。

水分消耗比例指标水稻蒸发蒸腾量占毛入流量的比例PF_{gross}介于0.599～0.691，处于中上水平，说明团林试验区自采用间歇灌溉的节水灌溉模式以来，田间水入流量多通过水稻蒸发蒸腾消耗，水量有效利用程度较高。

9.2.3 中等尺度水分生产率

中等尺度选取双碑村包含典型田的一块区域作为研究对象，该区域由漳河水库灌区三干渠一支渠供水，区域内土地覆盖包括水稻田、旱作物、田埂、芦苇、荒地、林地、蔬菜地、塘堰、道路、房屋等，总面积233hm^2，其中水稻面积113hm^2。2007年、2010～2012年中等尺度水分生产率及水量消耗比例指标如表9.8所示。

从田间尺度到中等尺度后，毛入流量水分生产率WP_{gross}普遍减小，在0.620～0.852kg/m^3，比田间尺度下降40.8%～44.2%。从表中数据可以看出，中等尺度上灌水量(mm)大于田间尺度，田间尺度灌水量由灌溉制度得出，是灌溉到田间的有效水量。中等尺度经由渠道将灌溉水输送到田间的过程中存在较大的输水损失及配水损失，因此使得灌水量变多。

因中等尺度降雨量近似选取与田间尺度相同的值，灌水量增幅与毛入流量增幅是一致的。但因灌水量在田间尺度约增长一半，相应地，灌溉水分生产率WP_I降为田间尺度的一半左右。

表9.8 2007年、2010～2012年中等尺度水分生产率及水量消耗比例指标

指标	2007年	2010年	2011年	2012年
总面积/hm^2	233	233	233	233
水稻面积/hm^2	113	113	113	113
灌水量/mm	693	983	825	873
灌水量/m^3	783090	1110790	932250	986490
降雨量/mm	546.5	250.7	307.7	308.4
降雨量/m^3	1273345	584131	716941	718572
毛入流量/mm	1239.5	1233.7	1132.7	1181.4
毛入流量/m^3	2056435	1694921	1649191	1705062
储水变化量/mm	0	0	0	0
储水变化量/m^3	0	0	0	0
净入流量/mm	1239.5	1233.7	1132.7	1181.4
净入流量/m^3	2056435	1694921	1649191	1705062
水稻蒸发蒸腾量/mm	454.6	508.5	432.4	507.2
水稻蒸发蒸腾量/m^3	513698	574605	488612	573136
水稻产量/kg	917447	864337	1090676	920950
水稻单产/(kg/hm^2)	8119	7649	9652	8150
毛入流量水分生产率 WP_{gross}/(kg/m^3)	0.655	0.620	0.852	0.690
灌溉水水分生产率 WP_I/(kg/m^3)	1.172	0.778	1.170	0.934
蒸发蒸腾量水分生产率 WP_{ET}/(kg/m^3)	1.786	1.504	2.232	1.607
水稻蒸发蒸腾量占毛入流量的比例 PF_{gross}	0.367	0.412	0.382	0.429

注：数据来源于团林铺镇双碑村村委会及漳河灌区三干渠管理所。灌水量(mm)为灌水量(m^3)平均到水稻面积上的值；降雨量(mm)、水稻蒸发蒸腾量(mm)近似选取与田间尺度同样的数值；储水量的变化相对其他水量平衡要素而言很小，因此认为水稻生育期内中等尺度储水变化量为零。

蒸发蒸腾量水分生产率 WP_{ET} 上升到中等尺度后变化小，且在年际间变化不大。田间尺度 WP_{ET} 处于 1.765～2.538kg/m^3，中等尺度略有下降，处于 0.504～2.232kg/m^3。

中等尺度水稻蒸发蒸腾量占毛入流量的比例 PF_{gross} 为 0.367～0.429，数值都较低，说明在中等尺度上，非水稻生长因素消耗的水量占水稻田入流量的绝大部分。试想有一块区域，全部种植水稻，面积与本节中等尺度一致，那么水稻田的侧渗或排水会被相邻的田块利用，水分的重复利用率变高，无效消耗的水量变少，从理论上来讲，水稻蒸发蒸腾量占毛入流量的比例应是不断提高的。然而，本节所选取的中等尺度区域包括水稻田、旱地、林地、荒地、蔬菜地等多种土地覆盖类型，水稻田的面积仅占 48.5%，旱地、林地、蔬菜地等也存在植株的蒸发蒸腾，且区域内塘堰等的水面蒸发也不可忽视，因此这些水量散失使水稻田蒸发蒸腾量占毛入流量的比例 PF_{gross} 变小。

总之，各年份水分生产率指标和水量消耗比例指标在田间尺度到中等尺度上的变化趋势是一致的。

9.2.4 干渠及灌区尺度水分生产率

荆门市团林铺镇由漳河灌区三干渠灌溉。随着尺度的增大，水资源利用和循环的复杂性也在不断加大。干渠及灌区尺度主要特点是布满了许多中小型水库，水库收集回归水并用于灌溉下游水稻田的作用影响了尺度内灌溉水分流向，使得水量平衡及水分生产率的研究更为复杂化。

漳河灌区水利设施如表 9.9 所示，漳河灌区共有水库 314 座，总库容 84502.4 万 m^3，其中中型水库 24 座，小(一)型水库 97 座，小(二)型水库 193 座；塘堰 70208 处，总容积 17334.1 万 m^3。这些水库和塘堰在灌区内将非灌溉季节的河流径流、降雨量等存蓄起来，以供灌溉季节时使用，并收集上游田块的排水或渗漏水，灌溉下游农田。例如，三干渠水库灌溉面积为 2.945 万 m^3，是三干渠有效灌溉面积的一半左右，因此水库和塘堰对干渠和灌区尺度水分利用的影响不容忽视。

表 9.9 漳河灌区水利设施统计表

干渠	水库合计					塘堰	
	座数	总库容/万 m^3	兴利库容/万 m^3	承雨面积/km^2	灌溉面积/万 hm^2	处数	容积/万 m^3
总计	314	84502.4	48953	1549.01	8.862	70208	17334.1
总干渠	27	8046.9	5420	123.13	0.638	3622	663.5
西干渠	2	140.5	103	1.8	0.048	1273	98.4
一干渠	15	4336.4	3253	63.7	0.332	4588	342
二干渠	50	21482	8111	353.7	2.277	11004	2285
三干渠	97	21145.5	12939	359.75	2.945	35011	9835.2
四干渠	121	29243.5	19065	644.68	2.610	13910	4046
副坝	2	107.6	62	2.25	0.011	800	64

注：数据来源于《湖北省漳河灌区现状农业灌溉水利用率测算分析与评价工作报告》。

收集到的 2007 年干渠和灌区水量平衡数据、水分生产率指标及水量消耗比例指标如表 9.10 所示。

西干渠与一干渠控制范围的水分生产率指标及水量消耗比例指标都低于其他干渠控制范围，如灌溉水分生产率 WP_I 仅为四干渠控制范围的 25%，水稻蒸发蒸腾量占毛入流量的比例 PF_{gross}不到 0.1，一方面由于西干渠与一干渠控制范围内水稻种植比例小，不到 10%，水稻蒸发蒸腾量仅占水量消耗的一小部分，另一方面由于西干渠与一干渠范围的地形等，灌溉水的有效利用程度并不高。

表 9.10　2007 年干渠及灌区尺度水量平衡数据及相关指标

指标	西干渠和一干渠控制范围	四干渠控制范围	二干渠控制范围	三干渠控制范围	漳河灌区控制范围
总面积/hm^2	33871	90745	190268	233240	554394
水稻面积/hm^2	3306	10027	20687	55427	90327
灌水量/mm	—	—	—	—	—
灌水量/m^3	20230592	16684438	42727780	98185262	180660200
降雨量/mm	—	—	—	—	—
降雨量/m^3	137853049	369332150	774390760	949286800	2256383580
毛入流量/mm	—	—	—	—	—
毛入流量/m^3	158083641	386016588	817118540	1047472062	2437043780
储水变化量/mm	0	0	0	0	0
储水变化量/m^3	0	0	0	0	0
净入流量/mm	—	—	—	—	—
净入流量/m^3	158083641	386016588	817118540	1047472062	2437043780
水稻蒸发蒸腾量/mm	454.6	—	—	—	—
水稻蒸发蒸腾量/m^3	15029076	45582742	94043102	251971142	410626542
水稻产量/kg	20487282	69968406	154780134	469411263	757211241
水稻单产/(kg/hm^2)	6197	6978	7482	8469	8383
WP_{gross}/(kg/m^3)	0.130	0.181	0.189	0.448	0.311
WP_I/(kg/m^3)	1.013	4.194	3.622	4.781	4.191
WP_{ET}/(kg/m^3)	1.363	1.535	1.646	1.863	1.844
PF_{gross}	0.095	0.118	0.115	0.241	0.168

注：数据来源于 2007 年漳河灌区灌溉用水台账及《湖北省漳河灌区现状农业灌溉水利用率测算分析与评价工作报告》。储水量的变化相对其他水量平衡要素而言很小，因此认为水稻生育期内中等尺度储水变化量为零。

田间尺度与中等尺度均位于团林灌溉试验站附近的双碑村，为漳河灌区三干渠所灌溉，因此考虑水分生产率及水量消耗比例指标从田间尺度→中等尺度→三干渠尺度→灌区尺度这个尺度放大途径的变化更有利于分析器尺度变化趋势。根据表 9.6、表 9.8、表 9.10 中的评价指标数据，并结合田间、中等、干渠、灌区尺度比例尺，绘制出 2007 年空间尺度上水分生产率、水量消耗比例指标的尺度变化趋势，如图 9.7 和图 9.8 所示。

从图 9.7 可以看出，蒸发蒸腾量水分生产率 WP_{ET} 在不同尺度的变化趋势最为平缓，几乎为一条水平的直线，且 2007 年 WP_{ET} 数值较高，不同尺度均在 2.0kg/m^3 左右，这说明在不同尺度水稻田的蒸发蒸腾造成的水量消耗相差很小，且水稻田单产较高。毛入流量水分生产率 WP_{gross} 随着尺度的增大逐渐减小，但减小的幅度非

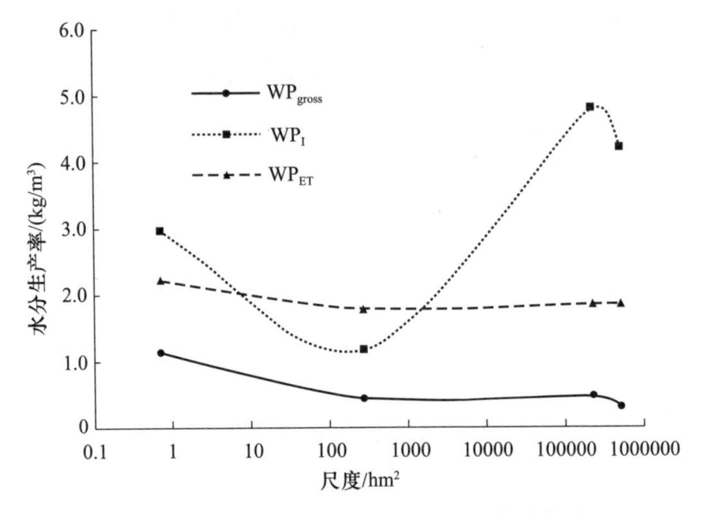

图 9.7　2007 年水分生产率随尺度变化趋势图

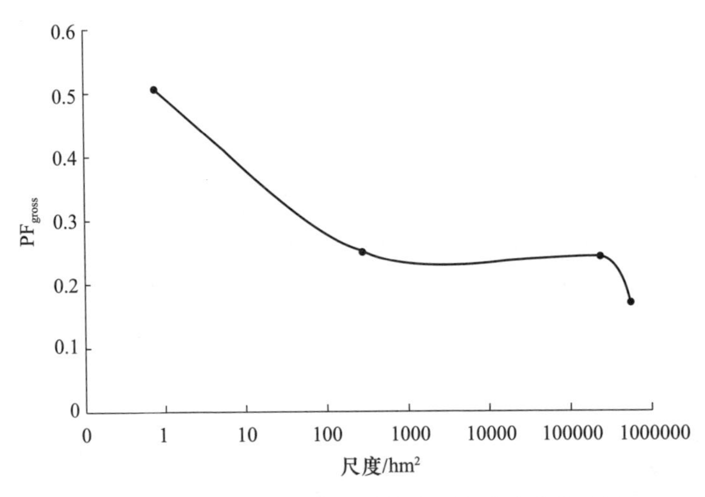

图 9.8　2007 年水量消耗比例指标随尺度变化趋势图

常小，田间尺度为 1.107kg/m³，灌区尺度最小，为 0.311kg/m³。这是由于尺度越大，降雨的径流规律越复杂，有效利用程度越低，而田间地形等条件都比较单一，对降雨的利用程度更高。灌溉水分生产率 WP_I 变化规律比 WP_{ET} 和 WP_{gross} 要复杂。WP_I 在田间尺度较高，在中等尺度却很低，到三干渠达到最大值，到灌区尺度略有下降，但依然高于田间尺度。中等尺度 WP_I 比田间尺度变低的原因已在前面给出。大尺度上灌溉水分生产率显著提高是因为大尺度范围内繁多的中小型水库和塘堰对灌溉水起到了很好的收集回灌作用，从而增加了灌溉水的重复利用率。因灌区内其他干渠，如四干渠、西干渠等灌溉控制范围为山区，节水灌溉推广存在困难，而三干渠节水灌溉水平较高，三干渠灌水量低于其他干渠，从而使之低于灌区平均灌水量，因而三干渠 WP_I 是干渠中最高的(见表 9.10)，灌区与三干渠相比，灌溉水分生产率略有下降。三干渠 WP_I 为 4.781kg/m^3，是中等尺度(1.172kg/m^3)的 4 倍多。

从图 9.8 中可以看出，水稻蒸发蒸腾量占毛入流量的比例 PF_{gross} 在田间尺度最高，为 0.517，灌区尺度最低，为 0.168，且随着尺度的扩大有逐渐变小的趋势，这是因为随着尺度的变大，水稻田面积占尺度范围面积的比例逐渐减小，水稻种植比例由田间尺度的几乎 100%下降为中等尺度的 48.5%，再下降到漳河灌区的 27%，这使得范围内旱地、林地、蔬菜地等的植株的蒸发蒸腾以及区域内水库、塘堰等的水面蒸发越来越大，这些水量散失使 PF_{gross} 变小。

因气象等因素的不同，每一年水稻生产情况也存在差异，为避免出现以一概全的错漏，以 2010～2012 年不同尺度水分生产率及水量消耗比例指标(见表 9.11～表 9.13)随尺度的变化趋势情况，补充上述说明。

表 9.11　2010 年干渠及灌区尺度水量平衡数据及相关指标

指标	西干渠和一干渠控制范围	四干渠控制范围	二干渠控制范围	三干渠控制范围	漳河灌区控制范围
总面积/hm^2	33871	90745	190268	233240	554394
水稻面积/hm^2	2293	10027	16580	56453	86400
灌水量/mm	—	—	—	—	—
灌水量/m^3	15572000	11594000	20282000	26180000	74227000
降雨量/mm	535	469	467	535	469
降雨量/m^3	181207325	425594050	888551560	1247834000	2600107860
毛入流量/mm	—	—	—	—	—
毛入流量/m^3	196779325	437188050	908833560	1274014000	2674334860
储水变化量/mm	0	0	0	0	0
储水变化量/m^3	0	0	0	0	0
净入流量/mm	—	—	—	—	—
净入流量/m^3	196779325	437188050	908833560	1274014000	2674334860
水稻蒸发蒸腾量/mm	—	—	—	—	—
水稻蒸发蒸腾量/m^3	11659905	50987295	84309300	287063505	439344000
水稻产量/kg	27050000	65560000	108690000	460410000	669220000
水稻单产/(kg/hm^2)	11797	6538	6555	8156	7746
WP_{gross}/(kg/m^3)	0.137	0.150	0.120	0.361	0.250
WP_I/(kg/m^3)	1.737	5.655	5.359	17.586	9.016
WP_{ET}/(kg/m^3)	2.320	1.286	1.289	1.604	1.523
PF_{gross}	0.059	0.117	0.093	0.225	0.164

表 9.12 2011 年干渠及灌区尺度水量平衡数据及相关指标

指标	西干渠和一干渠控制范围	四干渠控制范围	二干渠控制范围	三干渠控制范围	漳河灌区控制范围
总面积/hm^2	33871	90745	190268	233240	554394
水稻面积/hm^2	2626	10027	16867	53427	84027
灌水量/mm	—	—	—	—	—
灌水量/m^3	25440000	53320000	51710000	109490000	242550000
降雨量/mm	323	299	327	323	359
降雨量/m^3	109401806	271327550	622176360	753365200	1990274460
毛入流量/mm	—	—	—	—	—
毛入流量/m^3	134841806	324647550	673886360	862855200	2232824460
储水变化量/mm	0	0	0	0	0
储水变化量/m^3	0	0	0	0	0
净入流量/mm	—	—	—	—	—
净入流量/m^3	134841806	324647550	673886360	862855200	2232824460
水稻蒸发蒸腾量/mm	—	—	—	—	—
水稻蒸发蒸腾量/m^3	11354824	43356748	72932908	231018348	363332748
水稻产量/kg	34740000	76030000	161460000	563640000	842680000
水稻单产/(kg/hm^2)	13229	7583	9573	10550	10029
WP_{gross}/(kg/m^3)	0.258	0.234	0.24	0.653	0.377
WP_I/(kg/m^3)	1.366	1.426	3.122	5.148	3.474
WP_{ET}/(kg/m^3)	3.059	1.754	2.214	2.44	2.319
PF_{gross}	0.084	0.134	0.108	0.268	0.163

表 9.13 2012 年干渠及灌区尺度水量平衡数据及相关指标

指标	西干渠和一干渠控制范围	四干渠控制范围	二干渠控制范围	三干渠控制范围	漳河灌区控制范围
总面积/hm^2	33871	90745	190268	233240	554394
水稻面积/hm^2	2626	10027	17000	53427	84127
灌水量/mm	—	—	—	—	—
灌水量/m^3	25440000	107325000	44626000	88012000	270741000
降雨量/mm	323	300	333	305	306
降雨量/m^3	109401806	272235000	633592440	711382000	1696445640
毛入流量/mm	—	—	—	—	—
毛入流量/m^3	134841806	379560000	678218440	799394000	1967186640
储水变化量/mm	0	0	0	0	0
储水变化量/m^3	0	0	0	0	0
净入流量/mm	—	—	—	—	—
净入流量/m^3	134841806	379560000	678218440	799394000	1967186640
水稻蒸发蒸腾量/mm	—	—	—	—	—
水稻蒸发蒸腾量/m^3	13319072	50856944	86224000	270981744	426692144
水稻产量/kg	34740000	79220000	128220000	649460000	898540000

续表

指标	西干渠和一干渠控制范围	四干渠控制范围	二干渠控制范围	三干渠控制范围	漳河灌区控制范围
水稻单产/(kg/hm^2)	13229	7901	7542	12156	10681
WP_{gross}/(kg/m^3)	0.258	0.209	0.189	0.812	0.457
WP_I/(kg/m^3)	1.366	0.738	2.873	7.379	3.319
WP_{ET}/(kg/m^3)	2.608	1.558	1.487	2.397	2.106
PF_{gross}	0.099	0.134	0.127	0.339	0.217

注：表9.11～表9.13数据来源于2010～2012年漳河灌区灌溉用水台账，因储水量的变化较其他水平衡要素而言很小，故认为水稻生育期内中等尺度储水变化量为零。假定每年个干渠控制范围总面积的变化可以忽略，即总面积不变。

表9.11～表9.13中列出了西干渠和一干渠、二干渠、三干渠、四干渠及灌区控制范围的各项水平衡要素及水分生产率、水量消耗比例指标，因各干渠所处地形地貌差异、运行状况良莠不齐、节水灌溉技术推广程度不一、土地干旱情况不同，各干渠 WP_{gross}、WP_I、WP_{ET}、PF_{gross}四项指标变化幅度很大。例如，2011年，三干渠控制范围的 WP_{gross}、WP_I、PF_{gross}三项指标都是干渠中最大的，西干渠和一干渠控制范围的 WP_I、PF_{gross}最小，然而西干渠和一干渠控制范围的 WP_{ET}却是最大的。一般来说，不同干渠间，WP_{ET}变化幅度最小，WP_I 变化幅度最大，且 PF_{gross}都很小，2011年各干渠 PF_{gross}介于0.084～0.268，说明在干渠或灌区尺度上，水稻蒸发蒸腾量占区域消耗水量的比例是很小的。各干渠2011年 WP_{gross}、WP_I、WP_{ET}、PF_{gross}四项指标的平均值分别为0.352kg/m^3、2.907kg/m^3、2.357kg/m^3、0.151。

根据表9.7、表9.8、表9.11～表9.13中的评价指标数据，绘制出2010～2012年空间尺度上水分生产率、水量消耗比例指标的尺度变化趋势，如图9.9～图9.12所示。

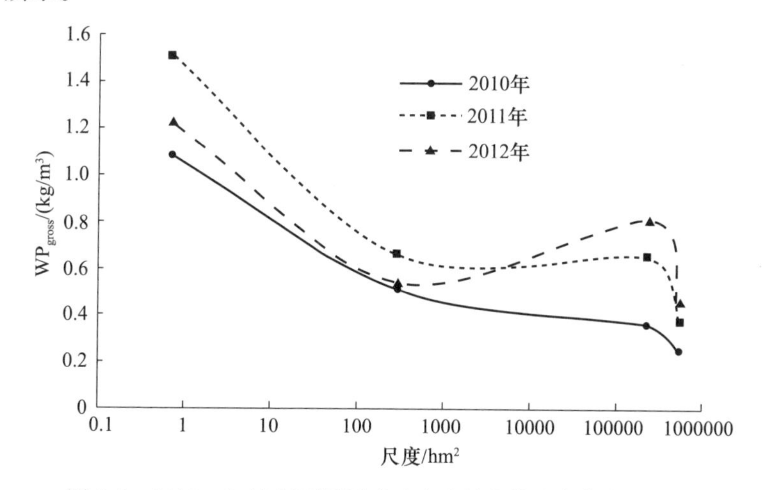

图9.9　2010～2012年不同尺度毛入流量水分生产率变化趋势

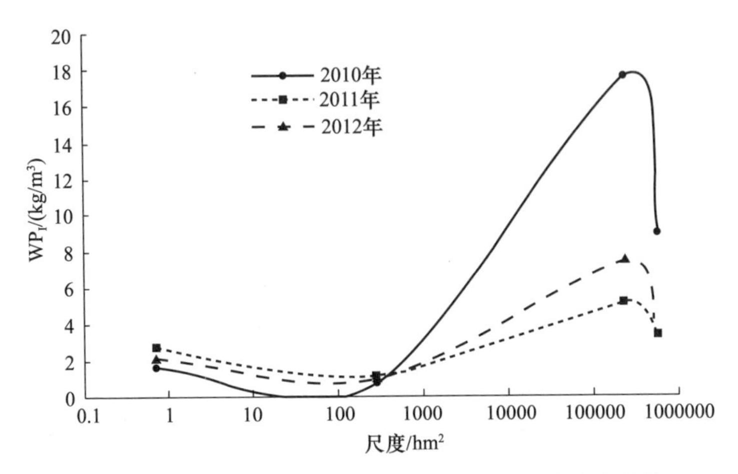

图 9.10　2010～2012 年不同尺度灌溉水分生产率变化趋势

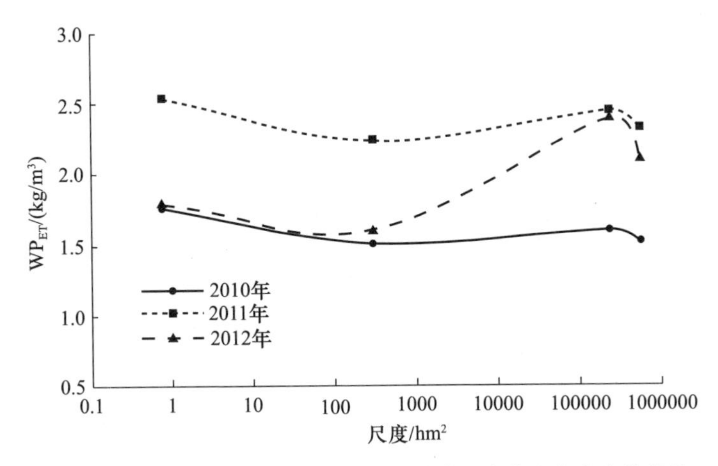

图 9.11　2010～2012 年不同尺度蒸发蒸腾量水分生产率变化趋势

3 年的田间尺度毛入流量水分生产率 WP_{gross} 在 1.08～1.50kg/m^3，说明田间尺度对入流量的利用程度较为可观。中等尺度则明显降低到田间尺度的一半左右。

将图 9.9 与 2012 年各干渠系统有效灌溉面积占全灌区的比例进行对比，可以看出，2010 年、2011 年 WP_{gross} 随不同尺度的变化趋势与 2007 年较为接近，随着尺度的增大，WP_{gross} 不断变小，到灌区尺度时降为最小值。2012 年情况有所不同，当从中等尺度上升到干渠尺度时，WP_{gross} 经历了一段明显的上升过程，到灌区尺度时，又下降到最低值，但干渠尺度的小峰值仍然没有超越田间尺度。一方面由于大尺度上的中小型水库和塘堰有效地收集了灌溉水并用于灌溉下游农田，另一方面 2012 年三干渠水稻单产高达 12156kg/hm^2，稍低于田间尺度的 13229kg/hm^2，并远高于中等尺度的 8150kg/hm²，使得干渠尺度 WP_{gross} 明显高于中等尺度。

就毛入流量水分生产率 WP_{gross} 来说，普遍的规律是田间尺度最高，这说明所选取的田间尺度，即团林灌溉试验站双碑村的典型田块对毛入流量的有效利用程度很高，且田间配水设施完善，田块蓄水保水能力强。

2010～2012 年的灌溉水分生产率 WP_I 随尺度的变化规律与 2007 年相似，其原因不再赘述。不同的是，2010 年三干渠 WP_I 高达 17.586kg/m³，分别是田间尺度和中等尺度的 11 倍和 23 倍，若将 2010 年三干渠灌水量平均到水稻面积上，灌水量仅为 46.3mm，而田间尺度和中等尺度灌水量分别为 570.9mm 和 983mm，这是由于 2010 年团林灌溉试验站水稻生育期降雨量仅为 250.7mm，需要引水灌溉。而三干渠降雨量（由各气象站平均得出）大于田间尺度，干渠内水稻田平均灌水量小；此外，尺度内的中小型水库和塘堰在非水稻生育期蓄积了大量的雨水，“忙时灌田”，在水稻生育期引中小型水利设施的水进行农田灌溉，使得干渠引水量减少。

2010 年、2011 年蒸发蒸腾量水分生产率 WP_{ET} 随不同尺度的变化都比较平缓，与 2007 年规律相似。然而，2012 年中等尺度与田间尺度变化不大，而干渠尺度 WP_{ET} 有明显变大的趋势，到灌区尺度略有降低，却仍超出田间尺度和中等尺度许多。与 2012 年 WP_{gross} 变化趋势异于常年的原因类似，缘于三干渠和灌区尺度水稻单产较高。

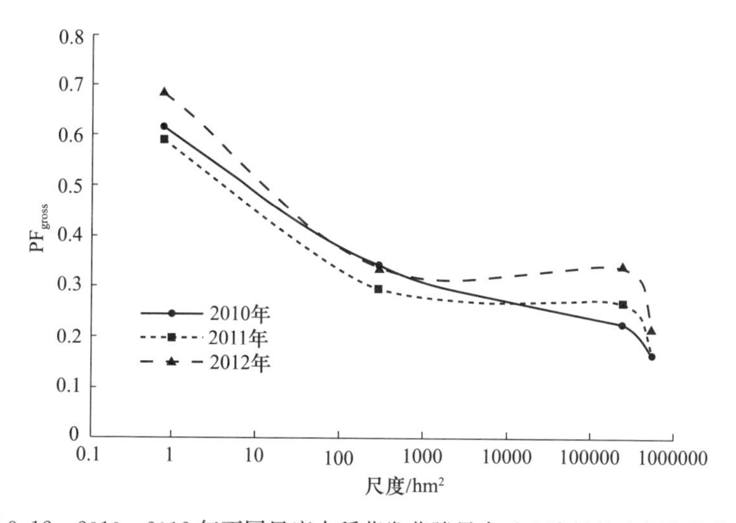

图 9.12　2010～2012 年不同尺度水稻蒸发蒸腾量占毛入流量的比例变化趋势

对于水量消耗比例指标，不同年份水稻蒸发蒸腾量占毛入流量的比值 PF_{gross} 随尺度的变化趋势没有明显差异，均随着尺度的增大而不断减小。中等尺度与干渠尺度变化也很平缓。

9.2.5 水分生产率影响因素分析

1. 田间尺度水分生产率的影响因素分析

田间是作物吸收灌溉水或降水形成作物产量的场所。水分生产率的提高涉及投入产出关系的优化，如何用最少的投入水量获取最大的经济产量是田间生产的重中之重。因此，水分生产率的提高包括两方面的因素：减少投入水量和提高作物产量。

1）减少投入水量

我国水稻生产的普遍模式是在育秧田进行秧苗的早期培育，秧苗成形并生长到一定高度时(一般早稻和中稻需培育到株高 15～25cm)，再将其移栽到大田。人工插秧是传统的移栽方式，近年来，机器插播也在我国的广大地区得到了推广和应用。漳河灌区中稻秧苗培育阶段一般在 4 月中旬左右，移栽一般开始于 5 月下旬或 6 月上旬。大田在移栽秧苗之前，泡田阶段大田的水面蒸发与深层渗漏造成极大的水量损失。充分灌溉制度下田间淹灌水层深度在返青期一般为 10～50mm，分蘖前期为 20～70mm，分蘖末期为 30～90mm，拔节孕穗期为 30～120mm，抽穗开花期为 10～100mm，乳熟期为 10～60mm，黄熟期落干。生育期的适宜水层是依据不同年份作物生育期的田间耗水强度、灌水次数、灌水时间间距并根据灌水的实际经验得出的，原则是使田间水层能充分满足作物各个生育阶段的需水要求，即充分灌溉。然而，这种灌溉模式虽然允许的上限水位很高，可加强对降雨的有效利用，但是要求灌溉水达到的水位较高，需水量较多，且田间长期维持较高水位会相应增加田间的深层渗漏和水面蒸发损失。

我国的节水灌溉工作者通过多年的田间试验发现，适当减少灌水量并不会明显降低作物产量，而且更能有效利用降水和灌溉水，获得农业最佳经济效益、社会效益和生态环境效益。漳河灌区因灌区内不同区域水源条件不同，土地干旱情况不一，传统淹灌、浅水灌溉和间歇灌溉等灌溉模式都广泛存在。三干渠团林灌溉试验站进行了不同灌溉模式下田间水分生产率的对比，间歇灌溉模式下水稻产量稍有减少，灌水量节省较多，使得灌溉水分生产率反而提高。以节省下来的灌水量去灌溉更多的农田，不仅会使水稻总产量提高，还会维持较高的灌溉水分生产率，达到双赢的目的。

而针对毛入流量，灌水量的减少是减少毛入流量的一部分。除人工降雨之外，无法人为增加田间的降雨补给，然而，提高田间降雨的利用率是有效的方式，提高了田间降雨的利用率，自然也会减少灌溉需水量，因此这两者是相辅相成的。2007 年团林灌溉试验站田间降雨的有效利用率是 78%～80%，还有一部分水量经过径流流失。提高田块蓄水能力，从而减少降雨流失量、提高降雨有效利用率是增强毛入流量水分生产率的有效方法。

2）提高作物产量

提高作物产量是从产出的角度来分析水分生产率的影响因素，归根结底是提高水稻的单产。水稻单产的提高可以通过改良、培育新的水稻品种，改善田间施肥等方式来实现。经过对团林铺镇农村的实地调研可知，位于凤凰水库周边的谭店村是灌区的有机稻基地，杨集村都种植优质稻，两种水稻单产均比一般的杂交水稻要高，也给农民带来了可观的粮食生产收入。因此，以优质稻或有机稻代替杂交水稻，将是提高水稻单产的有效途径。

总之，在田间尺度上，提高水分生产率的方式包括：①采用非充分灌溉或节水灌溉的灌溉模式，减少田间日常维持水层，进而减少深层渗漏、侧渗、水面蒸发等造成的水量流失；②提高对降雨的有效利用率，减少田间灌溉需水量；③种植高产、优质或抗旱的水稻品种，使水稻需水量减少并维持高产。

2. 干渠及灌区尺度水分生产率影响因素分析

与田间尺度最大的区别是，干渠与灌区尺度在土地利用上的差异，作物种植多样化，且分布着村庄、道路、荒地、林地、各级渠道系统、中小型水利设施等。土地利用的变化也带来了水量损失途径的复杂化，水稻及其他旱作物的蒸发蒸腾损失，道路、荒地、林地上自然植被的蒸发蒸腾损失，渠道系统的渗漏损失，渠床和中小型水利设施的水面蒸发损失等，这些损失一部分会成为干渠尺度的无益消耗损失，如渠床和中小型水利设施的水面蒸发损失，一部分会成为回归水灌溉下游农田，如田间和渠道渗漏损失中被塘堰或水库收集起来的那部分水量。总之，它们都会对干渠或灌区尺度的水分生产率产生影响。

1）渠道的影响

渠道是连接水源与农田的纽带，将灌溉水输送至田间，因此渠道运行状况是否与田间需水相适应至关重要。提高渠道的输水能力、防止渠道淤积、完善配套工程、提升衬砌率、减少漏水损失都是改善渠道运行状况的方式。漳河干渠经过多年的节水改造与续建配套，几条干渠防渗衬砌都已基本完成。西干渠和四干渠因所处地形为山区，尤其是四干渠，渠线较长，地形起伏较大，输水时间长，输水损失较大，运行状况一般。总干渠、三干渠等则运行状况较好。经过配套改造后，总干渠、二干渠、三干渠、四干渠的过流能力分别由 $95m^3/s$、$28m^3/s$、$50m^3/s$、$18m^3/s$ 提高到 $100m^3/s$、$32m^3/s$、$65m^3/s$、$20m^3/s$。由于过流能力提高，过水流速增大，全灌区在实施前的基础上恢复灌溉面积 6.9 万亩，改善灌溉面积 23.1 万亩。

然而，干渠仅为渠系系统的一级，以下各级渠系运行情况同样关系到干渠或灌区尺度的水分生产率。尤其是末级渠系，一般情况下，末级渠道渠线短，漏水损失大，淤积情况也比较严重，输水效率较低。末级渠系联系着灌区、地方行政组织和用水户，其建设、管理、水费征收对提高灌溉效率发挥着重要作用。当然，仍存在一些末级渠系得不到有效的管理，渠系状况差，如二干渠老二分干是分干渠，由于管理混乱，长期以来缺乏养护，渠道淤积严重，渠道上的涵闸建筑物已全部被破坏，设计流量为 13.2m^3/s，现在过流量仅 3m^3/s，末端用水极为困难。

2）节水灌溉的影响

节水灌溉推广程度及农民节水意识的强弱是与干渠的灌溉取水量直接相关的。三干渠范围内节水灌溉技术得到了大面积的推广，单位面积灌水量从 1991 年的 5993m^3/hm^2 下降至 2012 年的 1647m^3/hm^2，减少幅度约为 72.5%。而西干渠 2012 年单位面积灌水量高达 20908m^3/hm^2，四干渠和一干渠分别为 10704m^3/hm^2、9691m^3/hm^2。西干渠的渗漏和淤积情况极为严重，这是造成其单位面积灌水量最大的主要原因。四干渠运行状况不良直接导致了输水效率低，一旦放水，农民都希望尽量多引水，淹灌的灌溉模式很难更改。此外，渠道放水时上游农田取水过多会导致下游农田得不到足够的水灌溉，使干渠内淹灌与欠灌的现象共同存在，极不利于干渠或灌区尺度水分生产率的提高。而农民是用水的主体，节水灌溉的大面积推广有赖于农民的节水意识和主动性。

渠道运行状况不仅直接影响输水效率，还会引起农民争水矛盾、加大节水灌溉推广的难度。因此，这些因素都是互相影响的，节水措施应从全局入手。

3）作物种植结构的影响

不同作物需水定额不同，需水定额较大的作物种植面积增大，灌溉需水就增多，因此水稻种植比例是影响灌溉用水量的因素之一。因不同季节水稻需水定额也存在差异，早稻、中稻、晚稻的种植比例也会影响水分生产率。近年来，总干渠、西干渠、一干渠、三干渠、四干渠范围内均只种植中稻，二干渠同时种植早稻、中稻和晚稻，这是因为二干渠的控制范围在灌区南部，气候比较温和，对早稻和晚稻的生长影响并不大。各干渠 2012 年水稻种植比例为 40.6%～51.7%，同年漳河灌区水稻种植比例为 46.3%，比 2010 年有所降低。早稻、晚稻合称双季稻，中稻平均灌溉定额比双季稻减少约 38%，但双季稻单产仅高于中稻 23%左右。因此，中稻灌溉水分生产率要高于双季稻约 25%。

4）回归水的影响

干渠或灌区尺度内的中小型水库或塘堰为蓄积降水、拦截地表径流及收集回归水起到了极大的作用。2010～2012 年漳河灌区及其各干渠引水量、灌溉面积及水稻产量如表 9.14 所示。可以看出，2012 年中小型水利设施为灌区供水 6960.1 万 m^3，是灌区灌溉用水量(27074.1 万 m^3)的 25%，2010 年中小型设施供水比例甚至达到了 43%。此外，二干渠、三干渠、四干渠内中小型设施 2012 年供水量占灌溉总供水量的比例分别为 48.5%、17.3%、29.7%。因此，中小型设施是干渠及灌区尺度不可缺少的水源组成部分，并为收集上游农田排水或渗漏水、灌溉下游农田创造了极好的条件。正因为如此，干渠及灌区尺度的灌溉水分生产率高出田间尺度和中等尺度许多。

表 9.14　2010～2012 年漳河灌区及其各干渠引水量、灌溉面积及水稻产量

年份	渠道及县市	灌区引水量/万 m^3				有效灌溉面积/万 hm^2		本年实灌面积/万 hm^2		水稻产量/万 kg	水稻单产/(kg/hm^2)
		合计	漳河灌水	中小设施供水	提客水	合计	其中水田	合计	其中水田		
2010 年	灌区合计	7422. 7	2995. 5	3192. 8	1234. 3	9. 607	8. 640	4. 893	4. 627	66922	7746
	总干渠直属	55. 3	55. 3	0	0	0. 084	0. 084	0. 077	0. 077	667	7940
	一干渠	1275. 1	1035. 1	240	0	0. 201	0. 201	0. 201	0. 201	2432	12079
	西干渠	282. 1	212. 1	60	10	0. 031	0. 028	0. 028	0. 028	273	9750
	二干渠	2028. 2	241	1172. 8	614. 3	1. 692	1. 658	1. 092	1. 071	10869	6555
	三干渠	2618	1118	1000	500	6. 436	5. 645	2. 887	2. 698	46041	8156
	四干渠	1159. 4	329. 4	720	110	1. 137	1. 003	0. 601	0. 543	6556	6539
	副坝	4. 6	4. 6	0	0	0. 024	0. 024	0. 009	0. 009	85	3542
2011 年	灌区合计	24255	20569	2993	694	9. 801	8. 403	7. 719	7. 201	84268	10029
	总干渠直属	201	201	0	0	0. 084	0. 084	0. 075	0. 075	596	7095
	一干渠	2046	2046	0	0	0. 233	0. 233	0. 147	0. 147	3192	13680
	西干渠	498	418	70	10	0. 032	0. 029	0. 029	0. 029	282	9614
	二干渠	5171	4287	732	153	1. 738	1. 687	1. 738	1. 687	16146	9573
	三干渠	10949	10949	0	0	6. 553	5. 343	4. 850	4. 383	56364	10550
	四干渠	5332	2610	2191	531	1. 137	1. 003	0. 871	0. 871	7603	7583
	副坝	58	58	0	0	0. 024	0. 024	0. 009	0. 009	85. 47	3561
2012 年	灌区合计	27074. 1	17193	6960. 1	2921	9. 807	8. 413	7. 999	7. 429	89854	10681
	总干渠直属	178. 1	178. 1	0	0	0. 084	0. 084	0. 075	0. 075	598. 8	7129
	一干渠	2261. 2	2261. 2	0	0	0. 233	0. 233	0. 233	0. 233	3192	13680
	西干渠	613. 3	511. 3	82	20	0. 032	0. 029	0. 029	0. 029	273	9307
	二干渠	4462. 6	2194. 5	2163. 1	105	1. 747	1. 700	1. 747	1. 700	12822	7542
	三干渠	8801. 2	6746. 7	1524. 5	530	6. 553	5. 343	4. 850	4. 383	64946	12156
	四干渠	10732. 5	5276	3190. 5	2266	1. 133	1. 003	1. 055	1. 003	7922	7901
	副坝	25. 2	25. 2	0	0	0. 024	0. 024	0. 009	0. 009	100. 8	4200

5）用水管理的影响

在今后的很长一段时间内，用水管理水平都是影响干渠及灌区尺度水分生产率的重要因素。在我国，农业用水协会在灌溉管理工作中起到不可替代的作用。漳河灌区已先后成立了 77 个农民用水户协会，覆盖灌溉面积 4.47 万 hm^2。农业用水协会制度解决了主体“缺位”问题，成立农民用水户协会后，将“有人用无人管”的渠道交给协会管理，充分调动了用水户“自己的工程自己管”的积极性，有利于工程效益的发挥。另外，还提高了水费收取率并规范了用水秩序。水价政策完善并保证实施也是加强用水管理的必要措施。漳河灌区农业用水实行两部制水价，即基本水费 75 元/hm^2，计量水价 3.3 分/m^3。

总之，干渠及灌区尺度水分生产率提高的方式包括：①完善渠道衬砌、配套等，使渠道保持良好的运行状况，提高渠道水利用系数；②加大节水宣传，提高农民节水意识和大局观，加大节水灌溉的推广力度；③调整作物种植结构，增加中稻、减少双季稻种植面积，采用高产抗旱水稻品种，提高单产；④最大限度地发挥中小型水利设施拦蓄雨水、地表径流以及回归水的作用，提高尺度内灌溉水重复利用率；⑤加强用水管理，完善农业用水协会管理制度并坚持实施两部制水价，确保计量收费。

9.3 区域水分生产率的空间尺度转换

9.3.1 尺度转换的定义及方法

1. *尺度转换的概念*

由于空间异质性和时空变异性在自然界中广泛存在，大尺度的信息特征值并非是若干小尺度值的简单叠加，而小尺度的信息特征值也不能简单地通过对大尺度值进行插值或分解得到，常需借助各种尺度转换途径与方法来分析尺度转换过程中的非线性问题，建立不同时空尺度间的定量转换关系。尺度效应始于海岸线长度的测量，由此 Mandelbrot 创建了分形理论和分数维的全新数学概念（Mandelbrot，1982）。此后数年间，尺度效应和尺度转换的研究迅速扩展到地理学、生物学、物理学、气象学、信息学、水文学等领域。

尺度转换是在不同尺度间进行预测或推断，不同尺度的过程、性质等都受到相应尺度的制约。在不同尺度间也存在着物质、能量和信息的交换与传递，尺度转换基于这些联系和客观依据进行。

Harvey（2000）认为灌溉系统之所以需要进行尺度转换，是因为如下六个方面：①地面或地下水文循环存在空间异质性；②不同尺度的系统响应呈现非线性的变化特征；③所研究的对象过程需要设定具体临界尺度；④所研究的对象过程会随着尺度的变化而变化；⑤小尺度的相互作用会产生新的作用；⑥自然系统上被人为添加了许多干扰状态。就本质内涵而言，③～⑥是由系统异质性和过程的非线性引起的；实际研究中，往往会忽略其关键特性，Wagenet(1998)指出，针对③～⑥的尺度转换通常是无效的。

在水分生产率的研究中，必须考虑尺度转换，大尺度的水分生产率并不等于小尺度的水分生产率。必须寻求一种能够模拟不同尺度灌溉水分重复利用率的模型，来对不同尺度间的水分生产率进行模拟。

2. 尺度转换的方法

尺度转换包括升尺度和降尺度，也称为尺度上推(scaling-up)和尺度下推(scaling-down)，可通过改变模型的范围和幅度来实现。尺度转换的主流算法依据数学模型和计算机模拟进行。当尺度跨越较大时，由于不同尺度的响应过程不一，尺度转换较为复杂，且难以避免地会出现一些难以控制的变化。

在尺度研究中，回归分析的应用比较常见，而且主要用于尺度上推。回归分析的模型类型是多样的，包括线性回归、非线性回归、一元回归、多元回归等，根据实际问题的需要，选择适应性好的模型类型。Lyons 等(1999)在评价物种丰富度纬度梯度时，应用非线性回归模型，建立了物种数、面积、纬度之间的非线性关系，模型能够较好地反映纬度梯度上物种丰富度的尺度依赖性。

借助非线性理论，针对水循环参数和变量建立不同尺度之间的关系而进行尺度转换，是尺度分析的另一个重要方面。非线性理论中的地质统计学、分形理论以及小波分析、混沌理论等常用于尺度转换研究。

分形理论以自相似性为基础。因分形体在不同尺度具有相似性，基于分形维数建立标度关系，分形维数说明了分形体在时空分布上的不规则性和复杂性，以概率论为基础的信息维数，可由小尺度的信息推测大尺度信息。分形理论在尺度转换中的应用可归纳为两个方面：一是在灌溉系统形体和结构方面的分形描述；二是在降雨、径流或土壤水等尺度效应和转换的分析。但是只针对单一变量的尺度特征来研究，没有抓住回归水重复利用的特征，不能真正揭示水分生产率指标的尺度转换关系。

地质统计学方法是以区域化变量理论为基础，以变差函数为主要工具，以本征假设为基本假设，以 Kriging 插值法为基本方法，对既具有随机性又具有结构性的变量进行研究的科学。地质统计学研究中，必须将统计分析与变量的空间坐标紧密结合，可利用小尺度信息预测大尺度信息，实现尺度转换分析。国内外学者将地质统计学方法应用于地下水、土壤水盐动态、作物需水量等的研究中，已获得相当成熟的结果。国外学者成功实现了利用地质统计学理论由田间作物产量预测大尺度作物产量的空间尺度转换研究。然而，地质统计学是基于变差函数等数学理论的统计学方法，不能从物理过程的本质上反映所研究对象的尺度变化，但由于其灵活、直观的优点，通过数据样本获得不同尺度的直观认识，仍是一套可行的方法。

小波分析是以一族函数表示信号并刻画其特性，被誉为“数学显微镜”。在尺度转换研究中，主要应用于降雨、径流、地下水位、蒸发蒸腾等水均衡要素时间尺度的研究，既有水均衡要素的总体变化趋势，又有细节变化特点，所以小波分析非常适合于节水效益的时间尺度分析及降尺度研究。

混沌理论的出现为研究水资源系统复杂性问题提供了新的思路。针对复杂水资源系统中来水和用水过程时空变异特性及其尺度转换问题，代涛等(2007)结合汉江中下游地区水资源管理实际，运用混沌理论与方法对来用水序列的混沌特性及其时空变异性与尺度转换方法进行了研究。

根据本节研究尺度效应问题所掌握的资料，采用 Kriging 插值法来研究区域水分生产率的尺度转换。

9.3.2 Kriging 插值法基本理论

Kriging 插值法是以南非矿业工程师 Krige 名字命名的一项实用空间估计技术，是地质统计学的重要组成部分，也是地质统计学的核心。

Krging 插值法是建立在变差函数及结构分析理论之上的空间局部估计或空间局部插值法，实质是利用区域化变量的已知数据和变差函数的结构性状，对未知点的区域化变量的取值进行线性、无偏、最优估计(best linear unbiased estimator, BLUE)，其适用条件是变差函数及相关分析的结果表明样本间存在空间相关性。简单地说，Kriging 插值法的特点是不仅考虑待估点位置与已知数据位置的相互关系，还考虑变量的空间相关性；它充分利用了已知数据的各种信息，包括坐标位置、大小、形状等。这一优点使得估计值的平均残差或误差接近于零，且误差的方差也最小。这也是 Kriging 插值法与其他估计方法相比尤为突出之处。

如果区域化变量满足二阶平稳或本征假设，对点或块段的估计可直接采用 Puctual Kriging 插值法或 Block Kriging 插值法。这两种方法是最基本的估计方法，也称Ordinary Kriging 插值法。如果样本是非平稳的，即有漂移存在，则采用 Universal Kriging 插值法。对有多个变量的协同区域化现象，采用 Co-Kriging 插值法。如果样本服从对数正态分布，则采用 Logistic Normal Kriging 插值法。

Kriging 插值法的基本思路是：设 $x_1, x_2, \cdots, x_n$ 为区域上的一系列观测点，$Z(x_1), Z(x_2), \cdots, Z(x_n)$为相应的观测值。区域化变量在 x_0 处的值 $Z^*(x_0)$可采用一个线性组合来估计：

$$Z^*(x_0) = \sum_{i=1}^{n} \lambda_i Z(x_i) \tag{9.11}$$

式中，λ_i 为权重系数，是各已知样本 $Z(x_i)$在估计 $Z^*(x_0)$时影响其大小的系数，而估计 $Z^*(x_0)$的好坏主要取决于权重系数 λ_i 的计算或选择方法。在求取权重系数时必须满足两个条件：一是 $Z^*(x_0)$的估计是无偏的，即偏差的数学期望为零；二是 $Z^*(x_0)$的估计是最优的，即使估计值 $Z^*(x_0)$和实际值 $Z(x_0)$之差的平方和最小，这两个条件

可表示为

$$E[Z(x_0)-Z^*(x_0)]=0 \tag{9.12}$$

$$\mathrm{Var}[Z(x_0)-Z^*(x_0)]=\min \tag{9.13}$$

应用 Kriging 插值法要明确两个区域化变量与变差函数这两个重要概念。

1. 区域化变量

区域化变量是指呈现空间分布的变量，它反映的是空间特性的分布规律，诸多领域如地质、土壤、气象、水文、生态等都具有空间特性。

区域化变量具有两个重要的特征：一是区域化变量的随机性，即 $Z(x)$是一个随机函数，它具有空间局限性、异向性、随机性的特点；二是区域化变量的结构性，即 $Z(x)$具有一定的相关性和连续性，也就是说，变量在点 x 与空间距离为 h 的点 $x+h$ 处的随机量 $Z(x)$与 $Z(x+h)$并不是完全无关的，这种连续性和相关性通过相邻数据样本之间的变差函数来描述。

考虑邻近点，推断待估点数据时，空间统计推断要求平稳假设。严格平稳因假设太强，在实际情况中一般很难达到，常用的是二阶平稳和本征假设。

(1) 二阶平稳。在整个研究区内，$Z(x)$的数学期望存在且等于常数，随机函数在空间上的变化没有明显趋势，围绕期望值上下波动，即 $E[Z(x)]=m$；且 $Z(x)$的协方差存在且只依赖于滞后距 h，$C(h)=E\{Z(x+h),Z(x)\}-m^2$，与 x 无关，平稳协方差蕴含了平衡方差 $\mathrm{Var}[Z(x)]=0$。协方差不依赖于空间绝对位置，而依赖于相对位置，即具有空间的平稳不变性。

(2) 本征假设。本征假设是比二阶平稳假设更弱的平稳假设。本征假设同样要求数学期望存在且不依赖于点的位置，即 $E[Z(x)]=m$；同时，要求增量 $Z(x)-Z(x+h)$的方差函数存在且平稳，即不依赖于 x，相当于要求 $Z(x)$的变差函数存在且平稳，可用如下关系式表示：

$$\begin{aligned}\mathrm{Var}[Z(x)-Z(x+h)]&=E[Z(x)-Z(x+h)]^2-\{E[Z(x)-Z(x+h)]\}^2\\&=E[Z(x)-Z(x+h)]^2\end{aligned}$$

2. 变差函数及其理论模型

变差函数是地质统计学中进行空间异质性研究所特有的基本工具。它既能描述区域化变量的空间结构性变化，又能描述其随机性变化。通过比较为特定滞后距离分隔的统一随机变量的不同值，可以在多个尺度上对区域化随机变量的变异性进行量度。当区域化变量满足二阶平稳或本征假设时，其函数形式为

$$\gamma(h)=\frac{1}{2N(h)}\sum_{i=1}^{N(h)}[Z(x_i)-Z(x_i+h)]^2 \tag{9.14}$$

式中，$N(h)$为滞后距离等于滞后距 h 的点对数；变差函数 $\gamma(h)$为间距是 h 的半方差，

在一定范围内随 h 的增加而增大，当测点间距大于最大相关距离时，该值趋于稳定。

如图 9.13 所示，块金值 C_0 代表变量随机性变化的部分，拱高 CC 是指可观测到的变异大小，基台值是变量总的变异大小，为块金值 C_0 和拱高 CC 之和。地质统计学中的“块金效应”是指变差函数 $\gamma(h)$ 在原点为间断点，数学意义是指 h 变化很小时，空间变异性仍较大。当块金值等于 0 时，基台值即为拱高。变程 a 指区域化变量在空间上具有相关性的范围。在变程 a 范围之内，数据具有相关性；而在变程 a 之外，数据之间互不相关，即在变程 a 以外的观测值不对估计结果产生影响。

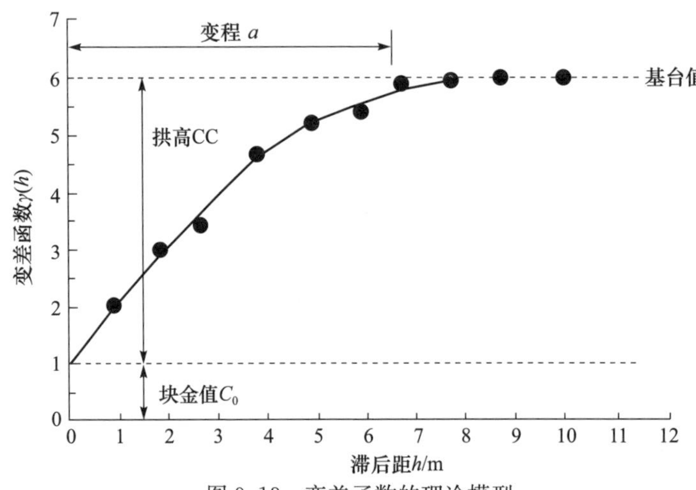

图 9.13 变差函数的理论模型

变差函数有三大类理论模型：一是有基台值模型，如球状模型、指数模型、高斯模型、线性有基台模型、纯块金效应模型；二是无基台模型，如幂函数模型、线性无基台模型、对数模型；三是可以有或无基台模型，即孔穴效应模型。

1) 有基台值模型

有基台值模型是指模型满足二阶平稳假设，且有有限先验方差，$\gamma(h)$ 值随 h 的变大而增大，当 h 达一定值($h>a$)时，$\gamma(h)$ 达到一定值——基台值，h 代表滞后距。

(1) 球状模型(spherical model)。

$$\gamma(h)=\begin{cases}0, & h=0\\ C_0+C\left(\dfrac{3}{2}\dfrac{h}{a}-\dfrac{1}{2}\dfrac{h^3}{a^3}\right), & 0<h\leqslant a\\ C_0+C, & h>a\end{cases} \tag{9.15}$$

当 $C_0=0, C=1$ 时，称为标准球状模型。

(2) 指数模型(exponential model)。

$$\gamma(h)=\begin{cases}0, & h=0\\ C_0+C(1-\mathrm{e}^{-h/a}), & h>0\end{cases} \tag{9.16}$$

指数模型的变程为 $3a$，当 $h=3a$ 时，$1-\mathrm{e}^{-3}=0.95$。当 $C_0=0, C=1$ 时，称为

标准指数函数 a 型。

(3) 高斯模型(Gaussian model)。

$$\gamma(h)=\begin{cases}0, & h=0\\ C_0+C(1-e^{-h^2/a^2}), & h>0\end{cases} \tag{9.17}$$

高斯模型的变程为$\sqrt{3}a$,当 $h=a$ 时,$1-e^{-3}=0.95$。当 $C_0=0,C=1$ 时,称为标准高斯函数模型。

(4) 线性有基台值模型(linear with still model)。

$$\gamma(h)=\begin{cases}C_0, & h=0\\ Ah, & 0<h\leqslant a\\ C_0+C, & h>a\end{cases} \tag{9.18}$$

当 $h=0$ 时,$\gamma(h)=C_0$;当 $0<h\leqslant a$ 时,$\gamma(h)=Ah$,为一条直线;当 $h>a$ 时,$\gamma(h)=C_0+C$。因此,模型变程为 a,基台值为 C_0+C。

(5) 纯块金效应模型(pure nugget effect model)。

$$\gamma(h)=\begin{cases}0, & h=0\\ C_0, & h>0\end{cases} \tag{9.19}$$

式中,$C_0>0$,代表先验方差。这种模型变量不存在空间相关性。

2) 无基台值模型

(1) 幂函数模型(power model)。

$$\gamma(h)=h^\theta,\quad 0<\theta<2 \tag{9.20}$$

式中,θ 为幂指数。当 θ 取值不同时,模型反映原点附近的不同性状。

(2) 线性无基台值模型(linear without still model)。

$$\gamma(h)=\begin{cases}C_0, & h=0\\ Ah, & h>0\end{cases} \tag{9.21}$$

式中,A 为表示直线斜率的常数。当 $h=0$ 时,$\gamma(h)=C_0$;当 $h>0$ 时,$\gamma(h)=Ah$,并且不存在基台值和变程。

(3) 对数模型(logarithmic model)。

$$\gamma(h)=\lg h \tag{9.22}$$

3) 孔穴效应模型(hole effect model)

这种模型不满足平稳假设,属于线性非平稳地质统计学范围。区域化变量 $Z(x)$的数学期望是一个周期函数,即 $E[Z(x)]=m(x)$,$m(x)$称为漂移,一般采用多项式、正弦或余弦函数形式。

9.3.3 田间到区域的水分生产率尺度转换

经过数据收集及实地调研,本次研究掌握了荆门市掇刀区团林灌溉试验站团林试区 10 个村典型田块的水分生产率,区域田块范围及典型田块位置如图 9.14

所示;典型田块大地坐标及 2007 年水分生产率指标如表 9.15 所示。

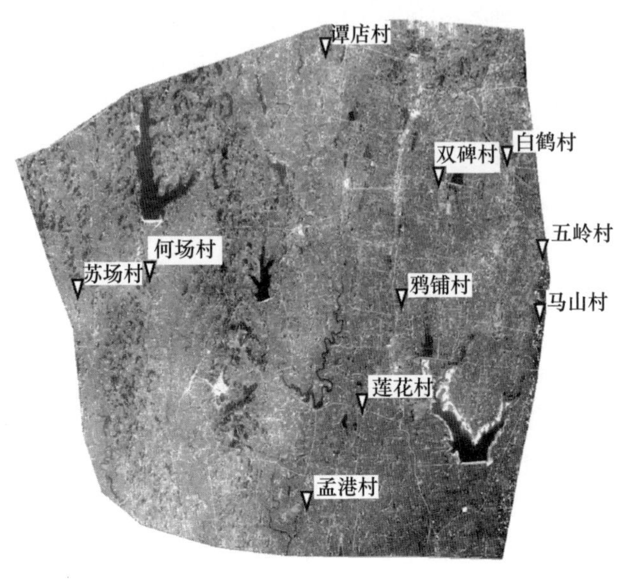

图 9.14　团林试区田块范围及典型田块位置

表 9.15　典型田块大地坐标及 2007 年水分生产率指标

序号	典型田地点	经度/(°)	纬度/(°)	WP_I/(kg/m³)	WP_{gross}/(kg/m³)	WP_{ET}/(kg/m³)
1	谭店村	112.161630	30.938452	2.011	0.714	1.361
2	双碑村	112.197348	30.875414	2.819	1.017	1.953
3	孟港村	112.154862	30.788890	3.297	1.139	2.106
4	何场村	112.096669	30.852585	2.833	1.018	1.953
5	苏场村	112.051178	30.806805	2.587	1.000	1.972
6	五岭村	112.255358	30.848816	2.290	1.009	2.228
7	莲花村	112.172249	30.815909	3.214	1.079	2.002
8	马山村	112.228827	30.839098	2.763	0.969	1.813
9	白鹤村	112.218812	30.881086	2.220	0.880	1.930
10	鸦铺村	112.185127	30.843989	2.570	0.970	1.860

注:数据来源于实地调研收集及《湖北省漳河灌区现状农业灌溉水利用率测算分析与评价工作报告》。

1. 数据分布检验

根据 9.3.2 节中对区域化变量的说明,基于地统计理论的 Kriging 插值法需以平稳假设为基础,而且许多 Kriging 插值法,如 Ordinary Kriging 插值法、Simple Kriging 插值法和 Universal Kriging 插值法等,都建立在数据分布服从正态分布的假设之上。弄清数据的分布状态,对采用 Kriging 插值法创建预测分布面的适宜性十分重要。检验数据的分布状态,ArcGIS 中的 Geostatistical Analyst 模块提供了两种方式：直方图法和 Normal QQPlot 法。选择 Normal QQPlot 法对数据(WP_I、WP_{gross}、WP_{ET})分布进行检验，如图 9.15～图 9.17 所示。

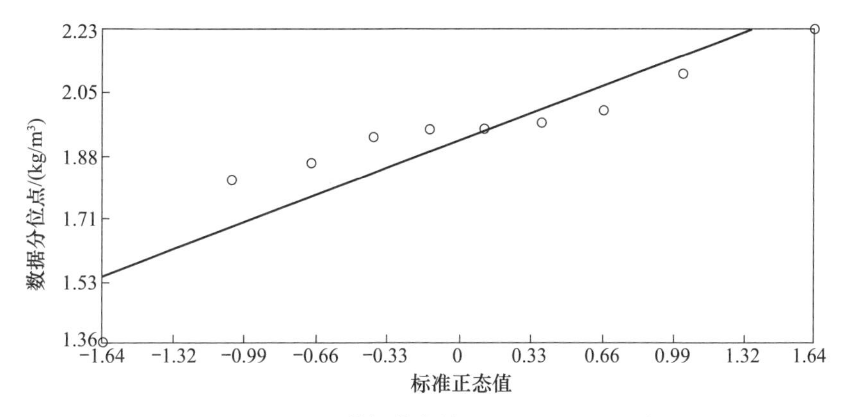

图 9.15　WP_I 数据分布的 Normal QQPlot 图

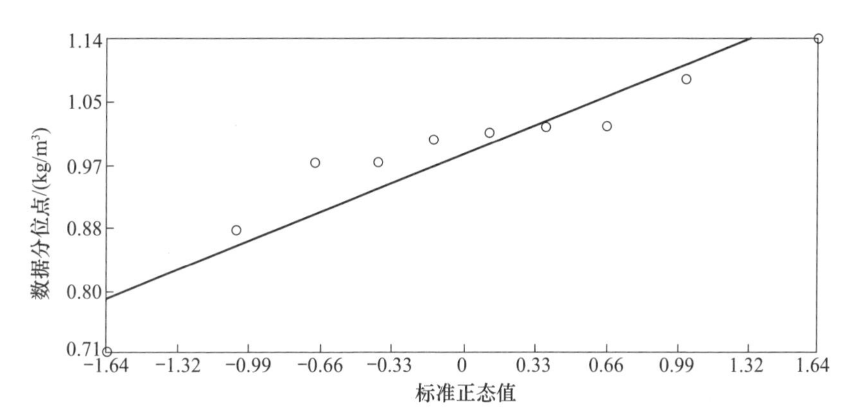

图 9.16　WP_{gross}数据分布的 Normal QQPlot 图

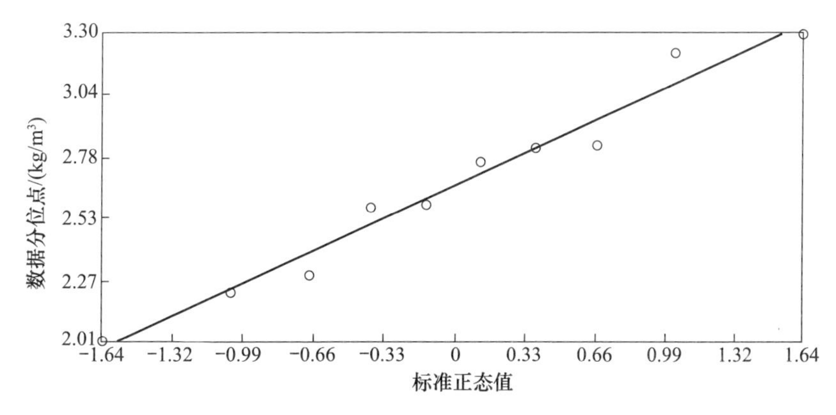

图 9.17　WP_{ET}数据分布的 Normal QQPlot 图

QQPlot 图提供了一种度量数据正态分布的方法，将现有的数据样本分布与标准正态分布相对比，数据越接近于一条直线，则它越接近于服从正态分布。

从图 9.15～图 9.17 可以看出，WP_I、WP_{gross}、WP_{ET}的样本数据点基本上是沿直线分布的，尤其是 WP_I，说明水分生产率样本数据近似为正态分布。因此，采用 Ordinary Kriging 插值法进行空间分布图预测最为合适。

2. 模型误差分析

Kriging 插值法是一种最好的线性无偏估计法，其估计值是根据已有资料的加权线性结合获得的，此方法使平均残差或误差接近于零，估计误差的方差最小，这是 Kriging 插值法的显著优点。本节采用应用最广的 Ordinary Kriging 插值法建立区域水稻水分生产率空间分布模型，并借助地理信息系统软件 ArcGIS 的 Spatial Analyst 及 Geostatistical Analyst 两个扩展模块进行分析。

Ordinary Kriging 插值法的权重取决于样点的拟合模型、与预测点的距离和预测点周围样点间的空间关系。ArcGIS 的 Geostatistical Analyst 模块中提供了多种变差函数模型，本节采用球状模型、指数模型、高斯模型和圆形模型对灌溉水分生产率 WP_I、毛入流量水分生产率 WP_{gross}、蒸发蒸腾量水分生产率 WP_{ET}进行插值估计。

按 Ordinary Kriging 插值法内插，不同模型的误差分析结果如表 9.16 所示。

表 9.16　Ordinary Kriging 插值法不同模型误差分析结果

指标	误差	球状模型	指数模型	高斯模型	圆形模型
WP_I	ME	0.02468	0.02373	0.02786	0.02754
	MSE	0.03865	0.03599	0.04319	0.04654
	RMSE	0.3629	0.3871	0.3533	0.3581
	ASE	0.3722	0.3762	0.3593	0.3712
	RMSSE	0.9605	1.007	0.9772	0.9506
WP_{gross}	ME	0.01789	0.01135	0.02417	0.01909
	MSE	0.115	0.05913	0.1556	0.1155
	RMSE	0.1024	0.112	0.1224	0.1144
	ASE	0.08809	0.1036	0.07587	0.08682
	RMSSE	1.194	0.9888	1.505	1.207
WP_{ET}	ME	0.02749	0.02757	0.02413	0.02577
	MSE	0.06729	0.0656	0.05887	0.06247
	RMSE	0.2411	0.2457	0.2413	0.2457
	ASE	0.2047	0.2102	0.2039	0.2031
	RMSSE	1.121	1.113	1.106	1.137

辨别所选的变差函数模型是否合适,按照以下标准综合判断:平均误差(mean error,ME)的绝对值最接近于0;标准化平均误差(mean standardized error,MSE)最接近于0;均方根误差(root mean square error,RMSE)越小越好;平均标准误差(average standard error,ASE)与均方根误差最接近,如果ASE>RMSE,则高估了预测值,反之则低估了预测值;标准化均方根误差(root mean square standardized error,RMSSE)最接近于1。

灌溉水分生产率WP_I插值模型误差ASE均大于RMSE,说明其预测值偏大,而毛入流量水分生产率WP_{gross}和蒸发蒸腾量水分生产率WP_{ET}插值模型误差ASE均小于RMSE,说明其预测值偏小。

根据表9.16的综合评判,WP_I与WP_{gross}的Ordinary Kriging插值法中指数模型误差最小,最为合适;而WP_{ET}的Ordinary Kriging插值法中高斯模型误差最小。因此,分别选用指数模型和高斯模型具体分析。

3. 水分生产率的空间分布

Ordinary Kriging插值法中指数模型插值得到WP_I、WP_{gross}、WP_{ET}空间分布图,并按照大小分成10个等级,如图9.18~图9.20所示。

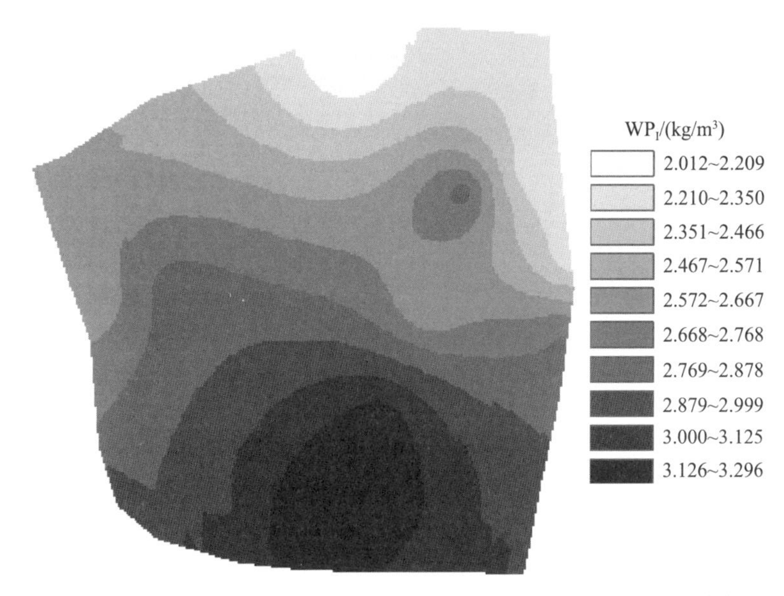

图9.18 Ordinary Kriging插值法指数模型插值生成的WP_I空间分布图

在团林试区范围内,指数模型WP_I的空间变化范围为2.012~3.296kg/m^3,WP_{gross}的空间变化范围为0.715~1.139kg/m^3,WP_{ET}的空间变化范围为1.547~2.08kg/m^3。WP_I、WP_{gross}空间分布较为相似,都呈现出北低南高的规律。然而,团

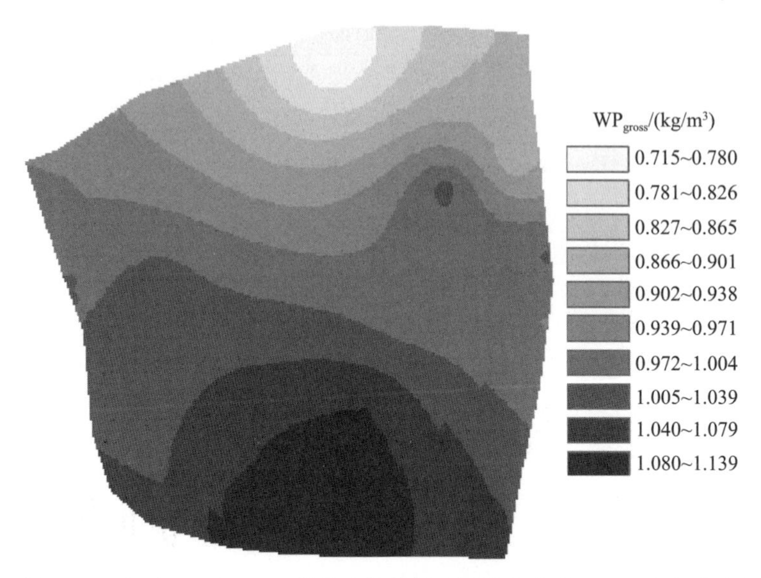

图 9.19　Ordinary Kriging 插值法指数模型插值生成的 WP_{gross} 空间分布图

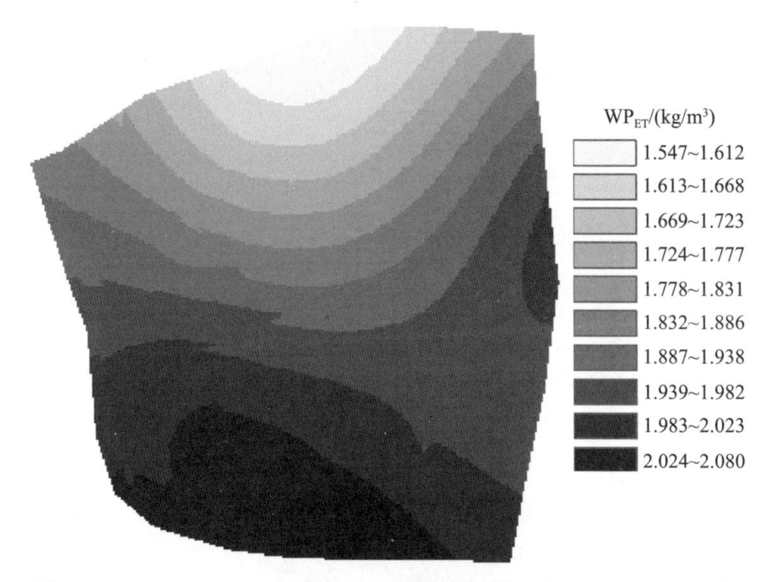

图 9.20　Ordinary Kriging 插值法指数模型插值生成的 WP_{ET} 空间分布图

林试区所在的掇刀区地形高程特点是北高南低，北部(上游)农田田间灌溉水或降雨通过地表径流或地下径流作为灌溉回归水或降雨回归水被南部(下游)农田重复利用，因而下游农田灌水较少，WP_I 较高。因此，该模型生成的灌溉水分生产率指标空间分布是合理的。

对模型生成分布图各值段所占面积及比例进行统计，如表 9.17～表 9.19 所示。

表 9.17 WP_I 空间分布各值段所占面积及其比例

级别	值段/(kg/m³)	平均值/(kg/m³)	面积/m²	所占比例/%
1	2.012～2.209	2.111	11158973	3.94
2	2.210～2.350	2.280	24940778	8.80
3	2.351～2.466	2.409	24865085	8.77
4	2.467～2.571	2.519	28856585	10.18
5	2.572～2.667	2.620	41753129	14.73
6	2.668～2.768	2.768	29727737	10.49
7	2.769～2.878	2.824	30812678	10.87
8	2.879～2.999	2.939	31166475	11.00
9	3.000～3.125	3.063	31951103	11.27
10	3.126～3.296	3.211	28185997	9.95

表 9.18 WP_{gross} 空间分布各值段所占面积及其比例

级别	值段/(kg/m³)	平均值/(kg/m³)	面积/m²	所占比例/%
1	0.715～0.780	0.748	4899641	1.73
2	0.781～0.826	0.804	7656816	2.70
3	0.827～0.865	0.846	12200330	4.30
4	0.866～0.901	0.884	21530278	7.60
5	0.902～0.938	0.920	20016310	7.06
6	0.939～0.971	0.955	28910815	10.20
7	0.972～1.004	0.988	64573661	22.78
8	1.005～1.039	1.022	53833273	18.99
9	1.040～1.079	1.060	41727441	14.72
10	1.080～1.139	1.110	28082255	9.91

表 9.19 WP_{ET} 空间分布各值段所占面积及其比例

级别	值段/(kg/m³)	平均值/(kg/m³)	面积/m²	所占比例/%
1	1.547～1.612	1.580	9831237	3.47
2	1.613～1.668	1.641	13154930	4.64
3	1.669～1.723	1.696	15306455	5.40
4	1.724～1.777	1.751	18363141	6.48
5	1.778～1.831	1.805	22870469	8.07
6	1.832～1.886	1.859	28153340	9.93
7	1.887～1.938	1.913	31173981	11.00
8	1.939～1.982	1.961	58290659	20.57
9	1.983～2.023	2.003	49682751	17.53
10	2.024～2.080	2.052	36575183	12.91

从表 9.17～表 9.19 可以看出，WP_I 多分布于 2.111～3.211kg/m^3，WP_{gross} 多分布于 0.846～1.110kg/m^3，WP_{ET} 多分布于 1.641～2.052kg/m^3，团林试区水分生产率都较高。

灌溉水分生产率较低(2.012～2.571kg/m^3)，占总面积的 31.69%，这部分农田主要位于北部地区，岗岭起伏，塝田和岗田所占比例较大，田块蓄水能力弱、渗透力强，灌溉定额(岗田在 320～440mm，塝田在 300～650mm)较大，相应地 WP_I 较低。而南部则沃野舒展，冲田所占比例大，田块蓄水能力强，对降雨的有效利用效率也较高，因而灌溉定额(冲田在 240～360mm)较小，加上对上游回归水的重复利用，使得 WP_I 较高。

因小范围内各地田块的蒸发蒸腾量相差甚微，WP_{ET} 更多地反映了粮食单产的差异，位于团林试区北部的孟港村和东部的五岭村粮食单产较高，达到 9570～10815kg/hm^2。

通过计算不同值段面积及所占比例，以平均值作为值段内水分生产率值，计算得到团林试区水分生产率 WP_I、WP_{gross}、WP_{ET} 分别为 2.722kg/m^3、0.986kg/m^3、1.896kg/m^3。该区域面积内还存在水库、塘堰及房屋等非水稻种植图例利用类型，因此插值计算的区域水分生产率与真实值均存在一定的误差。该区域尺度总面积为 28340hm^2，将其尺度水分生产率值与图 9.6 进行比较，可以看出水分生产率值并不偏离尺度变化规律图形，且符合较好。因此，采用 Kriging 插值法能很好地实现从田间到区域的尺度转换。

9.4 本章小结

本章研究了灌区水分生产率尺度效应及转换关系，可以得到以下结论：

(1) 总体来说，田间尺度的灌溉水分生产率 WP_I、毛入流量水分生产率 WP_{gross}、蒸发蒸腾量水分生产率 WP_{ET}、水稻蒸发蒸腾量占毛入流量的比例 PF_{gross} 都较高，其中，WP_{gross}、WP_{ET}、PF_{gross} 都是田间尺度最高，说明团林灌溉试验站田间水分利用程度较高，节水灌溉技术极大地减少了灌溉水的投入，田块规整，能有效地拦蓄和利用天然降雨，且大部分的田间入流量均用于水稻蒸发蒸腾。因此，在田间尺度上，提高水分生产率的方式有：采用非充分灌溉或节水灌溉的灌溉模式，减少田间日常维持水层，进而减少无益的水量消耗；提高对降雨的有效利用率，减少田间灌溉需水量；种植高产、优质或抗旱的水稻品种，使水稻维持高产。

(2) 中等尺度的灌溉水分生产率 WP_I 是最低的，WP_{gross}、WP_{ET}、PF_{gross} 等指标也远低于田间尺度。随着尺度的增大，灌溉水的重复利用程度变高，WP_I 应是逐渐变大的。原因是，田间尺度水稻种植面积几乎为 100%，上升到中等尺度时，水稻种植面积急剧降为 48.5%，尺度内非生产性消耗所占的比例骤然升高，水分的循环利用受到一定的影响。从蒸发蒸腾量水分生产率 WP_{ET}的角度来看，中等尺度的 WP_{ET}仅比田间尺度略微下降，而 WP_{ET}是反映水稻田生产效率的指标，说明中等尺度的 WP_I 较低并非是水稻田因素引起的。

（3）干渠尺度上，灌溉水分生产率 WP_I 上升到最高值。这说明干渠尺度的中小型水利设施为农田排水、渗漏水、地表径流的收集和回灌创造了极好的条件，干渠尺度内灌溉水的重复利用程度很高，灌溉保证率高，农民节水意识强，水分生产率得到进一步提高。干渠尺度 WP_{gross}、WP_{ET}、PF_{gross}等指标与中等尺度相比并没有很大变化。

（4）因所选干渠尺度为三干渠，灌区内其他干渠（如四干渠、西干渠等）灌溉控制范围为山区，节水灌溉推广存在困难，而三干渠节水灌溉水平较高，三干渠灌水量低于其他干渠，从而使之低于灌区平均灌水量，使灌区尺度与干渠尺度相比，灌溉水分生产率 WP_I 略有下降。

干渠及灌区尺度水分生产率提高的方式包括：使渠道保持良好的运行状况，提高渠道水利用系数；提高农民节水意识，加大节水灌溉的推广力度；调整作物种植结构；充分发挥中小型水利设施拦蓄雨水、地表径流及回归水的作用，提高尺度内灌溉水重复利用率；加强用水管理，完善农业用水者协会管理制度，坚持实施两部制水价，确保计量收费。

（5）水稻蒸发蒸腾量占毛入流量的比例 PF_{gross}随着尺度的增加而逐渐减小，这是因为随着尺度变大，水稻种植面积占尺度总面积的比例也越来越小，而水稻蒸发蒸腾作为尺度内的有益消耗水量，占尺度内总消耗水量的比例就会越来越小，即占尺度入流量的比例越来越小。

（6）灌溉水分生产率 WP_I 总的变化规律是，从田间到干渠或灌区尺度，WP_I是明显变大的；而因三干渠节水灌溉普遍推广，粮食单产也较高，其灌溉水分生产率是灌区最高的，其他干渠均比灌区尺度低一些。这说明尺度越大，对灌溉回归水的利用程度就越高，灌溉水的重复利用程度越高。

（7）通过 ArcGIS 分析数据的空间分布特征，Normal QQPlot 图中样本点大致落在中间直线上，证明其近似服从正态分布，并且 Ordinary Kriging 插值法的适用性最高。通过模型误差分析，确定指数模型对于 WP_I、WP_{gross}插值的精度最高，而高斯模型对于 WP_{ET}插值的精度最高。WP_I、WP_{gross}的变化趋势较为相似，且与灌溉水及降雨的重复利用规律相适应，说明模型生成的灌溉水分生产率指标空间分布是合理的。经综合计算，区域水分生产率 WP_I、WP_{gross}、WP_{ET}分别为 2.722kg/m^3、0.986kg/m^3、1.896kg/m^3，与同年水分生产率随不同尺度的变化规律基本符合，因此采用 Kriging 插值法能有效地实现从田间到区域的尺度转换。

参考文献

包含，侯立柱，沈建根，等. 2014. 毛乌素沙地农田土壤水分动态特征研究[J]. 中国生态农业学报，22(11)：1301-1309.

蔡明科，魏晓妹，粟晓玲. 2007. 灌区耗水量变化对地下水均衡影响研究[J]. 灌溉排水学报，26(4)：16-20.

操信春，吴普特，王玉宝，等. 2014. 水分生产率指标的时空差异及相关关系[J]. 水科学进展，25(2)：268-274.

操信春，杨陈玉，何鑫，等. 2016. 中国灌溉水资源利用效率的空间差异分析[J]. 中国农村水利水电，(8)：128-132..

陈皓锐，黄介生，伍靖伟，等. 2009. 井渠结合灌区用水效率指标尺度效应研究框架[J]. 农业工程学报，25(8)：1-7.

陈皓锐，黄介生，伍靖伟，等. 2011. 灌溉用水效率尺度效应研究评述[J]. 水科学进展，22(6)：872-880.

陈洪转，羊震，杨向辉. 2006. 我国水权交易博弈定价决策机理[J]. 水利学报，37(11)：1407-1410.

陈伟，郑连生，聂建中. 2005. 节水灌溉的水资源评价体系[J]. 南水北调与水利科技，3(3)：32-34.

陈祖梅，唐东明，陈崇德. 2010. 漳河水库灌区干旱灾害成因与应对措施研究[J]. 广东水利电力职业技术学院学报，8(2)：13-16.

迟道才. 2009. 节水灌溉理论与技术[M]. 北京：中国水利水电出版社.

崔远来，董斌，李远华，等. 2007. 农业灌溉节水评价指标与尺度问题[J]. 农业工程学报，23(7)：1-7.

代俊峰，崔远来. 2008. 灌溉水文学及其研究进展[J]. 水科学进展，19(2)：294-300.

代涛，邵东国，黄显峰. 2007. 基于混沌理论的水资源时空变异性[J]. 武汉大学学报(工学版)，40(5)：15-19.

邓勋飞，张后勇，何勇，等. 2005. 水稻叶水势与不同水分处理定量关系研究[J]. 浙江大学学报(农业与生命科学版)，31(5)：581-586.

丁晶，王文圣，金菊良. 2003. 论水文学中的尺度分析[J]. 四川大学学报(工程科学版)，35(3)：9-13.

范严伟，黄宁，马孝义. 2015. 层状土垂直一维入渗土壤水分运动数值模拟与验证[J]. 水土保持通报，35(1)：215-219.

费宇红，张光辉. 2012. 水势理论在四水转化研究中应用时代特征与趋势：纪念 ZFP 方法引进我国 30 周年[J]. 地质科技情报，(5)：156-160.

冯峰，许士国. 2009. 灌区水资源综合效益的改进多级模糊优选评价[J]. 农业工程学报，25(7)：56-61.

郭庆荣，李玉山. 1995. 不同土水势处理对春玉米生长发育及产量形成的影响[J]. 土壤通报，

26(2):66-69.

郭生练. 2005. 设计洪水研究进展与评价[M]. 北京:中国水利水电出版社.

贺北方,丁大发,马细霞. 1995. 多库多目标最优控制运用的模型与方法[J]. 水利学报,(3):84-88.

侯景伟,赵林,毛国柱. 2011. 多目标鱼群-蚁群算法的水资源优化配置[J]. 资源科学,33(12):2255-2261.

胡广录,赵文智. 2009. 绿洲灌区小麦水分生产率在不同尺度上的变化[J]. 农业工程学报,25(2):24-30.

户艳领,陈志国,刘振国,等. 2015. 基于熵值法的河北省农业用水利用效率研究[J]. 中国农业资源与区划,36(3):136-142.

黄牧涛,王乘,张勇传. 2004. 灌区库群系统水资源优化配置模型研究[J]. 华中科技大学学报(自然科学版),32(1):93-95.

霍军军,尚松浩. 2007. 基于模拟技术及遗传算法的作物灌溉制度优化方法[J]. 农业工程学报,23(4):23-28.

景卫华,贾忠华,罗纨. 2008. 总水势概念的定义、计算及应用条件[J]. 农业工程学报,2008,24(2):27-32.

康绍忠,蔡焕杰,刘晓明. 1995. 农田"五水"相互转化的动力学模式及其应用[J]. 西北农林科技大学学报(自然科学版),(2):1-9.

康绍忠,刘晓明,熊运章. 1994. 土壤-植物-大气连续体水分传输理论及其应用[M]. 北京:水利电力出版社.

郎璞玫,娄丛艳. 2008. 森林多样性指数簇及其本质性分析[J]. 北京林业大学学报,30(5):148-153.

雷波,刘钰,许迪. 2012. 灌溉用水效用评价指标的尺度效应问题理论探讨[J]. 灌溉排水学报,31(4):11-15.

雷贵荣,胡震云,韩刚. 2010. 基于 SFA 的农业用水技术效率和节水潜力研究[J]. 水利经济,28(1):55-58.

雷慧闽,杨大文,沈彦俊,等. 2007. 黄河灌区水热通量的观测与分析[J]. 清华大学学报(自然科学版),47(6):801-804.

雷志栋,杨诗秀,谢森传. 1988. 土壤水动力学[M]. 北京:清华大学出版社.

李典庆,唐小松,周创兵. 2015. 基于 Copula 理论的岩土体参数不确定性表征与可靠度分析[M]. 北京:科学出版社.

李绍飞. 2011. 改进的模糊物元模型在灌区农业用水效率评价中的应用[J]. 干旱区资源与环境,25(11):175-181.

李亚龙,崔远来,李远华,等. 2004. 以土水势为灌溉指标的水稻节水灌溉研究[J]. 灌溉排水学报,23(5):14-16,49.

李毅杰,原保忠,别之龙,等. 2012. 不同土壤水分下限对大棚滴灌甜瓜产量和品质的影响[J]. 农业工程学报,28(6):132-138.

李远华,董斌,崔远来. 2005. 尺度效应及节水灌溉策略[J]. 世界科技研究与发展,27(6):31-35.

林琭,汤昀,张纪涛,等. 2015. 不同水势对黄瓜花后叶片气体交换及叶绿素荧光参数的影响[J]. 应用生态学报,26(7):2030-2040.
刘丙军,邵东国,沈新平. 2005. 灌区灌溉渠系分形特征研究[J]. 农业工程学报,21(12):56-59.
刘光文. 1989. 水文分析与计算[M]. 北京:水利电力出版社.
刘建梅,裴铁璠. 2003. 水文尺度转换研究进展[J]. 应用生态学报,14(12):2305-2310.
刘路广,崔远来,吴瑕. 2013. 考虑回归水重复利用的灌区用水评价指标[J]. 水科学进展,24(4):522-528.
陆建飞,丁艳锋,黄丕生. 1998. 持续土壤水分胁迫对水稻生育与产量构成的影响[J]. 扬州大学学报(农业与生命科学版),19(2):43-48.
茆智. 2002. 水稻节水灌溉及其对环境的影响[J]. 中国工程科学,4(7):8-16.
齐学斌,黄仲冬,乔冬梅,等. 2015. 灌区水资源合理配置研究进展[J]. 水科学进展,26(2):287-295.
曲均峰. 2010. 化肥施用与土壤环境安全效应的研究[J]. 磷肥与复肥,25(1):10-12.
邵东国,陈会,李浩鑫. 2012. 基于改进突变理论评价法的农业用水效率评价[J]. 人民长江,(20):5-7.
邵东国,何思聪,李浩鑫. 2015. 区域尺度灌溉用水效率考核指标及计算方法[J]. 灌溉排水学报,34(1):9-12.
邵东国,贺新春,黄显峰,等. 2005. 基于净效益最大的水资源优化配置模型与方法[J]. 水利学报,36(9):1050-1056.
邵东国,孙春敏,王洪强,等. 2010. 稻田水肥资源高效利用与调控模拟[J]. 农业工程学报,26(12):72-78.
沈荣开,杨路华,王康. 2001. 关于以水分生产率作为节水灌溉指标的认识[J]. 中国农村水利水电,(5):9-11.
宋岩,刘群昌,江培福. 2013. 区域用水效率评价体系研究[J]. 节水灌溉,(10):56-58.
粟晓玲,宋悦,刘俊民,等. 2016. 耦合地下水模拟的渠井灌区水资源时空优化配置[J]. 农业工程学报,32(13):43-51.
孙敏章,刘作新,吕谋超,等. 2005. 基于陆面能量平衡方程的遥感模型[J]. 灌溉排水学报,24(3):74-76.
王浩,秦大庸,郭孟卓,等. 2004. 干旱区水资源合理配置模式与计算方法[J]. 水科学进展,15(6):689-694.
王劲峰,刘昌明,于静洁,等. 2001. 区际调水时空优化配置理论模型探讨[J]. 水利学报,32(4):7-14.
王向东,张建平,马海莲,等. 2003. 作物模拟模型的研究概况及展望[J]. 河北农业大学学报,26(z1):20-23.
王远明,李成荣. 1999. 宜昌站水面蒸发折算系数分析[J]. 人民长江,30(1):41-42.
谢华,罗强,黄介生. 2012. 考虑多种致灾因子条件下的平原河网地区涝灾风险分析[J]. 水利学报,43(8):935-940.
谢平,陈广才,雷红富,等. 2010. 水文变异诊断系统[J]. 水力发电学报,29(1):85-91.

谢先红,崔远来,代俊峰,等. 2007. 农业节水灌溉尺度分析方法研究进展[J]. 水利学报,38(8):953-960.

徐琪,杨林章,董元华. 1998. 中国稻田生态系统[M]. 北京:中国农业出版社.

徐英,陈亚新,史海滨,等. 2004. 土壤水盐空间变异尺度效应的研究[J]. 农业工程学报,20(2):1-5.

许斌,谢平,刘静君,等. 2013. 水文序列变异的空间尺度主因分析方法[J]. 武汉大学学报(工学版),(1):67-72.

许迪. 2006. 灌溉水文学尺度转换问题研究综述[J]. 水利学报,37(2):141-149.

闫旖君,徐建新,陆建红. 2017. 人民胜利渠灌区多水源循环转化模型研究[J]. 灌溉排水学报,36(2):52-57.

杨丰顺,邵东国,顾文权,等. 2012. 基于Copula函数的区域需水量随机模拟[J]. 农业工程学报,28(18):107-112.

姚宁,周元刚,宋利兵,等. 2015. 不同水分胁迫条件下DSSAT-CERES-Wheat模型的调参与验证[J]. 农业工程学报,31(12):138-150.

叶自桐. 1991. 稻田淹灌期土层剖面上压力分布和稳定渗流强度的分析和计算[J]. 水利学报,(2):1-10.

曾赛星,李寿声. 1990. 灌溉水量分配大系统分解协调模型[J]. 河海大学学报(自然科学版),(1):67-75.

张银辉,罗毅. 2009. 基于分布式水文学模型的内蒙古河套灌区水循环特征研究[J]. 资源科学,31(5):763-771.

张展羽,司涵,冯宝平,等. 2014. 缺水灌区农业水土资源优化配置模型[J]. 水利学报,45(4):403-409.

郑和祥,李和平,程满金,等. 2014. 锡林河流域主要作物水分生产率及尺度效应分析[J]. 灌溉排水学报,(4):81-85.

朱秀芳,李宜展,潘耀忠,等. 2014. AquaCrop作物模型研究和应用进展[J]. 中国农学通报,(8):270-278.

Akaike H. 1974. A new look at the statistical model identification[J]. IEEE Transactions on Automatic Control,19(6):716-723.

Allen R G,Pereira L S,Raes D,et al. 1998. Crop evapotranspiration:Guidelines for computing crop water requirements[R]. Rome:Food and Agriculture Organization of the United Nations.

Andarzian B,Bannayan M,Steduto P,et al. 2011. Validation and testing of the AquaCrop model under full and deficit irrigated wheat production in Iran[J]. Agricultural Water Management,100(1):1-8.

Andraski B J,Jacobson E A. 2000. Testing a full range soil water retention function in modeling water potential and temperature[J]. Water Resources Research,36(10):3081-3090.

Belder P,Spiertz J H J,Bouman B A M,et al. 2005. Nitrogen economy and water productivity of lowland rice under water-saving irrigation[J]. Field Crops Research,93(2):169-185.

Bloschl G,Sivapalan M. 1995. Scale issues in hydrological modelling:A review[J]. Hydrological

Processes,9(3-4):251-290.

Bos M G. 1985. Summary of ICID definitions on irrigation efficiencies[J]. ICID Bulletin,34:28-31.

Bos M G. 1997. Performance indicators for irrigation and drainage[J]. Irrigation and Drainage Systems,11(2):119-137.

Bos M G,Nugteren J. 1974. On irrigation efficiencies[J]. Wageningen Yield,5(6):351-360.

Bouman B,Humphreys E,Tuong T,et al. 2007. Rice and water[J]. Advances in Agronomy,92:187-237

Bouman B,Tuong T P. 2001. Field water management to save water and increase its productivity in irrigated lowland rice[J]. Agricultural Water Management,49(1):11-30.

Buras N. 1972. Scientific allocation of water resources:Water resources development and utilization:A rational approach[J]. Optimal Control Theory,14(2):339-362.

Charnes A,Cooper W W,Rhodes E. 1978. Measuring the efficiency of decision making units[J]. European Journal of Operational Research,2(6):429-444.

Chen H. 1978. Estimating the dimension of a model[J]. Asia-Pacific Journal of Risk and Insurance,6(2):461-4.

Chen S K,Liu C W. 2002a. Analysis of water movement in paddy rice fields(Ⅰ) experimental studies[J]. Journal of Hydrology,260(1-4):206-215.

Chen S K,Liu C W,Huang H C. 2002b. Analysis of water movement in paddy rice fields(Ⅱ) simulation studies[J]. Journal of Hydrology,268:259-271.

Dai J,Cui Y,Cai X,et al. 2016. Influence of water management on the water cycle in a small watershed irrigation system based on a distributed hydrologic model[J]. Agricultural Water Management,174:52-60.

Dai Z Y,Li Y P. 2013. A multistage irrigation water allocation model for agricultural land-use planning under uncertainty[J]. Agricultural Water Management,129(6):69-79.

Dastane N G. 1978. Effective rainfall in irrigated agriculture[R]. Rome:Food and Agriculture Organization of the United Nations.

Davies B R,Biggs J,Williams P J,et al. 2008. A comparison of the catchment sizes of rivers, streams,ponds,ditches and lakes:Implications for protecting aquatic biodiversity in an agriculturallandscape[J]. Hydrobiologia,597(1):7-17.

Debreu G. 1951. The coefficient of resource utilization[J]. Journal of the Econometric Society, 19(3):273-292.

Doorenbos J,Kassam A H,Bentvelsen C,et al. 1979. Yield response to water[R]. Rome:Food and Agriculture Organization of the United Nations.

Droogers P,Kite G W. 2001. Estimating Productivity of Water at Different Spatial Scales Using Simulation Modeling[M]. Colombo:IWMI.

Dudley N J,Howell D T,Musgrave W F. 1971. Optimal in traseasonal irrigation water allocation [J]. Water Resources Research,7(4):770-788.

Fayer M J. 2000. UNSAT-H Version 3. 0:Unsaturated Soil Water and Heat Flow Model:Theory, User Manual, and Examples[M]. New York:Pacific Northwest National Laboratory.

Feddes R A, Kowalik P J, Zaradny H. 1978. Simulation of Field Water Use and Crop Yield[M]. New York:John Wiley & Sons.

Fortes P S, Platonov A E, Pereira L S. 2005. GISAREG—A GIS based irrigation scheduling simulation model to support improved water use[J]. Agricultural Water Management, 2005, 77(1-3):159-179.

García-Vila M, Fereres E. 2012. Combining the simulation crop model AquaCrop with an economic model for the optimization of irrigation management at farm level[J]. European Journal of Agronomy, 36(1):21-31.

Garg K K, Das B S, Safeeq M, et al. 2009. Measurement and modeling of soil water regime in a lowland paddy field showing preferential transport[J]. Agricultural Water Management, 96(12):1705-1714.

Geerts S, Raes D, Garcia M. 2010. Using AquaCrop to derive deficit irrigation schedules[J]. Agricultural Water Management, 98(1):213-216.

Geng G, Wardlaw R. 2013. Application of multi-criterion decision making analysis to integrated water resources management[J]. Water Resources Management, 27(8):3191-3207.

Gringorten I I. 1963. A plotting rule for extreme probability paper[J]. Journal of Geophysical Research, 68(3):813-814.

Grismer M E, Wallender W W. 2002. Irrigation hydrology:Crossing scales[J]. Journal of Irrigation & Drainage Engineering, 128(4):203-211.

Haimes Y Y, Hall W A, Freedman H T. 1975. Multiobjective optimization in water resources systems analysis: The surrogate worth trade-off method[J]. Water Resources Research, 10(4):615-624.

Harvey L D D. 2000. Upscaling in global change research[J]. Climatic Change, 44(3):225-263.

Hatiye S D, Prasad K S H, Ojha C S P, et al. 2017. Water balance and water productivity of rice paddy in unpuddled sandy loam soil[J]. Sustainable Water Resources Management, 3(2):109-128.

Huang G H, Loucks D P. 2000. An inexact two-stage stochastic programming model for water resources management under uncertainty[J]. Civil Engineering Systems, 17(2):95-118.

Israelsen O W. 1932. Irrigation Principles and Practices[M]. New York:John Wiley & Sons.

Janssen M, Lennartz B, Wöhling T. 2010. Percolation losses in paddy fields with a dynamic soil structure:Model development and applications[J]. Hydrological Processes, 24(7):813-824.

Jiang C, Xiong L H. 2012. Trend analysis for the annual discharge series of the Yangtze River at the Yichang hydrological station based on GAMLSS[J]. Acta Geographica Sinica, 67(11): 1505-1514.

Jiang Y, Xu X, Huang Q Z, et al. 2015. Assessment of irrigation performance and water productivity in irrigated areas of the middle Heihe River basin using a distributed agro-hydrological model[J]. Agricultural Water Management, 147: 67-81.

Katerji N, Campi P, Mastrorilli M. 2013. Productivity, evapotranspiration, and water use efficiency of corn and tomato crops simulated by AquaCrop under contrasting water stress conditions in the Mediterranean region[J]. Agricultural Water Management, 130(4): 14-26.

Keller A, Keller J. 1995. Effective efficiency: A water use efficiency concept for allocating freshwater resources[R]. IWMI Working Papers.

Keller A, Keller J, Seckler D. 1996. Integrated water resource systems: Theory and policy implications[R]. IWMI Working Papers.

Kirkham D, Horton R. 1992. The stream function of potential theory for a dual-pipe subirrigation-drainage system[J]. Water Resources Research, 28(2): 373-387.

Kukal S S, Hira G S, Sidhu A S. 2005. Soil matric potential-based irrigation scheduling to rice (Oryza sativa). Irrigation Science, 23(4): 153-159.

Lai X, Liao K, Feng H, et al. 2016. Responses of soil water percolation to dynamic interactions among rainfall, antecedent moisture and season in a forest site[J]. Journal of Hydrology, 540: 565-573.

Li Y P, Huang G H, Nie S L. 2006. An interval-parameter multi-stage stochastic programming model for water resources management under uncertainty[J]. Advances in Water Resources, 29(5): 776-789.

Liu L, Luo Y, He C S, et al. 2010. Roles of the combined irrigation, drainage, and storage of the canal network in improving water reuse in the irrigation districts along the lower Yellow River, China[J]. Journal of Hydrology, 391(1): 157-174.

Liu Y, Pereira L S, Fernando R M. 2006. Fluxes through the bottom boundary of the root zone in silty soils: Parametric approaches to estimate groundwater contribution and percolation[J]. Agricultural Water Management, 84(1-2): 27-40.

Loucks D P, Stedinger J R, Haith D A. 1981. Water resource systems planning and analysis[J]. Advances in Water Resources, 118(3): 214-223.

Luo Y, Khan S, Cui Y, et al. 2009. Application of system dynamics approach for time varying water balance in aerobic paddy fields[J]. Paddy Water Environment, 7(1): 1-9.

Lyons S K, Willig M R. 1999. A hemispheric assessment of scale dependence in latitudinal gradients of species richness[J]. Ecology, 80(8): 2483-2491.

Mandelbrot B B. 1982. The Fractal Geometry of Nature [M]. San Francisco: Freeman.

Matsushita B, Fukushima T. 2009. Methods for retrieving hydrologically significant surface parameters from remote sensing: A review for applications to east Asia region[J]. Hydrological Processes, 23(4): 524-533.

Mladen T, Rossella A, Ljubomir Z, et al. 2009. Assessment of AquaCrop, CropSyst, and WOFOST models in the simulation of sunflower growth under different water regimes[J]. Agronomy Journal, 101(3): 509-521.

Molden D. 1997. Accounting for Water Use and Productivity[M]. Colombo: IWMI.

Molden D, Sakthivadivel R. 1999. Water accounting to assess use and productivity of water[J]. Water Resourse Development, 15(1-2): 55-71.

Moussa R, Voltz M, Andrieux P. 2002. Effects of the spatial organization of agricultural management on the hydrological behaviour of a farmed catchment during flood events[J]. Hydrological Processes, 16(2): 393-412.

Nelsen R B. 2006. An Introduction to Copulas[M]. New York: Springer.

Ochoa C G, Fernald A G, Guldan S J, et al. 2007. Deep percolation and its effects on shallow groundwater level rise following flood irrigation[J]. Transactions of the American Society of Agricultural and Biological Engineers, 50(1): 73-81.

Pandey P K, Soupir M L, Singh V P, et al. 2011. Modeling rainwater storage in distributed reservoir systems in humid subtropical and tropical savannah regions[J]. Water Resources Management, 25(13): 3091-3111.

Perry C J. 1999. The IWMI water resources paradigm—Definitions and implications[J]. Agricultural Water Management, 40(1): 45-50.

Phogat V, Yadav A K, Malik R S, et al. 2010. Simulation of salt and water movement and estimation of water productivity of rice crop irrigated with saline water[J]. Paddy and Water Environment, 8(4): 333-346.

Rao V, Guan C, Roey P V. 1995. Crystal structure of endo-β-N-acetylglucosaminidase *H* at 1.9 åresolution: Active-site geometry and substrate recognition[J]. Structure, 3(5): 449-457.

Rigby R A, Stasinopoulos D M. 2005. Generalized additive models for location, scale and shape [J]. Journal of the Royal Statistical Society: Series C (Applied Statistics), 54: 507-554.

Shan Y H, Yang L Z, Yan T M, et al. 2005. Downward movement of phosphorus in paddy soil installed in large-scale monolith lysimeters[J]. Agriculture Ecosystems & Environment, 111(1-4): 270-278.

Shrestha N, Raes D, Sah S K. 2013. Strategies to improve cereal production in the terai region(Nepal) during dry season: Simulations with AquaCrop[J]. Procedia Environmental Sciences, 19(6): 767-775.

Šimůnek J, Hopmans J W. 2009. Modeling compensated root water and nutrient uptake[J]. Ecological Modelling, 220(4): 505-521.

Šimůnek J, Suarez D L. 1993. Modeling of carbon dioxide transport and production in soil: 1. Model development[J]. Water Resources Research, 29(2): 487-497.

Singh A. 2013. Groundwater modelling for the assessment of water management alternatives[J]. Journal of Hydrology, 481: 220-229.

Singh R, van Dam J C, Feddes R A. 2006. Water productivity analysis of irrigated crops in Sirsa district, India[J]. Agricultural Water Management, 82(3): 253-278.

Sklar A. 1959. Fonctions de repartition an dimensions et leurs marges[J]. Publications de l'Insyitut de Statistique de l'University de Paris, 8: 229-231.

Steduto P, Hsiao T C, Raes D, et al. 2009. AquaCrop—The FAO crop model to simulate yield response to water: I. Concepts and underlying principles[J]. Agronomy Journal, 101(3): 448-459.

Stewart J. I., Hagan R M, Pruitt W O. 1976. Production function and predicted irrigation programming for principal crops required for water resources planning and increased water use efficiency[R]. Washington D. C.: U. S. Department of Interior.

Tan X, Gan T Y. 2015. Nonstationary analysis of annual maximum streamflow of Canada[J]. Journal of Climate, 28(5): 1788-1805.

Tan X, Shao D, Liu H, et al. 2013. Effects of alternate wetting and drying irrigation on percolation and nitrogen leaching in paddy fields[J]. Paddy and Water Environment, 11(1-4): 381-395.

Tournebize J, Watanabe H, Takagi K, et al. 2006. The development of a coupled model (PCPF-SWMS) to simulate water flow and pollutant transport in Japanese paddy fields[J]. Paddy Water Environment, 4(1): 39-51.

Tyteca D. 1996. On the measurement of the environmental performance of firms—A literature review and a productive efficiency perspective[J]. Journal of Environmental Management, 46(3): 281-301.

van Genuchten M T. 1980. A closed-form equation for predicting the hydraulic conductivity of unsaturated soils[J]. Soil Science Society of America Journal, 44(5): 892-898.

Wagenet R J. 1998. Scale issues in agroecological research chains[J]. Nutrient Cycle in Agroecosystems, 50(1-3): 23-24.

Wang H, Ju X, Wei Y, et al. 2010. Simulation of bromide and nitrate leaching under heavy rainfall and high-intensity irrigation rates in North China Plain[J]. Agricultural Water Management, 97(10): 1646-1654.

Wellens J, Raes D, Traore F, et al. 2013. Performance assessment of the FAO AquaCrop model for irrigated cabbage on farmer plots in a semi-arid environment[J]. Agricultural Water Management, 127(127): 40-47.

Willis R, Yeh W W. 1986. Groundwater Systems Planning and Management[M]. Englewood Cliffs: Prentice-Hall.

Wopereis M C S, Bouman B A M, Kropff M J, et al. 1994. Water use efficiency of flooded rice fields I. Validation of the soil-water balance model SAWAH[J]. Agricultural Water Management, 26(4): 277-289.

附　　图

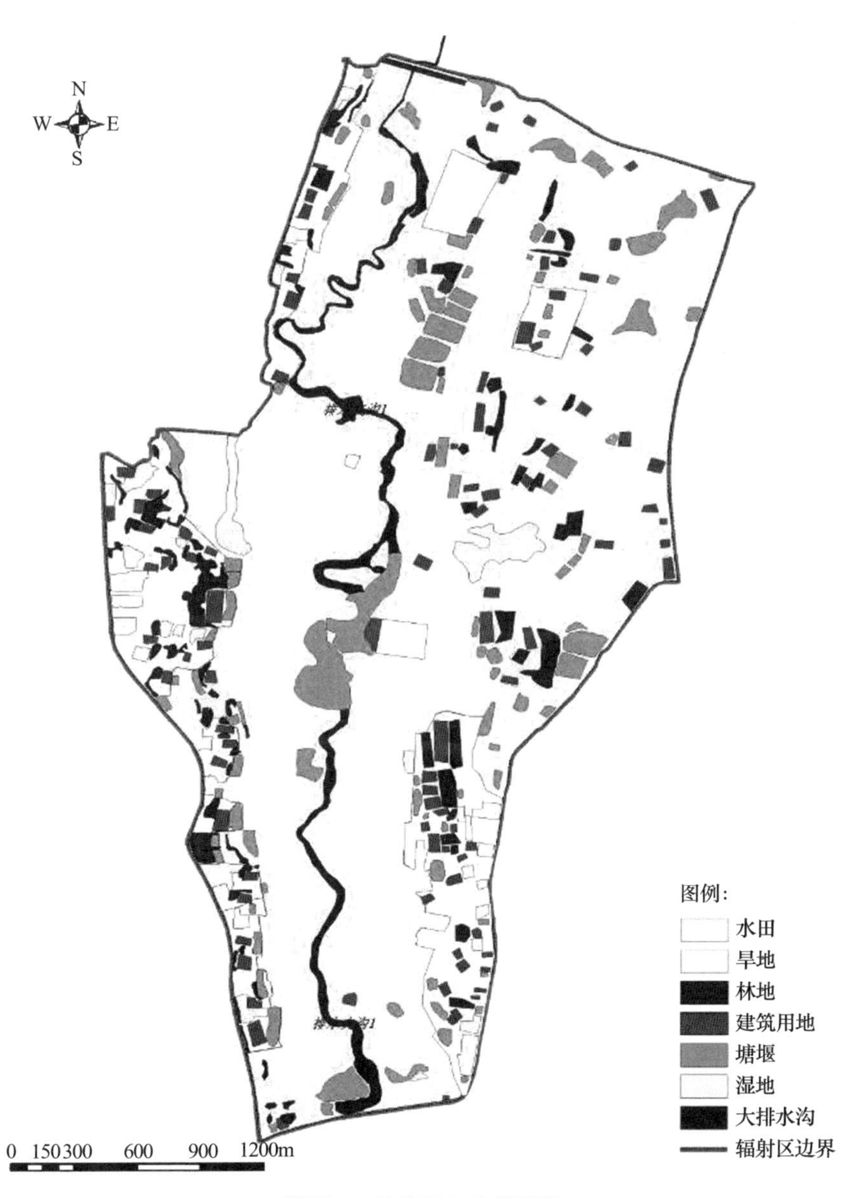

附图 1　试验区土地利用图

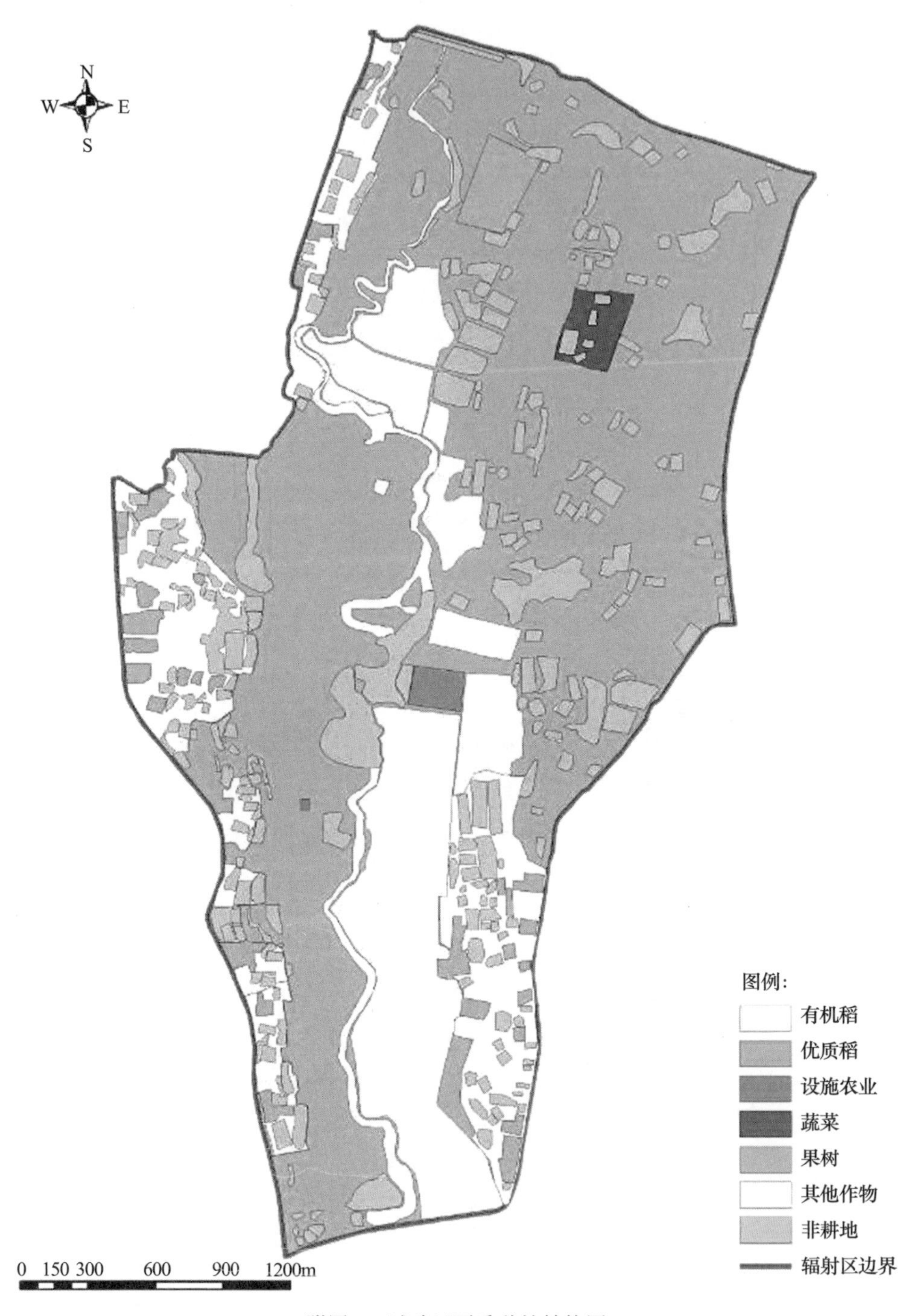

附图 2 试验区夏季种植结构图

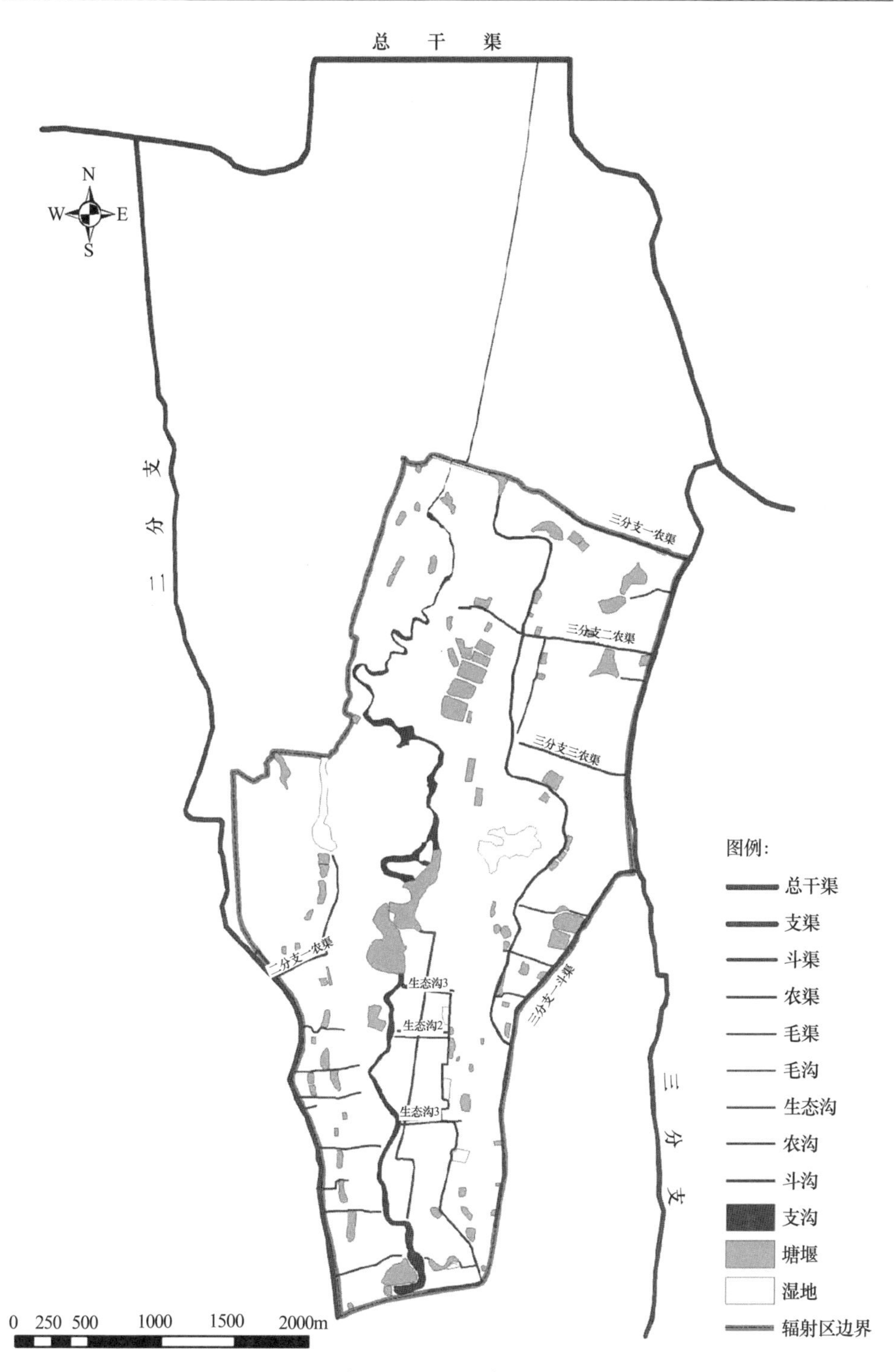
总　干　渠
N
W
E
S
二分支
三分支
三分支一农渠
三分支二农渠
三分支三农渠
二分支一农渠
三分支一斗渠
生态沟3
生态沟2
生态沟3
图例:
总干渠
支渠
斗渠
农渠
毛渠
毛沟
生态沟
农沟
斗沟
支沟
塘堰
湿地
辐射区边界
0 250 500 1000 1500 2000m

附图 3　试验区水系图

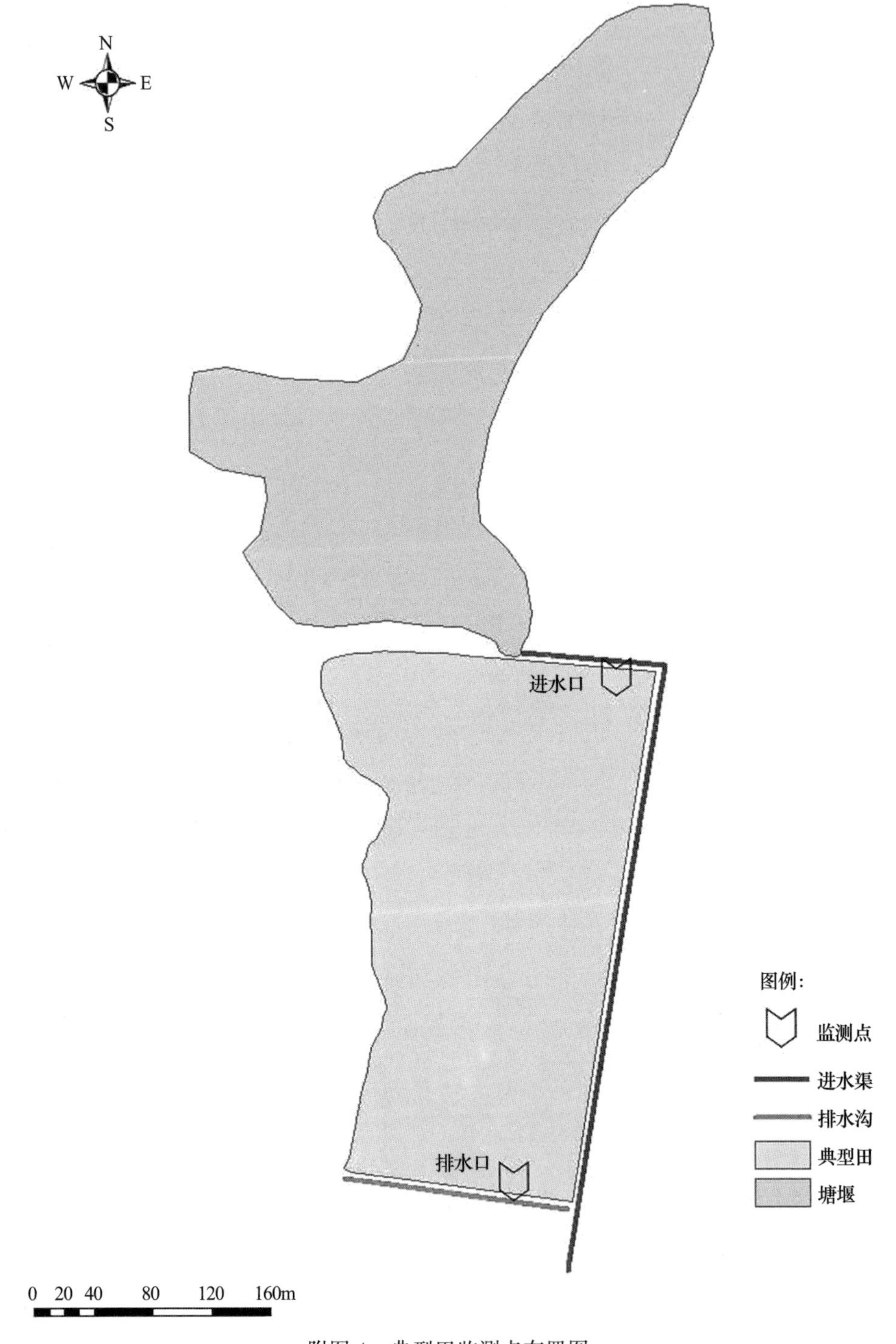

附图 4　典型田监测点布置图

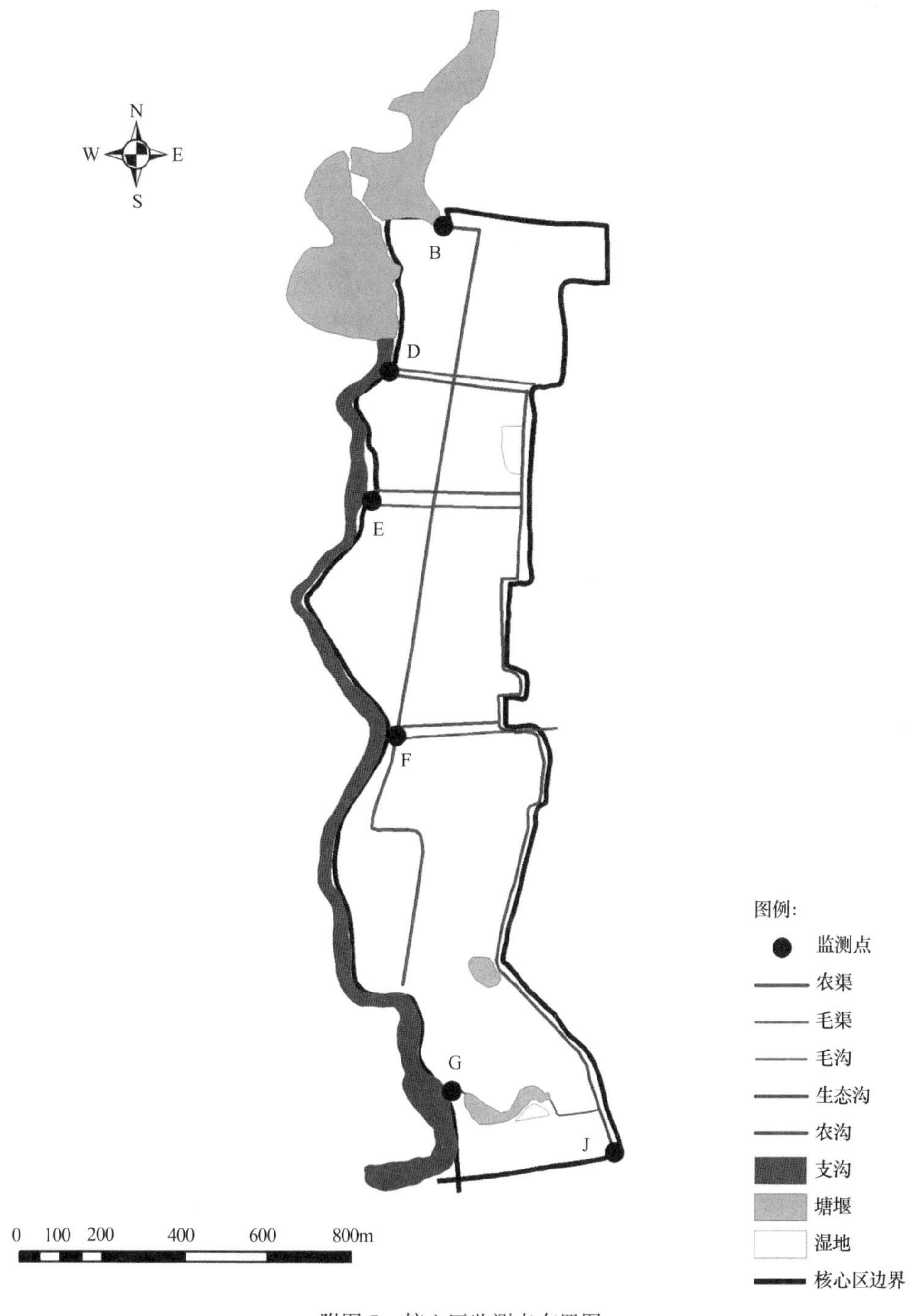

附图 5　核心区监测点布置图